増補改訂版

道路の移動等円滑化整備ガイドライン

（道路のバリアフリー整備ガイドライン）
～道路のユニバーサルデザインを目指して～

● 編集・発行／財団法人 国土技術研究センター

大成出版社

はじめに

　我が国は、諸外国に例をみないほどの急速な高齢化の進展により、超高齢社会となりつつあります。また、障害者についても社会の様々な活動に参加する機会を確保することが求められています。このため、高齢者、障害者等が自立した日常生活や社会生活を営むことができる環境を整備することが急務となっています。

　このような中、「高齢者、身体障害者等の公共交通機関を利用した移動の円滑化の促進に関する法律」（交通バリアフリー法）及び「重点整備地区における移動円滑化のために必要な道路の構造に関する基準」が平成12年11月に施行され、道路管理者等多くの関係者の努力により、道路空間のバリアフリー化が進められてまいりました。

　その間、「高齢者、身体障害者等が円滑に利用できる特定建築物の建築の促進に関する法律」（ハートビル法）と交通バリアフリー法が統合・拡充された「高齢者、障害者等の移動等の円滑化の促進に関する法律」（バリアフリー新法）と「移動等円滑化のために必要な道路の構造に関する基準を定める省令」（道路移動等円滑化基準）が平成18年12月に施行されました。

　この度、バリアフリー新法および道路移動等円滑化基準に準拠して、より一層のバリアフリー化を推進するために、平成15年1月に発行された「道路の移動円滑化整備ガイドライン」を改訂することといたしました。

　改訂にあたっては、有識者、関係団体、福祉関連に携わる専門家、行政担当者等による「道路空間のユニバーサルデザインを考える懇談会」を設置して、ご意見・ご要望等を伺いました。また、新たな「道路の移動等円滑化整備ガイドライン」の作成にあたっては、交通バリアフリー法以降の各種基準等の改正や新たな知見を反映させ、新たな事例等も追加しました。さらに、縁端部の実験やヒアリング等を行うとともに、ガイドライン案に対するホームページにおける意見募集を行い、これらの意見の反映も可能な限り行いました。しかし、いくつかの課題は残されており、さらに、整備の進捗に応じて新たな問題の発生も予想されるところであり、これらの問題解決に向けた研究や知見の集約を継続的に行うことが必要であると認識しています。

　本ガイドラインは、高齢者、障害者のほか、全ての人に使いやすいユニバーサルデザインの考え方に配慮することとしています。今後は全ての道路において、本ガイドラインを適用した整備が進められ、高齢者、障害者等にとって移動しやすい空間が整備されることを期待します。

　最後になりますが、久保田座長をはじめ懇談会委員各位、実験の被験者、ヒアリングや資料提供にご協力いただいた関係者の方々に、誌面をお借りして感謝の意を表します。

道路空間のユニバーサルデザインを考える懇談会名簿

座　　長	久保田　尚	埼玉大学大学院理工学研究科　教授	
委　　員	赤瀬　達三	千葉大学大学院工学研究科デザイン科学専攻　教授	
	秋山　哲男	首都大学東京大学院都市環境科学研究科　教授	
	安藤　豊喜	（財）全日本聾唖連盟　理事長	
	飯島　勤	（社）全日本手をつなぐ育成会　事務局長	
	伊佐　賢一	東京都建設局道路管理部安全施設課　課長	
	伊澤　岬	日本大学理工学部社会交通工学科　教授	
	鵜澤　政幸	千葉県警察本部交通部交通規制課　管理官	
	江上　義盛	特定非営利活動法人北九州精神障害者福祉会連合会　理事長	
	大濱　眞	（社）全国脊髄損傷者連合会　副理事長	
		特定非営利活動法人日本せきずい基金　理事長	
	尾上　浩二	特定非営利活動法人DPI日本会議　事務局長	
	川内　美彦	一級建築士事務所アクセスプロジェクト　主宰	
	小林　章	国立身体障害者リハビリテーションセンター　学院主任・教官	
	笹川　吉彦	（社福）日本盲人会連合　会長	
	志々田武幸	警視庁交通部交通規制課　調査担当管理官	
	清水　壯一	日本福祉用具・生活支援用具協会　専務理事・事務局長	
	杉浦　義雄	（財）全国老人クラブ連合会　副会長	
	田内　雅規	岡山県立大学保健福祉学部保健福祉学科　教授	
	隆島　研吾	（社）日本理学療法士協会	
		神奈川県立保健福祉大学リハビリテーション学科　准教授	
	髙橋　儀平	東洋大学ライフデザイン学部人間環境デザイン学科　教授	
	田中　美子	千葉商科大学大学院政策情報学研究科　教授	
	塚本　修	大阪市建設局道路部　施設整備担当課長	
	中村　文子	日本発達障害ネットワーク　当事者部会委員	
	三星　昭宏	近畿大学理工学部社会環境工学科　教授	
	安元　杏	主婦連合会	
	山本　征雄	（社福）日本身体障害者団体連合会　副会長	

(以上五十音順)

オブザーバー	国土交通省大臣官房
	国土交通省総合政策局
	国土交通省都市・地域整備局
	国土交通省道路局
	国土交通省住宅局
	国土交通省鉄道局
	国土交通省自動車交通局
	警察庁交通局

道路空間のユニバーサルデザインを考える懇談会WG名簿

【学識経験者】

赤瀬　達三	千葉大学大学院工学研究科デザイン科学専攻　教授
秋山　哲男	首都大学東京大学院都市環境科学研究科　教授
伊澤　　岬	日本大学理工学部社会交通工学科　教授
川内　美彦	一級建築士事務所アクセスプロジェクト　主宰
久保田　尚	埼玉大学大学院理工学研究科　教授
田内　雅規	岡山県立大学保健福祉学部保健福祉学科　教授
髙橋　儀平	東洋大学ライフデザイン学部人間環境デザイン学科　教授
三星　昭宏	近畿大学理工学部社会環境工学科　教授

(以上五十音順)

【国土交通省】

新屋　千樹	道路局企画課課長補佐
（池口　正晃）	
松本　高徳	道路局企画課構造基準第一係長
（小島　昌希）	
（依田　秀則）	
坂　　憲浩	道路局地方道・環境課道路交通安全対策室課長補佐
（森若　峰存）	
林　　訓裕	道路局地方道・環境課道路交通安全対策室計画係長
瀬戸下伸介	国土技術政策総合研究所道路研究部
	道路空間高度化研究室主任研究官
（高宮　　進）	

【事務局】

林　　隆史	（財）国土技術研究センター　首席研究員
藤村万里子	（財）国土技術研究センター　主任研究員

（　）内は前任

増補改訂版　道路の移動等円滑化整備ガイドライン　目次

はじめに
道路空間のユニバーサルデザインを考える懇談会名簿
道路空間のユニバーサルデザインを考える懇談会WG名簿

第1部　基本的理念

第1章　総論 …3

- 1－1　背景 …3
- 1－2　バリアフリー新法　概説 …4
- 1－2－1　バリアフリー新法制定の経緯 …4
- 1－2－2　バリアフリー新法のポイント …8
- 1－3　バリアフリー新法における道路に関する変更点 …14
- 1－4　バリアフリー化推進の枠組み …15
- 1－4－1　基本構想の策定と道路特定事業の実施 …15
- 1－4－2　特定道路の指定 …18
- 1－5　ガイドラインの位置付け …19
- 1－5－1　ガイドラインの適用範囲 …19
- 1－5－2　ガイドラインの基本的理念 …19
- 1－5－3　ガイドラインの見方 …19

第2章　計画及び運用に関する配慮事項 …21

- 2－1　バリアフリー化水準の向上のための取り組み …21
- 2－2　高齢者、障害者等に対応した配慮 …22
- 2－3　バリアフリー整備の維持管理 …23

第2部　計画の考え方

第1章　道路計画の考え方 …29

- 1－1　バリアフリー化された道路のネットワーク形成 …29
- 1－2　バリアフリーネットワーク計画 …33

第3部　道路の移動等円滑化基準の運用指針

第1章　総則 …37

- 1－1　道路利用者の寸法 …37
- 1－2　基準の趣旨・用語の定義 …39

第2章　歩道等···41

　2－1　歩道の幾何構造···41

　　2－1－1　歩道の設置及び有効幅員··41

　　2－1－2　舗装··51

　　2－1－3　勾配··57

　　2－1－4　歩道等と車道等の分離··63

　　2－1－5　歩道の高さ··65

　　2－1－6　横断歩道等に接続する歩道等の部分···66

　　2－1－7　歩道構造形式の選定方法··79

　　2－1－8　車両乗入れ部··92

　2－2　新たな経過措置の適用条件と必要な配慮··96

　　2－2－1　歩道の設置及び有効幅員に関する経過措置···96

　　2－2－2　経過措置を適用した場合に必要な配慮···101

第3章　立体横断施設···109

　3－1　立体横断施設の移動等円滑化の考え方··110

　3－2　昇降方法の選択方法··115

　3－3　昇降施設の構造···117

　　3－3－1　エレベーター··117

　　3－3－2　傾斜路··127

　　3－3－3　エスカレーター···132

　　3－3－4　通路··135

　　3－3－5　階段··138

　3－4　各種施設・設備等··144

第4章　乗合自動車停留所···145

　4－1　概説··145

　4－2　乗合自動車停留所の構造···145

　4－3　乗合自動車停留所を設ける歩道等の高さ··152

　4－4　ベンチ及び上屋の設置··157

　4－5　その他の付属施設··161

第5章　路面電車停留場等···163

　5－1　概説··163

　5－2　路面電車停留場の構造···163

　5－3　乗降場··165

　5－4　傾斜路の勾配··170

　5－5　歩行者の横断の用に供する軌道の部分··171

5－6　路面電車停留場の付属施設 …………………………………………………………171

第6章　自動車駐車場 ……………………………………………………………………………173

　　6－1　概説 ……………………………………………………………………………………173
　　6－2　障害者用駐車施設 ……………………………………………………………………173
　　6－2－1　設置 ………………………………………………………………………………173
　　6－2－2　数 …………………………………………………………………………………174
　　6－2－3　構造 ………………………………………………………………………………175
　　6－3　障害者用停車施設 ……………………………………………………………………183
　　6－3－1　設置 ………………………………………………………………………………183
　　6－3－2　構造 ………………………………………………………………………………183
　　6－4　出入口 …………………………………………………………………………………187
　　6－5　通路 ……………………………………………………………………………………194
　　6－6　エレベーター …………………………………………………………………………196
　　6－6－1　設置 ………………………………………………………………………………196
　　6－6－2　位置 ………………………………………………………………………………196
　　6－6－3　構造 ………………………………………………………………………………197
　　6－7　傾斜路 …………………………………………………………………………………197
　　6－8　階段 ……………………………………………………………………………………198
　　6－9　屋根 ……………………………………………………………………………………198
　　6－10　便所 ……………………………………………………………………………………199
　　6－10－1　一般の便所 ………………………………………………………………………199
　　6－10－2　多機能便所・便房 ………………………………………………………………202
　　6－11　案内標識 ………………………………………………………………………………214
　　6－12　視覚障害者誘導用ブロック …………………………………………………………216
　　6－13　照明施設 ………………………………………………………………………………217
　　6－14　発券機・精算機 ………………………………………………………………………219
　　6－15　維持管理 ………………………………………………………………………………221
　　6－15－1　点検・維持・修繕 ………………………………………………………………221
　　6－15－2　管理 ………………………………………………………………………………221

第7章　案内標識 …………………………………………………………………………………229

　　7－1　概説 ……………………………………………………………………………………229
　　7－2　道路案内標識 …………………………………………………………………………230
　　7－3　地図 ……………………………………………………………………………………238
　　7－4　視覚障害者のための案内 ……………………………………………………………251

第8章　視覚障害者誘導用ブロック ……………………………………………………………253

　　8－1　視覚障害者誘導用ブロック …………………………………………………………253

8－2　設置の考え方 ……………………………………………………………258
　　　8－3　設置の方法 ………………………………………………………………261
　　　8－4　案内誘導の高度化 ………………………………………………………271

第9章　休憩施設 ……………………………………………………………………273
　　　9－1　概説 ………………………………………………………………………273
　　　9－2　設置位置 …………………………………………………………………274
　　　9－3　その他 ……………………………………………………………………277

第10章　照明施設 ……………………………………………………………………279
　　　10－1　概説 ……………………………………………………………………279
　　　10－2　照明施設の明るさ ……………………………………………………280
　　　10－3　照明器具 ………………………………………………………………285

第11章　積雪寒冷地における配慮 …………………………………………………287
　　　11－1　防雪施設 ………………………………………………………………287
　　　11－2　除雪対応 ………………………………………………………………299
　　　11－3　沿道住民等との連携 …………………………………………………303

第12章　駅前広場 ……………………………………………………………………307
　　　12－1　概説 ……………………………………………………………………307
　　　12－2　交通空間 ………………………………………………………………309
　　　12－2－1　交通空間に関わる整備の基本的考え方 ………………………309
　　　12－2－2　歩行者動線 ………………………………………………………314
　　　12－2－3　乗降場等 …………………………………………………………318
　　　12－3　環境空間 ………………………………………………………………321
　　　12－3－1　環境空間に関わる整備の基本的考え方 ………………………321
　　　12－3－2　サービス施設 ……………………………………………………322
　　　12－3－3　景観形成施設 ……………………………………………………323
　　　12－4　情報提供施設・照明施設 ……………………………………………325
　　　12－4－1　情報提供施設 ……………………………………………………325
　　　12－4－2　照明施設 …………………………………………………………327

第4部　今後の課題

　　今後の課題 …………………………………………………………………………331

資料編

高齢者、障害者等の移動等の円滑化の促進に関する法律
　　（平成18年6月21日　法律第91号）……………………………………………336
高齢者、障害者等の移動等の円滑化の促進に関する法律施行令
　　（平成18年12月8日　政令第379号）……………………………………………350
高齢者、障害者等の移動等の円滑化の促進に関する法律施行規則
　　（平成18年12月15日　国土交通省令第110号）…………………………………358
高齢者、障害者等の移動等の円滑化の促進に関する法律の施行期日を定める政令
　　（平成18年12月8日　政令第378号）……………………………………………365
移動等円滑化のために必要な道路の構造に関する基準を定める省令
　　（平成18年12月19日　国土交通省令第116号）…………………………………365
移動等円滑化のために必要な道路の占用に関する基準を定める省令
　　（平成18年12月19日　国土交通省令第117号）…………………………………370
移動等円滑化の促進に関する基本方針
　　（平成23年3月31日　国家公安委員会・総務省・国土交通省告示第1号）……371
歩道の一般的構造に関する基準
　　（平成17年2月3日　国都街発第60号・国道企発第102号）…………………379
用語索引 …………………………………………………………………………………384

第 1 部
基本的理念

第1章　総論

1-1　背景

　本格的な高齢社会を迎えた現在、我が国においては、高齢者、障害者等が社会、経済活動に参加する機会を確保することが求められていること等から、誰もが安全で安心して参加できる社会を形成することが国の主要な政策課題となっている。このような中、平成12年11月15日に「高齢者、身体障害者等の公共交通機関を利用した移動の円滑化の促進に関する法律」（以下「交通バリアフリー法」という。）が施行され、高齢者、身体障害者等の移動に際しての身体の負担を軽減し、移動の利便性及び安全性の向上を図るために、関係機関による一体的・重点的な移動円滑化の実施・枠組みが位置付けられた。道路空間においても同法に基づいたバリアフリー化が進められてきたところである。

　また、平成18年6月21日に公布され、同年12月20日に施行された「高齢者、障害者等の移動等の円滑化の促進に関する法律」（以下「バリアフリー新法」という。）では、高齢者、障害者等（身体障害者、知的障害者、精神障害者、発達障害者を含む、全ての障害者）の移動や施設利用の利便性や安全性の向上を促進するために、利用者や整備の対象範囲を拡大しつつ、より一層のバリアフリー化を進展させることとなったところである。（1-2参照）

　国土交通省では、バリアフリー新法の施行に合わせて、全ての人々が安全で安心して利用できる道路空間のユニバーサルデザイン化を目指し、バリアフリー新法に基づく特定道路の新設または改築を行うに際して適合させる基準として「移動等円滑化のために必要な道路の構造に関する基準を定める省令」（平成18年12月19日国土交通省令第116号）（以下「道路移動等円滑化基準」という。）を定めた。

　この基準は、道路の構造の遵守すべき最低基準を定めているものであり、実際の道路空間を形成する上では、高齢者、障害者等をはじめ全ての利用者のニーズに合ったより質の高い歩行空間の形成が求められている。

　また基準は、バリアフリー新法の特定道路に課されるだけでなく、その他の全ての道路に対して適合の努力義務が課されている。

　本ガイドラインは、道路事業に携わる担当者が上記の多様なニーズを実現する上で、ユニバーサルデザインを目指した道路空間を形成するため、必要とされる道路の構造を理解し、計画の策定や事業の実施、評価などを行う際に、「バリアフリー新法」及び「道路移動等円滑化基準」に基づく特定道路の新設または改築を行う場合だけでなく、その他の道路の整備を行う場合にも、活用することを目的として策定することとしたものである。

【*ユニバーサルデザインとは】

2002年（平成14年）12月に閣議決定された「障害者基本計画」における定義

　　あらかじめ、障害の有無、年齢、性別、人種等にかかわらず多様な人々が利用しやすいよう都市や生活環境をデザインする考え方。

ロナルド・メイス氏の定義及び補促説明を参考として示す。

Universal design is the design of products and environments to be usable by all people, to the greatest extent possible, without the need for adaptation or specialized design.
-Ron Mace

The intent of universal design is to simplify life for everyone by making products, communications, and the built environment more usable by as many people as possible at little or no extra cost. Universal design benefits people of all ages and abilities.

出典：「The Center for Universal Design, North Carolina State University」のHPより
http://www.design.ncsu.edu/cud/about_ud/about_ud.htm

可能な限り最大限に、全ての人が使いやすく、改造の必要がなくまた特別扱いでもない製品や環境のデザイン（ロナルド・メイス）

ユニバーサル・デザインの目的は、製品、コミュニケーション、人工の物的環境を、最小限の追加費用で、または追加費用なしで、可能な限りより多くの人に使いやすくすることで、全ての人の生活を容易にしようとするものである。ユニバーサル・デザインは年齢・能力の異なる全ての人に有益なものである。

訳出典：「ユニバーサル・デザインの仕組みをつくる（川内美彦）」学芸出版社　2007年8月

1－2　バリアフリー新法　概説

急速な高齢化と少子化が同時進行し、かつて経験したことのない人口減少社会となった我が国では、高齢者や障害者なども含めた、あらゆる人たちが社会活動に参加し、自己実現するための施策が求められている。

そこで、平成18年12月20日にバリアフリー新法が施行され、本法律によって、ハード・ソフト両面の施策を充実させ、高齢者や障害者なども含めた、すべての人が暮らしやすいユニバーサル社会の実現を目指すこととなった。以下にバリアフリー新法の概要について紹介する。

［ポイント］バリアフリー新法に盛り込まれた新たな内容
① 対象者の拡充：身体障害者のみならず、知的・精神・発達障害者など、すべての障害者を対象
② 対象施設の拡充：これまでの建築物・交通機関・道路に、路外駐車場・都市公園・福祉タクシーを追加
③ 基本構想制度の拡充：バリアフリー化を重点的に進める対象エリアを、旅客施設を含まない地域にまで拡充
④ 基本構想策定の際の当事者参加：基本構想策定時の協議会制度を法定化。また、住民などからの基本構想の作成提案制度を創設
⑤ ソフト施策の充実：関係者と協力してバリアフリー施策の持続的・段階的な発展を目指す「スパイラルアップ」を導入。また、国民1人1人が高齢者や障害者などが感じている困難を自らの問題として認識する「心のバリアフリー」の促進

1－2－1　バリアフリー新法制定の経緯
(1) 我が国におけるバリアフリー化の取り組み
～建築物・公共交通機関・公共施設などで高齢者や身体障害者などを対象に推進～

1）高齢社会対策と共生社会の実現が重要な課題

今日の我が国では、他の先進諸国に例を見ない急速な高齢化が進んでいる。2015年（平成27年）には国民の4人に1人が65歳以上の高齢者となる本格的な高齢社会を迎えることとなり、高齢社会対策は喫緊の課題である。

少子化も同時進行し、かつて経験したことのない人口減少社会を迎えた。こうした社会では、高齢者が様々な生き方を主体的に選択できるよう、自立支援のための施策などを進める必要がある。

また、障害者が障害のない人と同じように、自分の意思で考え、決定し、社会のあらゆる活動に参加・参画できる共生社会の実現（ノーマライゼーション）も求められている。そのため、障害者が自らの能力を発揮し、自己実現できるように支援するための施策などを進める必要がある。

2）ハートビル法と交通バリアフリー法でバリアフリー化を推進

平成6年に、不特定多数の人たちや、主に高齢者や身体障害者などが使う建築物のバリアフリー*化を進めるため、「高齢者、身体障害者等が円滑に利用できる特定建築物の建築の促進に関する法律」（以下「ハートビル法」という。）が制定された。

ハートビル法では、デパートやスーパーマーケット、ホテルなど、不特定多数の者が利用する建築物を特定建築物とし、その建築主は、建物の出入口や階段、トイレなどに、高齢者や身体障害者などが円滑に利用できるような措置を講じるよう努めなければならないとされた。また、平成14年の改正では、高齢者や身体障害者などが円滑に利用できる特定建築物の建築を一層促進するため、不特定でなくとも多数の者が利用する学校や事務所、共同住宅などを特定建築物として範囲の拡大が行われた。併せて、特別特定建築物（不特定多数の者又は主に高齢者や身体障害者等が利用する特定建築物）の建築等について利用円滑化基準（基礎的な基準）に適合することを義務付けするとともに、認定を受けた特定建築物について容積率の算定の特例、表示制度の導入等の支援措置の拡大を行う等の所要の措置が講じられた。

さらに、平成12年には、駅・鉄道車両・バスなどの公共交通機関と、駅などの旅客施設周辺の歩行空間のバリアフリー化を進めるための「交通バリアフリー法」が制定され、駅などの旅客施設や車両等を新たに設置したり、導入する場合に基準に適合することを義務付けるほか、市町村の主導のもと、駅とその周辺の道路、信号機などを一体的にバリアフリー化するための仕組み（基本構想制度）が設けられた。

この交通バリアフリー法により、公共交通事業者による鉄道駅等の旅客施設及び車両のバリアフリー化と、市町村が作成する基本構想に基づいた、鉄道駅等の旅客施設を中心とした一定の地区における旅客施設や周辺の道路、駅前広場等の重点的・一体的なバリアフリー化が推進された。

このような立法措置と、補助・税制などの様々な助成措置を併せて講じることで、建築物や公共交通機関・公共施設などにおいて、段差の解消や視覚障害者誘導用ブロックの設置など、バリアフリー化の整備は着実に進められてきた。

その結果、エレベーター等により段差が解消された大規模な駅の比率が平成12年末の28.9％から平成18年末の63.1％にまで増加するなど、社会のバリアフリー化は着実に進展してきた。

【*バリアフリーとは】
　高齢者、障害者等が社会生活をしていく上で障壁（バリア）となるものを除去（フリー）すること。物理的、制度的、意識上の障壁、情報面での障壁などすべての障壁を除去するという考え方。

3）一体的・総合的な施策の推進が課題

　今日の我が国では、男性も女性も互いにその個性と能力を十分に発揮するための男女共同参画のための取り組みが推進されている。一方、国際化が進む中で、ビジネス・観光など、様々な分野で外国人と我が国とのかかわりが深まってきている。

　これらの変化などを受けて、平成17年7月には、「どこでも、だれでも、自由に、使いやすく」というユニバーサルデザインの考え方を踏まえた国土交通行政を推進するため、バリアフリー施策の指針となる「ユニバーサルデザイン政策大綱」がとりまとめられた。

　この「ユニバーサルデザイン政策大綱」をとりまとめる議論の過程で、「『公平』であること」「『選択可能性』があること」「当事者の『参加』が図られること」といったユニバーサルデザインの考え方から、これまでのバリアフリー化の取り組みを見たときに、必ずしも十分とはいえない点があることが明らかになってきた。

　例えば、バリアフリー化を促進するための法律が別々につくられていることで、バリアフリー化自体が施設ごとに独立して進められ、連続的なバリアフリー化が図られていないといった問題や、バリアフリー化が駅などの旅客施設を中心とした地区にとどまっているなど、利用者の視点に立ったバリアフリー化が十分ではないことが指摘された。

　また、ハード面の整備だけでなく、国民1人1人が、高齢者、障害者などの自立した日常生活や社会生活を確保することの重要性について理解を深めるとともに、このような人たちの円滑な移動や施設の利用に積極的に協力していくという「心のバリアフリー」や情報提供など、ソフト面での対策が不十分であるなどの課題があげられた。

　さらには、様々な観点から段階的・継続的に取り組みを進めるプロセスが必ずしも確立していないといった点も問題として指摘された。

(2)　「高齢者、障害者等の移動等の円滑化の促進に関する法律」の成立
〜ハートビル法と交通バリアフリー法を統合・拡充〜

　国土交通省では、「ユニバーサルデザインの考え方に基づくバリアフリーのあり方を考える懇談会」を開催するほか、「ユニバーサルデザイン政策推進本部」を設置し、様々な課題について議論を進める中で、今後、バリアフリーに関する法制度をどうするべきかについて検討を重ねてきた。

　その結果、「ユニバーサルデザイン政策大綱」の施策の一つである「一体的・総合的なバリアフリー施策の推進」のためには、ハートビル法と交通バリアフリー法の一体化に向けた法制度の構築が必要という判断が下された。

　そこで、ユニバーサルデザイン政策の柱として、ハートビル法と交通バリアフリー法を統合・拡充した「高齢者、障害者等の移動等の円滑化の促進に関する法律」（バリアフリー新法）が第164回通常国会において成立し、平成18年6月21日に公布、12月20日から施行された。

高齢者、障害者等の移動等の円滑化の促進に関する法律
（バリアフリー新法）の基本的枠組み

基本方針（主務大臣）
- 移動等の円滑化の意義及び目標
- 公共交通事業者、道路管理者、路外駐車場管理者、公園管理者、特定建築物の所有者が移動等の円滑化のために講ずべき措置に関する基本的事項
- 市町村が作成する基本構想の指針　　　　　　　　　　　　　　　　　　　　　　等

関係者の責務
- 関係者と協力して施策の持続的かつ段階的な発展（スパイラルアップ）【国】
- 心のバリアフリーの促進【国及び国民】
- 移動等円滑化の促進のために必要な措置の確保【施設設置管理者等】
- 移動等円滑化に関する情報提供の確保【国】

基準適合義務等

**以下の施設について、新設等に際し移動等円滑化基準に適合させる義務
既存の施設を移動等円滑化基準に適合させる努力義務**

- 旅客施設及び車両等
- 一定の道路（努力義務はすべての道路）
- 一定の路外駐車場
- 都市公園の一定の公園施設（園路等）
- 特別特定建築物（百貨店、病院、福祉施設等の不特定多数又は主として高齢者、障害者等が利用する建築物）

特別特定建築物でない特定建築物（事務所ビル等の多数が利用する建築物）の建築等に際し移動等円滑化基準に適合させる努力義務
（地方公共団体が条例により義務化可能）

誘導的基準に適合する特定建築物の建築等の計画の認定制度

重点整備地区における移動等の円滑化の重点的・一体的な推進

住民等による基本構想の作成提案

基本構想（市町村）
- 旅客施設、官公庁施設、福祉施設その他の高齢者、障害者等が生活上利用する施設の所在する一定の地区を重点整備地区として指定
- 重点整備地区内の施設や経路の移動等の円滑化に関する基本的事項を記載　　　　　　　　　　　　等

←協議→

協議会
市町村、特定事業を実施すべき者、施設を利用する高齢者、障害者等により構成される協議会を設置

事業の実施
- 公共交通事業者、道路管理者、路外駐車場管理者、公園管理者、特定建築物の所有者、公安委員会が、基本構想に沿って事業計画を作成し、事業を実施する義務（特定事業）
- 基本構想に定められた特定事業以外の事業を実施する努力義務

支援措置
- 公共交通事業者が作成する計画の認定制度
- 認定を受けた事業に対し、地方公共団体が助成を行う場合の地方債の特例　　　　等

移動等円滑化経路協定
重点整備地区内の土地の所有者等が締結する移動等の円滑化のための経路の整備又は管理に関する協定の認可制度

図1－1－1　「高齢者、障害者等の移動等の円滑化の促進に関する法律の基本的枠組み」

1-2-2 バリアフリー新法のポイント

(1) ハード・ソフト両面の施策を充実

バリアフリー新法は、ハートビル法と交通バリアフリー法で既に定められている内容を踏襲しつつ、この2つでは措置されていなかった新たな内容が盛り込まれたものである。

バリアフリー新法で新たに盛り込まれた内容は、次のとおりである。

1) すべての障害者が対象に

ハートビル法・交通バリアフリー法のいずれも、法の名前には「高齢者、身体障害者等」とあった。これが、バリアフリー新法では「高齢者、障害者等の移動等の円滑化の促進に関する法律」と、「身体障害者」ではなく「障害者」となった。

これは、バリアフリー新法では、身体障害者のみならず、知的障害者・精神障害者・発達障害者を含む、すべての障害者が対象となることを明確にしたものである。

2) 生活空間におけるバリアフリー化を推進

バリアフリー新法では、バリアフリー化の義務を負う対象者として、ハートビル法の建築主等や交通バリアフリー法の公共交通事業者、道路管理者等に加え、路外駐車場管理者等・公園管理者等を規定している。

これにより、バリアフリー化基準に適合するように求める施設等の範囲は、公共交通機関・道路・建築物だけではなく、路外駐車場・都市公園にまで広がった。このように、バリアフリー新法は、高齢者や障害者などが日常生活や社会生活において利用する施設を広く面的にとらえ、生活空間におけるバリアフリー化を進めることとしている。

また、公共交通機関においても、交通バリアフリー法の対象とされていなかったタクシー事業者を法の対象に新たに取り込んだ。その上で、高齢者や障害者等の輸送を目的とした、車いす、寝台（ストレッチャー）のまま乗降できるリフト等を備えたいわゆる「福祉タクシー」について、新たに導入する際には、鉄道車両やバス同様、基準に適合させることとした。

さらに、日常生活で利用される施設等を幅広く取り込み、既存の特別特定建築物についても基準適合努力義務を課すこととした。

このように、バリアフリー新法には、ハートビル法と交通バリアフリー法の一体化に伴い、いずれの法律においても対象とされていなかったものが新たに取り込まれ、また、すでに取り込まれていたものも義務の内容が拡充するなど、バリアフリー新法は個別施設単体ごとの規制が拡充された内容となっている。

3) 駅がない地域でも重点整備地区に指定可能

市町村は、移動等の円滑化を図ることが必要な一定の地区を重点整備地区とし、移動等の円滑化に係る事業の重点的かつ一体的な推進に関する基本構想を作成することができる。

この基本構想の対象となる範囲は、交通バリアフリー法では、大きな鉄道駅など「特定旅客施設（主として、1日当たりの利用客数が5,000人以上の大規模な旅客施設）」と呼ばれる大規模な旅客施設の周辺のみに限定されていた。これを、バリアフリー新法では、1日当たりの利用客数が5,000人に満たない場合や、そもそも旅客施設が存在しない地区であっても、基本構想を策定することができるようにした。

また、交通バリアフリー法では、公共交通機関・道路・信号機等の3分野に限って、バリア

フリー化を進めるための事業を「特定事業」として位置付けていたが、バリアフリー新法では、これら3分野に加え、建築物・路外駐車場・都市公園、さらにはこれらの施設の間を結ぶ経路も、特定事業に位置付けることが可能となった。

このような柔軟な新しい制度の下、地域の実情に即した一体的・総合的なバリアフリー化が計画的に進むと期待される。

4）当事者の参画で利用者の視点を反映

基本構想を策定する際の当事者の参画についても制度を充実させた。次にあげる新しい制度により、利用者の視点を十分反映したバリアフリー化が進むことが期待される。

① 協議会制度を法定化

まず、基本構想の作成の際、高齢者や障害者等の計画段階からの参加の促進を図るため、作成に関する協議等を行う協議会制度を法律に位置付けた。この協議会は、特定事業の実施主体はもとより、高齢者・障害者、学識経験者その他の市町村が必要と認める者で構成される。

このうち特定事業等の実施主体と見込まれるものは原則として必ず協議会に参加しなければならないこととした。これまで、特定事業の実施主体がバリアフリー化の実施に消極的な場合には、市町村が調整を行うこと自体が困難であったが、バリアフリー新法では、協議の場の設定を法的に担保することで、調整プロセスの促進を図るものである。

なお、この協議会は、基本構想の作成に関する協議のみならず、基本構想の実施に係る連絡調整も行う。これにより、基本構想に基づく事業の実施状況などの追跡調査も可能になることから、後述する「スパイラルアップ」を促進するためのツールとなることが期待される。

② 構想作成提案制度を創設

基本構想を策定する市町村の取り組みを促す観点から、基本構想の内容を、高齢者や障害者等が市町村に対し具体的に提案できる提案制度を新たに設けている。

提案できる者には、事業実施が見込まれる者はもとより、整備対象となる施設の利用に関して利害関係のある高齢者や障害者等の利用者や、地域住民なども含まれる。また、この制度の実効性を担保する観点から、提案を受けた市町村に検討結果の公表義務と、提案を採用しない場合には、その理由を説明する義務を課している。

5）「スパイラルアップ」と「心のバリアフリー」

バリアフリー新法では、ハード整備だけではなく、ソフト施策の充実を念頭に、様々な責務についても位置付けている。

① 「スパイラルアップ」の導入等

高齢化や、「どこでも、だれでも、自由に、使いやすく」というユニバーサルデザインの考え方が進展する中、バリアフリー化を進めるためには、具体的な施策や措置の内容について、施策に関係する当事者の参加の下、検証し、その結果に基づいて新たな施策や措置を講じることによって段階的・継続的な発展を図っていくことが重要である。

このような考え方は「スパイラルアップ」と呼ばれている。バリアフリー新法では、このスパイラルアップを国の果たすべき責務として新たに位置付けている。

また、地方公共団体も、国の施策に準じてバリアフリー化を促進するために必要な措置を講じることとされており、地域レベルで国の施策と同様の施策を実施する、あるいは、国の施策の実施に当たり連携を図ることとなる。

さらに、バリアフリー新法の規制対象以外の施設でも、高齢者や障害者等が日常生活や社会生活において利用できる施設を設置・管理する者がバリアフリー化に向けた取り組みを図るべきこととされた。

また、バリアフリー新法の規制対象となる施設の管理者は、ソフト面での対応などにも取り組むべきである。そのため、施設を設置・管理する者には、バリアフリー新法で法的義務として課せられている施設整備における基準適合義務以外にも、バリアフリー化のために必要な措置をとるべきとの幅広い責務が課せられた。

② 「心のバリアフリー」の促進

バリアフリー新法では、バリアフリー化の促進に関する国民の理解を深め、バリアフリー化の実施に関する国民の協力を求める、いわゆる「心のバリアフリー」についても規定している。

この「心のバリアフリー」を深めていくことを国の責務として定めるとともに、国民の責務として新たに位置付けている。高齢者や障害者等が円滑に移動し施設を利用できるようにすることへの協力だけではなく、高齢者や障害者等の自立した日常生活や社会生活を確保することの重要性についての理解を深めることが、国民の責務として定められているものである。

視覚障害者誘導用ブロックの上に自転車を止めてしまう、あるいは、障害者用駐車スペースに障害のない人が駐車してしまうといった問題がよく指摘される。こういった問題の根本には、国民一人一人の理解不足があると考えられる。

現在、国土交通省では、駅などの施設で、車いすや特殊な装置によって高齢者や障害者等などの負担を疑似体験する「バリアフリー教室」を開催するなど、「心のバリアフリー」の推進に向けた様々な施策を行っている。

「心のバリアフリー」によって、ユニバーサルデザインの考え方が形となったユニバーサル社会が実現するためには、国民一人一人が、いかにこの問題について理解を深めていくかが鍵となる。

○参考○ 高齢者、障害者等の移動等の円滑化の促進に関する法律の概要

　高齢者、障害者等の円滑な移動及び建築物等の施設の円滑な利用の確保に関する、施策を総合的に推進するため、主務大臣による基本方針並びに旅客施設、建築物等の構造及び設備の基準の策定のほか、市町村が定める重点整備地区において、高齢者、障害者等の計画段階からの参加を得て、旅客施設、建築物等及びこれらの間の経路の一体的な整備を推進するための措置等を定める。

○基本方針の策定

○主務大臣は、移動等の円滑化の促進に関する基本方針を策定

○移動等の円滑化のために施設管理者等が講ずべき措置

旅客施設及び車両等（福祉タクシーの基準を追加）　道路　路外駐車場　都市公園　建築物（既存建築物の基準適合努力義務を追加）

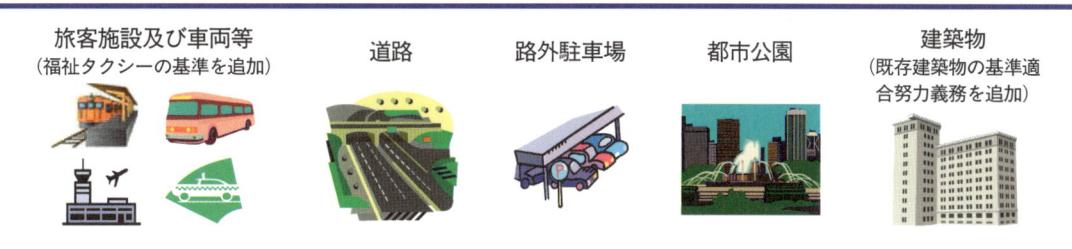

○これらの施設について、新設又は改良時の移動等円滑化基準への適合義務
○既存のこれらの施設について、基準適合の努力義務　　　　　　　　　　　　　　　　等

○重点整備地区における移動等の円滑化に係る事業の重点的かつ一体的な実施

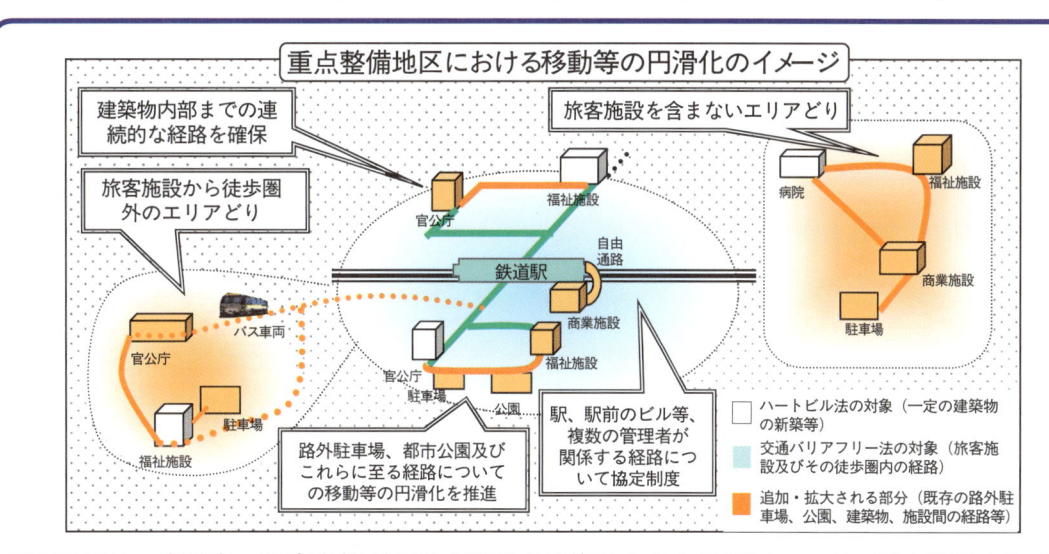

重点整備地区における移動等の円滑化のイメージ

- 建築物内部までの連続的な経路を確保
- 旅客施設を含まないエリアどり
- 旅客施設から徒歩圏外のエリアどり
- 路外駐車場、都市公園及びこれらに至る経路についての移動等の円滑化を推進
- 駅、駅前のビル等、複数の管理者が関係する経路について協定制度

凡例：
- ハートビル法の対象（一定の建築物の新築等）
- 交通バリアフリー法の対象（旅客施設及びその徒歩圏内の経路）
- 追加・拡大される部分（既存の路外駐車場、公園、建築物、施設間の経路等）

○市町村は、高齢者、障害者等が生活上利用する施設を含む地区について、基本構想を作成
○公共交通事業者、道路管理者、路外駐車場管理者、公園管理者、建築物の所有者、公安委員会は、基本構想に基づき移動等の円滑化のための特定事業を実施
○重点整備地区内の駅、駅前ビル等、複数管理者が関係する経路についての協定制度　　等

○住民等の計画段階からの参加の促進を図るための措置

○基本構想策定時の協議会制度の法定化
○住民等からの基本構想の作成提案制度を創設　　　　　　　　　　　　　　　　　　等

第1部　基本的理念

> ○参考○バリアフリー新法の関連省令、基本方針の概要
>
> ○高齢者、障害者等の移動等の円滑化の促進に関する法律施行規則
>
> 　　福祉タクシーの要件として、法に定める「高齢者、障害者等が移動のための車いすその他の用具を使用したまま車内に乗り込むことが可能なもの」に加えて、「座席が回転することにより高齢者、障害者等が円滑に車内に乗り込むことが可能なもの」を規定するほか、法に規定されている申請及び届出等の手続きに関する様式、届出の方法及び添付書類等並びに法に規定されている国土交通大臣の権限の委任先等について定めている。
>
> ○移動等円滑化のために必要な旅客施設又は車両等の構造及び設備に関する基準を定める省令
>
> ＜旅客施設に係わる主な基準＞
> 　① 駅の出入口からプラットホームへ通ずる経路について、エレベーターやスロープにより、段差を解消すること。
> 　② 視覚障害者誘導用ブロック及び障害者用トイレを設置すること。
> 　③ 一定の要件を満たすプラットホームには、ホームドア又は可動式ホーム柵を設けること。
> 　④ エスカレーターに、行先及び進行方向を音声により知らせる設備を設けること。
> 　⑤ 筆談設備を乗車券等販売所に設置し、その存在を表示すること。　　　等
>
> ＜車両等に係る主な基準＞
> 　① 視覚・聴覚情報を提供する設備を設けること。
> 　② 乗合バス等には筆談設備を設けること。
> 　③ 鉄軌道車両について、車両番号を点字で表示すること。　　　等
>
> ○移動等円滑化のために必要な道路の構造に関する基準を定める省令
> 　① 道路には原則として歩道等を設けること。また歩道等の幅員については、基準に定められた有効幅員を確保すること。
> 　② 歩道等の舗装は、平たんで、かつ、滑りにくく、かつ、水はけの良い仕上げとするものとすること。
> 　③ 歩道等の縦断勾配は、原則として、5％以下とするものとすること。
> 　④ 道路には必要な箇所にエレベーター等が設置され移動等円滑化された立体横断施設を設けること。
> 　⑤ バス停留所には、原則としてベンチ及び上屋を設けるものとすること。
> 　⑥ 歩道等の通路には、必要であると認められる箇所に、視覚障害者誘導用ブロックを敷設するものとすること。　　等
>
> ○移動等円滑化のために必要な特定路外駐車場の構造及び設備に関する基準を定める省令
> 　① 車いす使用者用駐車場であることを表示をした上で、車いす使用者が円滑に利用できる駐車施設を設けること。
> 　② 出入口から当該駐車施設を結ぶ経路は、傾斜路を併設する場合を除き段差がないようにすること。　　等
>
> ○移動等円滑化のために必要な特定公園施設の設置に関する基準を定める省令

① 出入口・駐車場と主要な公園施設等とを結ぶ通路について、車いす使用者等が利用しやすい幅、勾配などにすること。
② 便所については、車いす使用者等が使用しやすいトイレを設けること。　等

○高齢者、障害者等が円滑に利用できるようにするために**誘導すべき建築物特定施設の構造及び配置に関する基準を定める省令**
① 多数の者が利用する便所について、オストメイトに対応した便房を当該便所が設けられている階ごとに1つ以上設けること。
② 移動等円滑化の措置がとられたエレベーターその他の昇降機、便所又は駐車施設の配置を表示した案内板その他の設備を設置すること。　等

○**高齢者、障害者等の移動等の円滑化の促進に関する法律施行令第1条第2号に規定する旅客施設を利用する高齢者及び障害者の人数の算定に関する命令**
　高齢者、障害者等の移動等の円滑化の促進に関する法律施行令では、特定旅客施設の要件を、1日当たりの平均的な利用者数が5,000人以上であること、省令で定める方法により算定した旅客施設を利用する高齢者・障害者等の人数が、1日当たりの平均的な利用者数が5,000人以上である旅客施設を利用する高齢者・障害者等の人数と同程度以上であること等と定めているところ、当該方法について定めている。

○**移動等円滑化のために必要な道路の占用に関する基準を定める省令**
　新設・改築後の特定道路について、当該道路における歩行者等の安全かつ円滑な通行を確保するため、占用物件を歩道又は自転車歩行者道上に設ける場合、歩行者又は自転車が通行することができる道路の部分の幅員は有効幅員が確保されるものであること等を定めている。

○**高齢者、障害者等の移動等の円滑化の促進に関する法律施行令第19条に規定する標識に関する省令**
　移動等円滑化の措置がとられたエレベーターその他の昇降機、便所又は駐車施設の付近に設ける標識は、高齢者、障害者等の見やすいところに掲げなければならないこと等を定めている。

○**移動等円滑化の促進に関する基本方針**
　平成32年時点での移動等円滑化の目標値を定めるほか、多様な当事者ニーズに即した施設の整備や教育訓練を行うことの必要性、市町村の定める基本構想について協議会の活用等当事者参画を図ることの必要性、心のバリアフリー及びスパイラルアップといった国、国民等の責務に関する事項等を定めている。

○参考○関連するガイドライン等
＜建築＞ 「高齢者・障害者等の円滑な移動等に配慮した建築設計標準」　2007年（平成19年） 製作：国土交通省住宅局建築指導課　　作業協力：財団法人　国土技術研究センター ＜旅客施設＞ 「公共交通機関の旅客施設に関する移動等円滑化整備ガイドライン」 　　バリアフリー整備ガイドライン（旅客施設編）　2007年（平成19年）7月

監修：国土交通省総合政策局安心生活政策課　　発行：交通エコロジー・モビリティ財団
≪車両≫
　「公共交通機関の車両等に関する移動等円滑化整備ガイドライン」
　　　バリアフリー整備ガイドライン（車両等編）　2007年（平成19年）7月
　　監修：国土交通省総合政策局安心生活政策課　　発行：交通エコロジー・モビリティ財団
≪船舶≫
　「旅客船バリアフリーガイドライン」　2007年（平成19年）9月
　　監修：国土交通省海事局安全基準課　　　　　　発行：交通エコロジー・モビリティ財団
≪公園≫
　「都市公園の移動等円滑化整備ガイドライン」（予定）
　　制作：国土交通省都市・地域整備局公園緑地課
≪道路≫本ガイドライン
　「改訂版　道路の移動等円滑化整備ガイドライン」　2008年（平成20年）1月
　　編集・発行：財団法人　国土技術研究センター

「バリアフリー・ユニバーサルデザイン」　国土交通省ホームページ
　　http://www.mlit.go.jp/sogoseisaku/barrierfree/index.html
　国土交通省に関連するバリアフリー等の情報が掲載されています。

　[バリアフリー]　で検索！

1－3　バリアフリー新法における道路に関する変更点

道路関係部分について、交通バリアフリー法からの変更点の概要を以下に示す。

(1) バリアフリー化する整備範囲の拡大

・重点的に事業を実施する地区を拡大

　交通バリアフリー法では、旅客施設を中心とした重点整備地区の道路をバリアフリー整備することとしていたが、旅客施設の周辺だけではなく、官公庁、福祉施設等の生活関連施設どうしを徒歩で移動する範囲についても重点整備地区を設定し、整備を推進することを定めた。

・道路移動等円滑化基準を満たした道路を維持することの義務を追加

　道路移動等円滑化基準を満たす整備を行った道路について、道路管理者は基準に適合するように維持しつづけることを義務とした。

・全ての道路について道路移動等円滑化基準の適合の努力義務を追加

　特定道路だけではなく、全ての道路で、バリアフリー化のために必要な道路の構造基準を満たす努力をすることとした。

・移動等円滑化の目標

　また、基本方針においては、重点整備地区内の主要な生活関連経路を構成する全ての道路について、平成22年までに移動等円滑化を実施することとしている。

(2) 適合義務対象道路における電柱等の地上占用許可基準の追加

　バリアフリー化のために必要な構造基準を満たす整備を行った道路で、電柱等の占用物件が、移動等円滑化基準で定める有効幅員の確保の支障となるときは、歩道上における電柱などの設置を許可できないこととした。

(3) 市町村が整備できる国道（指定区間外）・都道府県道の特例

・国道（指定区間外）又は都道府県道の事業を、市町村が実施できるよう措置

　これまで市町村は、市町村道以外は整備することができなかったが、基本構想に定められ、バリアフリー化の促進のために国道（指定区間外）又は都道府県道の事業を実施する場合には、本来都道府県が整備・管理する国道等について、市町村が整備できるよう定めた。

・市町村施行国道等事業に対する費用負担の特例を措置

　市町村が都道府県管理の国道（指定区間外）と都道府県道で事業を実施する際には、補助金等については最終的に市町村に交付されることとなり、都道府県と同様の費用負担で事業を行うことができるよう定めた。

(4) 民間との管理協定の活用

・官民管理協定制度の導入

　重点整備地区内の移動等円滑化経路において、例えば、道路幅員が狭くて道路区域内にエレベーターが設置できない場合に各種施設に設置されているエレベーターを利用することや、道路の有効幅員が確保できない場合に歩道と連続する民間等の沿道スペースを活用する場合に、建築物所有者や土地所有者等と移動等円滑化経路協定を締結する制度を定めた。

　また、土地所有者が変わっても、その協定が効力を持つよう定めた。

1－4　バリアフリー化推進の枠組み
1－4－1　基本構想の策定と道路特定事業の実施

バリアフリー新法

（定義）

第2条

　二十一　重点整備地区　次に掲げる要件に該当する地区をいう。

　　イ　生活関連施設（高齢者、障害者等が日常生活又は社会生活において利用する旅客施設、官公庁施設、福祉施設その他の施設をいう。以下同じ。）の所在地を含み、かつ、生活関連施設相互間の移動が通常徒歩で行われる地区であること。

　　ロ　生活関連施設及び生活関連経路（生活関連施設相互間の経路をいう。以下同じ。）を構成する一般交通用施設（道路、駅前広場、通路その他の一般交通の用に供する施設をいう。以下同じ。）について移動等円滑化のための事業が実施されることが特に必要であると認められる地区であること。

　　ハ　当該地区において移動等円滑化のための事業を重点的かつ一体的に実施することが、総合的な都市機能の増進を図る上で有効かつ適切であると認められる地区であること。

　二十二　特定事業　公共交通特定事業、道路特定事業、路外駐車場特定事業、都市公園特

定事業、建築物特定事業及び交通安全特定事業をいう。
二十四　道路特定事業　次に掲げる道路法による道路の新設又は改築に関する事業（これと併せて実施する必要がある移動等円滑化のための施設又は設備の整備に関する事業を含む。）をいう。
　イ　歩道、道路用エレベーター、通行経路の案内標識その他の移動等円滑化のために必要な施設又は工作物の設置に関する事業
　ロ　歩道の拡幅又は路面の構造の改善その他の移動等円滑化のために必要な道路の構造の改良に関する事業

（移動等円滑化基本構想）

第25条　市町村は、基本方針に基づき、単独で又は共同して、当該市町村の区域内の重点整備地区について、移動等円滑化に係る事業の重点的かつ一体的な推進に関する基本的な構想（第5項を除き、以下「基本構想」という。）を作成することができる。

2　基本構想には、次に掲げる事項について定めるものとする。
　一　重点整備地区における移動等円滑化に関する基本的な方針
　二　重点整備地区の位置及び区域
　三　生活関連施設及び生活関連経路並びにこれらにおける移動等円滑化に関する事項
　四　生活関連施設、特定車両及び生活関連経路を構成する一般交通用施設について移動等円滑化のために実施すべき特定事業その他の事業に関する事項（旅客施設の所在地を含まない重点整備地区にあっては、当該重点整備地区と同一の市町村の区域内に所在する特定旅客施設との間の円滑な移動のために実施すべき特定事業その他の事業に関する事項を含む。）
　五　前号に掲げる事業と併せて実施する土地区画整理事業、市街地再開発事業その他の市街地開発事業に関し移動等円滑化のために考慮すべき事項、自転車その他の車両の駐車のための施設の整備に関する事項その他の重点整備地区における移動等円滑化に資する市街地の整備改善に関する事項その他重点整備地区における移動等円滑化のために必要な事項

（道路特定事業の実施）

第31条　第25条第1項の規定により基本構想が作成されたときは、関係する道路管理者は、単独で又は共同して、当該基本構想に即して道路特定事業を実施するための計画（以下「道路特定事業計画」という。）を作成し、これに基づき、当該道路特定事業を実施するものとする。

2　道路特定事業計画においては、基本構想において定められた道路特定事業について定めるほか、当該重点整備地区内の道路において実施するその他の道路特定事業について定めることができる。

3　道路特定事業計画においては、実施しようとする道路特定事業について次に掲げる事項を定めるものとする。
　一　道路特定事業を実施する道路の区間
　二　前号の道路の区間ごとに実施すべき道路特定事業の内容及び実施予定期間
　三　その他道路特定事業の実施に際し配慮すべき重要事項

4 道路管理者は、道路特定事業計画を定めようとするときは、あらかじめ、関係する市町村、施設設置管理者及び公安委員会の意見を聴かなければならない。

5 道路管理者は、道路特定事業計画において、道路法第20条第1項に規定する他の工作物について実施し、又は同法第23条第1項の規定に基づき実施する道路特定事業について定めるときは、あらかじめ、当該道路特定事業を実施する工作物又は施設の管理者と協議しなければならない。この場合において、当該道路特定事業の費用の負担を当該工作物又は施設の管理者に求めるときは、当該道路特定事業計画に当該道路特定事業の実施に要する費用の概算及び道路管理者と当該工作物又は施設の管理者との分担割合を定めるものとする。

6 道路管理者は、道路特定事業計画を定めたときは、遅滞なく、これを公表するとともに、関係する市町村、施設設置管理者及び公安委員会並びに前項に規定する工作物又は施設の管理者に送付しなければならない。

7 前3項の規定は、道路特定事業計画の変更について準用する。

(1) 基本構想の策定

　市町村は、法第25条第2項の規定により、基本方針に基づき、単独で又は共同して、当該市町村の区域内の重点整備地区について、基本構想を作成することができる。既に策定された基本構想については、バリアフリー新法で新たに示された生活関連施設等を含め、必要に応じて見直すことが望ましい。

　基本構想とは、移動等円滑化に係る事業の重点的かつ一体的な推進に関する基本的な構想をいい、以下について定めるものである。なお、交通バリアフリー法において策定された基本構想及び特定経路は、法附則第5条の経過措置により相当規定とみなされる。

① 重点整備地区における移動等円滑化に関する基本的な方針
② 重点整備地区の位置及び区域
③ 生活関連施設及び生活関連経路並びにこれらにおける移動等円滑化に関する事項
④ 生活関連施設、特定車両及び生活関連経路を構成する一般交通用施設（道路、駅前広場、通路その他の一般交通の用に供する施設）について移動等円滑化のために実施すべき特定事業その他の事業に関する事項
⑤ 前号に掲げる事業と併せて実施する市街地開発事業に関し移動等円滑化のために考慮すべき事項、自転車等の駐車施設の整備に関する事項その他の重点整備地区における移動等円滑化に資する市街地の整備改善に関する事項、等

　なお、生活関連施設、生活関連経路の定義は法第2条第21号に規定されているが、重点整備地区内において、生活関連施設になり得る施設は複数かつ多数存在することがあり、そのうちのいずれの施設を生活関連施設とするかは市町村の裁量に委ねられること、また、それらの施設を結ぶ経路も多様な組み合わせがあり、そのうちいずれの経路をバリアフリー化を推進すべき経路として位置付けるかについても市町村の裁量に委ねられることから、基本構想において、生活関連施設及び生活関連経路を特定するとともに、これら各々についての事業実施の必要性等バリアフリー化に関する基本的な事項を記載することとされている。

(2) 道路特定事業の実施

　基本構想が策定された時は、関係する道路管理者は、単独又は共同して、当該基本構想に即

して道路特定事業計画を作成し、これに基づき当該道路特定事業を実施する。

　道路特定事業とは、次に掲げる道路法による道路の新設又は改築に関する事業（併せて実施する必要がある移動等円滑化のための施設又は設備の整備に関する事業を含む。）をいう。

① 歩道、道路用エレベーター、通行経路の案内標識その他の移動等円滑化のために必要な施設又は工作物の設置に関する事業
② 歩道の拡幅又は路面の構造の改善その他の移動等円滑化のために必要な道路の構造の改良に関する事業

1－4－2　特定道路の指定

> **バリアフリー新法**
>
> （定義）
>
> **第2条**
>
> 　九　特定道路　移動等円滑化が特に必要なものとして政令で定める道路法による道路をいう。
>
> （道路管理者の基準適合義務等）
>
> **第10条**　道路管理者は、特定道路の新設又は改築を行うときは、当該特定道路（以下この条において「新設特定道路」という。）を移動等円滑化のために必要な道路の構造に関する主務省令で定める基準（以下この条において「道路移動等円滑化基準」という。）に適合させなければならない。
>
> 2　道路管理者は、その管理する新設特定道路を道路移動等円滑化基準に適合するように維持しなければならない。
>
> 3　道路管理者は、その管理する道路（新設特定道路を除く。）を道路移動等円滑化基準に適合させるために必要な措置を講ずるよう努めなければならない。
>
> 4　新設特定道路についての道路法第33条第1項及び第36条第2項の規定の適用については、これらの規定中「政令で定める基準」とあるのは「政令で定める基準及び高齢者、障害者等の移動等の円滑化の促進に関する法律（平成18年法律第91号）第2条第2号に規定する移動等円滑化のために必要なものとして国土交通省令で定める基準」と、同法第33条第1項中「同条第1項」とあるのは「前条第1項」とする。
>
> **バリアフリー新法施行令**
>
> （特定道路）
>
> **第2条**　法第2条第9号の政令で定める道路は、生活関連経路を構成する道路法（昭和27年法律第180号）による道路のうち多数の高齢者、障害者等の移動が通常徒歩で行われるものであって国土交通大臣がその路線及び区間を指定したものとする。

　特定道路は、政令第2条において定める、生活関連経路を構成する道路法による道路のうち多数の高齢者、障害者等の移動が通常徒歩で行われるものであって国土交通大臣がその路線及び区間を指定したものである。

　道路管理者は、特定道路の新設又は改築を行うときは、道路移動等円滑化基準に適合させなければならないとともに、道路移動等円滑化基準を満たす整備を行った道路は、同基準に適合するように維持しなければならない。また、特定道路だけではなく、その管理する全ての道路

について、道路移動等円滑化基準に適合させるために必要な措置を講ずるよう努めなければならない。

なお、新基準への適合義務が課される特定道路については、既に新基準を満たす形で整備がなされている道路も含め、地域のバリアフリーネットワークを構成する生活関連経路について、地域の意向も踏まえつつ幅広く指定されるものである。

1－5　ガイドラインの位置付け
1－5－1　ガイドラインの適用範囲

本ガイドラインは、道路移動等円滑化基準に基づき新設又は改築を行う特定道路及び努力規定に基づき同基準に適合した整備を行うその他の道路（これらの道路を総称して以下「特定道路等」という。）を対象としており、これらの道路の移動等円滑化に携わる担当者が、必要とされる道路等の構造を理解し、計画の策定や事業の実施、評価などに活用し、ユニバーサルデザインを目指した道路空間を形成するために活用することを目的に策定したものである。

策定にあたっては、道路のバリアフリー化に関する最新の考え方、最新の事例等を基に検討を進めてきたものであるので、このガイドラインの考え方を十分認識の上、積極的に準用することにより、全ての道路空間が利用者にとって安全で快適な空間となるよう努めることが重要である。

1－5－2　ガイドラインの基本的理念

本ガイドラインの基本的理念を以下に示す。

○高齢者、障害者等に対して移動等円滑化を図ることにより、全ての人にとっても使いやすい構造とすることを基本とする。
○高齢者や障害者等の間で使いやすい構造が異なる場合には、お互いの意見を調整し、可能な限り反映した構造となるよう検討する。
○上記で検討した構造が都市の景観形成等の観点からも受け入れられるよう配慮する。

1－5－3　ガイドラインの見方

本ガイドラインは次の基本的考え方に基づいて作成した。

○本ガイドラインは、道路移動等円滑化基準に基づく整備を行う際の考え方を示すものである。
○具体的には、道路を構成する各要素について、それぞれに関する知見・データの蓄積に応じ、下記のいずれかを記述することとする。
・省令の各条項に対する解説（数値の根拠等）
・省令で明確に規定されていないが、統一的に適用すべき数値、手法等の提示
・整備に当たって適用することを検討すべき数値の範囲、手法の選択肢等の提示
・事例を用いた整備手法の紹介（好ましくない事例を含む。）

本ガイドラインは、次頁の区分方法により記述を行っている。

第1部 基本的理念

【本ガイドラインの見方】

第2章 歩道等

2-1 歩道の幾何構造

> 「バリアフリー新法」及び「道路移動等円滑化基準」の条項を記載。

道路移動等円滑化基準

（歩道）
第3条 道路（自転車歩行者道を設ける道路を除く。）には、歩道を設けるものとする。
（有効幅員）
第4条 歩道の有効幅員は、道路構造令第11条第3項に規定する幅員の値以上とするものとする。
2 自転車歩行者道の有効幅員は、道路構造令第10条の2第2項に規定する幅員の値以上とするものとする。
3 歩道又は自転車歩行者道（以下「歩道等」という。）の有効幅員は、当該歩道等の高齢者、障害者等の交通の状況を考慮して定めるものとする。

2-1-1 歩道の設置及び有効幅員

(1) 歩道等の設置

> 整備する上での配慮すべき事項について記載。
> （ガイドラインに該当する部分）

特定道路等を整備する場合には、原則、歩道を設けるものとする（自転車歩行者道を設ける道路を除く。）。

　バリアフリー歩行空間ネットワークを構成する特定道路等には、高齢者、障害者等の移動等円滑化を図る観点から、原則として車道と分離して歩道を設置しなければならない。すなわち、道路構造令第11条第1項及び第2項の規定にかかわらず、同条第3項に定められた値以上の有効幅員を備えた歩道を設けることが基本となる。ただし、自転車歩行者道を設ける道路にあっては、歩行者と少数の自転車が混在して通行する場合を想定し、この状態において歩行者と自転車又は自転車同士が安全にすれ違いや追い越

> 整備する上での配慮すべき事項の補足説明を記載。
> （ガイドラインの具体的な内容を解説する部分）

歩行者道をもって代えることができることとしてい

○参考○関連するその他の基準

道路構造令

（自転車歩行者道）
第10条の2
　自動車の交通量が多い第3種又は第4種の道路（自転車道を設ける道路を除く。）には、自転車歩行者道を道路の各側に設けるものとする。ただし、地形の状況その他の特別の理由によりやむを得ない場合においては、この限りでない。
（歩道）
第11条
2 第3種又は第4種第4級の道路（自転車歩行

> ガイドラインを記載する際の参考文献及び整備する際に参考とすべき事項等について記載。

を除く。）には、安全かつ円滑な交通を確保する必要がある場合においては、歩道を設け

第2章 計画及び運用に関する配慮事項

2-1 バリアフリー化水準の向上のための取り組み

(1) バリアフリー整備の継続的な推進

　バリアフリー化の推進にあたっては、最初から完璧な歩行空間が形成されることは稀であり、段階を経て、その水準が向上していくものである。よって、整備が実施された後においても高齢者、障害者等の視点から不足しているものを明らかにし、関係者が連携してその不足を補うための整備について検討し、実際の整備に反映させるというプロセスを、継続的に行っていくことが重要である。

　しかし、これまでに事業を実施した地域においては、事後評価を実施し、次の改善を図っていくようなプロセスを実施したケースは必ずしも多くはみられなかった。このようなプロセスを実施していない地域においては、バリアフリー化が進められているものの、部分的に使いづらい箇所があり、全体としてみたときに水準の高いバリアフリー化されたネットワークが形成されているとは言い難い場合がある。

　今後バリアフリー整備の水準をさらに向上させるためには、バリアフリー事業の実施後、その成果に対し、道路利用者を含む多様な関係者が参加する評価を行い、その評価結果を以後の計画の立案や事業に反映していく、スパイラルアップ（計画（Plan）→事業（Do）→評価（Check）→改善（Action）（ＰＤＣＡ））の取り組みが重要である。

　また、地域内における評価結果を同一地域内の改善に繋げるだけではなく、その評価結果を外部に対して情報発信することが望ましい。他の地域の事業主体がその評価結果を参考にし、自らの事業や計画の立案に反映させることが可能となるからである。このような地域間のフィードバックも含む、社会全体としてのスパイラルアップを図ることも重要である。

(2) 関係機関の連携

　移動等円滑化基本構想は、移動等円滑化に係わる事業の重点的かつ一体的な推進に関する基本的な構想であり、バリアフリーネットワークを形成する上で必要となる非常に重要な計画である。

　しかしながら、基本構想作成の主体となる部局と整備を実施する部局間の連携が円滑に図られていない場合には、作成された基本構想が十分に機能しない事態も想定される。また、整備を推進する複数の事業主体間の連携が不十分な場合には、建築物と道路、管理者が異なる道路の境界などにおいて、不整合が生じることとなる可能性もある。

　地方公共団体内の他の計画との整合を図りつつ、基本構想作成や事業実施を円滑に推進するためには、地方公共団体内の関連部局が連携することが必要である。さらに、地域内において面的に整合のとれた整備を実施するためには、地域内の関係者の連携も重要である。

　また、事業の実施に際しても、基本方針に「移動等円滑化に係る各種の事業が相互に連携して相乗効果を生み、連続的な移動経路の確保が行われるように、関係する施設設置管理者、都

第1部　基本的理念

道府県公安委員会等の関係者間で必要に応じて十分な調整を図って整合性を確保するとともに、事業の集中的かつ効果的な実施を確保する。」とあるように、道路管理者においても、国道、都道府県道、市町村道の各管理者どうしの連携及び、都道府県公安委員会や他の施設の管理者等との連携を図ることが必要である。

○隣接する2市が共同で基本構想を作成した例

　大阪府吹田市と豊中市では、吹田市に立地する桃山台駅が豊中市に隣接し、豊中市民も当該駅を多く利用していることから、両市民にとってより安全でより使いやすいバリアフリー化を進めるため、2市が協力してバリアフリー基本構想を策定した。

2－2　高齢者、障害者等に対応した配慮

(1) 多様な道路利用者に配慮した整備

　道路利用者は多様であり、様々な状況の人の特性等に配慮して整備されるべきものである。

　交通バリアフリー法では、移動制約者として「高齢者、身体障害者等」という用語を使用していたが、バリアフリー新法においては、「高齢者、障害者等」という用語が使用されており、今まで主に対象としていた、肢体不自由者、視覚障害者、聴覚障害者などだけではなく、身体障害者以外の障害者等にも対象範囲を大きく広げ、身体の機能上の制限を受けるもの全てを含めた配慮が必要であることが明確に位置付けられた。

　ただし、知的障害、精神障害、発達障害などの障害特性は、外見上明らかでない場合が多く、個々の実態も多様である。このため、関係機関や地方公共団体等においては、バリアフリー化にあたって障害者等の計画段階からの参画による意見聴取などにより、どのような状況が困難であるのか、どのような整備が必要であるかなどを適切に把握することが必要である。その際には、障害特性により相反する意見があることに留意し、なるべく幅広い意見聴取等に努めるべきである。また、調査研究などを実施することも重要である。

(2) 高齢者、障害者等の参画とバリアに関する理解の充実

　高齢者、障害者等が生活上感じているバリアについて、事業主体の理解が不足している場合には、バリアフリー化のために事業を行った場合でも、必ずしも使いやすい歩行空間にならない場合もある。よって、事業主体は高齢者、障害者等が日常の生活の中で何をバリアと感じているのかを理解してバリアフリー化に取り組むことが重要である。

　一方、計画の策定、事業の実施などの各段階において、高齢者、障害者等が参画する機会を設けることも重要であり、またその際の事業主体は、それぞれの意見の趣旨を十分に理解することができるよう、配慮すべき事項などの知識を持ち合わせていることが不可欠である。

　さらに、高齢者、障害者等を含む道路利用者も専門的な知識を持つことが重要であり、そのような観点からも、事業主体は地域の高齢者、障害者等の参画する機会を持つことや、バリアフリーに関する正しい理解と知識をもった利用者を育成することなどにより、道路利用者自身の意識の向上を図ることが重要である。

　また、道路利用者のマナーの問題などもバリアフリーの推進においては重要な課題である。この解決のために、高齢者、障害者等の暮らしや気持ち、手助けの方法などに対する他の道路利用者の理解を深めるための啓発も必要である。

(3) 移動等円滑化された経路の周知・案内

　高齢者や障害者等が目的地まで迷うことなく円滑に到着するためには、その途中の経路が移動等円滑化されているか否か等の情報をわかりやすく案内することが重要である。一方、特定道路や基本構想に位置づけられる生活関連経路は今後整備を行っていく路線も含まれており、これらが現時点で既に移動等円滑化されたネットワークを形成している訳ではない。

　従って、既に移動等円滑化されているネットワークを、地図等を用いて分かりやすく案内するとともに、関係機関の連携の元、事業の進捗に応じて定期的に見直し、更新を行うことが望ましい。

2－3　バリアフリー整備の維持管理

バリアフリー新法

（道路管理者の基準適合義務等）

第10条

2　道路管理者は、その管理する新設特定道路を道路移動等円滑化基準に適合するように維持しなければならない。

　バリアフリー新法において、道路移動等円滑化基準に基づき新設又は改築が行われた特定道路については、それを維持し続ける義務についても定められた。よって、整備後においても道路移動等円滑化基準に適合するよう維持管理をしなければならない。合わせて、整備された道路をバリアフリー化された状態で維持するためには、以下の取り組みを実施することも重要である。

(1)　道路占用物件の占用許可

　歩道や自転車歩行者道（以下「歩道等」という。）において、歩道上の占用物件により必要な有効幅員が確保されない場合がある。そこで、新設又は改築が行われた後の生活関連経路等における歩道等においては、占用物件を設ける場合に歩道の有効幅員の規定に適合しなくなる場合には、当該歩道等への占用物件の設置を許可できないこととされた。（道路占用が許可できる場所の基準を規定した。）

○参考○関連するその他の基準

　移動等円滑化のために必要な道路の占用に関する基準を定める省令（国土交通省令117号、平成18年12月20日）（抜粋）

一　工作物等を歩道又は自転車歩行者道上に設ける場合においては、歩行者又は自転車が通行することができる部分の幅員が移動等円滑化のために必要な道路の構造に関する基準を定める省令（平成18年国土交通省令第116号。以下「道路移動等円滑化基準」という。）第4条の規定により定められた有効幅員（同令附則第3項の規定により有効幅員を縮小した場合にあっては、当該縮小した有効幅員）以上となる場所であること。

二　工作物等を道路移動等円滑化基準附則第2項の規定により車道及びこれに接続する路肩の路面における凸部、車道における狭さく部又は屈曲部その他の自動車を減速させて歩行者又は自転車の安全な通行を確保するための道路の部分を設けた道路の区間に設ける場合

> においては、歩行者又は自転車の安全かつ円滑な通行を著しく妨げない場所であること。

(2) 路上障害物の排除

　歩道幅員の拡幅などの整備を実施しても、その後の放置自転車や不法占用物件などにより車いす使用者や視覚障害者等の通行が阻害されるような状況にあっては、整備の効果が発現されない。例えば、車いす使用者は、歩道を通行することが困難なためやむを得ず車道を通行せざるを得ないなど危険な状況になる。一方、視覚障害者は、歩道上の障害物にぶつかってしまうことにもなりかねないなど、ハード整備がされたにもかかわらずバリアが存在することとなる。

　これらの放置自転車や不法占用物件を排除するためには、利用者のマナーの向上とともに、高齢者、障害者等が感じているバリアについての利用者の理解と適切な管理が必要である。

① 放置自転車の排除

　歩道の幅員が道路移動等円滑化基準を満たしている状況であっても、放置自転車により有効幅員が狭められている状況がみられる。特に駅前周辺等では、その状況をどのように打開するかが大きな課題となっている。

　放置自転車の排除のための対策として、駐輪場の整備を推進することが必要であるが、併せて、地方公共団体、公安委員会等と連携をとりながら、歩道上に駐輪をしないよう指導し、取り締まりを強化することが望まれる。特に視覚障害者誘導用ブロック上への駐輪については、徹底すべきである。放置自転車に対する指導方法として、地域における活動（企業、町会、ＮＰＯなどのボランティア活動など）との連携による啓発活動も有効である。

○地域住民等による放置自転車排除の啓発活動の事例（大阪市）

　『サイクルサポーター』としての帽子、腕章等を支給されたボランティアによる道路上の駐輪に対する啓発を実施している。

② 不法占用物件の排除

　歩道上に置かれる看板や商品のはみ出し陳列などの不法占用物件により、歩道の有効幅員が狭められ、高齢者、障害者等の通行に支障をきたしている状況が多く見受けられる。

　不法占用物件の排除のための対策は、啓発活動により徹底されるものである。啓発活動として、道路上に看板等を置かないようチラシを配布するなどの取り組みが重要である。また、歩道上に不法に設置されている置き看板やのぼり旗等について、物件の所有者に対して文書勧告を実施するなどの積極的な指導を警察の協力を求めつつ行うとともに、地方公共団体等と連携し、積極的な排除に取り組んでいくことが重要である。

(3) 点検

歩道の機能を十分に維持・保全するために、路上障害物の排除のほか、適切な管理を行うことが重要である。特に工事後の復旧部分や車両乗入れ部の劣化等に注意する。

点検により歩道上の問題・破損等を発見した場合には、当該箇所の補修を行い、常に通行者の円滑な移動が確保されるようにしておくものとするとともに、バリアフリー新法において全ての道路に努力業務が追加されたことを踏まえ、本ガイドラインに整合しない歩道構造等についても、本ガイドラインに適合するよう努めることが重要である。

［点検項目例］

(a) 通行部分の状況
　① 舗装の破損、不陸及び不等沈下状況
　② 縁石の破損、倒壊
　③ 縁石の段差の状況
　④ 不法占用物件
　⑤ 路面排水の停滞等
　⑥ 適正な通行区分

(b) 通行空間の状況
　① 横断歩道接続部における見通しの状況
　② 建築限界の違反

　　　　　　　　　　　　　　　　　　等

(4) 工事における事前調整

歩道において工事を行う場合で、歩行位置の変更又は歩道通行止めを行うときは、事前に安全かつ円滑な通行が確保できる仮設歩道を設置、迂回路又は迂回方法を含め変更される歩行条件について当該道路の利用者に情報提供を行うことが大切である。また、これらの実施にあたっては、事前に関係者と調整を行う必要がある。

第 2 部
計画の考え方

第1章 道路計画の考え方

1-1 バリアフリー化された道路のネットワーク形成

バリアフリー新法

(定義)
第2条

二十一 重点整備地区 次に掲げる要件に該当する地区をいう。

　イ 生活関連施設（高齢者、障害者等が日常生活又は社会生活において利用する旅客施設、官公庁施設、福祉施設その他の施設をいう。以下同じ。）の所在地を含み、かつ、生活関連施設相互間の移動が通常徒歩で行われる地区であること。

　ロ 生活関連施設及び生活関連経路（生活関連施設相互間の経路をいう。以下同じ。）を構成する一般交通用施設（道路、駅前広場、通路その他の一般交通の用に供する施設をいう。以下同じ。）について移動等円滑化のための事業が実施されることが特に必要であると認められる地区であること。

　ハ 当該地区において移動等円滑化のための事業を重点的かつ一体的に実施することが、総合的な都市機能の増進を図る上で有効かつ適切であると認められる地区であること。

基本方針

三 基本構想の指針となるべき事項
2 重点整備地区の位置及び区域に関する基本的な事項
(1) 重点整備地区の要件

　法では、市町村は、法第2条第21号イからハまでに掲げる要件に該当するものを、移動等円滑化に係る事業を重点的かつ一体的に推進すべき重点整備地区として設定することができることとされている。また、重点整備地区の区域を定めるに当たっては、次に掲げる要件に照らし、市町村がそれぞれの地域の実情に応じて行うことが必要である。

① 「生活関連施設（高齢者、障害者等が日常生活又は社会生活において利用する旅客施設、官公庁施設、福祉施設その他の施設をいう。）の所在地を含み、かつ、生活関連施設相互間の移動が通常徒歩で行われる地区であること。」（法第2条第21号イ）

　生活関連施設に該当する施設としては、相当数の高齢者、障害者等が利用する旅客施設、官公庁施設、福祉施設、病院、文化施設、商業施設、学校等多岐にわたる施設が想定されるが、具体的にどの施設を含めるかは施設の利用の状況等地域の実情を勘案して選定することが必要である。

　また、生活関連施設相互間の移動が通常徒歩で行われる地区とは、生活関連施設が徒歩圏内に集積している地区をいい、地区全体の面積がおおむね400ヘクタール未満の地区であって、原則として、生活関連施設のうち特定旅客施設又は官公庁施設、福祉施設等の特別特定建築物に該当するものがおおむね3以上所在し、かつ、当該施設を利用す

第2部　計画の考え方

る相当数の高齢者、障害者等により、当該施設相互間の移動が徒歩で行われる地区であると見込まれることが必要である。

なお、重点整備地区を設定する際の要件として、特定旅客施設が所在することは必ずしも必須とはならないが、連続的な移動に係る移動等円滑化の確保の重要性に鑑み、特定旅客施設を含む重点整備地区を設定することが引き続き特に求められること、及び特定旅客施設の所在地を含む重点整備地区を設定する場合には、法第25条第3項の規定に基づき当該特定旅客施設を生活関連施設として定めなければならないとされていることに留意する必要がある。

② 「生活関連施設及び生活関連経路（生活関連施設相互間の経路をいう。）を構成する一般交通用施設（道路、駅前広場、通路その他の一般交通の用に供する施設をいう。）について移動等円滑化のための事業が実施されることが特に必要であると認められる地区であること。」（法第2条第21号ロ）

重点整備地区は、重点的かつ一体的に移動等円滑化のための事業を実施する必要がある地区であることが必要である。

このため高齢者、障害者等の徒歩若しくは車椅子による移動又は施設の利用の状況、土地利用及び諸機能の集積の実態並びに将来の方向性、想定される事業の実施範囲、実現可能性等の観点から総合的に判断して、当該地区における移動等円滑化のための事業に一体性があり、当該事業の実施が特に必要であると認められることが必要である。

③ 「当該地区において移動等円滑化のための事業を重点的かつ一体的に実施することが、総合的な都市機能の増進を図る上で有効かつ適切であると認められる地区であること。」（法第2条第21号ハ）

高齢者、障害者等に交流と社会参加の機会を提供する機能、消費生活の場を提供する機能、勤労の場を提供する機能など都市が有する様々な機能の増進を図る上で、移動等円滑化のための事業が重点的に、かつ、各事業の整合性を確保して実施されることについて、実現可能性及び集中的かつ効果的な事業実施の可能性等の観点から判断して、有効かつ適切であると認められることが必要である。

3　生活関連施設及び生活関連経路並びにこれらにおける移動等円滑化に関する事項

重点整備地区において長期的に実現されるべき移動等円滑化の姿を明らかとする観点から、生活関連施設、生活関連経路等については次に掲げるとおり記載することが望ましい。

(1) 生活関連施設

生活関連施設を選定するに当たっては、2(1)に留意するほか、既に移動等円滑化されている施設については、当該施設内の経路について、生活関連経路として移動等円滑化を図る場合等、一体的な移動等円滑化を図る上で対象と位置付けることが必要な施設につき記載するものとする。また、当面移動等円滑化のための事業を実施する見込みがない施設については、当該施設相互間の経路について、生活関連経路として移動等円滑化を図る場合等、一体的な移動等円滑化を図る上で対象と位置付けることが必要な施設につき、生活関連施設として、長期的展望を示す上で必要な範囲で記載することにも配慮する。

(2) 生活関連経路
　生活関連経路についても(1)同様、既に移動等円滑化されている経路については、一体的な移動等円滑化を図る上で対象として位置付けることが必要な経路につき記載するものとする。また、当面移動等円滑化のための事業実施の見込みがない経路については、長期的展望を示す上で必要な範囲で記載することにも配慮する。

(1) バリアフリー歩行空間ネットワークの形成

　バリアフリー化された歩行空間ネットワークは、不連続では意味をなさず、施設から施設をつなぎその連続性を確保してはじめて、高齢者、障害者等の円滑な移動が可能となるため、どの道路を整備するかという議論を行う前提には、その連続性を確保するために必要な区間の整備という観点が含まれるべきである。

　これまでの交通バリアフリー法に基づく整備においては、特定旅客施設と福祉施設等を結ぶ経路を特定経路として、必要な有効幅員が確保された歩道を設けることが必要とされていた。そのため、これまで市町村が策定した基本構想には、移動円滑化基準に定められた有効幅員の確保が可能な歩道のみを特定経路として、ネットワークを設定したものが多くみられた。そのような計画においては、連続した歩行空間ネットワークが形成されにくく、必ずしも高齢者、障害者等の移動における利便性の向上に大きくは寄与しないことが考えられる。

　バリアフリー新法に基づく整備において、重点整備地区内でネットワークを構成することとなる生活関連経路は、基本構想作成のための協議会等において地区内の生活関連施設を選定した上で、それらを繋ぐ経路として定められるものである。経路の選定にあたっては、高齢者、障害者等の安全の確保はもちろんのこと、利用形態や障害特性を考慮した利便性（遠回りにならない経路、わかりやすい経路、回遊性を考慮した経路とすること、等）にも配慮することが必要である。また、その際には施設間を繋ぐという観点に加え、例えば住宅地から駅までのアクセスなど多くの人が通行する経路を考慮するなど、地区のあるべきネットワーク全体の観点にも留意すべきである。

　そのため、必要な歩道の有効幅員を確保できる道路だけではなく、バリアフリー歩行空間ネットワーク形成のために必要な道路については、バリアフリー化を行うべきである。ネットワークを形成するために必要な道路であるものの、道路移動等円滑化基準で原則確保すべきとされている歩道の有効幅員を確保できない道路については、同基準に新たに追加された経過措置を適用することにより、歩行空間ネットワークに組み入れることができ、これにより長期的に望ましい姿を見据えた上で、当分の間、効果のある整備を推進することで、バリアフリー歩行空間ネットワークを形成することができる。

(2) 重点整備地区の選定と生活関連施設の選定

　全ての歩行空間をバリアフリー化することが理想であるが、短期的にバリアフリー化を実現することは現実的に困難である。よって、速やかにかつ効果的に整備を推進するために、市町村は移動等円滑化にかかわる事業を重点的、一体的に推進する重点整備地区について、移動等円滑化基本構想を作成することができる。その際、基本構想に生活関連施設及び生活関連経路とその整備内容について定めるものとしている。

「生活関連施設」は、法第21条により、「高齢者、障害者等が日常生活又は社会生活において利用する旅客施設、官公庁施設、福祉施設その他の施設」としており、基本方針においては、「相当数の高齢者、障害者等が利用する旅客施設、官公庁施設、福祉施設、病院、文化施設、商業施設、学校等多岐にわたる施設が想定されるが、具体的にどの施設を含めるかは施設の利用の状況等地域の実情を勘案して選定することが必要である。」としている。加えて、災害時の避難所として使われる施設までの誘導経路をバリアフリー化するという観点にも配慮すべきである。

また、これらの施設が集積している通常徒歩で移動する範囲を重点整備地区として設定するが、その範囲は基本方針において、徒歩圏を半径1kmとして概ね400ヘクタール未満を目安としている。

なお、重点整備地区を設定する要件として、特定旅客施設が所在することは必ずしも必須とはならないが、連続的な移動に係る移動等円滑化の確保の重要性に鑑み、特定旅客施設を含む重点整備地区の設定が引き続き特に求められること、また、特定旅客施設の所在地を含む重点整備地区を設定する場合には、法第25条第3項に基づき当該特定旅客施設を生活関連施設として定めなければならないとされていることに留意する必要がある。

(3) 生活関連経路の考え方

生活関連経路は、先にも述べたように生活関連施設間を連続して繋ぐ移動経路として選定するもので、その検討にあたっては、回遊性を考慮し、連続的にバリアフリー歩行空間ネットワークを形成するよう配慮する必要がある。

生活関連経路は、歩行者の行動特性を十分に考慮して設定することが望ましい。ただし、相反する場合には地域において優先順位を熟慮して決定する必要がある。

(4) バリアフリー歩行空間ネットワークの実現

バリアフリー化の整備効果をより早く有効的に発現させるために、移動等円滑化のための事業を重点的かつ各事業の整合性を確保して実施し、バリアフリー歩行空間ネットワークを形成することを実現することが重要である。そのため、実現可能性や集中的・効果的な事業実施の可能性等の観点から判断して、有効かつ適切であると認められる箇所から整備を推進することが必要である。

また、部分的な整備ではなく段階的かつ計画的な整備によってネットワーク形成を図るものとする。整備計画の検討にあたっては、地域の特性、利用の状況に応じて重点整備地区内の特定道路から優先的に整備を行うものとする。

基本方針においては、当面バリアフリー化のための事業実施の見込みがない経路については、事業の具体化に向けた検討の方向性等について記載し、事業が具体化した段階で、基本構想を適宜変更して事業の内容について記載を追加することとしている。

(5) 道路と建築物等との一体的な整備の推進

バリアフリー整備の推進にあたっては、特定道路事業に基づく道路整備だけではなく、旅客施設や官公庁施設等の配置計画の見直しを検討する場合や改築等を行う場合などにおいては、高齢者、障害者等の安全で円滑な移動を確保するため、道路との段差の調節や必要な幅員が確保されるよう民地との一体的な整備を検討するなど、道路と建築物との一体的な整備に配慮す

ることが必要である。よって、道路管理者と沿道施設の管理者とが十分な調整を図ることにより、段差の解消や勾配を改善することが重要である。

特に生活関連施設と道路の接続箇所については、段差の解消、勾配の改善を図ることが必要であるが、一般の建物に関しても、段差の解消、勾配の改善を図ることが望ましい。

また、沿道土地のレベル高さがそろっていない道路では、段差の解消を図ることにより道路が波打たないよう、道路全体の高さの見直しや、道路の高さに順次沿道土地のレベル高さをすり付ける等の調整を図ることが望ましい。

1－2　バリアフリーネットワーク計画

> 歩行空間のバリアフリーネットワーク計画の策定にあたっては、都市計画等の道路整備に関する計画との整合はもちろんのこと、地区内における歩行者と自動車の交通を総合的に考えた地区交通計画[1]、交通安全に関する計画などとの整合を図ることにより、歩行空間整備や交通規制等とも連携のとれたバリアフリー化を推進することが重要である。

今までの移動円滑化基本構想の作成において、都市計画、地区交通計画等の他の計画との関連が考慮されたかどうか疑わしいケースが見受けられる。このように、同じ地区内における複数の計画がそれぞれ独自に策定されることは、効率的な事業が実施されないばかりでなく、計画間に不整合が生じることにも繋がる。

市街地においては、その地域の利用形態にも配慮し、経路協定[2]を活用して建築物内のエレベーターをネットワークの一部として位置付けるなど、建築物の整備に関する計画とネットワーク計画を一体として検討することが有効である。

施設間の距離が長いなどの理由により、徒歩のみによるネットワークの形成が困難な場合は、バス等の公共交通も組み合わせる必要があることから、特に地域の公共交通網とバリアフリーネットワーク計画の整合を図ることが望ましい。

---

[1] 地区交通計画については、既存の図書等を参考文献とされたい。
[2] 沿道建築物等の所有者等との合意のうえ、移動円滑化のための経路の整備又は管理に関する協定を締結することにより、民地等を移動円滑化経路の一部とすることができるものである。

第2部　計画の考え方

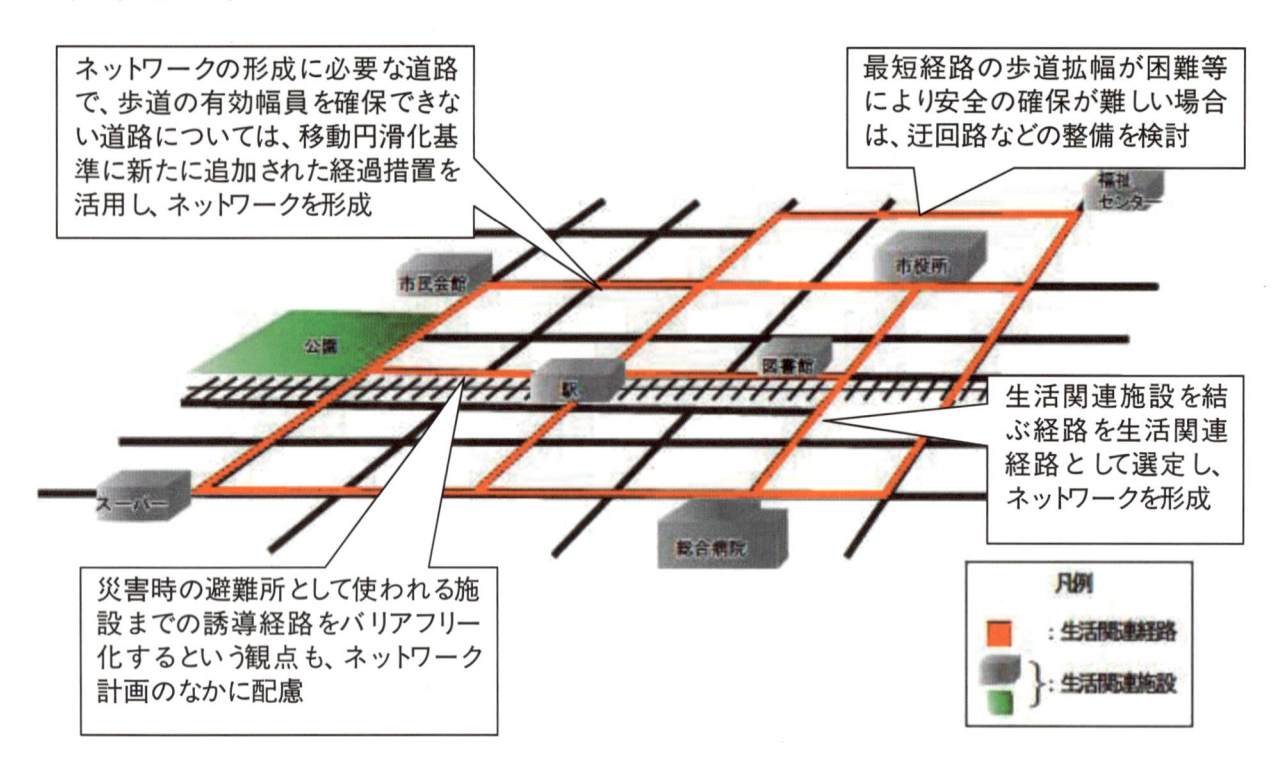

- ネットワークの形成に必要な道路で、歩道の有効幅員を確保できない道路については、移動円滑化基準に新たに追加された経過措置を活用し、ネットワークを形成

- 最短経路の歩道拡幅が困難等により安全の確保が難しい場合は、迂回路などの整備を検討

- 生活関連施設を結ぶ経路を生活関連経路として選定し、ネットワークを形成

- 災害時の避難所として使われる施設までの誘導経路をバリアフリー化するという観点も、ネットワーク計画のなかに配慮

凡例
■：生活関連経路
■ }：生活関連施設
■

図2−1−1　バリアフリーネットワーク計画イメージ

第 3 部
道路の移動等円滑化基準の運用指針

第1章 総則

1−1 道路利用者の寸法

本ガイドラインにおいて、主な対象者として検討したのは、高齢者、障害者等であるが、これらの対象者のみではなく、介助者が付き添っている方や妊婦、けが人などを含む全ての人にとって使いやすいユニバーサルデザインの考え方に配慮して整備することが望ましい。

本ガイドラインにおいて想定している、道路利用者の基本的な寸法を示す。

■道路利用者の基本的な寸法

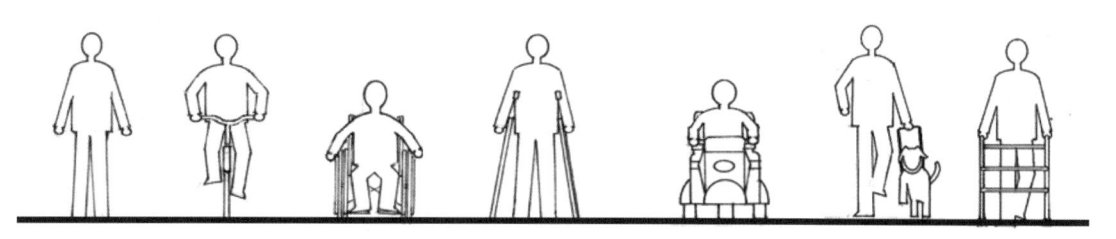

	人(成人男子、荷物等なし)	自転車	車いす	杖使用者(2本)	自操用ハンドル型電動車いす	盲導犬	歩行器
静止状態	幅45cm	幅60cm	幅70cm	幅90cm	幅70cm	幅80cm	幅70cm
通行時	幅70〜75cm	幅100cm	幅100cm	幅120cm	幅100cm	幅150cm	幅80cm

図1−1　道路利用者の基本的な寸法

■車いすの寸法（JIS）

◇JIS T 9201　手動車いす（大型）の寸法

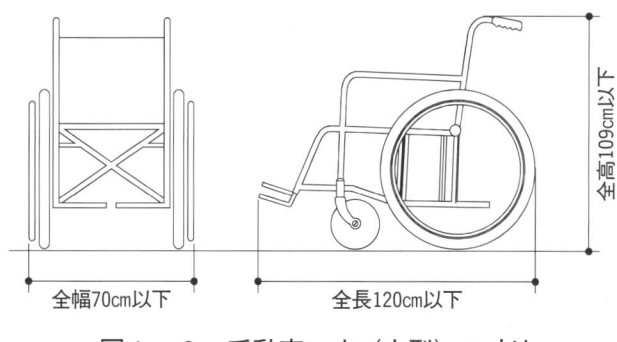

全幅70cm以下、全長120cm以下、全高109cm以下

図1−2　手動車いす（大型）の寸法

◇JIS T 9203　電動車いすの寸法

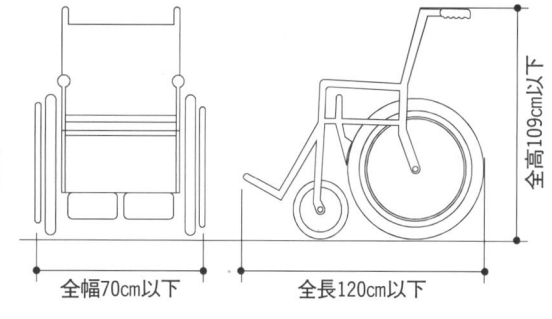

全幅70cm以下、全長120cm以下、全高109cm以下

図1−3　電動車いすの寸法

■車いす使用者の通行のための寸法

◇80cm：出入口などを車いす使用者が通過できる最低幅

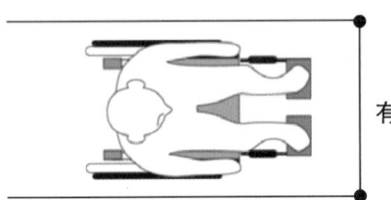

有効幅：80cm

注）車いすが通過できる最低幅であり、当該施設を通過する前に車いすをこいで、通過中は車いすをこがない事を想定して設定している。

図1－4　出入り口などを通過できる最低幅

◇100cm：歩道上で車いす使用者が通行できる寸法

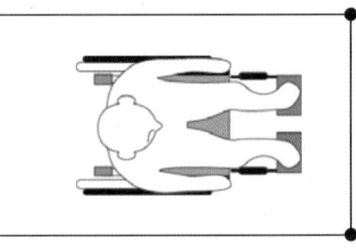

有効幅：100cm

注）歩道は、勾配や路面の不陸による影響が大きいため、車いすを操作してぶれが生じる可能性を考慮して、車いす使用者が通行できる寸法を100cmと設定している。

図1－5　歩道上で通行できる寸法

◇150cm：車いすがその場で回転できる最低寸法

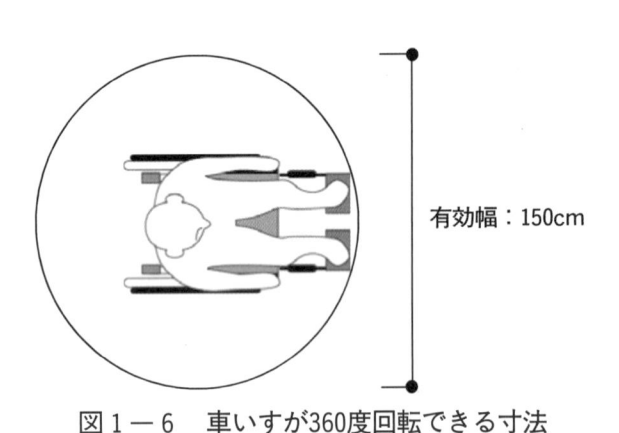

有効幅：150cm

図1－6　車いすが360度回転できる寸法

◇200cm：歩道上で車いす使用者2人がすれ違える寸法

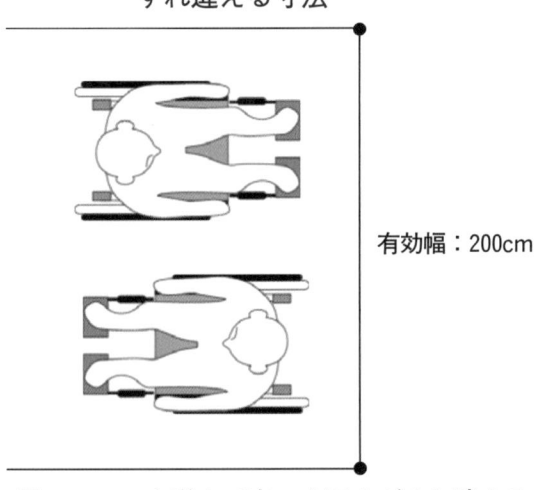

有効幅：200cm

図1－7　歩道上で車いす同士がすれ違える寸法

［参考］140cm×170cm：車いすが最小の有効幅（140cm）で、方向転換（180°）する場合には、最小で170cmの有効幅が必要となる。

有効幅：170cm

有効幅：140cm

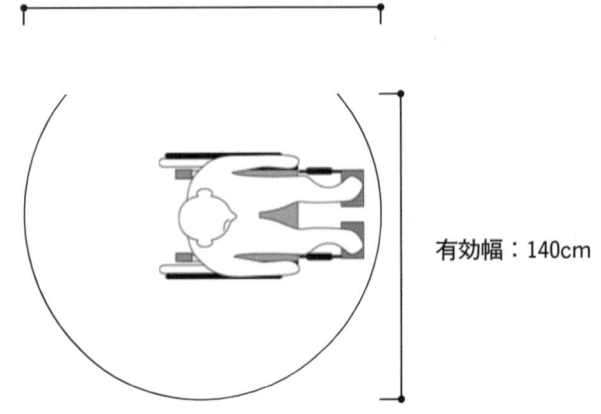

図1－8　車いすが最小の有効幅で方向転換できる寸法

1-2 基準の趣旨・用語の定義

> **道路移動等円滑化基準**
>
> （趣旨）
> 第1条　高齢者、障害者等の移動等の円滑化の促進に関する法律（以下「法」という。）第10条第1項に規定する道路移動等円滑化基準は、道路法（昭和27年法律第180号）、道路構造令（昭和45年政令第320号）及び道路構造令施行規則（昭和46年建設省令第7号）に定めるもののほか、この省令の定めるところによる。
>
> （用語の定義）
> 第2条　この省令における用語の意義は、法第2条、道路交通法（昭和35年法律第105号）第2条（第4号及び第13号に限る。）及び道路構造令第2条に定めるもののほか、次に定めるところによる。
>
> 一　有効幅員　歩道、自転車歩行者道、立体横断施設（横断歩道橋、地下横断歩道その他の歩行者が道路等を横断するための立体的な施設をいう。以下同じ。）に設ける傾斜路、通路若しくは階段、路面電車停留場の乗降場又は自動車駐車場の通路の幅員から、縁石、手すり、路上施設若しくは歩行者の安全かつ円滑な通行を妨げるおそれがある工作物、物件若しくは施設を設置するために必要な幅員又は除雪のために必要な幅員を除いた幅員をいう。
>
> 二　車両乗入れ部　車両の沿道への出入りの用に供される歩道又は自転車歩行者道の部分をいう。
>
> 三　視覚障害者誘導用ブロック　視覚障害者に対する誘導又は段差の存在等の警告若しくは注意喚起を行うために路面に敷設されるブロックをいう。

　道路特定事業を実施する際には、基準に定めるもののほか、道路法、道路構造令、道路構造令施行規則に従って事業を実施する必要がある。

　また、本ガイドラインで示されていない、道路等の詳細な構造を決定する際には、関連するその他の法令、既往の国土交通省（建設省）通達、設計基準、設計指針類を参考に定めるものとする。

　以下に、参考とすべき基準・指針類名を記載する。

　〇歩道の一般的構造に関する基準
　　（国都街発第60号、国道企発第102号　平成17年2月3日都市・地域整備局長・道路局長通達）

　〇防護柵の設置基準（道地環発第29号　平成16年3月31日道路局長通達）

　〇道路緑化技術基準
　　（都街発第21号、道環発第8号　昭和63年6月22日都市局長・道路局長通達）

　〇立体横断施設技術基準および道路標識設置基準
　　（都街発第13号、道企発第14号　昭和53年3月22日都市局長・道路局長通達）

　〇駐車場設計・施工指針（道企発第40号　平成4年6月10日道路局企画課長通達）

　〇道路標識設置基準（都街発第32号、道企発第50号　昭和61年11月1日都市局長・道路局長

通達）
○視覚障害者誘導用ブロック設置指針
　（都街発第23号、道企発第39号　昭和60年8月21日都市局街路課長・道路局企画課長通達）
○道路照明施設設置基準
　（都街発第10号、道企発第9号　昭和56年3月27日都市局長・道路局長通達）

第2章 歩道等

2－1 歩道の幾何構造

道路移動等円滑化基準

（歩道）

第3条　道路（自転車歩行者道を設ける道路を除く。）には、歩道を設けるものとする。

（有効幅員）

第4条　歩道の有効幅員は、道路構造令第11条第3項に規定する幅員の値以上とするものとする。

2　自転車歩行者道の有効幅員は、道路構造令第10条の2第2項に規定する幅員の値以上とするものとする。

3　歩道又は自転車歩行者道（以下「歩道等」という。）の有効幅員は、当該歩道等の高齢者、障害者等の交通の状況を考慮して定めるものとする。

2－1－1　歩道の設置及び有効幅員

(1)　歩道等の設置

　特定道路等を整備する場合には、原則、歩道を設けるものとする（自転車歩行者道を設ける道路を除く。）。

　バリアフリー歩行空間ネットワークを構成する特定道路等には、高齢者、障害者等の移動等円滑化を図る観点から、原則として車道と分離して歩道を設置しなければならない。すなわち、道路構造令第11条第1項及び第2項の規定にかかわらず、同条第3項に定められた値以上の有効幅員を備えた歩道を設けることが基本となる。ただし、自転車歩行者道を設ける道路にあっては、歩行者と少数の自転車が混在して通行する場合を想定し、この状態において歩行者と自転車又は自転車同士が安全にすれ違いや追い越しができるように定めているため、自転車歩行者道をもって代えることができることとしている。

○参考○関連するその他の基準

道路構造令

（自転車歩行者道）

第10条の2

　自動車の交通量が多い第3種又は第4種の道路（自転車道を設ける道路を除く。）には、自転車歩行者道を道路の各側に設けるものとする。ただし、地形の状況その他の特別の理由によりやむを得ない場合においては、この限りでない。

（歩道）

第11条

2　第3種又は第4種第4級の道路（自転車歩行者道を設ける道路及び前項に規定する道路を除く。）には、安全かつ円滑な交通を確保する必要がある場合においては、歩道を設け

第3部　道路の移動等円滑化基準の運用指針

るものとする。ただし、地形の状況その他の特別の理由によりやむを得ない場合においては、この限りでない。

バリアフリー新法施行令

（特定道路）

第2条　法第2条第9号の政令で定める道路は、生活関連経路を構成する道路法による道路のうち多数の高齢者、障害者等の移動が通常徒歩で行われるものであって、国土交通大臣がその路線及び区間を指定したものとする。

(2) 歩道の有効幅員

> 特定道路等を構成する道路に設ける歩道等の有効幅員は、道路構造令に準じ、歩道においては、3.5m（歩行者交通量の多い道路）又は2m（その他の道路）以上、自転車歩行者道においては4m（歩行者交通量の多い道路）又は3m（その他の道路）以上確保することとする。

特定道路等を構成する道路においては、高齢者、障害者等の移動等円滑化を図るために、車いす使用者がいつでもすれ違える幅員を確保しなければならない。このため、歩道等上の路上施設又は占用物件の設置に必要な幅員、及び積雪寒冷地における除雪幅を除き、実質、歩行者が通行可能な幅員（基準第2条第1号で「有効幅員」と規定）として、歩行者の交通量の多い歩道においては3.5m、その他の歩道においては2m、歩行者の交通量が多い自転車歩行者道においては4m、その他の自転車歩行者道においては3mをそれぞれ最小値として、それ以上の幅員を確保しなければならない。また、有効幅員はできるだけ連続して幅広く確保するとともに、植樹ますや車止め等は通行の支障とならないよう設置することが望ましい。歩道及び自転車歩行者道の幅員設定の考え方を図2－1、図2－2に示す。

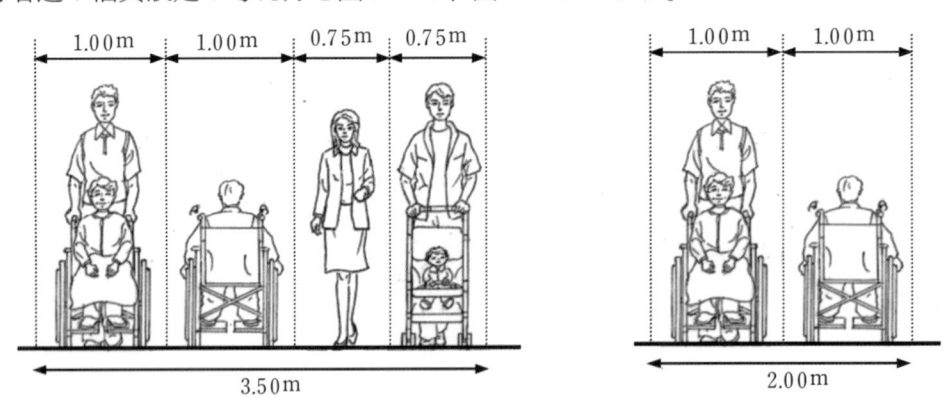

図2－1　歩道の幅員の考え方

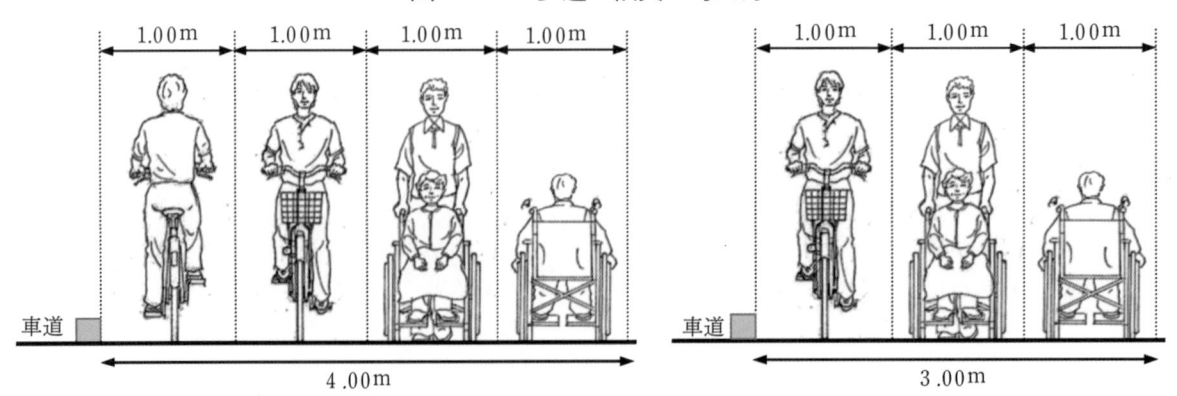

図2－2　自転車歩行者道の幅員の考え方

第2章　歩道等

> ○参考○関連するその他の基準
>
> **道路構造令**
>
> （自転車歩行者道）
>
> **第10条の2**
>
> 2　自転車歩行者道の幅員は、歩行者の交通量が多い道路にあっては4メートル以上、その他の道路にあっては3メートル以上とするものとする。
>
> （歩道）
>
> **第11条**
>
> 3　歩道の幅員は、歩行者の交通量が多い道路にあっては3.5メートル以上、その他の道路にあっては2メートル以上とするものとする。

(3) 積雪寒冷地における有効幅員の考え方

> 積雪寒冷地の生活関連経路を構成する道路に設ける自転車歩行者道の冬期の有効幅員は、自転車に必要な幅員を除くことができるものとする。

　積雪寒冷地における冬期の有効幅員は、冬期の自転車利用状況が極めて少ない現状を考慮し、自転車歩行者道においても、冬期は自転車のための幅員を除いた幅員で足りるものとする。

（歩行者交通量の多い道路）

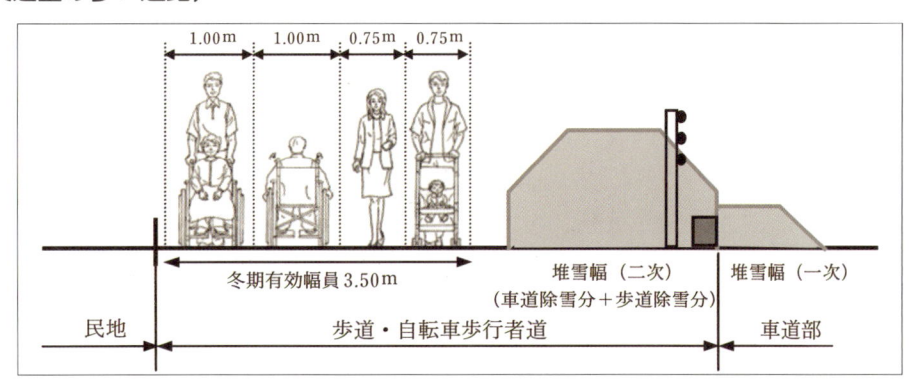

※歩行者交通量の多い道路の有効幅員は、無雪期には自転車歩行者道4m以上、歩道3.5m以上とすることとしているが、冬期にはいずれも3.5m以上とすることができる。

（その他の道路）

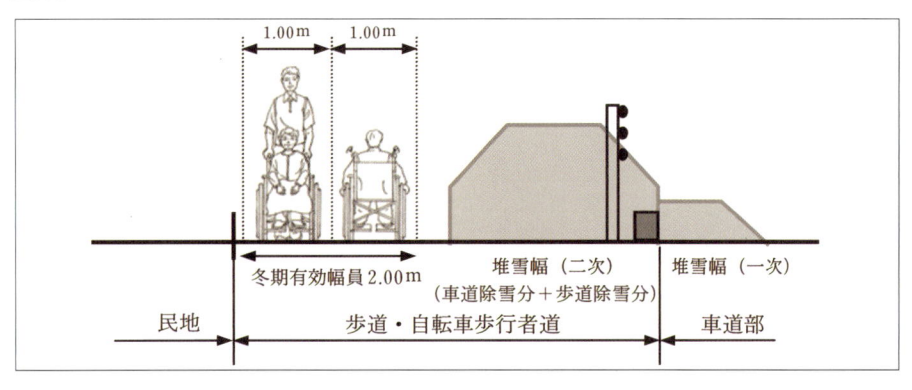

※その他の道路の有効幅員は、無雪期には自転車歩行者道3m以上、歩道2m以上とすることとしているが、冬期にはいずれも2m以上とすることができる。

図2－3　積雪寒冷地の歩道及び自転車歩行者道の幅員の考え方

　二次堆雪幅は歩道内だけではなく、車道部・法面等と併せて確保する場合もある。

> （道路移動等円滑化基準 第2条第1号 有効幅員の定義より）
> 　除雪のために必要な幅員とは、堆雪幅をいう。

＜堆雪幅の計算例（二次堆雪量の算定）＞

　従来の二次堆雪幅の算定式（道路構造令の解説と運用　2004年2月（社）日本道路協会　2－8－2積雪地域の幅員構成）に対し、冬期歩道有効幅員分を二次堆雪対象除雪幅に含めるものとし、その計算式を以下に例として示す。

〇堆雪幅の計算式の例

$$二次堆雪幅 \quad W_5 = \begin{cases} 2\sqrt{(2.25+V_2)} - 3 & ただし \quad V_2 \leq 10 \text{m}^3/\text{m} \\ \dfrac{1}{3.5}(V_2 + 4) & ただし \quad V_2 > 10 \text{m}^3/\text{m} \end{cases}$$

$$二次堆雪量 \quad V_2 = k_2 \cdot \frac{\rho_3}{\rho_4} \cdot h_2 \cdot w_b \qquad (\text{m}^3/\text{m})$$

$$二次堆雪対象除雪幅 \quad w_b = W_1 + W_2 + W_3 + W_4 + \underline{W_6} \quad (\text{m})$$

　　（冬期歩道有効幅員W_6は、歩行者交通量の多い道路においては3.5m以上、その他の道路においても2m以上とする。）

　※従来の二次堆雪対象除雪幅　$w_b = W_1 + W_2 + W_3 + W_4$

　　　但し　W_1：冬期車道（m）　　W_2：冬期側帯（m）　　W_3：冬期路肩（m）

　　　　　　　　　　　　　　　　　　　　　　　　　　　　　　（$W_1 \sim W_3$：冬期車道確保幅）

　　　　　　W_4：一次堆雪幅（m）　　W_5：二次堆雪幅（m）　　W_6：冬期歩道（m）

　　　　　　k_2：二次堆雪係数（g/cm³）　　ρ_3：自然堆雪密度（g/cm³）

　　　　　　ρ_4：二次堆雪密度（g/cm³）　　h_2：計画対象積雪深（m）

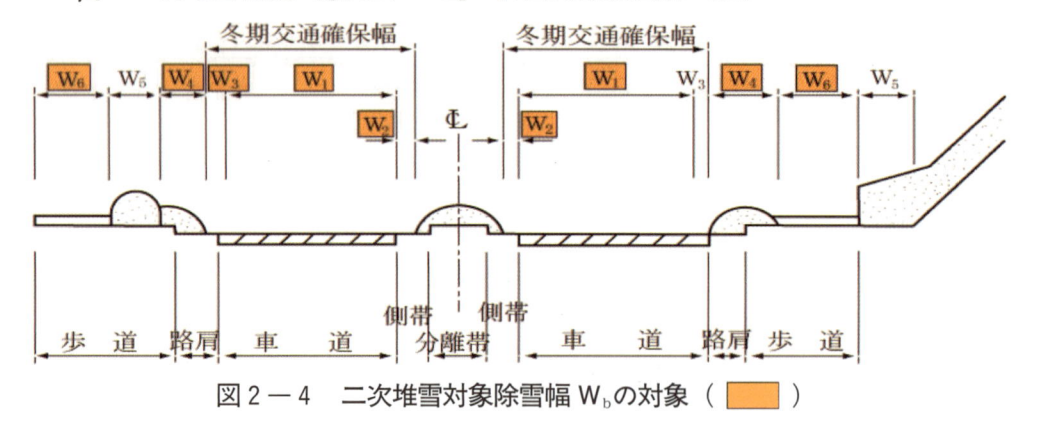

図2-4　二次堆雪対象除雪幅W_bの対象（　　）

＜消雪施設設置による対応の考え方＞

　なお、既存の道路等で、堆雪幅の確保が著しく困難な場合は、経済性等の整備効果を十分検討した上で、消雪施設の検討を行うものとし、堆雪幅についても、別途検討するものとする。

⑷　交通状況等に応じた幅員設定の考え方

　道路構造令で規定される幅員は、車いすや自転車の寸法（占有幅）に基づいて定められた最小幅であり、道路によっては、この最小値をそのまま適用すると幅員として不十分な場合もある。そのため、実際の幅員設定の際には、当該道路の歩行者や自転車の交通の状況（交通量等）や、高齢者、障害者等の利用状況等（歩行速度が健常者より早いもしくは遅いことや、立ち止まったり、休憩を頻繁に行うなどの特性がある。）を考慮して設定する必要がある。

第2章　歩道等

<歩道の有効幅員を確保する方法例>

既設歩道の改修を行う場合において、有効幅員を拡大・確保する方法として、

① 道路横断面の構成の再構築：車線数を減少させる、中央分離帯をなくす、路側帯を縮小する等
② 公共空間や民地を活用：隣接する公共用地や民地を歩道と一体的に整備する等
③ 道路附属物・占用物件の移設・集約：道路附属物を片側に寄せる、地下化する等
④ 側溝等の工夫：側溝を暗渠化する等

等が考えられ、その参考事例を以下に示す。

注）ここで用いる事例写真は歩道の幅員構成について工夫された事例として紹介するものであり路面の色彩等についての検討はしていない。

① 道路横断面の構成の再構築

〇千駄木小学校前通り［東京都文京区］

千駄木地区の主要道路の沿道に特別養護老人ホーム、保健センター等の施設があり、多くの人々が利用するが、歩道の平均幅員が1.2mであったため、歩行者のすれ違いが困難な状況であった。公安委員会の協力のもと、昼間一方通行、夜間相互通行であった交通規制を終日一方通行に変更し、車道平均幅員を5.6mから4mに削減、歩道平均幅員を両側2mに拡幅した。

［整備前］　　　　　　　　　　　　　　　　　［整備後］

写真2－1　道路横断面の構成の再構築を行った事例

○クニッテルフェルド通り［京都府亀岡市］

クニッテルフェルド通りは、国道9号、府道王子並河線にアクセスする重要な幹線市道で、商店も多く点在しており、また、近隣の小学校、中学校、高等学校の通学路になっている。しかし歩道幅員は狭小で、歩行者の安全な通行に支障を来たしていたため、車道幅・路肩幅の削減及び、側溝部分を歩行空間として活用することにより有効幅員を拡幅した。

［整備前］　　　　　　　　　　　　　　　　　　　　［整備後］

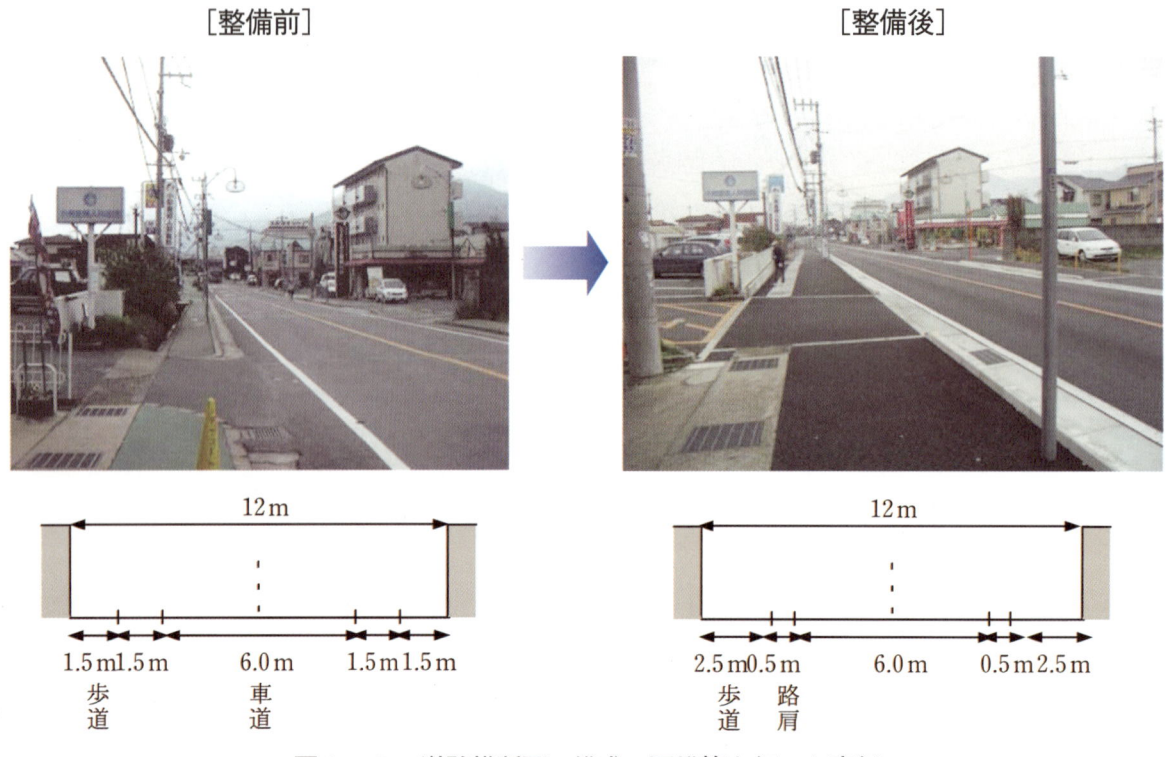

整備前：12m（歩道1.5m＋1.5m＋車道6.0m＋1.5m＋1.5m）
整備後：12m（歩道2.5m＋0.5m＋6.0m＋0.5m＋路肩2.5m）

図2−5　道路横断面の構成の再構築を行った事例

○国道188号［山口県柳井市］

側溝の蓋かけ及び植樹帯の位置を変更することにより歩道の有効幅員を確保し、加えて、自転車及び歩行者の利用者が共に多いことから、歩行者の安全を確保するため自転車の通行を分離した。

［整備前］　　　　　　　　　　　　　　　　　　　　［整備後］

写真2−2　側溝の蓋かけ及び植樹帯部の位置を変更し自転車道を設置した事例

② 公共空間や民地を活用

〇国道411号［山梨県笛吹市］

「地区計画」において、道路境界から民地側へ1mのセットバックや建築物の高さや形態などの制限を定めた。セットバック部分は県が施工したが、整備後の管理は住民が行うよう協定を締結した。

［整備前］　　　　　　　　　　　　　　　　　　［整備後］

写真2－3　沿道の建築物をセットバックした事例

③ 道路附属物・占用物件の移設・集約

〇北九州市小倉都心地区［福岡県北九州市］

電線類を地中化し、歩道の有効幅員を拡大した。

［整備前］　　　　　　　　　　　　　　　　　　［整備後］

写真2－4　電線類を地中化した事例

○梅丘ふれあい通り［東京都世田谷区］

ガードレール、交通標識や電柱（細径柱を採用）を縁石線上に配置することにより、歩道の幅を変えずに有効幅員を拡大した。

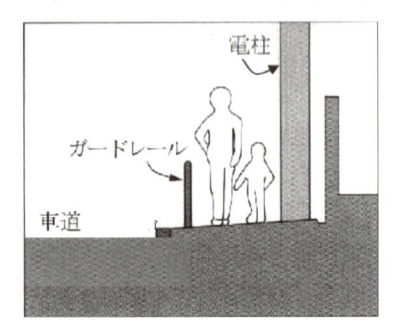

［整備前］　　　　　　　　　　　　　　　［整備後］

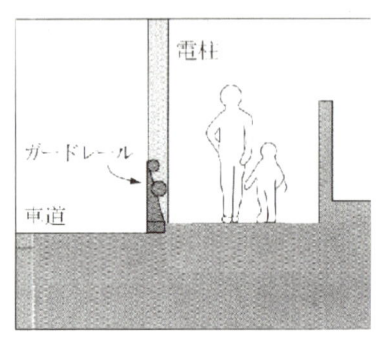

注）路肩のない道路については、建築限界を侵すことがあるため留意する必要がある。

注）ガードレールの種類や歩道の舗装については、沿道の利用状況等を踏まえ調整する必要がある。

図2－6　道路占用物件の移設・集約を行った事例

④　側溝等の工夫

○一般国道14号［千葉県船橋市］

歩道と鉄道敷の間の側溝（県有地）に蓋をかけ、有効幅員を確保した。

［整備前］　　　　　　　　　　　　　　　［整備後］

注）側溝の蓋かけを行わない場合は、必要に応じて側溝には転落防止のためのさくを設置することが望ましい。

写真2－5　側溝の蓋掛けを行った事例

(5) 自転車歩行者道における通行区分

> 自転車歩行者道とする場合は、自転車の車道側通行のルールを周知・徹底するとともに、自転車の通行する部分と歩行者の通行する部分を標示や標識、舗装の色彩、材質等により明確に区分することが望ましい。

　自転車歩行者道とする場合は、自転車と歩行者が接触する危険等が考えられるため、自転車の通行する部分と歩行者の通行する部分を標示や標識、舗装の色彩、材質等により明確に区分することが望ましい。

　自転車歩行者道における自転車は、道路交通法第63条の4に基づき、歩道上を通行できる場合、原則として自転車歩行者道の中央から車道側を通行することとなるが、通行区分については現地の状況に応じて公安委員会と調整の上決定することとなる。

　なお、次頁に自転車道、自転車歩行者道における通行空間分離の例を示す。これらの例や自転車利用環境整備ガイドブック（国土交通省道路局地方道・環境課、警察庁交通局交通規制課、平成19年10月）を参考にされたい。

○一般国道50号［茨城県水戸市］

　バリアフリー歩道整備の一環として、歩行空間の再配分により、自転車通行部分を設置し、自転車と歩行者を分離した。自転車通行部分をカラー着色することにより、自転車と歩行者の通行位置を明確にした。

［整備前］　　　　　　　　　　　　　　　［整備後］

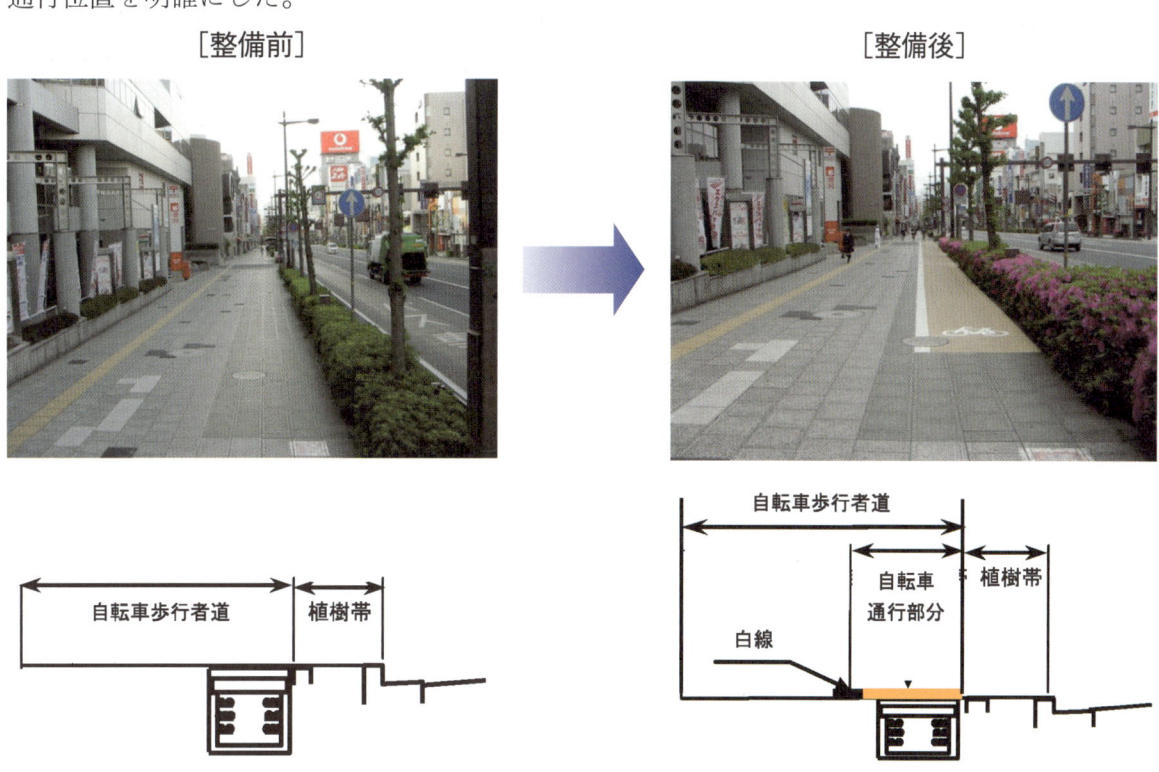

図2-7　自転車走行空間を設置した事例

表2-1　自転車道、自転車歩行者道における通行空間分離の例

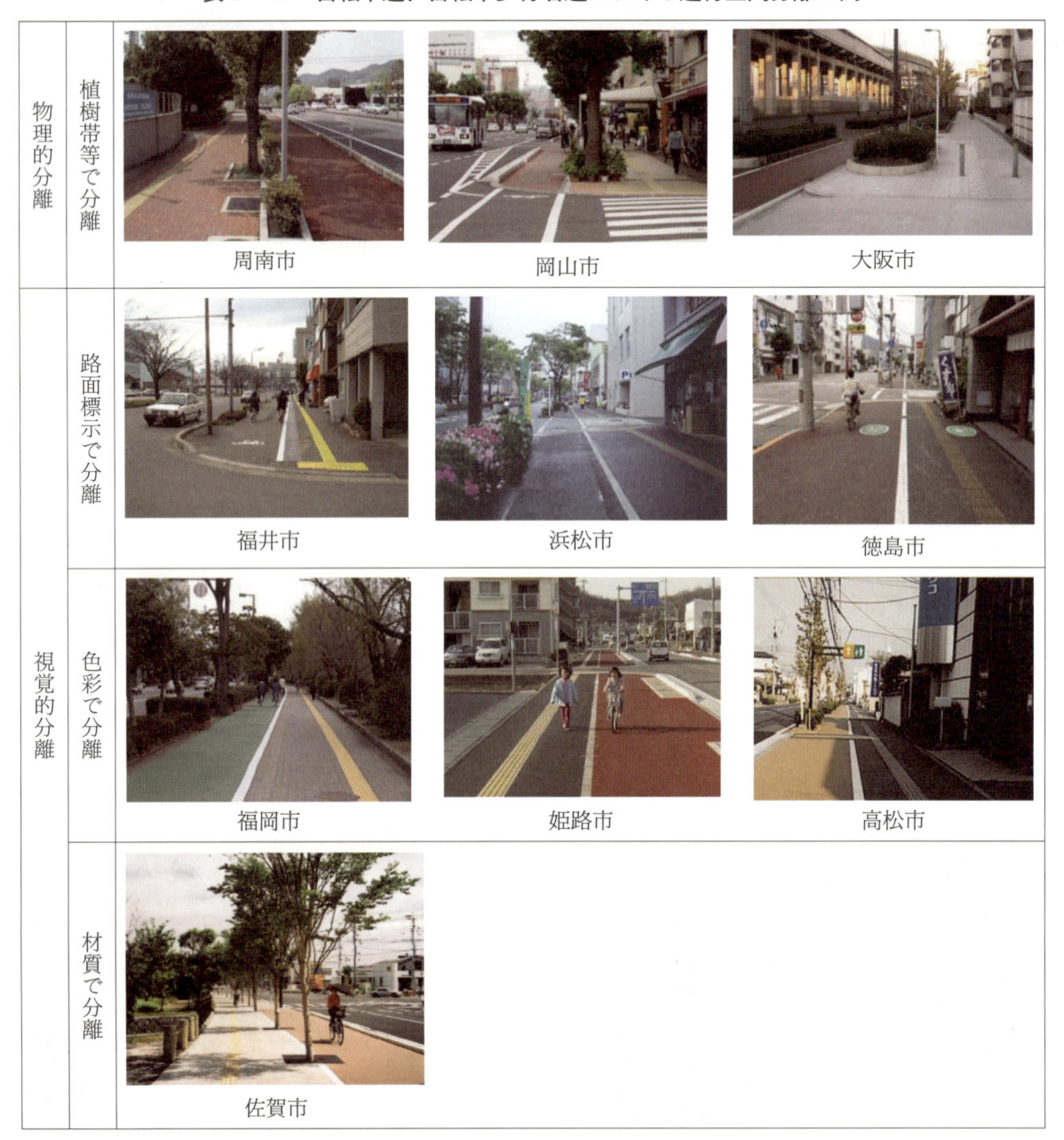

物理的分離	植樹帯等で分離	周南市	岡山市	大阪市
視覚的分離	路面標示で分離	福井市	浜松市	徳島市
	色彩で分離	福岡市	姫路市	高松市
	材質で分離	佐賀市		

● **自転車道について**

　歩行者の安全や通行のしやすさを考えた場合、自転車交通量が多い道路においては、可能な範囲で自転車と歩行者の通行を分離するため、平成13年4月に改正された道路構造令に基づき自転車道を別途設置することが望ましい。その場合、歩行者等が自転車道に迷い込むという危険性に配慮し、自転車の通行する部分と歩行者の通行する部分を植樹帯等により構造的に分離することに加え、さらに舗装の色彩、材質等により明確に区分することが望ましい。また、横断歩道接続部等において、歩道側に視覚障害者誘導用ブロックを適切に設置することにより、視覚障害者においても歩道部分を認識できるようにする等の配慮も必要である。

2-1-2　舗装

> **道路移動等円滑化基準**
>
> （舗装）
> **第5条**　歩道等の舗装は、雨水を地下に円滑に浸透させることができる構造とするものとする。ただし、道路の構造、気象状況その他の特別の状況によりやむを得ない場合においては、この限りでない。
> 2　歩道等の舗装は、平たんで、滑りにくく、かつ、水はけの良い仕上げとするものとする。

(1) 雨水を地下に円滑に浸透させることができる構造

　高齢者、障害者等の移動等円滑化を図るためには、通行する路面が平たんで、雨天時においても水たまりがないことが必要となる。そのためには、歩道等の舗装を雨水を路面下に円滑に浸透させることができる構造としなければならない。

　ただし、浸透した雨水の凍結融解の繰り返しによる舗装破壊等が懸念される積雪寒冷地や、雨水を考慮する必要のないトンネル区間、地下水位が高く雨水を地下に円滑に浸透させることができる構造を設けることが不適当な場所では、この限りでない。

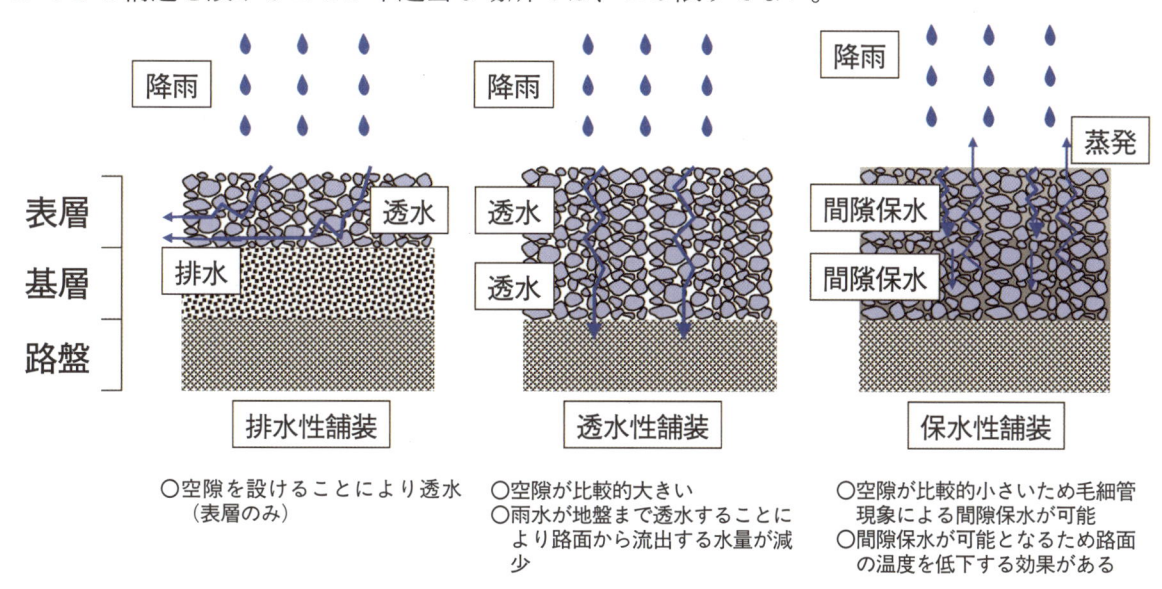

図2-8　雨水を地下に円滑に浸透させることができる構造の種類

(2) 平たんで滑りにくい舗装の構造

　歩行中のつまずきや滑りによるふらつきや転倒を防止する観点から、路面を平たんかつ滑りにくい仕上げとしなければならない。

　特にインターロッキングブロック等の材料による舗装を行う場合、ブロックとブロックの目地等による段差、がたつきを少なくするよう配慮が必要である。

　また、占用物件やマンホール等による段差や、占用工事後の舗装の不具合により平たん性が侵されないよう配慮することが望ましい。

(3) 積雪寒冷地における舗装の構造

> 積雪寒冷地における道路の構造、気象状況その他の特別の状況によりやむを得ない場合とは、凍上のおそれのある場合、散水消雪実施区間、ロードヒーティングの効率が低下するおそれのある区間である。この場合は別途検討が必要である。

1）積雪寒冷地の特性を踏まえ舗装構造について別途検討が必要な場合

① 凍上のおそれのある場合

路床に水が浸透することにより、凍上を誘発するおそれのある場合は、舗装構造について十分検討するものとする。

≪事例≫

地中に遮水層と導水装置を備えた排水性舗装について、以下に参考として示す。このタイプは透水性舗装に類似した構造であるが、路床に水がしみ込まず凍上抑制効果が期待できる。

なお、路床材料が凍上しない場合で、凍結深さが比較的浅い地域に採用することが考えられる。

○参考○ 凍上対策を行った排水性舗装の例（北海道における施工例）

(1) 適用箇所の目安
① バリアフリー新法の重点整備地区又は移動等円滑化基本構想策定が想定される地区内の歩道
② ①以外で、公共交通機関と病院、福祉施設等の施設を連絡する歩道

(2) 標準定規図

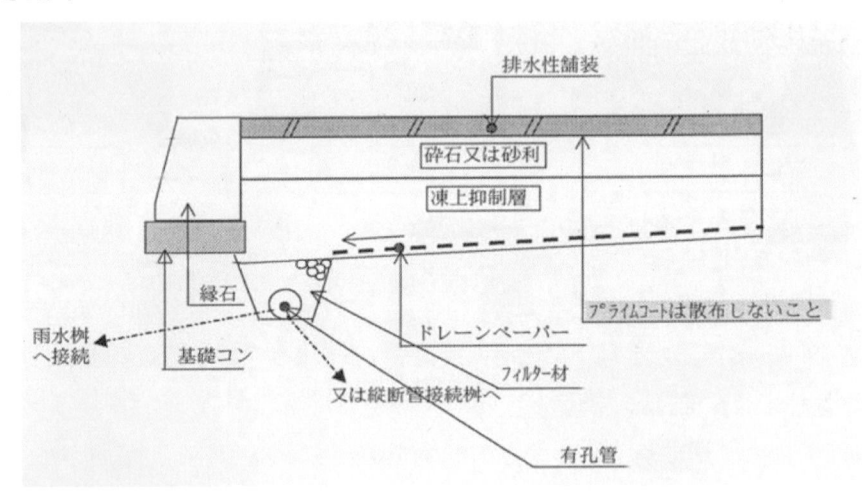

出典：「道道および市町村道における歩道部の排水性舗装構造（案）について（運用）」北海道 2001年6月

図　凍上対策を行った排水性舗装の例

---

② 散水消雪実施区間

散水消雪実施区間において、横断勾配の緩い通常舗装では不規則な水みちが生じやすく、また、透水性舗装では水は浸透してしまい雪の融け残りや新たな積雪が発生する等、消雪効果が低下することから、散水消雪施設設置区間の舗装構造は別途検討するものとする。

≪事例≫
〇積雪地（寒冷地以外）での排水性舗装採用事例（散水消雪区間におけるにじみ出しタイプ）

透水性舗装の下に不透水性アスファルト層のある排水性舗装を散水消雪区間で施工した。これは「にじみ出し消雪」と呼ばれる方式であり、この事例の場合、透水性舗装の利点と十分な消雪効果、歩行者の水濡れ防止等の利点が発揮されている。

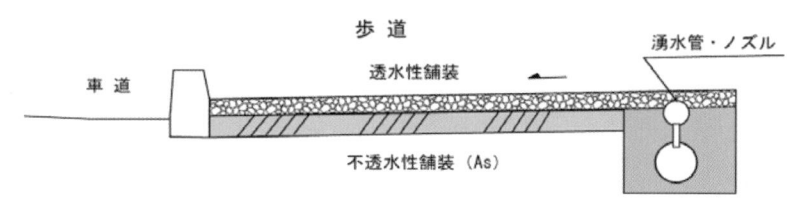

図2－9　散水消雪区間での排水性舗装施工事例（新潟県長岡市）

③　ロードヒーティング設置区間

ロードヒーティング設置区間に透水性・排水性舗装等を用いた場合、熱伝導率の低下、及びこれに伴う融雪効率の低下が懸念される。このためこれを補うよう、舗装厚を薄くする、発熱容量を上げる等の対策が必要となるが、前者は耐久性、後者は経済性が問題となる。

○参考○排水性舗装の熱伝導率低下（熱伝導率比較室内実験結果より）

室内試験室で気温－2℃の条件のもと、車道部を想定した下図の3タイプについてロードヒーティングを行った結果、コンクリート舗装板に対し、高機能舗装体での熱伝導率は、50％程度まで低下するとともに、路面温度の上昇速度も低下することが確認された。

また、空隙を持つ高機能舗装は、コンクリート舗装と比べ、氷と路面との接触面積が小さくなり、ヒーティングされた熱が伝わりにくい、融解した水が舗装内に浸透してしまうことから、融雪効果が劣ることも指摘されている。

表　実験結果にもとづく熱伝導率の算出結果

	供試体タイプ1	供試体タイプ2	供試体タイプ3
熱伝導率（W/m・k）	1.57	0.70	0.77
タイプ1の値を1.0とした時の各比率	1.0	0.45	0.49

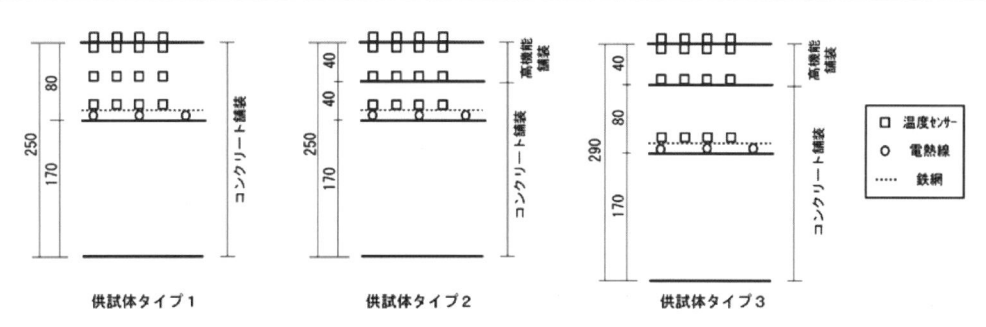

図　実験に用いた舗装パターン

出典：「高機能舗装における融雪施設の熱伝導率について」
　　　日本道路公団北陸支社　軍記、和泉、平　北陸舗装会議論文集2000年10月

2) その他の留意点

積雪寒冷地の舗装は、雪のある路面状況において、靴・杖・車いすの車輪が極力滑りにくく、かつ平たんなものとする。

また、速やかな排水には横断勾配が必要だが、車いすの通行の障害となることを考慮し、透水性・排水性舗装、あるいは表面水を円滑に排除できる舗装材料とする。

通常の舗装
（この状態で凍結すると危険）

透水性舗装

写真2-6　積雪寒冷地における舗装種類の工夫の例

① ブロック舗装を採用する場合の留意点

路面の雪がシャーベット状態時でも安全なように滑りにくいものとする。

○滑りにくいブロックの例

以下のように、車いすに振動が生じない程度の表面の粗さと排水性を有するほか、路面全体の排水経路が確保されていることが望ましい。

冬期でも滑りにくい細かい縦目地ブロックの事例

誘導用ブロック部にも目地を通して排水に配慮した事例

写真2-7　冬期でも滑りにくいブロックの例

○滑りやすいブロックの例

・吸水性が悪くかつ滑りやすい素材
・表面が平滑すぎる
・ブロック目地が浅すぎて路面全体が濡れていることが多い

・表面の凹凸がほとんどなく水膜が生じやすい
・目地が広すぎて車いす使用者に振動が生じやすい

写真2-8　冬期に滑りやすいブロックの例

② 透水性舗装・排水性舗装の留意点

透水性舗装、排水性舗装を採用する場合、以下の利点・留意点を総合的に考慮して設計、施工、維持管理にあたる必要がある。

表2－2　透水性・排水性舗装の留意点等

利点	・水たまりができにくく、歩きやすい、凍結しにくい ・降雪初期の排水が容易で凍結しにくい		
欠点	・数年経つと空隙詰まりし、凍結しやすくなる ・車道除雪により巻き上げられたスリップ防止用の砂や、散水消雪水に含まれる砂により空隙詰まりが発生しやすい ・凍結融解を繰り返すことによる舗装体の破壊（排水性舗装の場合のみ） ・凍上（路盤、排水管）（透水性舗装の場合のみ） ・散水消雪の効果が低減される（主に透水性舗装の場合） ・路盤に再生クラッシャランを用いた場合、透水性が低下することがあり路盤材選択に注意を要する（透水性舗装の場合のみ） ・再凍結した氷は剝がれにくい	対策事例	・空隙詰まり防止のため骨材寸法の小さい保水性ブロックの採用 ・空隙詰まり防止のため空隙率の高いコンクリート透水性舗装の採用 ・砂に代え、凍結防止剤の散布 ・耐久性の高いアスファルトの採用 ・凍上対策を行う（路盤厚を厚くする）（透水性舗装の場合のみ） ・下部に不透水層のある排水性舗装とする

※特記のない場合は透水性舗装・排水性舗装に共通した項目である。

○参考○積雪寒冷地における透水性舗装評価事例

積雪寒冷地において透水性舗装について一般利用者の意見を含め、評価した事例を参考として示す。

◆北陸地域での透水性舗装適用性観察調査

（新潟県新潟市において2002.3実施）

○沿道住民の評価

沿道住民に対し現地でヒアリングした結果では、従来の舗装よりも透水性舗装の方が雪が積もりにくく、雪が早く融け、路面凍結しにくい等、冬期には透水性舗装の方が歩きやすいと回答している。

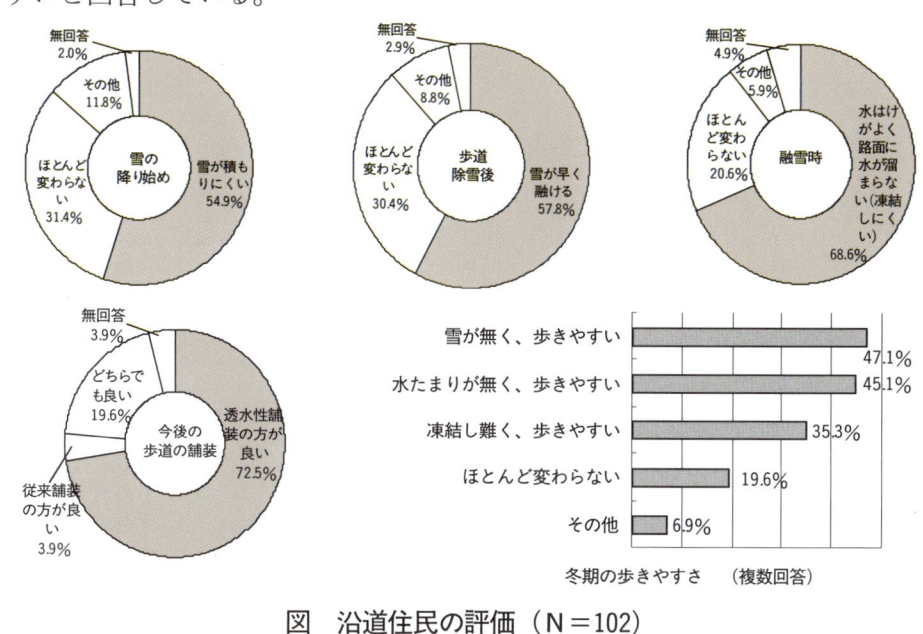

図　沿道住民の評価（N＝102）

○路面状況の比較

供用後1年未満の歩道路面を対象に、同じ日の透水性舗装と従来の舗装の路面状況、動摩擦係数を比較した。

路面露出率：同日の概ね同じ時間帯での比較では、従来舗装より路面露出率が高い。
滞水率　　：従来舗装に比べ滞水率が低く凍結が生じにくい。
摩擦係数　：路面露出時・路面に雪がある時ともに、従来舗装より摩擦係数が高い。

表　透水性舗装と従来の舗装の冬期路面状況の比較

舗装種別	横断勾配	観測日	観測時間	路面温度°C	外気温°C	路面状況	積雪深cm	路面露出率%	滞水率%	動摩擦係数μ
透水性	1%	2/11	14：15	0	6	シャーベット	1	20	0	0.69
透水性	2%		13：40	0	5	固いシャーベット	1	5	0	0.35
従来舗装	2%		15：15	0	3	シャーベット	2	0	100	0.36
透水性	1%	2/12	15：50	2	3	—	—	70	0	0.99
透水性	2%		15：05	2	3	—	—	70	0	0.96
従来舗装	2%		12：00	1	1	新雪	6	0	0	0.08
透水性	1%	2/13	14：10	2	2	シャーベット	1.5	2〜3	0	0.04
透水性	2%		14：50	2	2	シャーベット	1.5	2〜3	0	0.04
従来舗装	2%		11：10	1	3	圧雪	4	0	0	0.03

※動摩擦係数はDFテスタで計測

○横断勾配1％、2％の比較

横断勾配1％、2％の透水性舗装ともに、表面への滞水が見られなかったことから、積雪地域においても、横断勾配1％の透水性舗装の採用が可能であるといえる。

しかしながら、空隙詰まりの進行につれ今後滞水が生じるようになる可能性があり、供用後数年経った場合の適用性について検証が必要である。

2－1－3　勾配

道路移動等円滑化基準

（勾配）
第6条　歩道等の縦断勾配は、5パーセント以下とするものとする。ただし、地形の状況その他の特別の理由によりやむを得ない場合においては、8パーセント以下とすることができる。
2　歩道等（車両乗入れ部を除く。）の横断勾配は、1パーセント以下とするものとする。ただし、前条第1項ただし書に規定する場合又は地形の状況その他の特別の理由によりやむを得ない場合においては、2パーセント以下とすることができる。

(1)　縦断勾配

1）縦断勾配

縦断勾配は、車いす使用者、脚力の弱った高齢者、その他障害者等の通行に配慮して、可能な限り小さくする必要がある。しかしながら、沿道の土地の状況等により縦断勾配を無くすことはできないため、その最大値を5％（水平面から見た勾配）と規定することとした。

縦断勾配を5％以下としたのは、

① 既存研究・文献等から、5％以下であれば車いす使用者が登坂可能と判断されること
② 欧州の基準で、最大5％以下としているものがある（「参考：諸外国との基準の比較」参照）

などによるものである。

第1項の「地形の状況その他の特別の理由によりやむを得ない場合」とは、車道の縦断勾配が急な場合や、地下埋設物等の影響等の問題により5％以下でのすりつけが困難な場合等があり、このような特別の理由がある場合のみ8％の勾配まで許容させるものである。

2）縦断勾配と勾配延長

縦断勾配が大きくなると、高齢者、障害者等にとっては登坂・降坂が困難になってくる。よって、急な縦断勾配延長は短くすることが望ましい。

車いす使用者の勾配部での走行に関する実験（「参考：車いす使用者の勾配登坂・降坂に関する実証実験」参照）では、ほぼ全ての被験者は8％までの勾配の登坂が可能であったものの、勾配が急になるほど苦痛感や危険感が大きくなるという意見であった。しかし、勾配ごとの走行距離と登坂速度の低下状況については明確な相関が見られなかった。こうしたことから、歩道等の縦断勾配はできるだけ急勾配を避けるものとする。

また、縦断勾配が基準を満たす範囲内であっても長く続く場合は、高齢者、障害者等の通行に支障をきたす。よって、車いす使用者等が安心して滞留できるスペースとして、踊場等の休憩スペースを設けるなどの配慮が必要であり、車いす使用者や高齢者などに必要な休憩の頻度を考慮した間隔で設置することが望ましい。その際に、踊場等の休憩スペースは平たんなものが望ましいが、物理的に難しい場合は、緩勾配区間として勾配が極力小さくなるように設置することが必要である。なお、計画にあたっては、車いす使用者や高

齢者などの意見を十分に聞くことが必要である。

○参考○長く続く坂道に設置された休憩施設の例（大阪府吹田市）

長く続く坂道では、高齢者、障害者等が途中で休憩できるようベンチを設置した。

写真　長く続く坂道の途中にベンチを設置した事例

○参考○勾配が続く箇所における対応の例（兵庫県神戸市）

道路利用者に対して、助け合いの意識を喚起するような取り組みも合わせて行うことは、効果的である。

写真　5％以上の勾配が続く箇所に、助け合いの意識を喚起するような標識を設置した事例

○参考○ 諸外国との基準の比較

歩道切り下げ勾配やスロープ勾配はフランスが最も小さい。アメリカやフランスでは、歩道切り下げ部での水平（平たん）通行幅を設定している。

表　国内外の基準の比較

	歩道切り下げ勾配	車道とのすりつけ部水平区間	スロープ勾配	歩道切り下げ段差高
日本 （移動等円滑化のために必要な道路の構造に関する基準）	5％以下 （やむを得ない場合8％以下）	車いす使用者が円滑に転回できる構造とする。	5％以下 （やむを得ない場合8％以下）	2cm標準
日本 （道路構造令）	—	横断歩道に係る歩行者の滞留により歩行者又は自転車の安全かつ円滑な通行が妨げられないようにするために、歩行者の滞留に供する部分を設ける。		
日本 （歩道の一般的構造に関する基準）	5％以下 （やむを得ない場合8％以下）	横断歩道等に接続する歩道の部分には水平区間を設けることとし、その値は1.5m程度とする。	—	2cm標準
日本 （高齢者、障害者等の移動等の円滑化の促進に関する法律施行令［建築物特定施設の構造及び配置に関する基準］）	—	—	1/12以下（高さ16cm以下の場合1/8以下）	—
日本 （移動等円滑化のために必要な旅客施設又は車両等の構造及び設備に関する基準）	—	—	1/12以下（高さ16cm以下の場合1/8以下）	—
アメリカ （ADA アクセシビリティガイドライン）	スロープ勾配に準ずる （最大1/12）	水平通行部最低1.22m	1/12以下 垂直高さ76cm以下	1/4in（0.64cm）までは縁部処理不要、1/4（0.64cm）〜1/2in（1.27cm）は勾配50％以下で面取り、/2in（1.27cm）を超える場合はスロープの規定を適用
フランス （GUIDE GENERAL DE LA VOIRIE URBAINE）	最大5％	水平通行部最低1.2m	5％を超えない。4％を超える場合、10m毎に水平部確保	最大2cm
ドイツ（RAS-E）	6％を超えない	縦断方向の歩道すりつけ長さ1mを超えない	（立体横断施設）8％を超えない 12％限界	2〜3cm

○参考○ 車いす使用者の勾配登坂・降坂に関する実証実験

① 実験の実施概況

実験場所	東京都立葛西臨海公園（江戸川区臨海町6－2）の敷地内 各実験区間は、縦断勾配0、2、4、5、6、8％(注)、延長30m（ただし、勾配8％は延長26m。施設内で可能な限り長くした結果30mとなった。）の直線コース。
実験実施日	平成14年2月4日、7日、8日、13日の4日間
被験者	車いす使用者25名（日頃屋外を単独で移動している人で、かつ障害の程度が比較的重い属性の人） ・脊髄損傷・脊髄血腫：9名 ・脊髄性小児麻痺：4名 ・脳性麻痺：3名 ・頚髄損傷：2名 ・その他（左下腿欠損、歩行困難、骨折等による体幹機能障害や四肢・両下腿の麻痺）：6名
通行状況の測定	登坂区間の通行速度の推移（2m毎）を測定
ヒアリング内容	・勾配区間で止まっているときの危険感 ・勾配区間通行時の危険感 ・勾配区間通行時の身体的苦痛感 ・勾配が30m程度続く歩道があった場合の総合的評価

② 実験結果

各実験区間（縦断勾配0、2、4、5、6、8％、延長30m（勾配8％のみは26m））の走行結果は、25人中24人の被験者が全ての実験区間において登坂が可能であった。残り1名の被験者は、5％の勾配で16m、6％の勾配で8m、8％の勾配で9mの地点で登坂が不可能となり、通行を中断した。

(1) 通行状況

平たん区間及び登坂区間の通行速度の推移（2m進むごとの測定）を下のグラフに示す。

平均値により、各勾配を比較したグラフを下に示す。

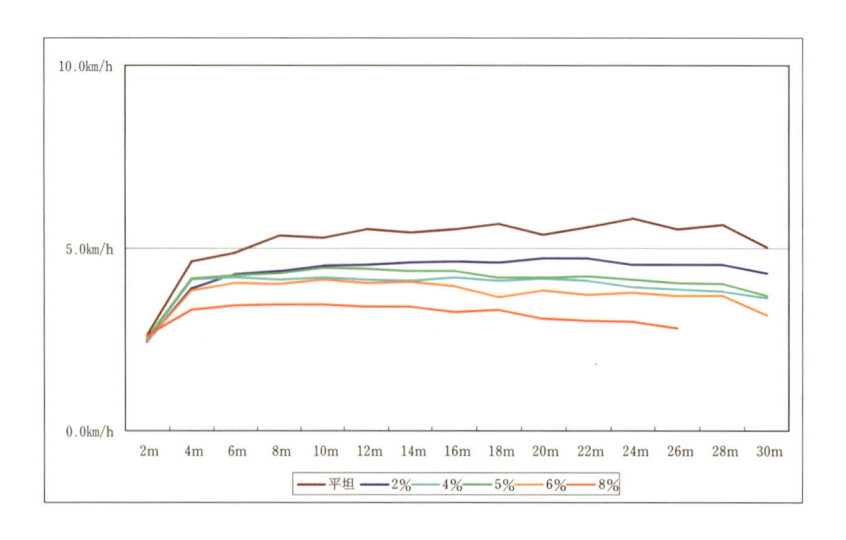

(2) ヒアリング結果
◆ 勾配区間で止まっているときの危険感（登坂）

勾配で止まっているときの危険感（登坂）

凡例：
- ⑤非常に危険
- ④やや危険
- ③どちらともいえない
- ②どちらかというと平気
- ①全く平気

横軸：縦断勾配（2%、4%、5%、6%、8%）
縦軸：回答者の割合

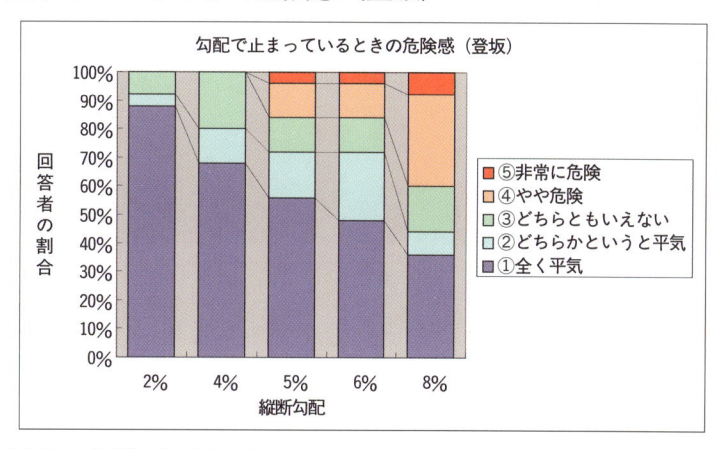

◆ 勾配区間通行時の危険感（登坂）

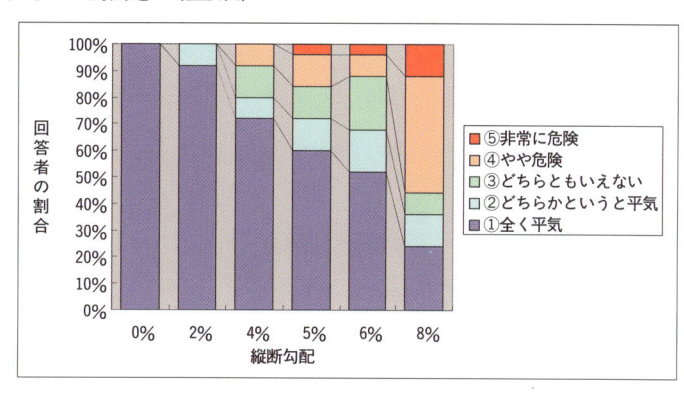

凡例：
- ⑤非常に危険
- ④やや危険
- ③どちらともいえない
- ②どちらかというと平気
- ①全く平気

横軸：縦断勾配（0%、2%、4%、5%、6%、8%）
縦軸：回答者の割合

◆ 勾配区間通行時の身体的苦痛感（登坂）

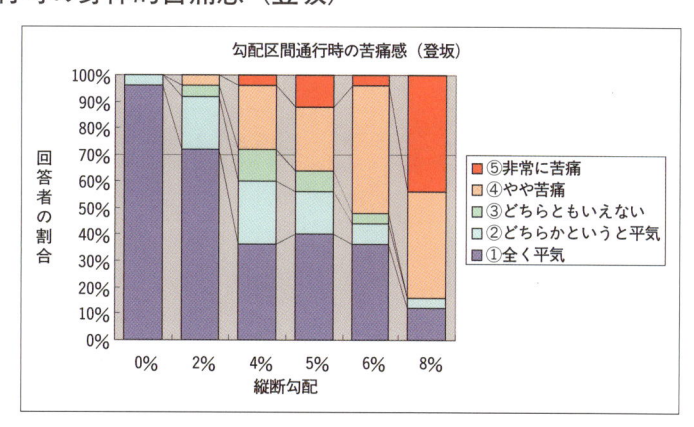

勾配区間通行時の苦痛感（登坂）

凡例：
- ⑤非常に苦痛
- ④やや苦痛
- ③どちらともいえない
- ②どちらかというと平気
- ①全く平気

横軸：縦断勾配（0%、2%、4%、5%、6%、8%）
縦軸：回答者の割合

◆ 勾配が30m程度続く歩道があった場合の総合的評価（登坂）

勾配が30m程度続く場合の総合的評価（登坂）

凡例：
- ⑤支障となる
- ④どちらかというと支障になる
- ③どちらともいえない
- ②どちらかというと支障にならない
- ①支障とならない

横軸：縦断勾配（0%、2%、4%、5%、6%、8%）
縦軸：回答者の割合

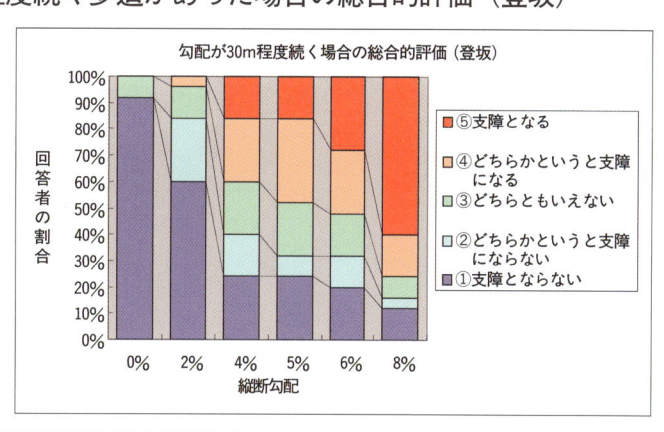

(2) 横断勾配

　横断勾配は、車いす使用者の走行、乳母車や歩行器での歩行、高齢者等に配慮して可能な限り小さくする必要がある。

　一般的に、歩道には排水のために2％を標準として横断勾配を設けるものとしているが（道路構造令第24条第2項）、道路移動等円滑化基準では歩道の舗装は雨水を地下に円滑に浸透させることができる構造とすること（第5条）とし、併せて横断勾配を1％以下（第6条）と規定した。

　横断勾配を1％以下としたのは、透水性舗装等とはするものの、透水性のレベルが低い場合や、目づまり等により路面に一時的に水たまり等が発生する恐れもあることから最低限の勾配を付したものである。

　第2項の「地形の状況その他の特別の理由によりやむを得ない場合」とは、透水性舗装を適用しない場合や、曲線部等、特別の理由がある場合のみ2％以下まで許容させるものである。

　なお、「歩道の一般的構造に関する基準」に基づき、縦断勾配を設ける箇所には、横断勾配の影響で車いすの登坂・降坂時の操作が困難になること、歩道の雨水等は縦断勾配により問題なく排水されることから、横断勾配の規定にかかわらず横断勾配は設けないものとする。

　積雪寒冷地においては、円滑な消雪や、融雪水を速やかに排除するために、2％を超える横断勾配を設定している例がみられるが、高齢者、障害者等の円滑な通行を確保するためには、勾配の低減が必要である。

＜横断勾配の急な区間の例＞

　　散水消雪実施区間等では、消雪水の円滑な流下のために3〜6％の横断勾配を設定している事例が見られるが、このような区間では車いすは通行が困難であり、勾配の低減が必要である。

写真2－9　横断勾配の急な区間の例（散水消雪）

※本事例では横断勾配3％

2－1－4　歩道等と車道等の分離

道路移動等円滑化基準

（歩道等と車道等の分離）

第7条　歩道等には、車道若しくは車道に接続する路肩がある場合の当該路肩（以下「車道等」という。）又は自転車道に接続して縁石線を設けるものとする。

2　歩道等（車両乗入れ部及び横断歩道に接続する部分を除く。）に設ける縁石の車道等に対する高さは15センチメートル以上とし、当該歩道等の構造及び交通の状況並びに沿道の土地利用の状況等を考慮して定めるものとする。

3　歩行者の安全かつ円滑な通行を確保するため必要がある場合においては、歩道等と車道等の間に植樹帯を設け、又は歩道等の車道等側に並木若しくはさくを設けるものとする。

(1) 縁石線

歩行者の安全かつ円滑な移動を確保するためには、歩道又は自転車歩行者道を車道等から明確に分離する必要がある。そこで、歩道等は、縁石線により区画しなければならない。特に視覚障害者は、歩車道境界を白杖と足にて触知し区別することから、歩車道境界を連続的に明示するために縁石線により区画する必要がある。

一方、植樹帯、並木又はさくにより区画されている場合においても、車両乗入れ部（道路移動等円滑化基準第2条第2号に規定。）や横断歩道接続部等においては途切れる場合があるため、上記目的を達成する縁石線により区画しなければならない。

○参考○縁石とは

道路の部分で、舗装または路肩の縁線、あるいは歩道や分離帯と車道との境界に沿って設けられる施設。一般には、側溝の一部をなす垂直あるいは傾斜した面をもち、車道端を保護し、運転者に車道端を明示する目的をもっている。縁石線とは舗装または路肩の縁線、あるいは歩道や分離帯と車道との境界に、ある目的をもって縁石を連続的に配置し、物理的に境界を定める場合、この連続的な縁石配置によって構成される境界を縁石線という。

出典：「道路用語辞典」（社）日本道路協会　2005年3月31日

---

(2) 縁石の高さ

歩道等の縁石の高さは、車道との明確な分離を図るとともに、車両の車道外への逸脱防止、降雨時において車道の雨水が沿道民地へ流入することの防止を図ることの必要性から、車道等に対して15cm以上と規定した。

第7条第2項において「当該道路の構造及び交通の状況並びに沿道の土地利用の状況等を考慮して定める」としたのは、

① 当該歩道等を設置する一定区間において車両乗入れ部を設けない場合又は交通安全対策上必要な場合（特に主要な幹線道路において自動車の走行速度が高い場合等）には縁石の高さを20cmまでとする。

② 橋又はトンネルの区間においては、当該構造物を保全するために25cmまでとする。

等の諸条件を勘案した縁石の高さ設定ができるよう措置するためである。

○参考○ 関連するその他の基準
歩道の一般的構造に関する基準（国都街発第60号、国道企発第102号　平成17年2月3日都市・地域整備局長・道路局長通達） Ⅰ　歩道の一般的構造 2　歩道の構造の原則 　(1)　歩道の形式等 　　③　縁石の高さ 　　　　歩道に設ける縁石の車道等に対する高さは、歩行者の安全な通行を確保するため15cm以上とし、交通安全対策上必要な場合や、橋又はトンネルの区間において当該構造物を保全するために必要な場合には25cmまで高くすることができる。なお、植樹帯、並木又はさくが連続している等歩行者の安全な通行が確保されている場合であって、雨水等の適切な排水が確保できる場合には、必要に応じ5cmまで低くすることができる。

　第7条第3項の「歩行者の安全かつ円滑な通行を確保するため必要がある場合」とは、車両の走行速度が早い幹線道路等で、歩行者の安全かつ円滑な通行を確保するためには縁石の設置以上の措置が必要となると道路管理者が判断する場合、歩行者の円滑な通行を確保するためには車両が歩道等へ乗り上げて駐車することを防止する必要がある場合であり、縁石の設置に加えて植樹帯、並木又はさくを設置する旨を規定したものである。

2－1－5　歩道の高さ

道路移動等円滑化基準

（高さ）
第8条　歩道等（縁石を除く。）の車道等に対する高さは、5センチメートルを標準とするものとする。ただし、横断歩道に接続する歩道等の部分にあっては、この限りでない。
2　前項の高さは、乗合自動車停留所及び車両乗入れ部の設置の状況等を考慮して定めるものとする。

(1)　概説

歩道等の縦断勾配及び横断勾配については、車いす使用者、高齢者等の通行に配慮して、可能な限り無くさなければならない。

しかしながら、現実には、車両乗入れ部や横断歩道との接続部において歩道の高さを切り下げる必要に迫られ、この結果、いわゆる「波打ち歩道」が出現している。

この「波打ち歩道」を解消するために、歩道等の車道等に対する高さ5cmを標準とした。

高さ5cmを標準としたのは、車両乗入れ部や横断歩道との接続部における切り下げ時にも歩車道境界部が明らかに確認できる高さとしたものである。（第3部第2章2－1－7歩道構造形式の選定方法　参照）

第8条第2項において「前項の高さは、乗合自動車停留所及び車両乗入れ部の設置の状況等を考慮して定めるものとする。」としたのは、

① 　道路移動等円滑化基準第17条に基づき、乗合自動車停留所（バス停）を設ける歩道の高さは、ノンステップバスへの車いす使用者の乗降を考慮して15cmのマウントアップ歩道を標準としたため、歩道の高さを5cmとするとバス停付近において昇降を行う必要が生じ、高さを一律5cmに設定すると、車いす使用者等の移動等円滑化に支障が生じる恐れがある。（第4章乗合自動車停留所　参照）

② 　民地の高さとの調整が困難な場合、又は、車両乗入れ部がなく、高さを変えなくとも歩道の波打ちが発生しない場合が存在する。

このような場合は、前項の規定によらず、状況に応じて歩道等の高さを設定しなければならない。

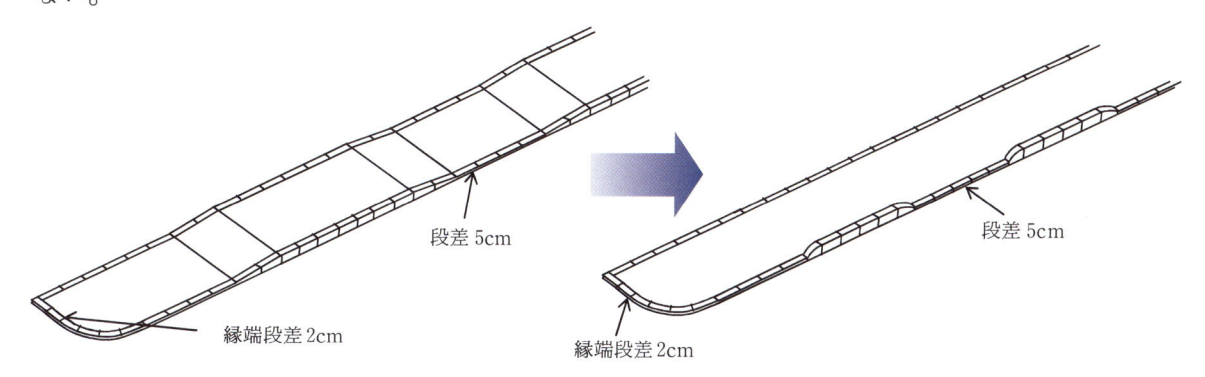

注）横断歩道接続部等に設置する縁石の構造により、歩道すりつけ区間が発生する場合もある。

図2－10　歩道の高さを5cmとし波打ちを解消したイメージ

2−1−6　横断歩道等に接続する歩道等の部分

道路移動等円滑化基準

（横断歩道に接続する歩道等の部分）
第9条　横断歩道に接続する歩道等の部分の縁端は、車道等の部分より高くするものとし、その段差は2センチメートルを標準とするものとする。
2　前項の段差に接続する歩道等の部分は、車いすを使用している者（以下「車いす使用者」という。）が円滑に転回できる構造とするものとする。

(1)　概説

　視覚障害者の安全かつ円滑な交通を確保するためには、歩車道境界を明確に示さなければならない。

　このため、歩道等と横断歩道を設ける車道等の部分との境界には、車いす使用者が困難なく通行でき、かつ、視覚障害者（盲導犬使用者を含む。）が歩車道境界部を白杖や足により容易に認知できるよう、高さ2cmを標準とした段差を設けることとした。

　歩車道境界の段差を2cmとしたのは、
　①　「歩道の一般的構造に関する基準」において横断歩道等に接続する歩道と車道との段差は2cmを標準としたこと
　②　基準の策定にあたって実施したパブリックコメントにおいて、視覚障害者より従来どおり、当該歩車道境界部の段差は2cmを確保してほしいとの意見があったこと
等によるものである。

(2)　望ましい縁端構造の採用

> 　横断歩道に接続する歩道等の縁端の段差は、2cmを標準とするが、車いす使用者、高齢者等の安全かつ円滑な通行のためには、段差、高低差が無く、勾配が緩いものが望ましい。一方、視覚障害者の安全かつ円滑な通行のためには、歩車道境界を識別する手がかりとして、ある程度の段差、高低差、勾配があるほうが望ましいなど、道路利用者の特性によって望ましい構造が異なるものである。
> 　よって、縁端構造の検討にあたっては、2cmを標準とされていることを踏まえつつも、様々な道路利用者の意見を踏まえることが望ましい。

　横断歩道に接続する歩道等の縁端の段差は、概説で述べた理由により2cmを標準としているが、これはあくまで標準値であり、段差を2cmにすることのみでは必ずしも視覚障害者の識別性及び車いす使用者の通行性を高いレベルで両立できるとは限らない。

　交通バリアフリー法が施行されて以降、各地で様々な検討がなされ、視覚障害者や車いす使用者等による合意形成の上工夫された多くの構造が採用されている。これらの構造の縁端段差は、各地域で日常的に利用している障害者等が、普段の利用においてお互いに合意したうえで、それぞれの構造を肯定的に評価し、慣れた状況であることも含め納得して利用されている。

　しかし、全国で様々な構造が採用されていくことは、障害者等の多くが広域に移動できるようになる中で、視覚障害者や車いす使用者等にとっては混乱を招くことになるため、望ましくないとの指摘もある。

よって、今後は統一された整備が進められるよう、基準となる構造を示すことが必要である。
現段階では、全ての人にとって望ましい構造を示すことはできないが、全国で検討し採用されている構造について検証することで、方向性を示すこととした。

1）歩車道境界における段差や高低差以外についての知見

各地で採用されている構造について、評価実験（実験結果は、「参考　歩車道境界のユニバーサルデザインを目指した構造の評価実験［その１］」参照）を実施し、その結果、歩車道境界における段差や高低差以外にも留意すべき知見が得られた。

［車いす使用者・杖使用者関連］

- 車いす使用者等の通行しやすさについては、段差や高低差以外に、接続する車道部の勾配、視覚障害者誘導用ブロック等も影響を与えるため、歩車道境界部全体に配慮した設計が必要。
- 特に、車いす使用者が受ける衝撃については、歩車道境界における段差を単に縮小すれば緩和されるわけではなく、段差前後の勾配も含め、衝撃を受けることなく円滑に通行できる断面とすることが必要。
- 縁石表面の突起や溝は、滑りにくいという効果がある一方、キャスターの小さな車いすにとっては通行時の障害となる場合があるため、両方の観点から検討することが必要。

［視覚障害者関連］

- 視覚障害者が歩車道境界を認識する際、縁端部の段差だけではなく、歩車道の高低差、車道から歩道にかけての勾配の変化、舗装の材質、視覚障害者誘導用ブロック等の様々な構造要素を手掛かりとしており、これらの要素について総合的に検討することが必要。なお、道路の構造に加えて、車の音や周りの人の動き等も手掛かりとしている。
- 特に降り方向については、視覚障害者誘導用ブロックが、歩車道境界を認識する際の大きな手掛かりの一つとなっており、視覚障害者誘導用ブロックの設置により歩車道境界の識別性は大きく向上することを認識すべき。
- 縁石表面の突起や溝は、歩行者の靴の種類や白杖の先端形状等によって通行時の影響が異なるため、その形状や寸法等を設定する際には、識別性と通行の円滑性（つまずかないか）の両方の観点から検討することが必要。

2）望ましい構造の一例

各地で採用されている構造の評価実験の結果より、構造に関して以下のような傾向がみられた。

（車いす使用者）
- 縁端高さ０cm―背面高さ２～３cm、縁端高さ１cm―背面高さ１～３cmの評価は縁端高さ２cmの評価に比べて特に高い

（視覚障害者）
- 点状ブロックが敷設されているものは縁端高さ２cmと同程度の評価である一方、点状ブロックが敷設されていないものは縁端高さ２cmより評価が低い
- 相対的に、歩道と車道の高低差が大きいものほど評価が高い
- 段差がないと認識できないという意見が多数有る

今後も引き続き、現地において、横断歩道部の歩車道境界の構造の評価を蓄積していくことは必要であるが、これらの評価を総合して、比較的望ましいといえる構造の一例を示すとすれば、縁端高さ1cm―背面高さ3cm―表面勾配10％（点状ブロック付き）が考えられる。各地域においては、当該構造も参考としつつ、引き続き望ましい構造について評価を実施していくことが必要である。

なお、「1）歩車道境界における段差や高低差以外についての知見」において示したとおり、車いす使用者にとっては、縁端部の段差の縮小だけではなく段差前後の勾配が衝撃に影響することや、視覚障害者にとっては、縁端部の段差だけではなく、歩車道の高低差、車道から歩道にかけての勾配の変化、舗装の材質、視覚障害者誘導用ブロック等の様々な要素を手掛かりとしているなど、歩車道境界における段差や高低差以外についても知見が得られており、当該知見を踏まえ現地での様々な条件の下での評価を実施していくことが重要である。

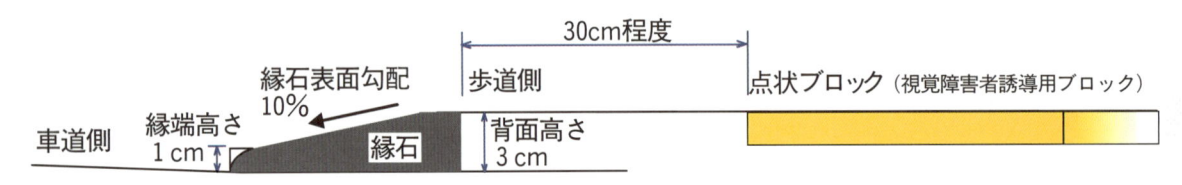

図2－11　比較的望ましいといえる構造の一例

3）その他の留意事項

実施の際には、事前に当該構造の整備内容について、当該道路を利用する視覚障害者、車いす使用者だけでなく、その他の障害者や高齢者、乳母車使用者等の利用者の意見を聞くことが望ましい。また、つまずきやすべり、雨水排水処理、縁石表面突起を設置する際は突起の磨耗に対する管理上の問題点についても配慮するものとする。

さらに、車道側の勾配が大きい場合は、歩道側の縁石背面部分と車道側に踏み出した場所の高低差が小さくなり、視覚障害者の識別性に影響を与える可能性があるとともに、車いす使用者にとっては、縁端段差を小さくしても歩道に上がることができないなど通行性も悪化するおそれがあるため、車道側勾配が大きくならないよう配慮するとともに、車道側勾配も含め、歩車道境界部全体の構造に配慮した整備をすることが必要である。

○参考○ 歩車道境界のユニバーサルデザインを目指した構造の評価実験

1．実験概要

横断歩道等に接続する歩車道境界部の構造は、基準において縁端の段差を「2cmを標準とする」とされている。本実験では、今後の歩車道境界部のあり方を探ることを目的に、全国各地域で採用されている代表的な構造（障害者等の参加のもと現地で合意形成等により採用されている構造）を対象に、一般的に標準として整備されている「2cmフラット」の構造との比較評価を実施し、検証を行った。

1．1．実験の実施概況

実験主体	国土交通省
実験場所	国土交通省　関東地方整備局　関東技術事務所　敷地内
実験時期	平成18年11月
被験者	・視覚障害者：48名（全盲34名、弱視14名） ・車いす使用者：21名（手動13名、電動8名） ・杖使用者：7名
実験に使用した歩車道境界の縁端構造	・全国各地域において視覚障害者や車いす使用者等との合意の上で採用された様々な歩車道境界部の構造（縁石）を抽出・整理し、代表的な12種類の対象構造を選定（詳細は次頁参照）。 ・一般的に標準として整備されている「2cmフラット」の構造を「基本構造」とした。
実験内容	各被験者に「基本構造」と12種類の対象構造を交互に通行してもらい、それぞれ「通行しやすさ」、「歩車道境界部のわかりやすさ」について5段階*で評価（いずれも、「基本構造」との比較評価）。 ※通行しやすさ（車いす使用者、杖使用者） 「通行しやすい」、「やや通行しやすい」、「どちらともいえない」、「やや通行しにくい」、「通行しにくい」 ※歩車道境界部のわかりやすさ（視覚障害者） 「わかりやすい」、「ややわかりやすい」、「どちらともいえない」、「ややわかりにくい」、「わかりにくい」

注）実験では、各被験者が評価構造毎に登り2回、降り2回通行し、その都度、「通行しやすさ」または「歩車道境界部のわかりやすさ」を評価している。

なお、実験結果は、全ての通行のうち、車いす使用者及び杖使用者は「2回目」の評価を用い、視覚障害者は「1回目」「2回目」両方の評価を採用している。

1．2．実験で使用した歩車道境界の縁端構造

	縁端高さ	背面高さ	表面勾配	表面加工		誘導用ブロック（警告）	
①	0	2	12.5	なし		あり	
②	0	2	11	あり	横溝	あり	
③	0	2	10	あり	縦溝	あり（＋グレーチング）	
④	0	2	13.3	あり	突起	あり	
⑤	0	2	40（縁端部のみ0擦り付け）	なし		必要に応じて	
⑥	0	3	17.3	あり	横溝	あり	
⑦	0	5	20	なし		あり	
⑧	1	1	0	なし		必要に応じて	
⑨	1	2	5.5	なし		あり	
⑩	1	3	10	なし		必要に応じて	
⑪	2	2	0	車いす車輪幅に溝を設置（0−2）		広幅員の場合、特定経路の場合あり	
⑫	2	4	12	あり	網目	あり	
基本構造	2	2	0	なし		なし	
	縁端高さ	背面高さ	表面勾配	表面加工		誘導用ブロック（警告）	

1．3．実験結果：車いす使用者、杖使用者、視覚障害者の評価

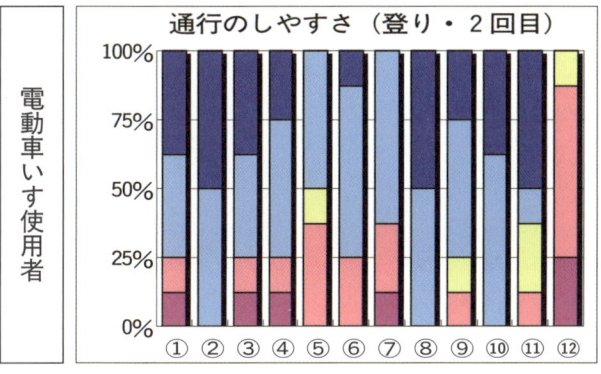

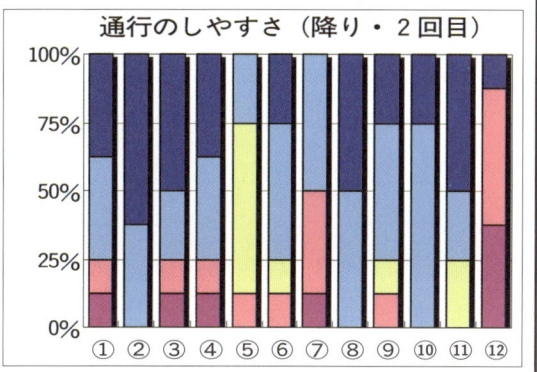

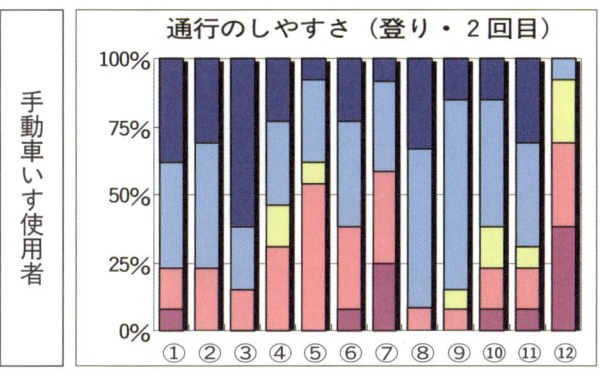

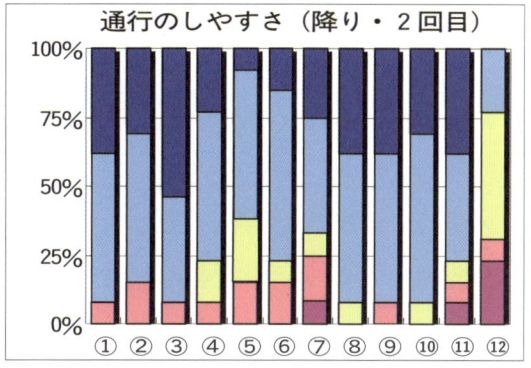

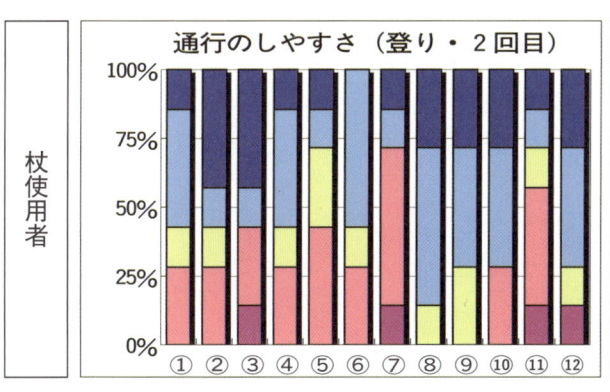

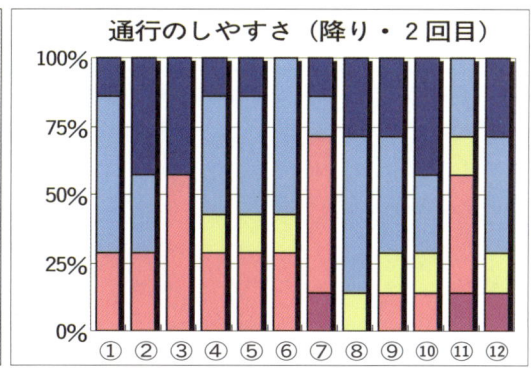

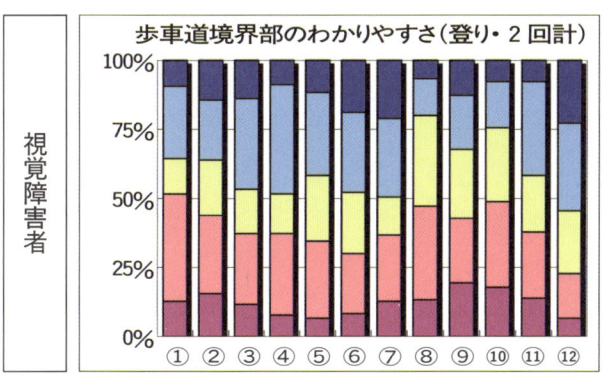

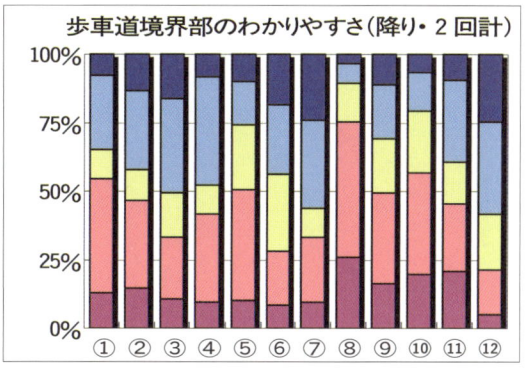

電動車いす使用者
- 通行のしやすさ（登り・2回目）
- 通行のしやすさ（降り・2回目）

手動車いす使用者
- 通行のしやすさ（登り・2回目）
- 通行のしやすさ（降り・2回目）

杖使用者
- 通行のしやすさ（登り・2回目）
- 通行のしやすさ（降り・2回目）

視覚障害者
- 歩車道境界部のわかりやすさ（登り・2回計）
- 歩車道境界部のわかりやすさ（降り・2回計）

注）グラフの横軸は評価構造の種類に該当し、縦軸は被験者の評価の内訳（％）である。

車いす使用者、杖使用者の凡例
- ⑤通行しやすい
- ④やや通行しやすい
- ③どちらとも
- ②やや通行しにくい
- ①通行しにくい

視覚障害者の凡例
- ⑤わかりやすい
- ④ややわかりやすい
- ③どちらとも
- ②ややわかりにくい
- ①わかりにくい

実験結果によると、被験者の属性別に以下の傾向が見られる。

(車いす使用者)
- 構造②（0－2cm）、③（0－2cm）、⑧（1－1cm）、⑨（1－2cm）、⑩（1－3cm）などが、「基本構造」に比べて評価が特に高い。
- 構造⑫（2－4cm）は、手動・電動ともに「基本構造」よりも低い評価となった。

(視覚障害者)
- 点状ブロック（視覚障害者誘導用ブロック）が敷設されているものは「基本構造」と同程度の評価であるのに対し、点状ブロックが敷設されていないもの（構造⑤、⑧、⑩）は「基本構造」より評価が低い（特に降り方向）。
- 相対的に、歩道と車道の高低差が大きいものほど評価が高い（高低差3～5cmの構造⑥、⑦など）。
- 段差がなければ（あるいは、小さすぎれば）認識できないという意見がある。

(杖使用者)
- 車いす使用者と同様、構造⑧、⑨、⑩などが、「基本構造」に比べて評価が特に高い。
- 一方、歩車道の高低差の大きい構造⑦（0－5cm）の評価が「基本構造」よりも低かった他、段差のある部分とない部分を兼ね合わせた構造⑪の評価が低い結果となった。

その他、本実験において得られた知見については、2－1－6(2) 1)歩車道境界における段差や高低差以外についての知見（P67）に示すとおりである。

第2章　歩道等

○参考○比較的望ましい一例とする構造についての検証実験

1．実験概要

　　前頁までに示した評価実験の結果によると、総合的に見て比較的望ましい構造は、「縁端高さ1cm—背面高さ3cm」で「点状ブロック付き」であると考えられる。よって、対象構造⑩（縁端高さ1cm—背面高さ3cm—表面勾配10％）に点状ブロックを敷設した上で再度、障害者の評価を確認する実験を行った。

※なお、前頁までに示した評価実験を「実験その1」、今回の検証実験を「実験その2」と呼ぶものとする。

1．1．実験の実施概況

実験主体	国土交通省
実験場所	国土交通省　関東地方整備局関東技術事務所　敷地内
実験時期	平成19年4月～5月
被験者	・視覚障害者：24名 ・車いす使用者：22名（手動12名、電動10名） ・杖使用者：6名
実験に使用した歩車道境界の縁端構造	・「実験その1」の構造⑩（縁端高さ1cm—背面高さ3cm—表面勾配10％）に点状ブロックを追加した構造 ・一般的に標準として整備されている「2cmフラット」の構造を「基本構造」とした。（実験その1と同じ）
実験内容	評価実験と同様、各被験者に「基本構造」と評価構造を交互に通行してもらい（登り2回、降り2回）、それぞれ「通行しやすさ」又は「歩車道境界部のわかりやすさ」について5段階で評価（いずれも、「2cm標準構造」との比較評価）。

1．2．実験で使用した歩車道境界の縁端構造

・対象構造
（縁端高さ1cm—背面高さ3cm、点状ブロック付き）

・基本構造
（縁端高さ2cm—背面高さ2cm、点状ブロックなし）

1．3．実験結果：視覚障害者、車いす使用者等の評価

実験結果より、

- 視覚障害者の評価は、降り方向については、点状ブロックの追加に伴い歩車道境界のわかりやすさの評価結果は「実験その1」よりも向上しており、相対的には「基本構造」とほぼ同程度の評価であった。
- 車いす使用者、杖使用者の評価は、点状ブロックによる影響は特に見られず、「実験その1」の結果と同様、「基本構造」よりも高い評価であった（登り・降りとも）。
- 歩車道境界を認識した手がかりとして、点状ブロックの効果が確認できた。
- よって点状ブロックの設置により、本構造の有効性について確認できた。

※視覚障害者は「歩車道境界のわかりやすさ」の評価、その他は「通行しやすさ」の評価
※「実験その1」では点状ブロックなし、「実験その2」では点状ブロック付き

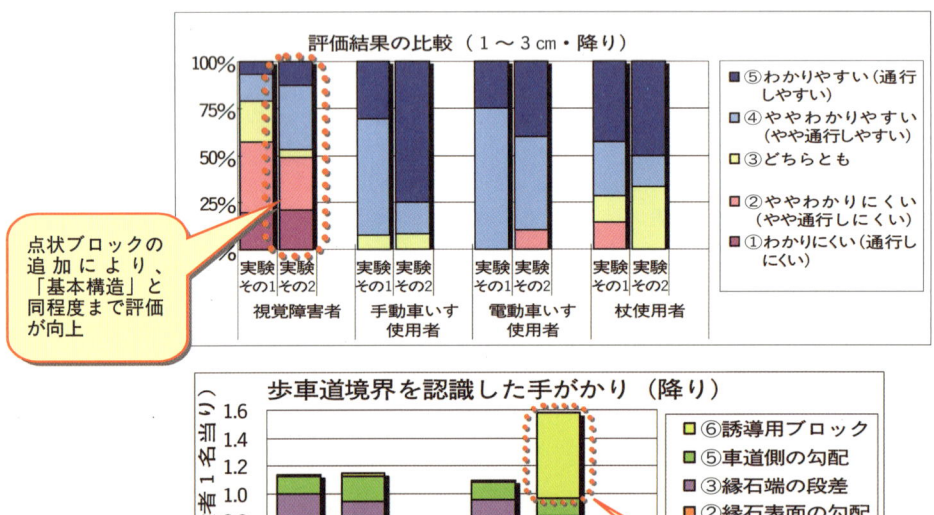

評価結果の比較（1～3cm・降り）

点状ブロックの追加により、「基本構造」と同程度まで評価が向上

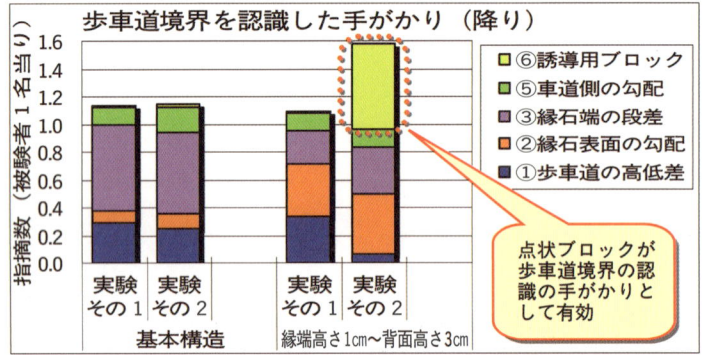

歩車道境界を認識した手がかり（降り）

点状ブロックが歩車道境界の認識の手がかりとして有効

1．4．評価結果のまとめ

実験結果を整理すると以下のとおりである。これらの実験結果を総合すると、比較的望ましい構造の一例として「縁端高さ1cm―背面高さ3cm―表面勾配10％（点状ブロック付き）」を挙げることが考えられる。

- 車いす使用者や杖使用者には、「基本構造」よりも通行しやすいという評価が得られている。
- 視覚障害者の歩車道境界部のわかりやすさについても、点状ブロックを敷設したことにより、概ね「基本構造」と同程度の評価が得られている。
- 段差が小さいことの指摘も少なからず見られるが、一方で、点状ブロックや縁石勾配等により歩車道境界部の認識は可能という意見も多い。
- VTR分析により被験者（視覚障害者）の挙動を整理すると、白杖の段差への引っかかり状況は、縁端高さ1cmと2cmとで大差は見られず、縁端高さ1cmでも、縁端高さ2cm構造と同程度の確率で杖による認識が可能と考えられる。

第 2 章 歩道等

> 積雪寒冷地における横断歩道接続部の縁端前後は、雪や凍結により、車いす使用者をはじめとする高齢者・障害者等の通行時に滑りや転倒が発生しやすい箇所であることから、視覚障害者の段差認識に配慮した上で、縁端前後は極力平たんな構造とするものとする。

下図のように排水のために街渠部に急な勾配を付けた箇所では、車いすが雪でスリップして昇れなくなったり、転倒の危険が生じる恐れがあることから、街渠部は極力平たんな構造となるようにすることが望ましい。

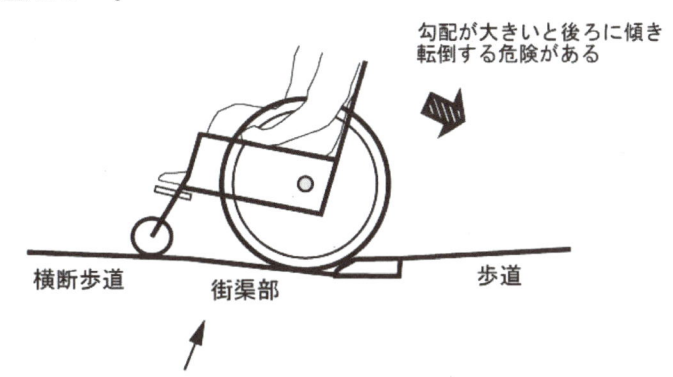

図2－12　縁端部付近に生じやすい問題点

≪縁端付近の街渠の勾配を低減した例≫

街渠を排水溝に置き換えることにより、縁端部に生じやすい勾配の低減を図ったものである。

写真2－10　街渠部の勾配を低減した例
（新潟県柏崎市）

写真2－11　街渠部の勾配を低減した例
（新潟県南魚沼市六日町）

※本排水施設は、表面の目地により、コンクリート蓋部の小さな隙間からも排水が可能となっている。

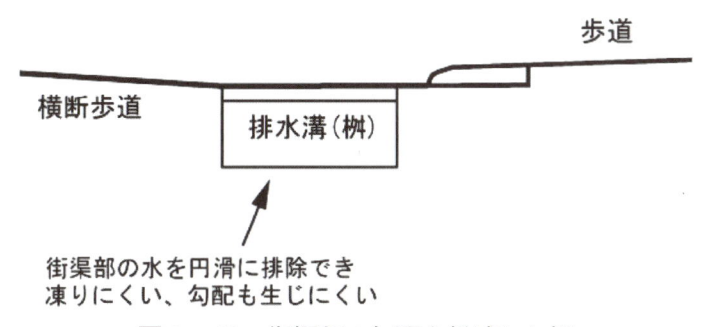

図2－13　街渠部の勾配を低減した例

(3) 車いすが円滑に転回できる構造

> 横断歩道に接続する歩道等の部分には、車いす使用者が円滑に横断歩道を渡るために、信号待ちする車いす使用者が滞留でき、かつ円滑に転回できる部分を確保するものとする。

　横断歩道に接続する歩道等の部分には、車いす使用者が円滑に横断歩道を渡るために、信号待ちする車いす使用者が滞留でき、かつ円滑に転回できる部分を確保しなければならない。

　ここでいう「車いすを使用する者が円滑に転回できる構造」とは、できる限り平ら（縦断・横断勾配を付さない構造）であり、かつ、さくや標識などが車いす使用者が転回するために必要な範囲（車いすが転回できる平たんな部分を、進行方向1.5m程度確保した範囲）に存在しない構造をいう。

　なお、歩行者等の滞留により、歩行者等の安全かつ円滑な通行が妨げられる恐れがある場合は、道路構造令第11条の2に基づき、歩行者の滞留の用に供する部分を設けることを検討する必要がある。

○参考○ 歩道における段差及び勾配等に関する基準

Ⅱ　横断歩道等における車道とのすりつけ部

2　車道とのすりつけ部の構造

　　歩道等の巻込み部における歩道等と車道とのすりつけ部の縦断勾配と段差との間には水平区間を設けることとし、その値は1.5m程度とする。ただし、やむを得ない場合にはこの限りでない。

道路構造令　第11条の2

　歩道、自転車歩行者道、自転車歩行者専用道路又は歩行者専用道路には、横断歩道、乗合自動車停留所等に係る歩行者の滞留により歩行者又は自転車の安全かつ円滑な通行が妨げられないようにするため必要がある場合においては、主として歩行者の滞留の用に供する部分を設けるものとする。

(4) 排水施設の設置

> 横断歩道部等において、歩道等面が低いために強雨時に水の溜る恐れが生ずる箇所では、雨水ますを追加する等排水に十分配慮するものとする。

　横断歩道部等において、路面排水の滞留により歩行者及び車いす使用者が通行を妨げられないように、横断歩道上に雨水が滞ることが無いよう横断歩道の外側の適切な位置に雨水ます等を設けることが望ましい。なお、横断歩道の進行方向上に雨水ますが存在する場合は、適切な位置に移設を行うか、雨水ますの蓋を車いすのキャスター、白杖の先及びハイヒール等が落ち込むことが無いよう配慮するとともに、雨水ますと路面に段差が発生しないこと、滑りづらさ等にも配慮する必要がある。また、歩行者の通行する部分が道路の構造上排水の滞るような場合においては、円形側溝等を用いること等を検討することとする。

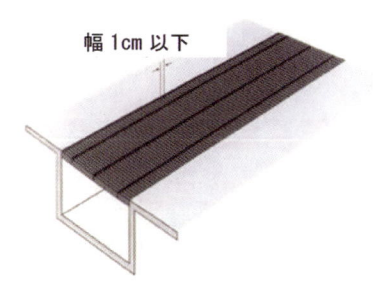

○グレーチングの溝が細かいものとする。
○設置場所はできる限り横断歩道以外の部分に設置する。
○滑りづらさ等にも配慮する。

出典：「バリアフリーガイドブック［道路・公園編］」北九州市建設局

図2－14　グレーチングの溝

　また、雨水ます等の設置については、「2－1－7 歩道構造形式の選定方法」において示している。

○参考○雨水が滞らないよう工夫した横断歩道等の接続部の排水施設

写真　国道30号（香川県高松市）　　　　図　側溝の断面例

横断歩道等の接続部に雨水が滞らないよう円形側溝を設置した例

第3部　道路の移動等円滑化基準の運用指針

> 積雪寒冷地の横断歩道部等においては、車道除雪後の堆雪や、シャーベット状の雪、融雪水の溜まり等が生じやすいことを考慮し、排水施設の構造について十分配慮するものとする。

　積雪寒冷地の横断歩道に接続する歩道等の部分は、冬期には車道除雪後の堆雪やシャーベット状になった雪、融雪水の溜まり等に起因する凍結が生じやすいことから、必要に応じ歩行動線付近に排水ますを設置することが考えられる。

　ただしその際用いる排水ますの蓋は、車いすのキャスター、白杖の先及びハイヒール等が落ち込むことが無いよう目幅に配慮するとともに、降雪・凍結時でも歩行者が滑ることのない形状・材質のものを用いるものとする。

≪雪や凍結時に滑りやすい横断歩道接続部の例≫

図2-15　横断歩道接続部の排水がうまくいかず縁端部前後が凍結している事例

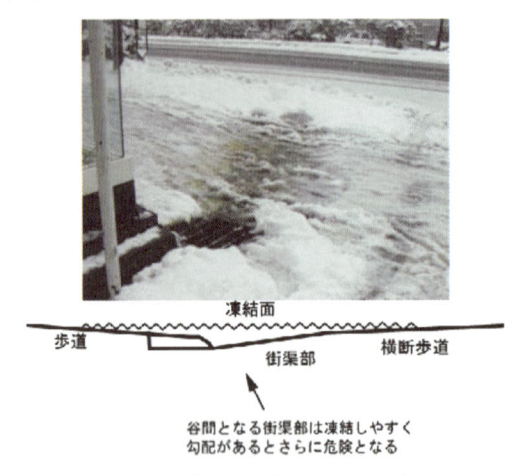

写真2-12　ます蓋上が凍結し滑りやすくなっている事例

＜歩行動線付近に排水ますを設置する場合の対応イメージ＞

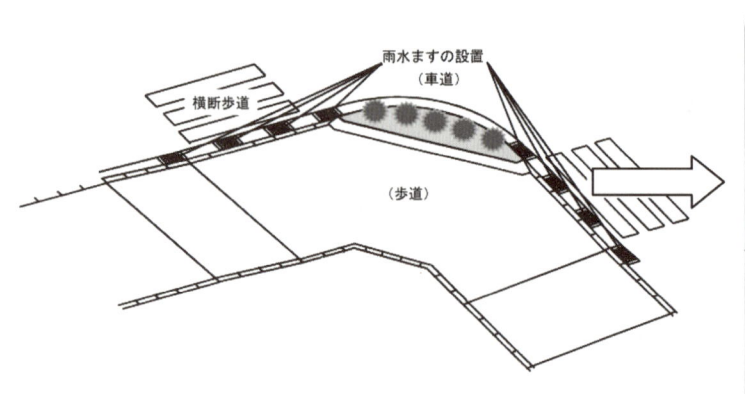

滑り止めのついた
グレーチングの例（石川県金沢市）
※網目の一部にアスファルトコンクリートが充填されている

図2-16　歩行動線上に排水ますを設置する場合のイメージ

2-1-7　歩道構造形式の選定方法

(1) 歩道構造形式の定義と特徴

> 歩道構造形式の定義を以下に示す。
>
> **フラット**　　　：歩道等面と車道等面の高さが同一で、縁石により歩道と車道を分離する歩道構造。
>
> **セミフラット**　：歩道等面が車道等面より高く、縁石天端の高さが歩道等面より高い歩道構造。
>
> **マウントアップ**：歩道等面と縁石天端の高さが同一である歩道構造。

表2-3　各形式の特徴

		フラット		セミフラット		マウントアップ	
略図							
波打ち		○	・発生しない。	○	・発生しない。	△	・発生する場合がある。
横断歩道接続部等	視覚障害者	△	・歩車道境界の確認がしづらい。	△	・縁石の構造によっては認識しづらい場合がある。	△	・縁石の構造によっては認識しづらい場合がある。
	車いす使用者	○	―	△	・フラットと比較すると通行性がやや劣る。（段差）	△	・段差とすりつけ勾配により通行性が劣る。
	高齢者	○	―	△	・段差によりつまずく可能性がある。	△	・段差とすりつけ勾配により通行性が劣る。
	対策		・横断歩道接続部等に視覚障害者誘導用ブロックを適切に設置する。 ・縁石線により適切に区分する。 ・歩車道境界の構造の工夫が必要である。		・横断歩道接続部等に視覚障害者誘導用ブロックを適切に設置する。 ・歩車道境界の構造の工夫が必要である。		・横断歩道接続部等に視覚障害者誘導用ブロックを適切に設置する。 ・歩車道境界の構造の工夫が必要である。 ・勾配の緩和や波打ち歩道とならない工夫が必要である。
車両乗入れ部	視覚障害者	×	・歩車道境界の確認がしづらい。	○	―	○	―
	車いす使用者	○	―	○	―	△	・すりつけ勾配が発生するため、有効幅員が狭められる。
	高齢者	○	―	○	―	△	・すりつけ勾配が発生するため、有効幅員が狭められる。
	対策		・歩車道境界の構造の工夫が必要である。		―		・有効幅員外に車両乗入れ部を設ける。
排水処理		△	・雨水が車道側から流入する場合がある。	○	―	○	―
	対策		・車道側への雨水ます等の設置が必要である。		―		―
総合評価		△		○		△	

(2) 歩道構造形式の選定方法

歩道の構造形式は、第7条第2項（縁石の高さ15cm以上）及び第8条第1項（歩道の高さ5cmを標準）により、基本的にはセミフラット型となる。また、「歩道の一般的構造に関する基準」において、"セミフラット形式とすることを基本とする"としている。ただし、沿道制約の状況等によりセミフラット型による整備が不可能な場合もあるため、やむを得ない場合、歩道の一区画を最小単位に下図に示す選定フローを参考に選定を行うものとする。（歩道構造の形式にかかわらず、自動車及びバス等の乗降箇所における歩道の高さの考え方については、それぞれ12―2―3乗降場等、4―3乗合自動車停留所を設ける歩道等の高さを参照。）

なお、図中の①～⑤の番号は、以下の項目番号に対応しており、次頁以降にその詳細を記述している。

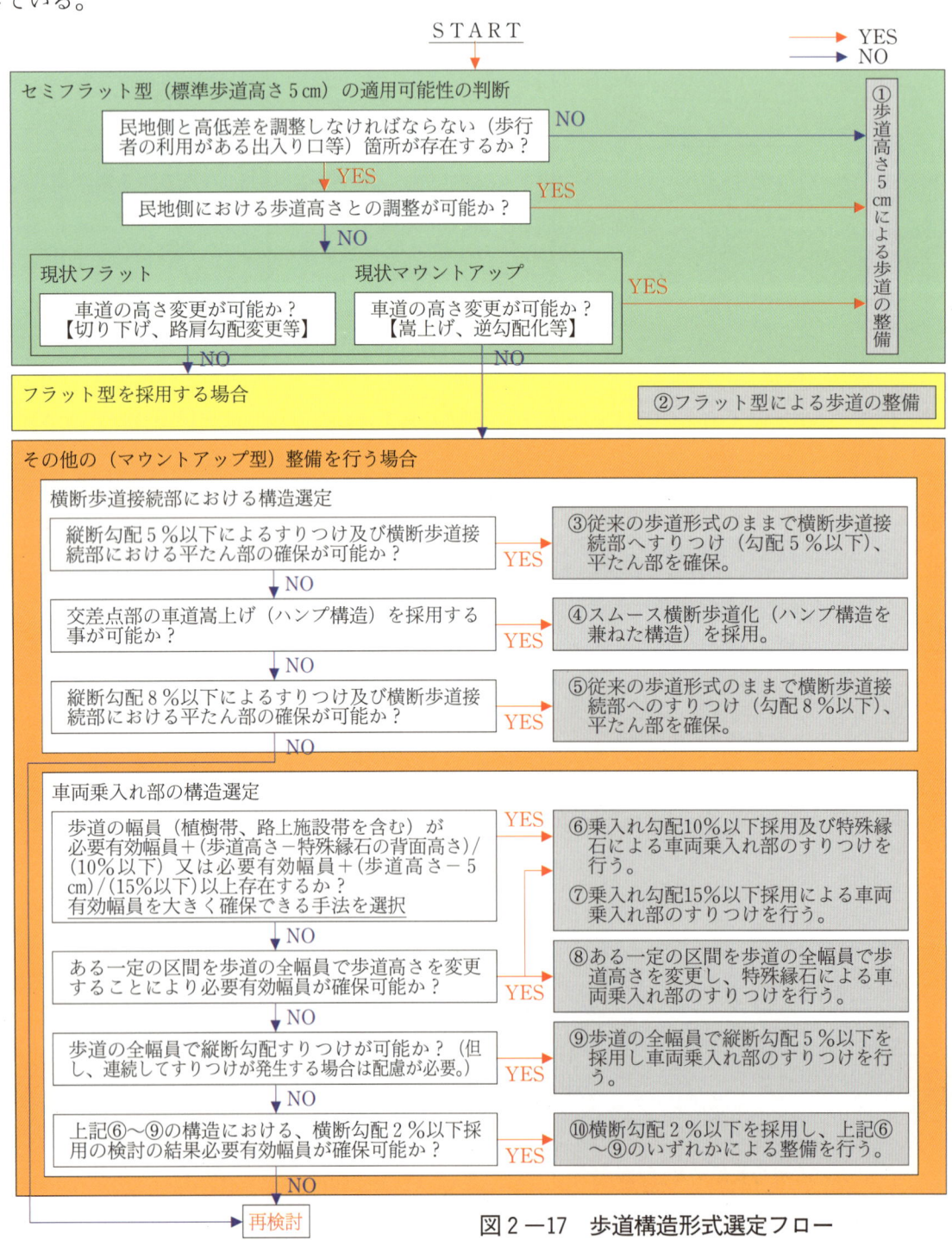

図2－17　歩道構造形式選定フロー

第2章　歩道等

<セミフラット型の整備>
① セミフラット型（歩道高さ5cmを標準）による歩道の整備

> 歩道を新設する場合又は現状がマウントアップ型歩道で整備されている場合で、民地側との高低差を調整しなければならない（車いす使用者等の利用がある出入口等）箇所が存在しない場合、あるいは民地側との高低差を調整できる場合には歩道高さ5cmを標準とした歩道整備を行うこととする。

≪基本形≫

現状がマウントアップ型歩道で整備されている場合は、民地側で高低差を調節（民地内ですりつける、特殊縁石・スロープの採用等）することにより、歩道の切り下げを行い、歩道の高さ5cmのセミフラットの歩道として整備し、車両乗入れ部の切り下げが発生しない構造とする。又は、車道を嵩上げすることにより、同様の構造とする。

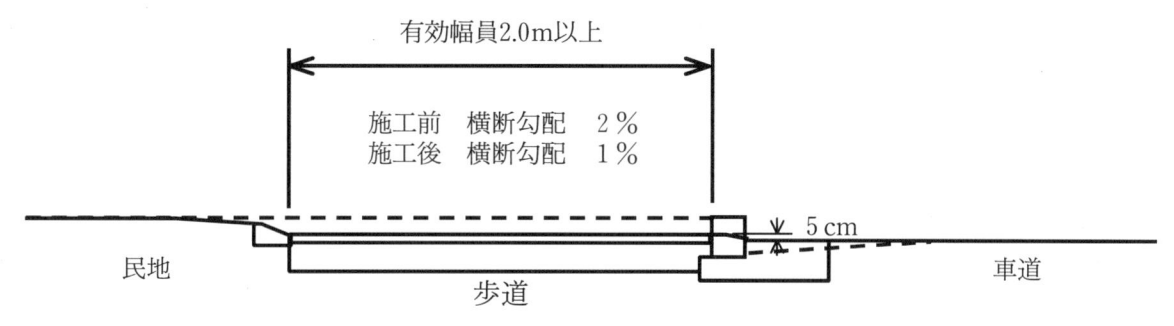

点線：施工前　実線：施工後

図2－18　セミフラット型の横断面の構造（歩道を切り下げ）

点線：施工前　実線：施工後

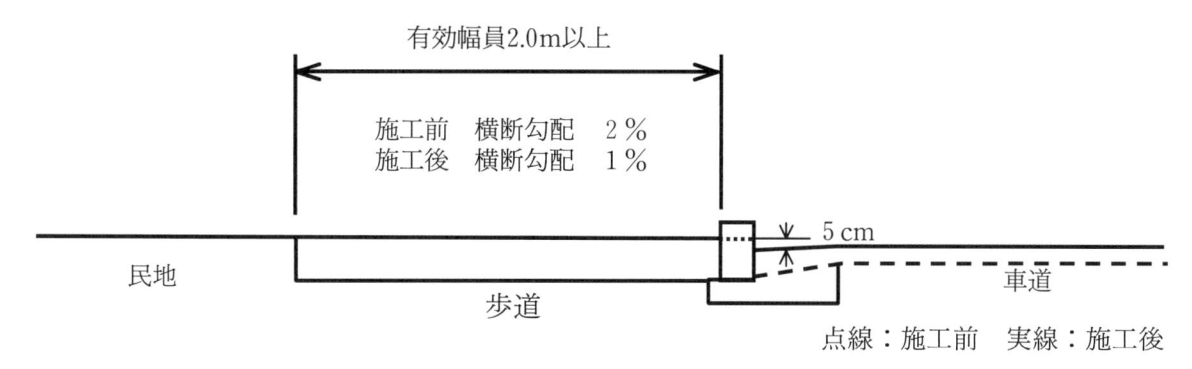

図2－19　セミフラット型の横断面の構造（車道を嵩上げ）

≪縁石の構造により横断歩道接続部等においてすりつけ区間が必要のない場合≫

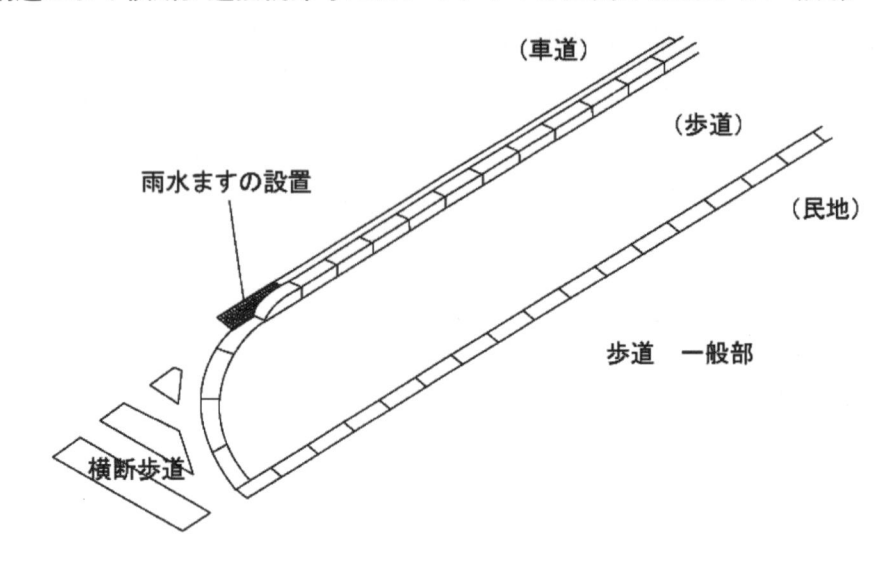

図2−20　セミフラット型の横断歩道接続部における構造イメージ

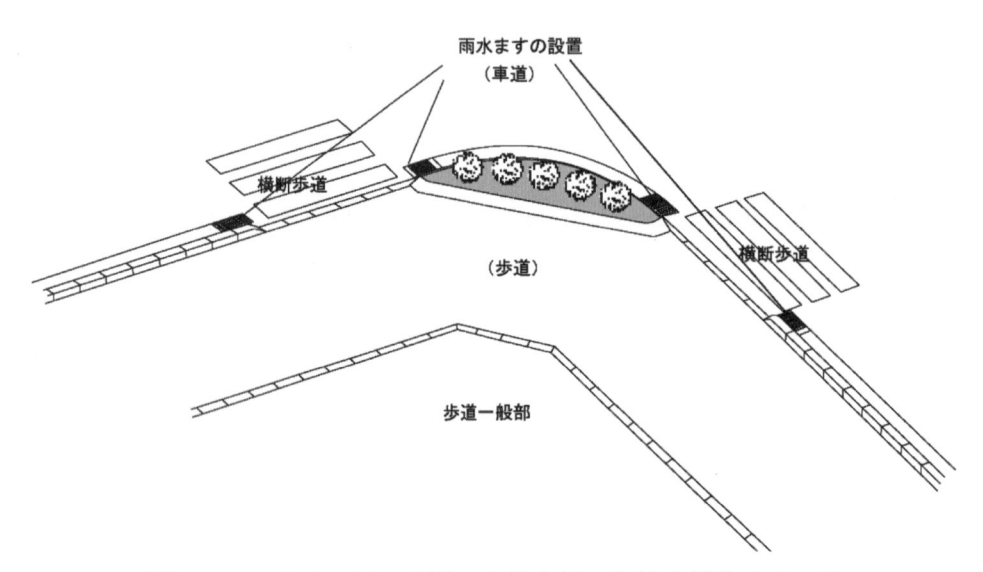

図2−21　セミフラット型の交差点部における構造イメージ

≪横断歩道接続部等においてすりつけがある場合≫

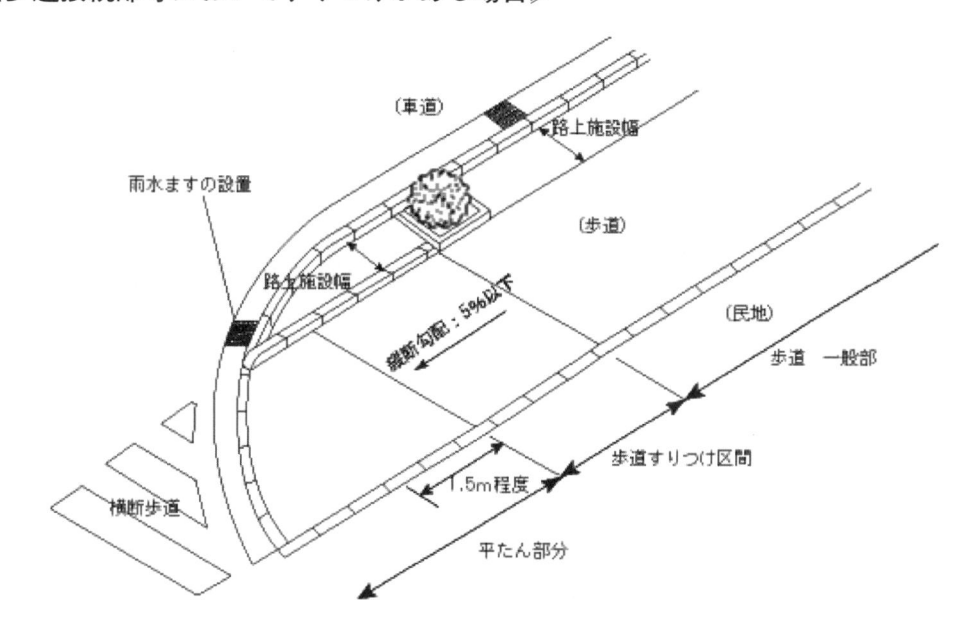

図2－22　セミフラット型（すりつけ区間が必要な場合）の横断歩道接続部における構造イメージ

≪整備事例≫
〇一般国道2号線［兵庫県高砂市米田町］
　マウントアップとの高さの差を、民地側に階段・土間コンクリート・スロープですりつけた。

［施工後］

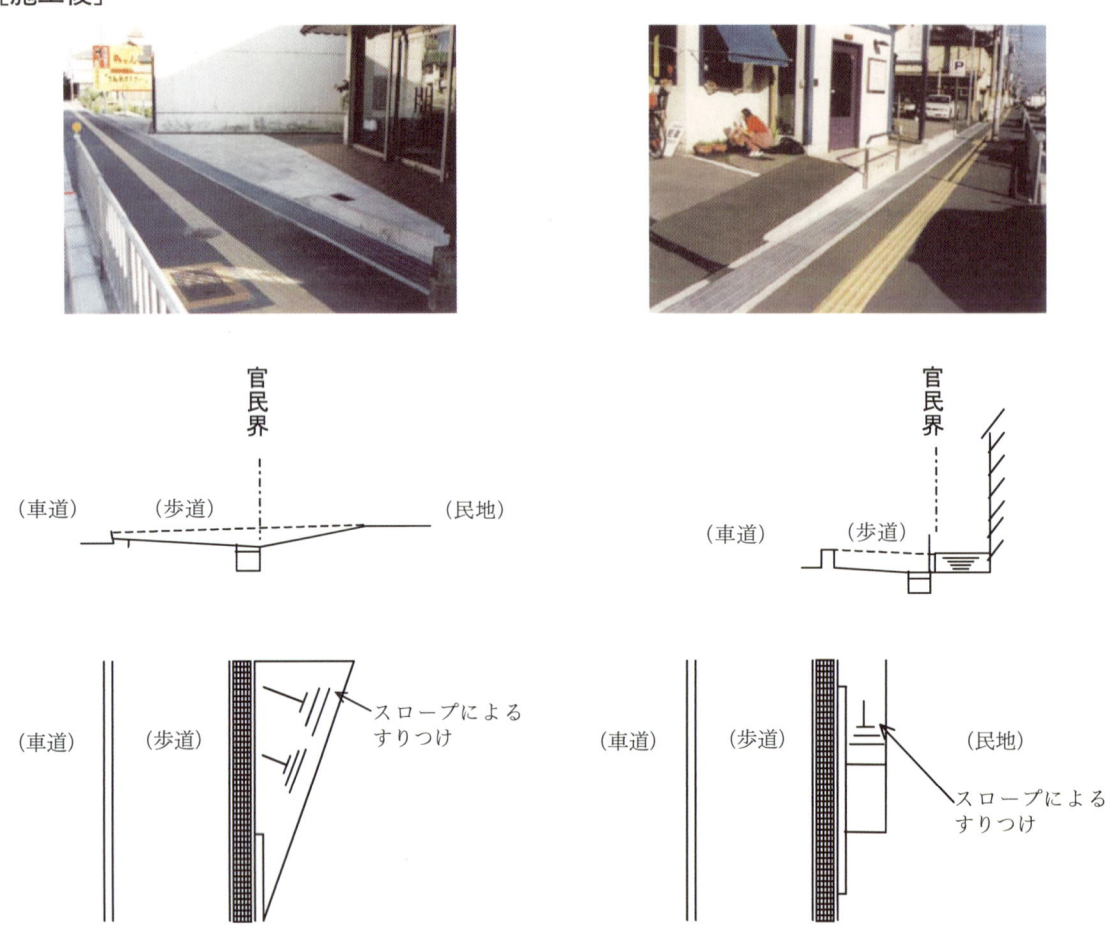

注）あくまでも民地すりつけの方法は民地所有者と調整によるものであるが、車いす使用者の出入りを考慮して、階段ではなくスロープとすることが望ましい。

図2－23　歩道の切り下げを行った事例

<フラット型の整備>

② フラット型による歩道の整備

> 車道と歩道の高さがほぼ同じ状態でかつ車道高さの変更が困難な場合、また民地側敷地高さが低く歩道高さ5cmを確保できない場合にはフラット型歩道の整備を行うこととする。

≪基本形≫

既設歩道がフラット型歩道である場合で、車道や歩道の高さ変更が不可能である場合は、規定の横断勾配を確保した上で、車両乗入れ部、横断歩道接続部等を明確に縁石線で区分した上でフラット型を採用する。

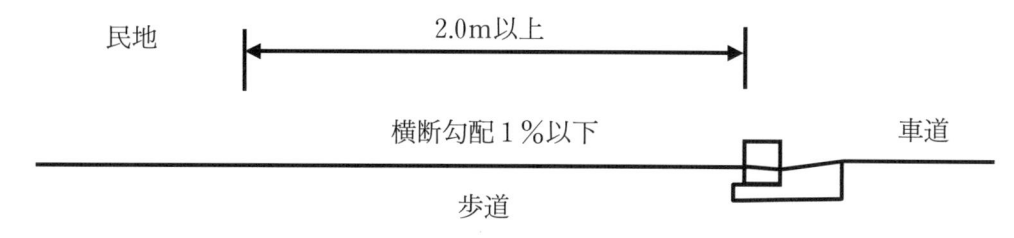

図2－24　フラット型の横断面の構造

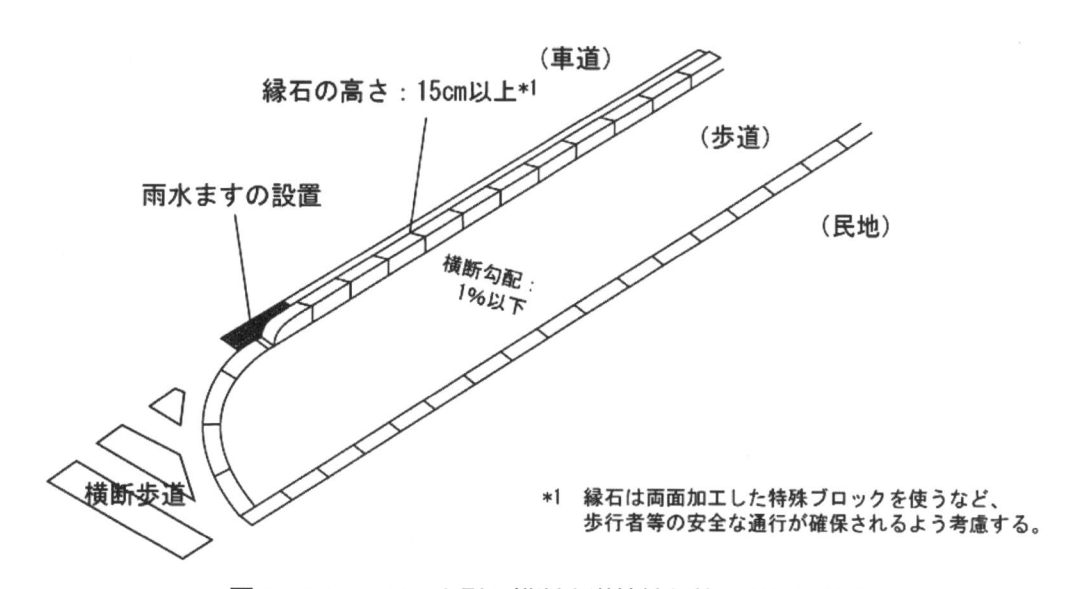

図2－25　フラット型の横断歩道接続部等における構造

<マウントアップ型における車道接続部の処理>
③ マウントアップ型歩道で横断歩道接続部の平たん部確保が可能な場合

> マウントアップ型歩道で横断歩道接続部における縦断勾配5％以下によるすりつけ及び平たん部1.5m程度の確保が可能な場合は、縦断勾配5％以下ですりつけを行い、横断歩道接続部には1.5m程度の平たん部分を設けることとする。

≪基本形≫

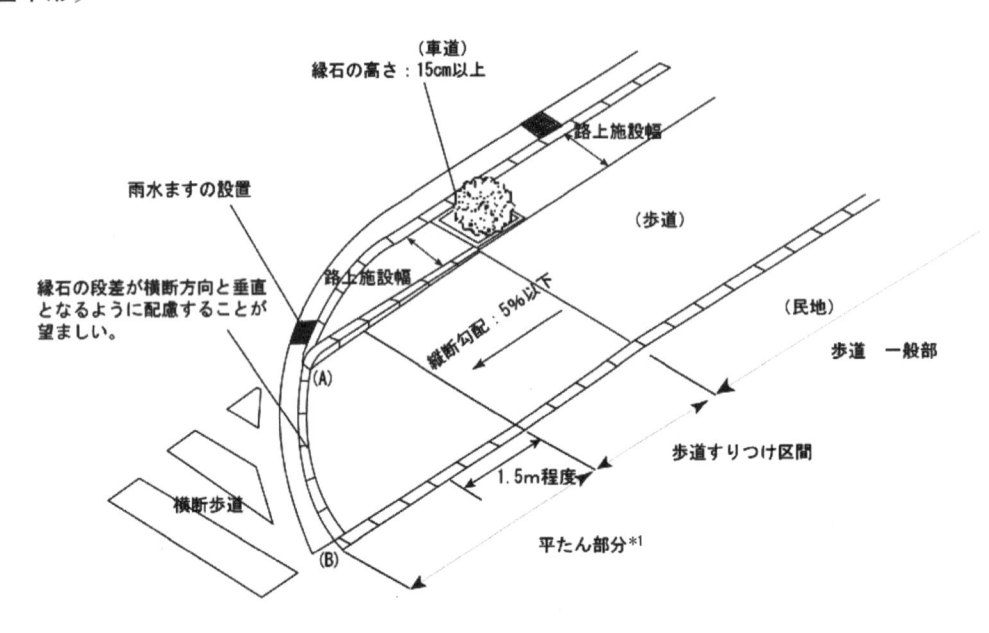

*1 平たん部分については巻込始点（A）からすりつけ区間との間に1.5m程度設けることが望ましい。このように設けられない場合でも、最低巻込点（B）から1.5m程度設ける。

図2－26　横断歩道接続部等における構造（植樹帯等がある場合）

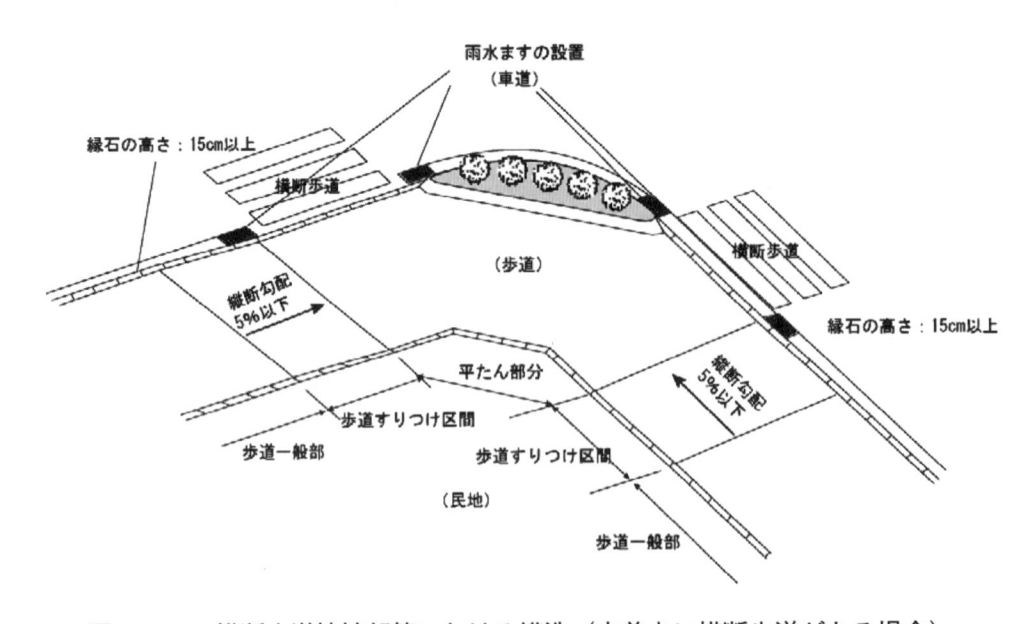

図2－27　横断歩道接続部等における構造（交差点に横断歩道がある場合）

④ スムース横断歩道を採用する場合

> 横断歩道接続部に縦断勾配5％以下ですりつけることは困難だが、交差道路にハンプ構造を採用することが可能な場合（細街路との交差部に限る。）、横断歩道をスムース横断歩道化（ハンプ構造をかねた構造）することを、安全性が確保されるよう周辺の交通状況等に配慮しつつ、検討する。ただし、振動・騒音等や、積雪寒冷地における積雪時のスリップ等に十分配慮する必要がある。

≪基本形≫

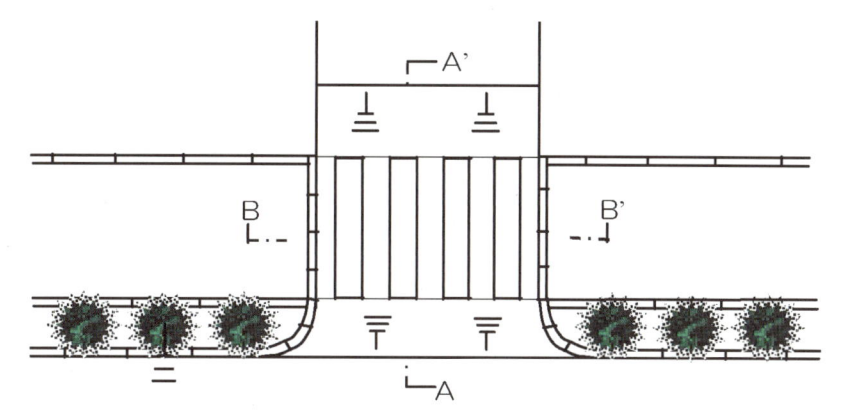

図2－28　スムース横断歩道の平面図

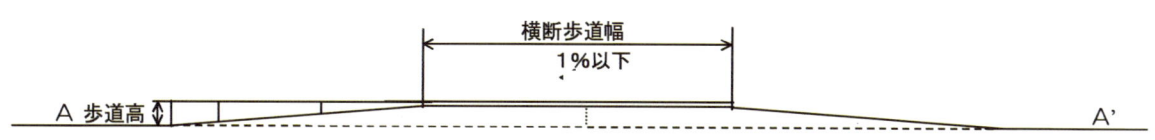

注）植樹帯等がなく、ハンプをすりつけるスペースがない場合は、特殊縁石等による対応を考える。

図2－29　スムース横断歩道の横断面図

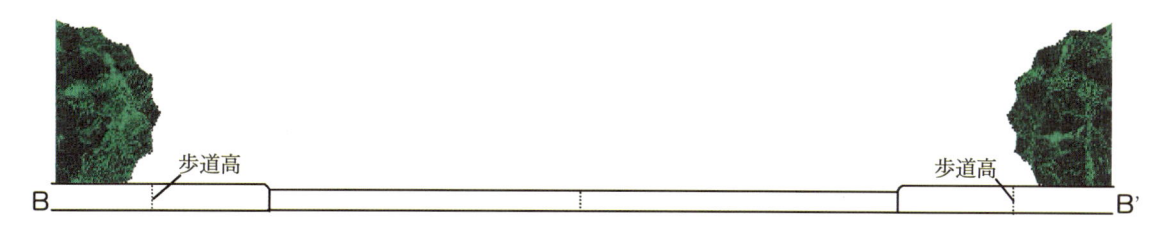

図2－30　スムース横断歩道の縦断面図

≪整備事例≫
〇入舟小学校西側の道路［新潟県新潟市］

写真2－13　スムース横断歩道の設置事例

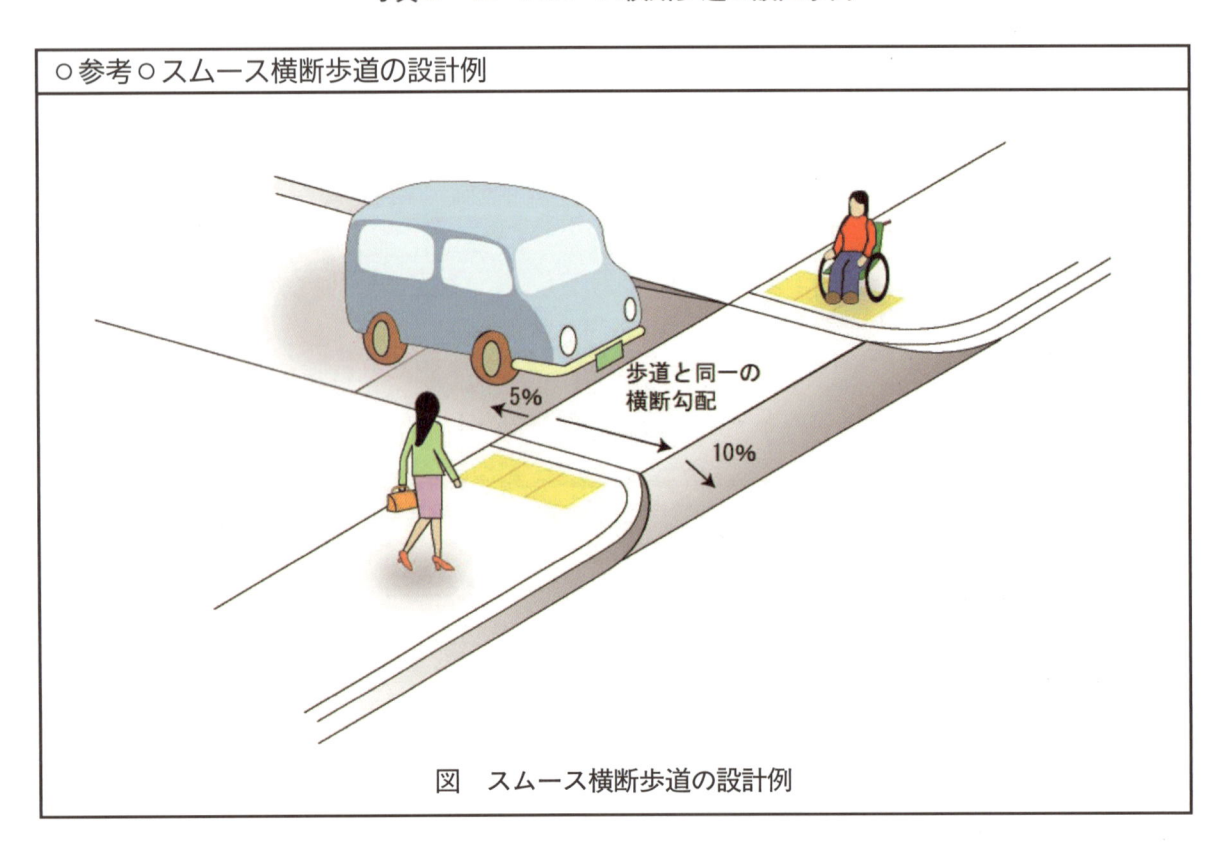

○参考○スムース横断歩道の設計例

図　スムース横断歩道の設計例

○参考○交差点入口ハンプと横断歩道標示

　幹線道路に囲まれたゾーン出入口等において、交差点の入口部をハンプ構造として優先側の道路の歩道を連続化する（これをスムース横断歩道という。）際には、横断歩行者の通行量、沿道の状況、安全施設の設置状況等にもよるが、入口部の車道幅員が概ね3.5m以上の場合には、公安委員会と調整の上、横断歩道標示を設ける方が望ましい。
　なお、横断歩道の幅員については、通常の場合、原則として4m以上とし、やむを得ない場合においても3mを確保することが望ましいが、コミュニティ・ゾーンの場合には、これによらず、歩道との連続性等を十分考慮し、適切な幅員とすることができる。

出典：「コミュニティ・ゾーン実践マニュアル」（社）交通工学研究会　2000年7月

第2章 歩道等

⑤ 縦断勾配5～8％ですりつける場合

> 横断歩道接続部において縦断勾配5％でのすりつけを実施した場合、平たん部1.5m程度を確保することが困難な場合は、縦断勾配5～8％ですりつけを行い、横断歩道接続部には1.5m程度の平たん部分を確保することとする。

≪基本形≫

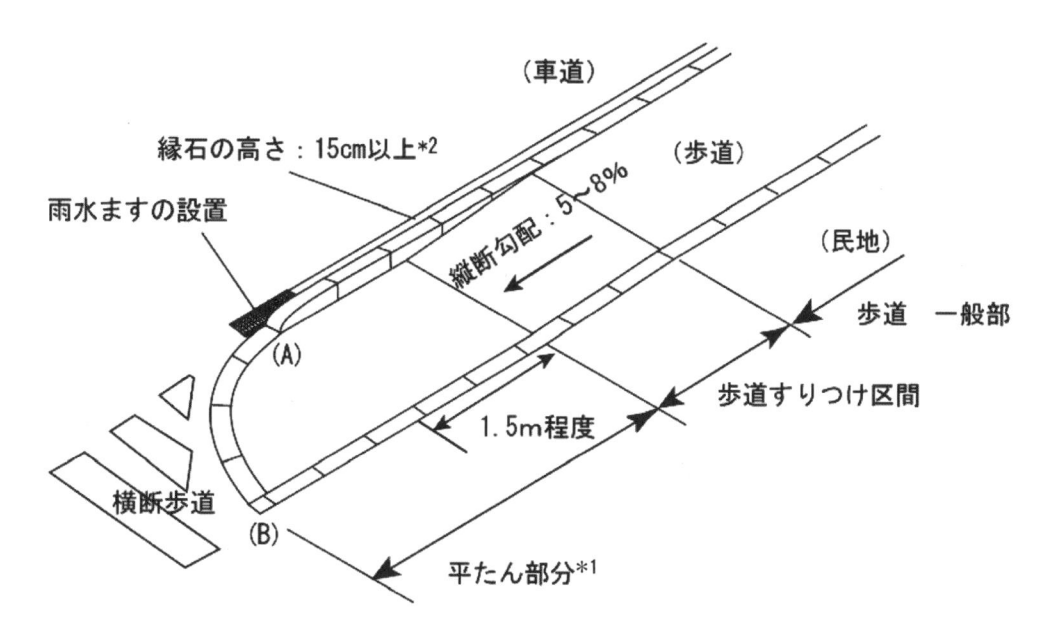

*1 平たん部分については巻込始点（A）からすりつけ区間との間に1.5m程度設けることが望ましい。このように設けられない場合でも、最低巻込始点（B）から1.5m程度設ける。
*2 縁石は両面加工した特殊ブロックを使うなど、歩行者等の安全な通行が確保されるよう考慮する。

図2－31　横断歩道接続部等における構造（植樹帯がない場合）

(3) 歩道構造形式別の配慮事項

1) 全歩道構造形式に共通する配慮事項

> 通行する車両の速度が速く、交通量の多い幹線道路には、必要な有効幅員を確保した上で、車両の歩道側への逸脱防止、自動車運転者の視線誘導、自転車、歩行者の車道側への逸脱防止や乱横断防止のために、歩車道の明瞭な分離等の観点から必要に応じ植樹帯や車両用防護柵等を設置するものとする。

通行する車両の速度が速く、交通量の多い幹線道路等においては、自動車運転者の視線誘導効果を高めるとともに、良好な生活環境確保の観点から、必要な場合には植樹帯を設置するものとする。また、夜間における視線誘導効果を高めるためには、デリニエータ*等の設置も有効である。さらに、速度が速い車両に対しては縁石により防止できない逸脱の可能性は否定できないため、歩道への車両逸脱防止のため必要な場合には、防護柵等を設置するものとする。

植樹帯等を設ける場合には、車道から車両乗入れ部へ進入する車からの、歩道を通行する歩行者や自転車への視認が低下する恐れがあるため、見通しの悪い歩道の植樹帯には低木等の植樹により見通しを確保する必要がある。

[*デリニエータとは]

反射式視線誘導標のことであり、車道の外側に沿って道路線形等を明示し、運転者の視線誘導を行うために設置する施設である。主として夜間における視線誘導を行う必要のある区間に設置する。

2) セミフラット型歩道とする場合の配慮事項

> 既設のマウントアップ型歩道形式をセミフラット型とする場合は、沿道に対する影響を考慮の上、隣接する民地所有者との調整による民地内での高低差の処理、車道嵩上げ等、沿道住民との十分な話し合いにより適切な方法を選択する必要がある。

既設歩道形式がマウントアップ型の場合、民地境界部との高低差が発生するため、沿道住民等との十分な話し合いにより適切な方法を選択する事が必要である。

また、必要に応じて夜間の視認性への配慮が必要である。

積雪寒冷地においては、除雪方法により縁石の破損や転倒が生じる可能性があることから、地域の状況に応じた対応をするものとする。

3) フラット型歩道とする場合の配慮事項

> 歩行者が、横断歩道接続部において、歩車道境界を認識できるよう縁石等を盛り上げ、段差2cmを確保できるよう配慮する必要がある。
> また、降雨等による路面水が車道側から流入しないよう、他の歩道構造形式に比べ排水処理への配慮が必要である。

フラット型とする場合、降雨等による路面排水が車道側から流入する場合が考えられるため、降雨等による路面排水が車道側から流入しないよう、他の歩道構造形式に比べ排水処理への配慮が必要である。

積雪寒冷地においては、除雪方法により縁石の破損や縁石による転倒が生じる可能性があることから、地域の状況に応じた対応をするものとする。

4）マウントアップ型歩道とする場合の配慮事項

> 歩行者等が、車両乗入れすりつけ部を確実に認識できるよう、当該部分の色分けによる明確化や縁石による区分等の対応が必要である。（色の違いが不明瞭にならないよう、維持管理にも配慮する必要がある。）

車両乗入れ部において歩行者の安全性を確保する必要があるため、歩行者等が、車両乗入れ部を確実に認識できるよう、当該部分の色分けによる明確化や縁石による区分等の対応が必要である。

写真2－14　車両乗入れ部の色分け事例

> 横断歩道接続部及び車両乗入れ部におけるすり付けの設置にあたってはスムース横断歩道の採用や特殊縁石等の工夫により、歩行者の通行部分の平たん性に配慮する必要がある。

狭幅員歩道の場合、横断勾配による車両乗入れ部のすり付けが不可能なため、歩道全幅員で縦断的なすりつけを行う必要があるが、これらが連続する場合、歩道面が波打ちとなり、また当該箇所においては度々民地境界側との高低差が発生する。そこで、マウントアップ高さがそれほど高くない場合は、車両乗入れ部を特殊縁石等で処理する等、波打ちを解消する方法を検討する必要がある。

また、広幅員の歩道においても、横断歩道接続部で平たん部を設ける必要性から縦断方向におけるすりつけが必要となるため、横断歩道部のすり付けを必要としないスムース横断歩道の採用も考えられる。ただし、スムース横断歩道を採用する場合、交差点での安全性、円滑性に配慮するとともに、車両の通過に伴う振動・騒音等の問題が発生する恐れがあるため、振動・騒音等をできるだけ押さえられるよう、地域との調整を行いながら、ハンプの構造や速度抑制施設の組合せ等に配慮が必要である。

2−1−8　車両乗入れ部

道路移動等円滑化基準

（車両乗入れ部）

第10条　第４条の規定にかかわらず、車両乗入れ部のうち第６条第２項の規定による基準を満たす部分の有効幅員は、２メートル以上とするものとする。

(1)　概説

歩道等においては、常に車いす使用者がすれ違うことが可能な有効幅員を連続して確保しなければならない。

しかしながら、車両乗入れ部を設ける場合には、歩道の高さによっては歩道等の高さを切り下げる必要が生じ、この結果、当該切り下げ部分に勾配が生じることによって、車いすの安全かつ円滑な通行に著しく支障をきたす恐れが生じる。

したがって、当該勾配部分を除く平たん部の幅員を、車いす使用者のすれ違いが可能となるよう２ｍ以上確保しなければならない。このとき、平たん部とは、横断勾配１パーセント以下（やむを得ない場合は２パーセント以下）の規定を満たす部分をいう。

なお、車両乗入れ部の歩車道境界段差を５cmとすることにより、視覚障害者が横断歩道部と誤認識することを避ける効果も見込むことができると考えられる。

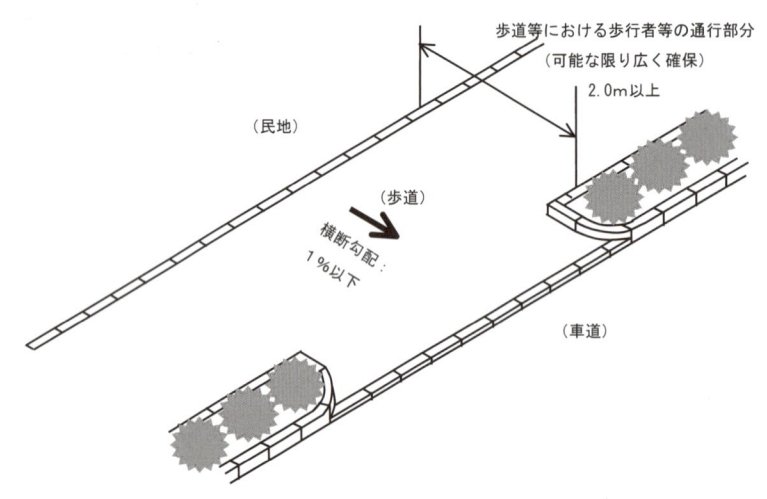

図２−32　セミフラット型の車両乗入れ部の構造

○参考○関連するその他の基準

歩道の一般的構造に関する基準（都街発第60号、道企発第102号　平成17年２月３日都市・地域整備局長・道路局長通達）※図を含む全文は資料編参照

Ⅰ　歩道の一般的構造

４　車両乗入れ部の構造

(1)　構造

車両乗入れ部における歩車道境界の段差は５cmを標準とする。

Ⅱ　既設のマウントアップ形式の歩道における対応

既設のマウントアップ形式の歩道をセミフラット形式の歩道にする場合には、沿道状況等を勘案し、①歩道面を切下げる方法の他、②車道面の嵩上げ、③車道面の嵩上げと歩道

面の切下げを同時に実施する等の方法から、適切な方法により実施するものとする。

なお、やむをえない理由により、当面の間、歩道のセミフラット化が図れない場合、横断歩道等に接続する歩道の部分及び車両乗入れ部の構造は、下記のとおりとする。

2　車両乗入れ部の構造

(1)　平たん部分の確保

歩道面には、車いす使用者等の安全な通行を考慮して、原則として1m以上の平たん部分（横断勾配をⅠ－2(1)④ロ）の値とする部分）を連続して設けるものとする。

また、当該平たん部分には、道路標識その他の路上施設又は電柱その他の道路の占用物件は、やむを得ず設置される場合を除き原則として設けないこととする。なお、歩道の幅員が十分確保される場合には、車いす使用者の円滑なすれ違いを考慮して、当該平たん部分を2m以上確保するよう努めるものとする。

(2)　構造

①　植樹帯がなく、歩道内においてすりつけを行う構造

①－1　歩道面と車道面との高低差が15cm以下の場合

植樹帯等がなく、また歩道面と車道面との高低差が15cm以下の場合には、以下の構造を標準として、すりつけを行うものとする。

イ）すりつけ部の長さ（縁石を含むすりつけ部の横断方向の長さをさす。以下同じ。）は、歩道の高さが15cmの場合、道路の横断方向に75cmとすることを標準とする。歩道の高さが15cm未満の場合には、すりつけ部の横断勾配（すりつけ部のうち縁石を除いた部分の横断勾配をさす。以下同じ。）を、前述の標準の場合と同じとし、すりつけ部の長さを縮小することが可能である。

ロ）歩車道境界の段差は5cmを標準とする。

①－2　歩道面と車道面との高低差が15cmを超える等の場合

植樹帯等がなく、また歩道面と車道面との高低差が15cmを超える場合ならびに15cm以下の場合で上記によらない場合には、以下の構造を標準とする。

イ）すりつけ部の横断勾配を15％以下（ただし、特殊縁石（参考図2－5(b)に示す、歩道の切下げ量を少なくすることができる形状をもつ縁石）を用いる場合は10％以下）として、Ⅱ－2(1)に基づき歩道の平たん部分をできる限り広く確保してすりつけを行うものとする。

ロ）歩車道境界の段差は5cmを標準とする。

②　植樹帯等の幅員を活用してすりつけを行う構造

植樹帯等（路上施設帯を含む。）がある場合には、当該歩道の連続的な平たん性を確保するために、当該植樹帯等の幅員内ですりつけを行い、歩道の幅員内にはすりつけのための縦断勾配、横断勾配又は段差を設けないものとする。この場合には、以下の構造を標準とする。

なお、以下の構造により当該植樹帯等の幅員の範囲内ですりつけを行うことができない場合には、①に準じてすりつけを行うものとする。

イ）すりつけ部の横断勾配は15％以下とする。ただし、特殊縁石を用いる場合には10％以下とする。

ロ）歩車道境界の段差は5cmを標準とする。

③ 歩道の全面切下げを行う構造

歩道の幅員が狭く①又は②の構造によるすりつけができない場合には、車道と歩道、歩道と民地の高低差を考慮し、車両乗入れ部を全面切下げて縦断勾配によりすりつけるものとする。この場合には、以下の構造を標準とする。

イ）すりつけ部の縦断勾配は5％以下とする。ただし、路面凍結や積雪の状況を勘案して歩行者の安全な通行に支障をきたす恐れがある場合を除き、沿道の状況によりやむを得ない場合には8％以下とする。

ロ）歩車道境界の段差は5cmを標準とする。

○参考○マウントアップ型等における車両乗入れ部の処理の例

＜植樹帯がなく、歩道内においてすりつけを行う構造＞

［歩道面と車道面との高低差が15cm以下の場合］

歩道面と車道面との高低差が15cm以下の場合は、必要有効幅員として民地側に2m以上の平たん部分（横断勾配1％以下）を確保し、すりつけ部の長さ（縁石を含むすりつけ部の横断方向の長さをさす。以下同じ。）は、歩道の高さが15cmの場合、道路の横断方向に75cmとすることを標準とする。歩車道境界の縁石には、特殊縁石を用いる。

歩道の高さが15cm未満の場合には、すりつけ部の横断勾配（すりつけ部のうち縁石を除いた部分の横断勾配をさす。以下同じ。）を、前述の標準の場合と同じとし、すりつけ部の長さを縮小することが可能である。

また、歩車道境界の段差は5cmを標準とする。

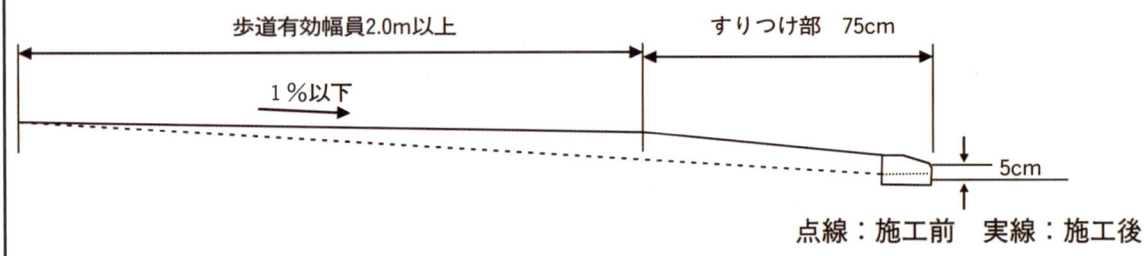

図　歩道段差15cmの場合の特殊縁石採用による車両乗入れ部の構造

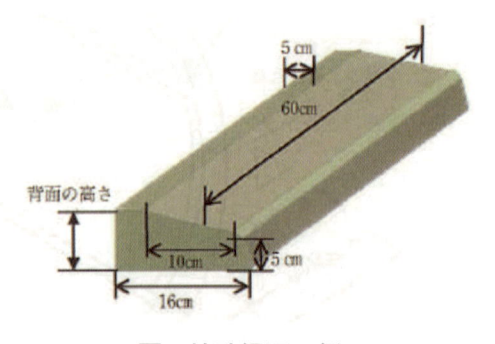

図　特殊縁石の例

歩道面と車道面との高低差が15cmを超える等の場合や植樹帯等の幅員を活用してすりつけを行う構造などについては、「歩道の一般的構造に関する基準（都街発第60号、道企発第102号　平成17年2月3日都市・地域整備局長・道路局長通達）」を参照し、整備するものとする。

≪整備事例≫
○一般国道20号［東京都国立市］

　車両乗入れ部の歩車道境界に特殊縁石を採用するとともに、歩道高さを切り下げ、単路部の横断勾配に統一した。

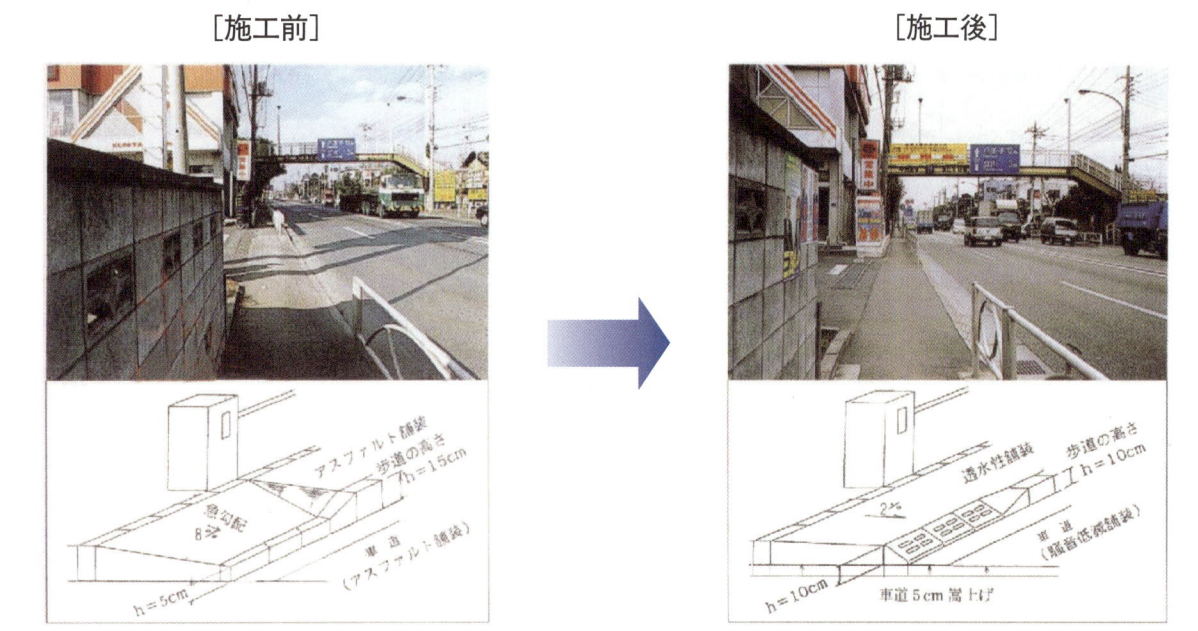

［施工前］　　　　　　　　　　　　　　　　　［施工後］

注）ここでは歩道の車両乗入れ部の横断勾配が2％となっているが、道路移動等円滑化基準第6条第2項（原則1％以下とすること）の規定に基づいて整備する際には配慮が必要である。
注）この事例は幅員が狭いが、道路移動等円滑化基準第4条の規定に基づいて整備する必要がある。

図2－33　特殊縁石を採用し歩道の全幅員ですりつけた事例

2−2　新たな経過措置の適用条件と必要な配慮
2−2−1　歩道の設置及び有効幅員に関する経過措置

> **道路移動等円滑化基準**
>
> （歩道）
> 　道路（自転車歩行者道を設ける道路を除く。）には、歩道を設けるものとする。
> （有効幅員）
> **第4条**　歩道の有効幅員は、道路構造令第11条第3項に規定する幅員の値以上とするものとする。
> 2　自転車歩行者道の有効幅員は、道路構造令第10条の2第2項に規定する幅員の値以上とするものとする。
> 3　歩道又は自転車歩行者道（以下「歩道等」という。）の有効幅員は、当該歩道等の高齢者、障害者等の交通の状況を考慮して定めるものとする。
>
> 附則
> （経過措置）
> 2　第3条の規定により歩道を設けるものとされる道路の区間のうち、一体的に移動等円滑化を図ることが特に必要な道路の区間について、市街化の状況その他の特別の理由によりやむを得ない場合においては、第3条の規定にかかわらず、当分の間、歩道に代えて、車道及びこれに接続する路肩の路面における凸部、車道における狭さく部又は屈曲部その他の自動車を減速させて歩行者又は自転車の安全な通行を確保するための道路の部分を設けることができる。
> 3　第3条の規定により歩道を設けるものとされる道路の区間のうち、一体的に移動等円滑化を図ることが特に必要な道路の区間について、市街化の状況その他の特別の理由によりやむを得ない場合においては、第4条の規定にかかわらず、当分の間、当該区間における歩道の有効幅員を1.5メートルまで縮小することができる。

- 特定道路等を整備する場合には、原則、歩道を設けるものとする（自転車歩行者道を設ける道路を除く。）。
- 一体的に移動等円滑化を図ることが特に必要な道路の区間について、市街化の状況やその他の特別な理由によりやむを得ない場合は、当分の間、歩道に代えて、車道及びこれに接続する路肩の路面における凸部、車道における狭さく部又は屈曲部その他の自動車を減速させて歩行者又は自転車の安全な通行を確保するための道路の部分を設けることができる。
- 一体的に移動等円滑化を図ることが特に必要な道路の区間について、市街化の状況やその他の特別な理由によりやむを得ない場合は、当分の間、歩道の有効幅員を1.5mまで縮小することができる。

バリアフリー歩行空間ネットワークを構成する特定道路等には、高齢者、障害者等の移動等円滑化を図る観点から、車道と分離して歩道を設置しなければならない。すなわち、道路構造令第11条第1項及び第2項の規定にかかわらず、同条第3項に定められた値（以下、「規定値」と言う。）以上の有効幅員を備えた歩道を設けることが基本となる。（ただし、自転車歩行者道を設ける道路にあっては、基本的に歩行者と少数の自転車が混在して通行する場合を想定し、この状態において歩行者と自転車又は自転車どうしが安全にすれ違いや追い越しができるように定めているため、歩道を設置する必要はない。）

しかしながら、ネットワークを構成する道路の中には、沿道に堅固な建築物が並んでいるなどの理由により、規定値以上の有効幅員を満たすには、非常に長い期間を必要とするものも存在すると考えられる。このような場合には、移動等円滑化が必要な道路でありながら、規定値にとらわれるあまり、かえってバリアフリー歩行空間としての整備が立ち遅れてしまうことが懸念される。

そのような事態を避けるためには、規定値を満たした歩道整備が困難な当分の間においても、少しでも移動等円滑化を進め、バリアフリーネットワークの形成が図られるようにすることが重要である。

このようなことから、道路移動等円滑化基準において、一体的に移動等円滑化を図ることが特に必要な道路の区間についてのやむを得ない場合の経過措置として、有効幅員を縮小することにより歩道を設置するための措置、及び、歩道設置に代えて、自動車の速度抑制による歩行者の安全確保策を講じる措置が、附則に追加されたところである。

ただし、規定値以上の有効幅員を備えた歩道設置が原則である中で、このような趣旨を踏まえることなく経過措置が濫用され、バリアフリー化の水準が著しく低下することは避けるべきであるため、経過措置の適用にあたって満たすべき条件を以下に記すこととする。

(1) 道路構造の適用条件

道路移動等円滑化基準に新たに位置付けられた経過措置の適用にあたり、条件とすべき事項を以下に示す。

1）有効幅員の縮小に係る経過措置の適用条件（附則第3項）

有効幅員の縮小に係る経過措置を適用することにより歩道設置を行う場合は、対象となる道路が以下の①～③を全て満たすことを条件とすべきである。

① 沿道に堅固な建築物が立地しているなどにより、規定値以上の有効幅員を備えた歩道を確保するために非常に長い期間を要する道路であること

② 規定値以上の有効幅員を備えた歩道を確保するために既存の道路幅員の中で車線の減少等による道路空間の再配分が困難な道路であること

③ 少なくとも、歩道の有効幅員として1.5mを確保でき、かつ、民地の活用も含め、2m以上の有効幅員を部分的に確保する等により、車いす使用者どうしのすれ違いを実現できる道路であること。この場合、放置自転車等の路上障害物の存在を勘案し、実質的に有効な幅員が1.5m確保できる見込みがあること

2）歩車道非分離に係る経過措置の適用条件（附則第2項）

歩道設置に代えて、ハンプの設置等による歩行者の安全確保策を講じる経過措置については、対象となる道路が(1)に挙げられている適用条件①〜②を満たし、さらに以下の④〜⑤を満たすことを条件とする。

④　ハンプ、狭さく部、屈曲部の設置等による道路構造の工夫により、走行車両を減速させて歩行者又は自転車の安全な通行を確保することが可能であること

⑤　自動車交通量が少ない道路であること

3）有効幅員の縮小又は歩車道非分離に係る経過措置の選択方法

いずれの経過措置についても適用条件を満たす場合は、まずは、有効幅員の縮小に係る経過措置を適用することを原則とする。

ただし、例えば、店舗等が立ち並ぶ道路で狭幅員の歩道を設置すれば、歩道上での過度な歩行者交通の錯綜が懸念される場合や、歩車道分離を図ることにより、かえって走行車両の速度が上がり、かつ歩道上での歩行者交通の飽和等が懸念される場合などは、有効幅員の縮小による歩道設置よりも、むしろ歩車道非分離の方が望ましいことも考えられる。このような場合には、沿道土地利用の状況や交通状況等を総合的に勘案し、歩車道非分離に係る経過措置を適用することができる。

4）適用にあたっての留意事項

・有効幅員の縮小に係る経過措置を適用する場合には、歩行者交通量を勘案しつつ、縮小幅が最小となるよう留意する必要がある。

・歩車道非分離に係る経過措置の適用にあたっては、走行車両の速度を抑制するための措置として道路構造を工夫するほか、交通規制等を行う公安委員会との連携に努めるものとする。

・適用条件①及び②を満たす事由として、電線類地中化に係るもの等は含まれない。すなわち電線類を地中化することにより、規定値以上の有効幅員を備えた歩道を確保できる際には、電線類の地中化を行うべきであり、電線類地中化が困難であること等を理由として、経過措置を適用してはならない。

・規定値以上の歩道の有効幅員が確保されている道路においても、放置自転車等により安全かつ円滑な通行に支障が生じるが、それ以上に、経過措置を適用する道路においては、放置自転車等があることにより歩行空間が狭められるため、高齢者、障害者等が車道を通行せざるを得ないなどの危険な状況が生じやすい。このため、経過措置を適用した場合は、道路管理者と地方公共団体が連携し、また警察との協力等を図りつつ、路上障害物の排除に努めることが重要である。

5）その他

商店街や緑道等の道路においては、実態として既に歩行者用の道路になっており、自動車がほとんど通行しないもしくは通行速度が極めて遅い状態となっているものも見受けられ、狭幅員の歩道の設置やハンプ等の施設を整備することにより、かえって歩行空間として使いづらいものとなり得る道路も存在する。このような道路については、新設や改築を行うこと

なく、現状のままバリアフリーネットワークを構成する生活関連経路とすることも考えられる。なお、そのような場合においても、より高いレベルのバリアフリー化を図るために部分的な修繕等を行うことが望ましい。

≪歩道における経過措置の適用に係る考え方≫

1．満たすべき条件

　道路の移動等円滑化にあたっては、規定値以上の有効幅員を備えた歩道を設置することが原則であるが、やむを得ず経過措置（附則第2項又は第3項）を適用する際には、一体的に移動等円滑化を図ることが特に必要な道路の区間のうち、下表の条件を満たすものを対象とする。

条件	有効幅員の縮小に係る経過措置	歩車道非分離に係る経過措置
①　沿道に堅固な建築物が立地しているなどにより、規定値以上の有効幅員を備えた歩道を確保するために非常に長い期間を要する道路であること	○	○
②　規定値以上の有効幅員を備えた歩道を確保するために、既存の道路幅員の中で車線の減少等による道路空間の再配分が困難な道路であること	○	○
③　少なくとも、歩道の有効幅員として1.5mを確保でき、かつ、部分的に車いす使用者どうしのすれ違いを実現できる道路であること。この場合、放置自転車等の路上障害物の存在を勘案し、実質的に有効な幅員が1.5確保できる見込みがあること	○	
④　ハンプ、狭さく部、屈曲部の設置等による道路構造の工夫により、走行車両を減速させて歩行者又は自転車の安全な通行を確保することが可能であること		○
⑤　自動車交通量が少ない道路であること		○

2．経過措置の選択方法

　上記の①～⑤を全て満たす場合は、まずは、有効幅員の縮小に係る経過措置を適用することを原則とする。ただし、沿道土地利用の状況や交通状況等を総合的に勘案し、これによることが合理的でない場合には、歩車道非分離に係る経過措置を適用できる。

2−2−2　経過措置を適用した場合に必要な配慮

(1) 有効幅員を縮小する場合の対応

　有効幅員の縮小に係る経過措置を適用した道路は、必要な有効幅員が確保された歩道と比較して、高齢者、障害者等にとって余裕がある構造ではない。このため、当該経過措置を適用した場合に配慮すべき事項を以下に示す。

1）すれ違い箇所の設置

　　歩道の有効幅員を2m以下に縮小する場合は、車いす使用者のすれ違いを考慮し、以下のようなすれ違い箇所を設置すべきである。

① 車いす使用者どうしが歩道上で円滑にすれ違うことができる箇所として、有効幅員2m以上のすれ違い箇所を部分的に設ける。

② すれ違い箇所の設置にあたっては、車いす使用者どうしが自分に向かってくる相手の存在を認識した時点ですれ違い箇所を利用できるかどうか判断できるよう、見通しに配慮するなど、その箇所の存在が分かりやすいようにする。

③ 相手の存在を認識した時点で既に両者の間にすれ違い箇所が無いという状況を極力避けることが望ましいことから、可能な限り短い間隔で設置する。

また、すれ違い箇所は、以下の点にも配慮する必要がある。

・すれ違い箇所の長さは、車いすの移動軌跡や、介助者付きの車いすの占有長さ（介助者を入れて1.5m程度）を考慮し、2m以上確保することが望ましい。また、スムースなすれ違いが可能になるよう、すれ違い箇所の形状にも配慮する。

・沿道の民地にスペースがある場合は、地権者の協力を得て段差を解消することにより、そこをすれ違いスペースとして活用することも検討する。

・既存の休憩施設やポケットパーク的な場所も、すれ違い箇所として活用できないか、検討する。

・すれ違い箇所は放置自転車等、不法占用物件の温床となりやすいため、その排除に努めることが望ましい。

＜すれ違い箇所の設置例＞
○民地との協定による段差の解消・有効幅員の確保 ［神奈川県鎌倉市］

施工前は歩道面と民地に15cmの段差があったところに、歩道面の高さを上げて民地との段差を解消することにより、歩行空間を拡大した。拡大した部分の路面管理は道路管理者が行うことで協定を締結した。

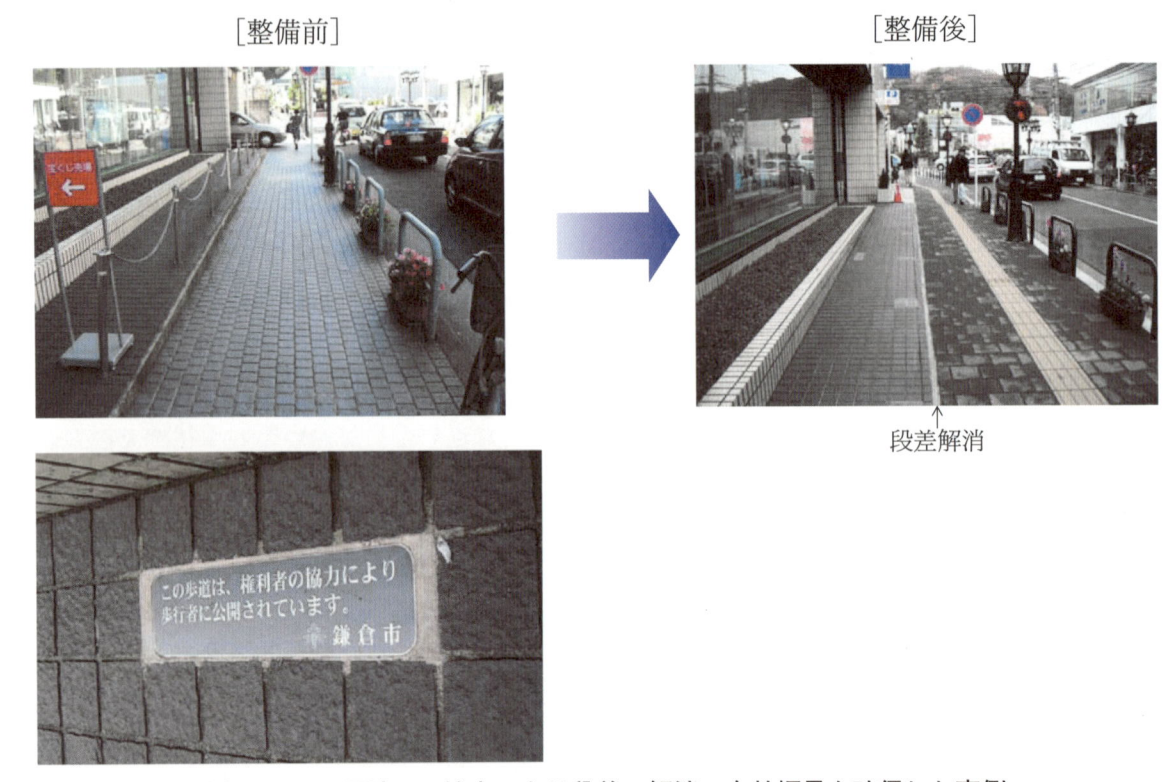

［整備前］　　　　　　　　　　　　　　　　［整備後］

段差解消

写真2－15　民地との協定により段差の解消・有効幅員を確保した事例

○車道側にすれ違い箇所を設けるイメージ

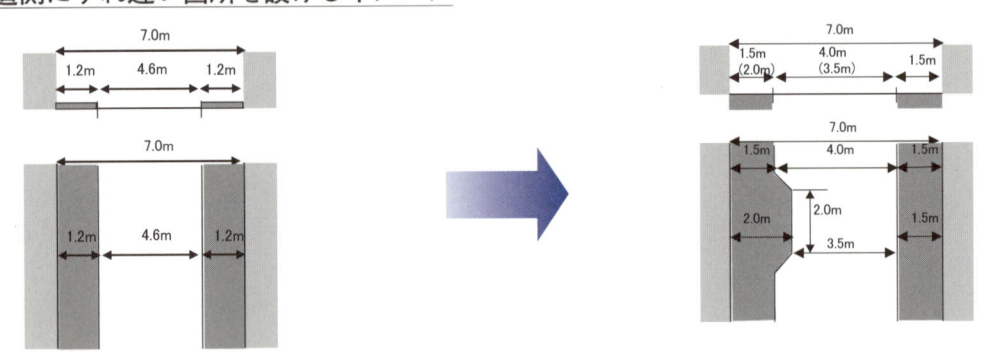

図2－34　車道側に狭さく部を設けることにより歩道部のすれ違い箇所を設置するイメージ

2）歩道以外の構造における配慮事項

歩道の有効幅員を縮小する場合、すれ違い箇所を設置すること以外に、高さ、勾配などの歩道の構造については、道路移動等円滑化基準に基づく整備をしなければならない。各構造の詳細は、該当の各項を参照すること。

なお、やむを得ない場合は、車両乗入れ部の平たんな部分の歩道の有効幅員を1m以上とするなど、必要に応じ、道路移動等円滑化基準の附則第4～6項を適用する。

第2章　歩道等

(2) 歩道と車道を分離しない道路の場合の対応
1) 走行車両の速度を落とすための措置

　歩道と車道を分離しない道路では、自動車がスピードを上げて走行すると、歩行者にとって危険である。そのため、道路移動等円滑化基準においては、歩行者の安全を確保するために、ハンプ、狭さく等の設置により自動車を減速させて歩行者又は自転車の安全な通行を確保するための措置を講じることとしている。その際、配慮すべき事項を以下に示す。

- 走行車両の速度を落とすための措置として、ハンプ、狭さく、シケインの設置等を組み合わせることが重要である。また、これらの道路構造による対応とあわせて、交通規制等を行なう公安委員会との十分な連携が必要である。
- ハンプを設置する場合には、自動車の走行速度の抑制の観点とともに、沿道への騒音・振動の低減等の観点から必要に応じて、サインカーブ等の構造を採用するなどの配慮をすることが必要である。また、運転者への注意喚起のための路面標示をすることが必要である。
- 単断面道路にハンプを設置する場合は、次のいずれかの構造とする。ただし、①②をみたす場合、幅員によっては、イメージ（図2－35）に示すように両側で異なる構造とすることも可能である。
    ① ハンプの外側に平たん部を残し、車いす等の歩行者は平たん部を通行する構造。この場合、平たん部の幅員は1m以上*とする。
    ② ハンプを道路の全幅にわたって設置する構造。この場合、車いすなどの歩行者もハンプ上を通行することになるため、ハンプの縦断勾配はバリアフリー基準第6条を満足する必要がある。（下記の参考例はこの基準を満たしている。）

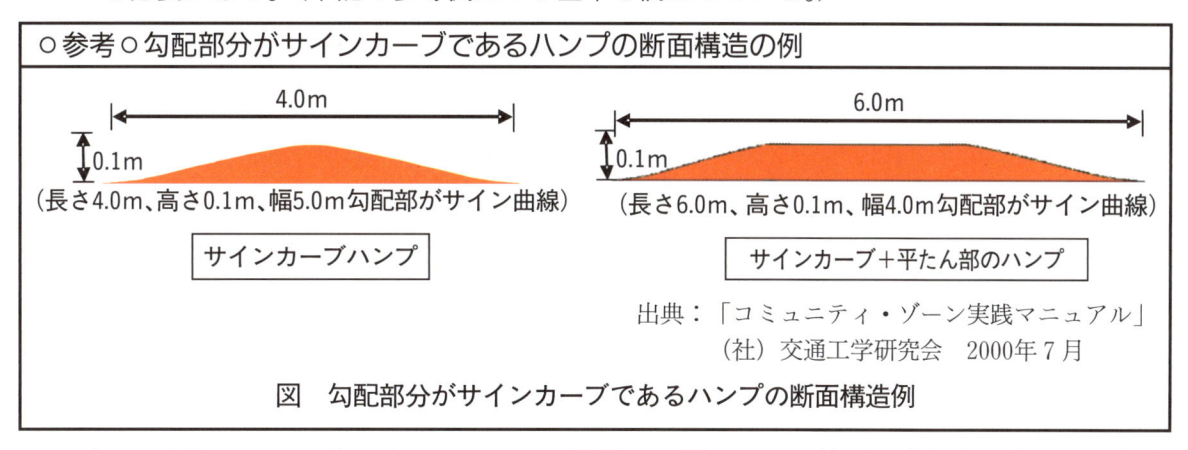

```
○参考○勾配部分がサインカーブであるハンプの断面構造の例

    ← 4.0m →                        ← 6.0m →
  0.1m ⌒                          0.1m ⌢‾‾‾⌢
（長さ4.0m、高さ0.1m、幅5.0m勾配部がサイン曲線）  （長さ6.0m、高さ0.1m、幅4.0m勾配部がサイン曲線）
      サインカーブハンプ                   サインカーブ＋平たん部のハンプ

                                    出典：「コミュニティ・ゾーン実践マニュアル」
                                         （社）交通工学研究会　2000年7月

        図　勾配部分がサインカーブであるハンプの断面構造例
```

- ボラード等により、狭さくやシケインを設置する場合、その箇所で歩行者が車両の通行空間に飛び出さないように注意が必要であり、歩行者の通行空間の幅員は1.0m以上*とする。
- 歩行者の通行空間への自動車の進入を防ぐための措置として、ボラードの設置、舗装材料の工夫等による歩行者の通行空間の識別性の向上を組合せることが必要である。なお、カラー舗装で対応する場合は、景観等に配慮することが必要である。

○参考○歩行者の通行空間の幅員について（※）
コミュニティ・ゾーン内の道路において歩道を設ける場合、歩道の幅員は2.0m以上とする。歩道を設けず、路面表示やボラード等で連続的にまたは局所的に歩行者の通行空間と自動車の通行空間を区画する場合には、歩行者の通行空間は1.0m以上とする。 出典：「コミュニティ・ゾーン実践マニュアル」（社）交通工学研究会　2000年7月

○車道にハンプを設置（イメージ）

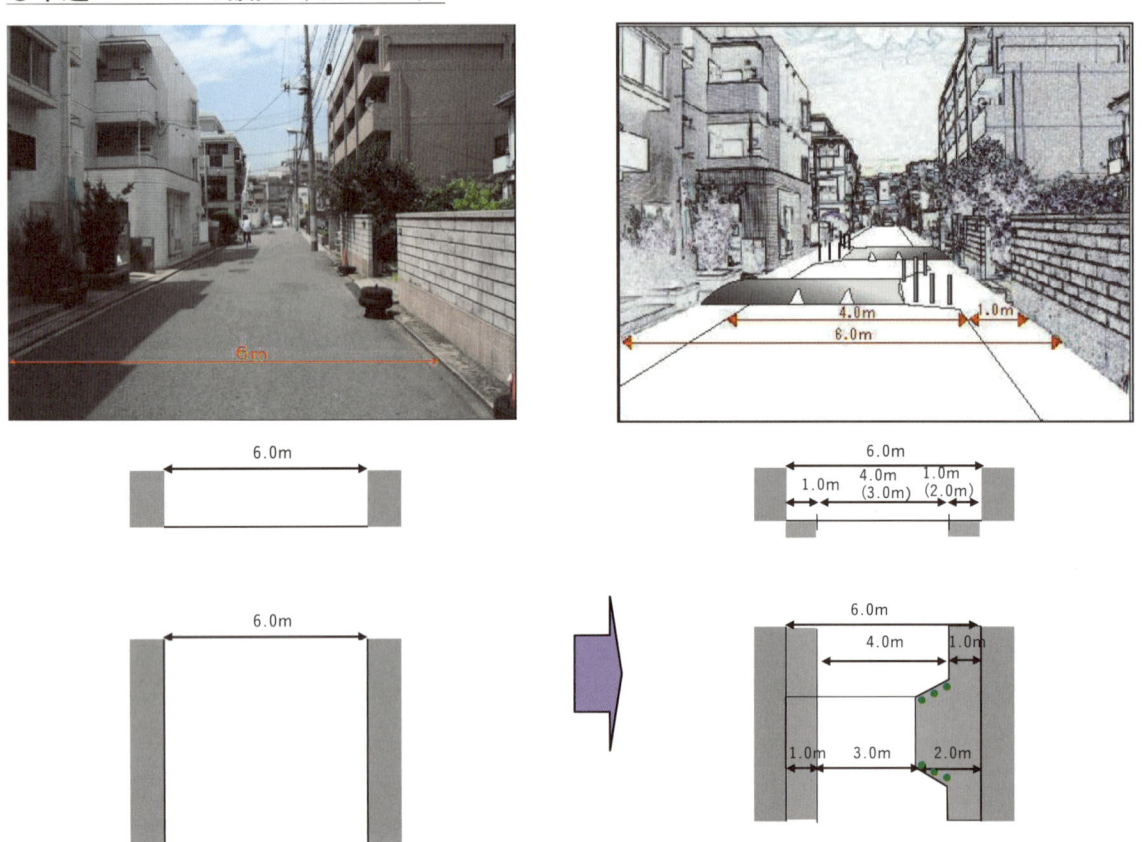

図2－35　車道にハンプを設置するイメージ

第2章　歩道等

○参考○ハード的手法（物理的デバイス）の種類と用途

表　ハード的手法（物理的デバイス）の種類と用途

対象	分類	手法	概要	交通量の抑制	速度の抑制	路上駐車対策	景観の改善	歩行環境の改善
道路区間	ハンプ	台形ハンプ	車道路面に設けた凸型舗装。上面はフラットで、なだらかな台形の形状。	○	◎	—	☆	☆
		弓形ハンプ	路面との間になだらかなすりつけを有する弓形断面形状のハンプ。	○	◎	—	☆	☆
		スピードクッション	大型車が乗り上げずに通過出来るよう、凸部を車道中央部に設けたもの。	○	◎	—	☆	—
		イメージハンプ	舗装の変化によって視覚的に注意走行を促すもの。	△	△	—	☆	—
	路面凹凸舗装		舗装の工夫によって車に微振動・共鳴音を与え、注意走行を促すもの。	○	○	—	☆	—
	狭さく		車道幅を物理的または視覚的に狭くすることにより低速走行を促すもの。	○	◎	☆	☆	☆
	シケイン		車両通行領域の線形をジグザグまたは蛇行させて低速走行を促すもの。	○	◎	☆	☆	☆
	通行遮断		道路区間の一部を遮断し、物理的に車両の通行を制限するもの。	◎	—	—	☆	☆
	駐停車スペース		駐車需要等に応じて必要最小限のスペースを限定して確保するもの。	—	—	◎	☆	—
交差点	交差点入口ハンプ		形態は単路部の台形ハンプと同じ、歩行者の車道横断の支援等に供する。	△	○	—	☆	◎
	交差点全面ハンプ		交差点全体を盛り上げるタイプのハンプ。	△	○	—	☆	◎
	交差点狭さく		形態は単路部の場合と同じ。事故防止、交通流コントロールに供する。	○	○	☆	☆	☆
	ミニロータリー		中央に円形の交通島を設け、流入交通を一方向に回して処理する施設。	○	○	—	☆	—
	交差点シケイン		車両通行領域の線形を交差点内でシフトさせ、速度低減を図るもの。	○	○	☆	☆	☆
	遮断(斜め遮断、直進遮断、交差点遮断、片側遮断、チャンネリゼーション)		交差点において通行遮断を行い、車が進行出来る方向を限定するもの。	◎	—	—	☆	☆
その他	ボラード		車止めとして用いる杭。デザイン上の工夫でストリートファニチャーとしての利用可。	—	—	◎	☆	☆

◎　効果大　　☆　工夫によっては効果が得られる
○　　　　　　—　効果なし（あまり関連がない）
△　効果小

出典：「コミュニティ・ゾーン形成マニュアル」（社）交通工学研究会　1996年5月

○歩道と車道を分離しない道路の場合の対応事例

写真2－16　ボラードの設置事例（東京都新宿区）

写真2－17　街路樹と舗装パターンにより速度抑制の工夫をした事例（埼玉県さいたま市）

写真2－18　ハンプの設置事例（埼玉県幸手市）

写真2－19　狭さくの例（東京都三鷹市）

「歩道と車道を分離しない道路」とは、歩道を設置しない道路である。歩道とは、基本的に歩道の高さ5cm、縁石高さ15cmにより車道と分離した構造を設けたものである。

第2章 歩道等

○参考○ ソフト的手法（交通規制等）の種類と用途

歩行者の安全性を確保するため、ハード的な手法のみならず、交通規制によって自動車の速度を抑制する等の交通静穏策を併せて講じることが必要である。よって、道路管理者と公安委員会との連携を十分に図ることが必要である。

表　ソフト的手法（交通規制等）の種類と用途

対象	手法	交通量の抑制	速度の抑制	路上駐車対策	歩行環境の改善
区域	30km/h最高速度の区域規制	○	○	―	○
	大型車通行禁止（区間または区域）	○	―	―	○
	歩行者用道路規制、自転車及び歩行者用道路規制（区間または区域）	○	―	○	○
	駐車禁止規制（区間または区域）	―	―	○	―
道路空間	一方通行規制（の組み合わせ）	○	―	―	―
	駐車可規制（時間制限駐車区間規制　等）	―	―	○	―
	横断歩道	―	―	―	○
交差点	進行方向指定（の組み合わせ）	○	―	―	―
	一時停止規制	―	○	―	―
	交差点マーク	―	○	―	―

※用途に対する効果
○：効果あり
―：効果なし
（あまり関連がない）

出典：「コミュニティ・ゾーン形成マニュアル」(社)交通工学研究会　1996年5月

2）歩行者の通行空間の確保

歩車道を分離しない道路は車道と歩道の分離が縁石等で行なわれていないことにより、車両と歩行者の錯綜が生じる可能性があるため、歩行者の安全な通行空間を優先的に確保することが重要である。また、その場合の歩行者の通行空間は、移動等円滑化基準において歩道が満たすべき構造要件に可能な限り準拠したものとすることが重要である。

＜歩行者の通行空間の平たん性＞

横断勾配が大きい場合、車いす使用者にとっては通行が困難になる。車いす使用者等の通行を考慮し、歩行者の通行空間の平たん性を確保することが必要であり、原則として横断勾配は1％以下とすべきである。地形の状況等その他の特別の理由によりやむを得ない場合においても、2％以下とすべきである。

○道路の中心に排水溝を設置し、排水勾配を解消させた事例

写真2－20　福岡県北九州市　　　　写真2－21　東京都武蔵野市

＜歩行者の通行空間の有効幅員＞

歩行者の通行空間（路肩）については、高齢者や障害者等が円滑に通行できるよう、上記のような平たん性（横断勾配１％以下、やむを得ない場合は２％以下）を確保した有効幅員を最低１ｍ確保すべき（Ｐ104※参照）であるが、バリアフリー化の観点から、可能な限り1.5ｍの有効幅員を確保することが望ましい。

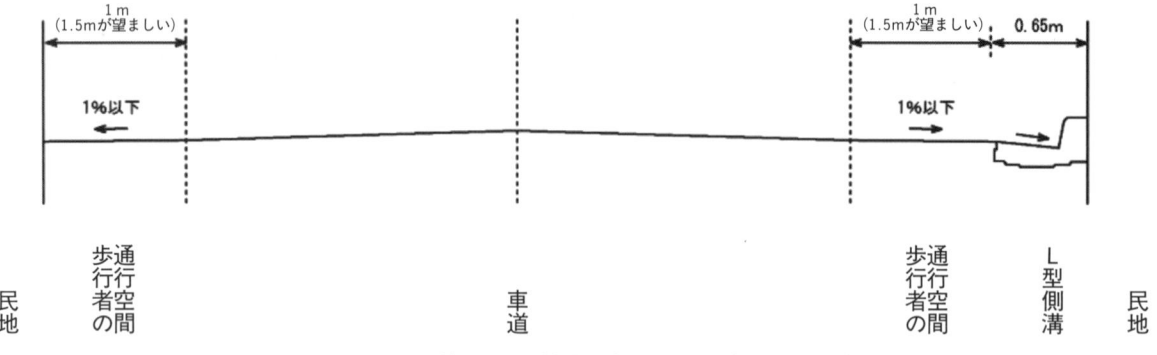

図２－36　歩道のない道路の横断面図（イメージ）

＜舗装の構造＞

舗装の構造は、歩行者の通行空間の排水勾配を小さくするために、歩道と同様、道路の構造、気象状況その他の特別の状況によりやむを得ない場合を除き、雨水を路面下に円滑に浸透させることができるものとすべきである。

また、経年変化による舗装材の凹凸が生じないものを採用するなどの配慮も必要である。

＜沿道施設との連結＞

特に生活関連施設等の出入口については、側溝の種類を検討する等により、段差解消の工夫をすることが必要である。

＜視覚障害者誘導用ブロックの敷設＞

歩車道非分離構造を採用する道路において視覚障害者誘導用ブロックを敷設する場合には、歩車道非分離構造がやむを得ない場合の経過措置として設けられた制度であり、移動等円滑化を実施する道路としてはあくまで歩道の設置が原則であることに留意し、以下のような点に配慮することが必要である。

・基準省令の歩道に関する規定を全て満足した歩道の設置が困難な場合でも、少しでも安全な歩行者空間の確保を図るべく、歩行者の通行区間の明確化を図るなどにより歩行者と車両の錯綜を防ぐための構造とすること
・視覚障害者が誤って道路の中心部へ出てしまうことがないよう、視覚障害者誘導用ブロックの導線上に植樹帯、ボラード等の工作物を設置しないこと

第3章　立体横断施設

> **道路移動等円滑化基準**
> （立体横断施設）
> **第11条**　道路には、高齢者、障害者等の移動等円滑化のために必要であると認められる箇所に、高齢者、障害者等の円滑な移動に適した構造を有する立体横断施設（以下「移動等円滑化された立体横断施設」という。）を設けるものとする。
> 2　移動等円滑化された立体横断施設には、エレベーターを設けるものとする。ただし、昇降の高さが低い場合その他の特別の理由によりやむを得ない場合においては、エレベーターに代えて、傾斜路を設けることができる。
> 3　前項に規定するもののほか、移動等円滑化された立体横断施設には、高齢者、障害者等の交通の状況により必要がある場合においては、エスカレーターを設けるものとする。

(1) 概説

立体横断施設とは、横断歩道橋、地下横断歩道その他の歩行者が道路等を横断するための立体的な施設をいう。（基準第2条第1号）

高齢者、障害者等の移動等円滑化のために必要であると認められる箇所の立体横断施設には、エレベーターもしくは傾斜路を設ける必要がある。基本的には、立体横断施設における上下方向の移動高さは、横断歩道橋の場合は車道の建築限界の4.5m以上、地下横断歩道の場合は歩道の建築限界の2.5m以上となる。このため、高齢者、障害者等の移動等円滑化のための道路用エレベーターを設けなければならない。

ただし、沿道の建築物に直接接続する場合などのように、昇降の高さが低い場合において、構造上エレベーターの設置が困難な場合など、やむを得ない場合においては、傾斜路を用いた昇降も可能と考えられるため、傾斜路をもってこれに代えることができるものとしている。

さらに、歩行者全体の交通量が特に多い場合は、輸送能力が高いエスカレーターを補完的な施設として設置することとする。

第3部　道路の移動等円滑化基準の運用指針

3－1　立体横断施設の移動等円滑化の考え方
(1)　移動等円滑化された立体横断施設の設置

> 路上横断施設による移動の確保が困難で、新たに特定道路等に移動等円滑化された立体横断施設を設置する場合は、沿道住民・利用者の意見が反映されるよう留意して設置を決定するものとする。

　利用者の利便性を考慮すると、上下方向の移動が伴わない路上横断施設の方が望ましい。しかし、自動車交通量が多く、渋滞対策としてやむを得ず立体横断施設とする場合のほか、そもそも歩行者の交通安全を目的（通学路の安全性確保等）として立体横断施設を設置することなども多くあり、総合的な観点から横断方法の選定をすることが望ましい。高齢者、障害者等を含む歩行者の歩行速度から必要となる歩行者用青時間を考慮した自動車交通の処理、路上横断施設の車道からの見通し等について検討し、十分な歩行者用青時間及び安全性が確保できないような場合においては、沿道住民、利用者の意見が反映されるよう留意して移動等円滑化された立体横断施設を設置するものとする。

　さらに、また、歩道に隣接する建物に昼夜を問わず一般の歩行者が利用可能なエレベーターがあり、歩道上の立体横断施設と接続することによって移動等円滑化が可能となる場合など沿道建築物のエレベーターの活用等により、駅、地下道、ペデストリアンデッキ、沿道施設の2階又は地下へ立体横断施設から直接出入が可能となる場合は、歩行者と車両が分離された安全な空間が効率的に確保できる。（ただし、歩道及び立体横断施設と建物の経路、及び建物内のエレベーターまでの経路は、円滑に移動可能な構造としなければならない。）よって、関係機関や沿道土地所有者とも協力しながら適切にバリアフリー化を進め、かつその際には、適切に運用することが有効である。また、エレベーターやエスカレーターが経路を構成する施設に該当する場合は、必要に応じて建築物の所有者との移動等円滑化経路協定を締結するなどによる対応も必要である。

　〇沿道建築物と連携した事例［東京都練馬区］

　　　新たな病院の開院にあわせ、来院者の安全確保とともに、近隣区民の利便性の向上を図るため、都道である笹目通りを跨いで病院に直接接続する屋根付の横断歩道橋を設置した。

橋長　　　：36.4m
有効幅員：4.0m
エレベーター（13人乗り）2基、
音声対応、点字案内

写真3－1　沿道建築物と連携した事例

○参考○関連するその他の基準

バリアフリー新法

（移動等円滑化経路協定の締結等）

第41条 重点整備地区内の一団の土地の所有者及び建築物その他の工作物の所有を目的とする借地権その他の当該土地を使用する権利（臨時設備その他一時使用のため設定されたことが明らかなものを除く。以下「借地権等」という。）を有する者（土地区画整理法第98条第1項（大都市地域における住宅及び住宅地の供給の促進に関する特別措置法（昭和50年法律第67号。第45条第2項において「大都市住宅等供給法」という。）第83条において準用する場合を含む。以下この章において同じ。）の規定により仮換地として指定された土地にあっては、当該土地に対応する従前の土地の所有者及び借地権等を有する者。以下この章において「土地所有者等」と総称する。）は、その全員の合意により、当該土地の区域における移動等円滑化のための経路の整備又は管理に関する協定（以下「移動等円滑化経路協定」という。）を締結することができる。ただし、当該土地（土地区画整理法第98条第1項の規定により仮換地として指定された土地にあっては、当該土地に対応する従前の土地）の区域内に借地権等の目的となっている土地がある場合（当該借地権等が地下又は空間について上下の範囲を定めて設定されたもので、当該土地の所有者が当該土地を使用している場合を除く。）においては、当該借地権等の目的となっている土地の所有者の合意を要しない。

2　移動等円滑化経路協定においては、次に掲げる事項を定めるものとする。

　一　移動等円滑化経路協定の目的となる土地の区域（以下「移動等円滑化経路協定区域」という。）及び経路の位置

　二　次に掲げる移動等円滑化のための経路の整備又は管理に関する事項のうち、必要なもの

　　イ　前号の経路における移動等円滑化に関する基準

　　ロ　前号の経路を構成する施設（エレベーター、エスカレーターその他の移動等円滑化のために必要な設備を含む。）の整備又は管理に関する事項

　　ハ　その他移動等円滑化のための経路の整備又は管理に関する事項

　三　移動等円滑化経路協定の有効期間

　四　移動等円滑化経路協定に違反した場合の措置

3　移動等円滑化経路協定は、市町村長の認可を受けなければならない。

(2) 既設立体横断施設の移動等円滑化

> 特定道路等に既設の立体横断施設がある場合には、併設する路上横断施設によって高齢者、障害者等を含む歩行者が道路を円滑かつ安全に横断可能な場合を除き、移動等円滑化を図るものとする。

信号交差点に設置された立体横断施設については、高齢者、障害者等を含む歩行者の歩行速度から必要となる歩行者用青時間を考慮した車道交通の処理、路上横断施設の車道からの見通し等を検討した上、十分な歩行者用青時間及び安全性を確保できる場合は、併設する路上横断施設を特定道路等の道路横断施設と考え、立体横断施設を移動等円滑化しないことができる。

ただし、十分な安全性を確保できない場合は、既存の立体横断施設の移動等円滑化を図るものとする。

○既設の立体横断施設にエレベーターを設置した事例［高知県高知市］

高知市の商業中心部に位置し、利用人数が1日1,000人と多く、高齢者の割合も3割と高い。また、バリアフリー基本構想の重点整備地区であること、よさこい祭りのイベント会場となる中央公園にも隣接していることなどから、エレベーターを設置した。

［事前］

［事後］

写真3－2　既設の立体横断施設にエレベーターを設置した事例

○既設の立体横断施設に横断歩道を併設した事例［茨城県日立市］

［事前］　　　　　　　　　　　　　　　［事後］

写真3－3　既設の立体横断施設に横断歩道を併設した事例

○参考○歩行者の歩行速度

歩行者の歩行速度を既存研究資料等から属性別にまとめると以下のとおりである。

表　歩行速度

	歩行速度m/sec
健常者	1.0～1.7（平均1.3）
高齢者	0.8～1.3
車いす使用者（手動）	1.1程度
車いす使用者（電動）	0.7～1.7
下肢障害者（杖使用者）	0.4～0.9
視覚障害者（白杖使用）	1.0～1.1

参考資料：・「立体横断施設技術基準・同解説」日本道路協会
・「高齢者の住まいと交通」秋山哲男
・「車いす」大川嗣雄　伊藤利之　他、医学書院
・「建築設計資料集成」日本建築学会
・メーカーカタログ

(3) 昇降口（出入口）

> 移動等円滑化された立体横断施設設置後の既設歩道等の有効幅員は、原則として歩行者交通量が多い歩道においては3.5m以上（その他の道路では2m以上）、歩行者交通量が多い自転車歩行者道においては4m以上（同、3m以上）確保しなければならない。
> よって、歩道上に昇降口（出入口）を設置する場合は歩行者の主動線を考慮した上でその位置を決定することが望ましい。

歩道上の立体横断施設の昇降口（出入口）の設置位置は歩行者の主動線を考慮して決定することが望ましい。また、歩道等の円滑な通行を確保するため、昇降口が設置された歩道等には上記に定める有効幅員を確保する必要がある。ただし、地形の状況その他特別の理由によりやむを得ない場合には、当面の間の経過措置として1mまで縮小することができる。

写真3－4　横断歩道橋設置部における歩道拡幅例

事前　　　　　　　　　　　　　　事後

写真3－5　横断歩道橋階段部の移設により歩道幅員を確保した例（群馬県前橋市）

3－2　昇降方法の選択方法

> 1) 立体横断施設を移動等円滑化するためには、階段とともにエレベーターを設けるものとする。
> 2) 昇降の高さが低い等やむを得ない場合は、エレベーターに代えて傾斜路を設けることができる。
> 3) 階段およびエレベーターを有する移動等円滑化された立体横断施設において、高齢者、障害者等の交通の状況により、必要と認められる場合は、エレベーターの大型化、増設、または、エスカレーターの設置を検討する。

　移動等円滑化された立体横断施設には、新設、既設、又は利用者層にかかわらず、エレベーターを設置することとする。

　沿道の建築物に直接接続する場合などのように、昇降の高さが低くエレベーターの設置が物理的・構造的に困難な場合は、傾斜路をもってこれに代えることができるものとする。しかし、5％勾配で設置したとしてもスロープの延長はかなりの長さになることから、歩道上の接続部を考慮しないと利用者に遠回りとなることに注意する。なお、エレベーターの一般的な設置可能な昇降の高さは、出入口が同一方向にある通常タイプ型で2.5m程度以上、出入口が同一方向にないウォークスルー型エレベーターでは、これ以下の高さでも自由に設定可能である。

　また、エレベーターを利用する高齢者や障害者等の交通量の状況により、必要と認められる場合は、エレベーターの大型化、増設を検討する必要がある。さらに、高齢者、障害者等を含む歩行者全体の立体横断施設の利用が特に多く、設置が可能な場合においては、輸送能力が高いエスカレーターを補完的な施設として設置することを検討する。

　道路用地に余裕があり、歩行者動線を著しく阻害せず、かつ近傍に迂回可能な路上横断施設等がない場合は、階段、エレベーターとともに傾斜路を設けることを検討する。

　なお、管理者の操作が必要な簡易リフト等は、考慮しないものとする。

　次頁に昇降方法選択の選定フローを参考に示す。

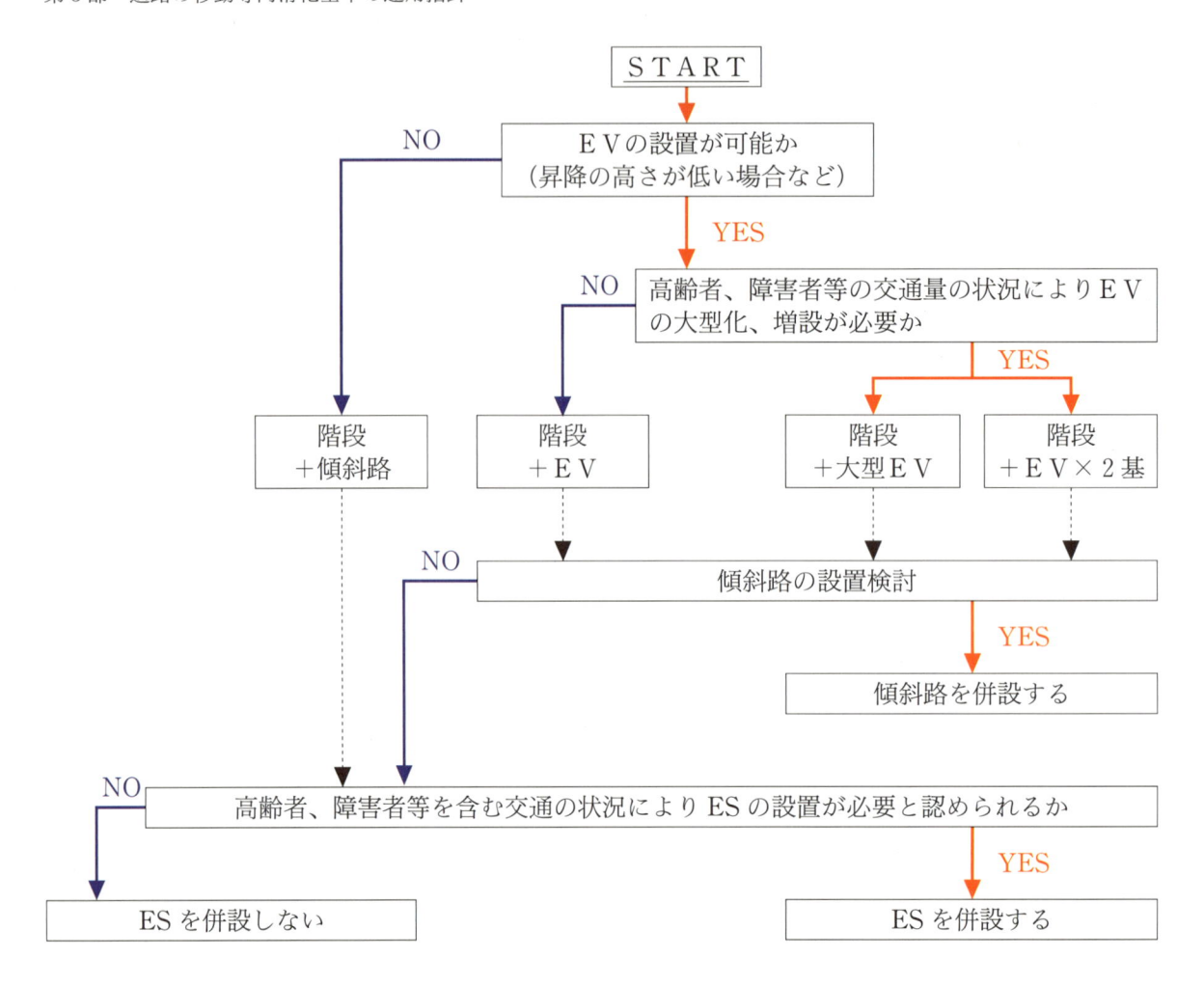

第3部　道路の移動等円滑化基準の運用指針

```
                          ┌─ START ─┐
                          │         ↓
              NO    ┌─────────────────────┐
        ┌──────────│ EVの設置が可能か    │
        │          │（昇降の高さが低い場合など）│
        │          └─────────────────────┘
        │                    │ YES
        │                    ↓
        │           NO  ┌─────────────────────┐
        │      ┌────────│ 高齢者、障害者等の交通量の │
        │      │        │ 状況によりEVの大型化、    │
        │      │        │ 増設が必要か             │
        │      │        └─────────────────────┘
        │      │             │ YES
        ↓      ↓         ┌───┴───┐
    ┌───────┐┌───────┐ ┌───────┐┌───────┐
    │ 階段  ││ 階段  │ │ 階段  ││ 階段  │
    │+傾斜路││ +EV  │ │+大型EV││+EV×2基│
    └───────┘└───────┘ └───────┘└───────┘
```

図3－1　立体横断施設の昇降方法選択フロー

（フロー中の分岐：傾斜路の設置検討 → YES：傾斜路を併設する／NO）

（フロー中の分岐：高齢者、障害者等を含む交通の状況によりESの設置が必要と認められるか → YES：ESを併設する／NO：ESを併設しない）

凡例：
← ：YES　　※EV：エレベーター
← ：NO　　※ES：エスカレーター

○参考○ エレベーターの規格（JIS A 4301）

表　ロープ式エレベーターのかごの寸法

記号	積載重量 [kg]	最大定員 [人]	かごの内法寸法 [mm] 間口	かごの内法寸法 [mm] 奥行き	有効出入口幅 [mm]
P-11-CO	750	11	1,400	1,350	800
P-13-CO	900	13	1,600	1,350	900
P-15-CO	1,000	15	1,600	1,500	900
			1,800	1,300	1,000
P-17-CO	1,150	17	1,800	1,500	1,000
			2,000	1,350	1,100
P-20-CO	1,350	20	1,800	1,700	1,000
			2,000	1,500	1,100
P-24-CO	1,600	24	2,000	1,750	1,100
			2,150	1,600	1,100

3－3　昇降施設の構造
3－3－1　エレベーター

道路移動等円滑化基準

（エレベーター）

第12条　移動等円滑化された立体横断施設に設けるエレベーターは、次に定める構造とするものとする。

一　かごの内法幅は1.5メートル以上とし、内法奥行きは1.5メートル以上とすること。

二　前号の規定にかかわらず、かごの出入口が複数あるエレベーターであって、車いす使用者が円滑に乗降できる構造のもの（開閉するかごの出入口を音声により知らせる装置が設けられているものに限る。）にあっては、内法幅は1.4メートル以上とし、内法奥行きは1.35メートル以上とすること。

三　かご及び昇降路の出入口の有効幅は、第1号の規定による基準に適合するエレベーターにあっては90センチメートル以上とし、前号の規定による基準に適合するエレベーターにあっては80センチメートル以上とすること。

四　かご内に、車いす使用者が乗降する際にかご及び昇降路の出入口を確認するための鏡を設けること。ただし、第2号の規定による基準に適合するエレベーターにあっては、この限りでない。

五　かご及び昇降路の出入口の戸にガラスその他これに類するものがはめ込まれていることにより、かご外からかご内が視覚的に確認できる構造とすること。

六　かご内に手すりを設けること。

七　かご及び昇降路の出入口の戸の開扉時間を延長する機能を設けること。

八　かご内に、かごが停止する予定の階及びかごの現在位置を表示する装置を設けること。

九　かご内に、かごが到着する階並びにかご及び昇降路の出入口の戸の閉鎖を音声により知らせる装置を設けること。

十　かご内及び乗降口には、車いす使用者が円滑に操作できる位置に操作盤を設けること。

十一　かご内に設ける操作盤及び乗降口に設ける操作盤のうち視覚障害者が利用する操作盤は、点字をはり付けること等により視覚障害者が容易に操作できる構造とすること。

十二　乗降口に接続する歩道等又は通路の部分の有効幅は1.5メートル以上とし、有効奥行きは1.5メートル以上とすること。

十三　停止する階が3以上であるエレベーターの乗降口には、到着するかごの昇降方向を音声により知らせる装置を設けること。ただし、かご内にかご及び昇降路の出入口の戸が開いた時にかごの昇降方向を音声により知らせる装置が設けられている場合においては、この限りでない。

(1) かご及び出入口の寸法

> 1) かごの内法幅は1.5m以上とし、内法奥行きは1.5m以上とする。
> 2) かごの出入口が複数あるエレベーターであって、車いす使用者が円滑に乗降できる構造のもの(開閉するかごの出入口を音声により知らせる装置が設けられているものに限る。)にあっては、内法幅は1.4m以上とし、内法奥行きは1.35m以上とする。
> 3) かご及び昇降路の出入口の有効幅は、1)に適合するエレベーターは90cm以上とし、2)に適合するエレベーターにあっては80cm以上とする。
> 4) 乗降口に接続する歩道等または通路の部分の有効幅は1.5m以上とし、有効奥行きは1.5m以上とする。
> 5) 乗降口の床とエレベーターのかごとの間は可能な限り小さくすることが望ましい。

　かごの出入口が同じ方向にあり、車いす使用者がかご内で転回し退出する方式のエレベーターについては、手動車いす使用者が方向転換できるよう、かご内の大きさを幅1.5m以上、奥行き1.5m以上とする。一方、かごの出入口が異なる方向にあり、車いす使用者が転回を伴わず前進して退出する方式(ウォークスルー型、写真3－6参照)のエレベーターについては、最低限、手動車いす1台が乗降できる寸法として、出入口の有効幅を80cm、かごの内法寸法幅1.4m以上、奥行き1.35m以上とする。

　なお、エレベーターのタイプ、サイズの選択は、当該箇所の立地条件、交通条件等により異なるため沿道住民・利用者の意見が反映されるよう配慮するものとする。

　乗降口に接続する歩道等の通路部分の大きさは、車いす使用者が転回できる寸法として幅及び奥行きをそれぞれ1.5m以上確保しなければならない(電動車いすが回転できる180cm以上確保することが望ましい。)。また、乗降口付近には、下り階段・下り段差を設けない。

　乗降口の床とかごとの間は、車いすの車輪や視覚障害者の白杖等の落ち込みを防止するために、可能な限り小さくするよう努める。

　図3－2にエレベーターの寸法について示す。

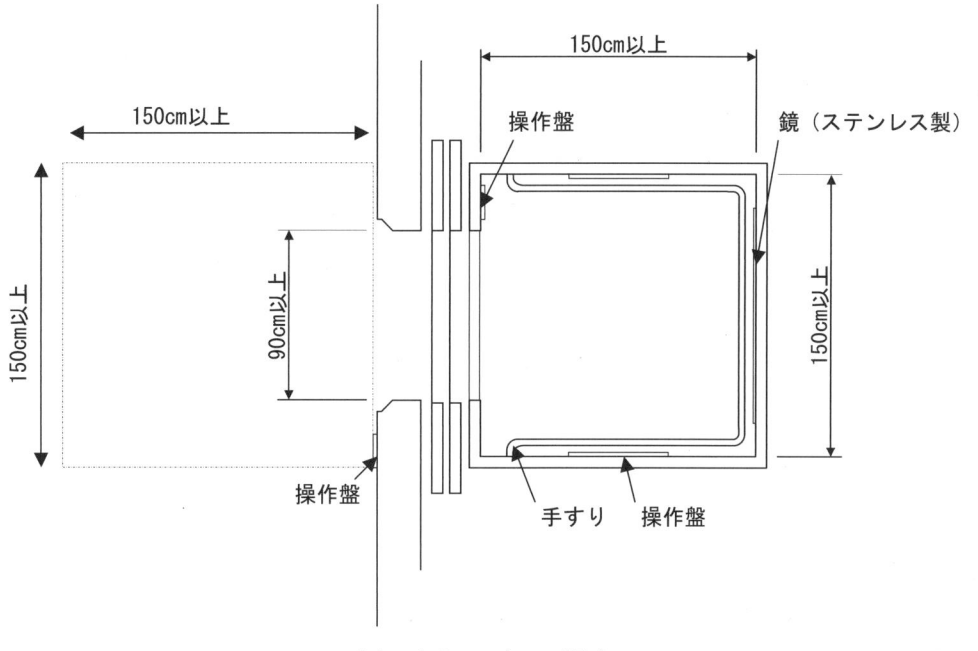

(1) 出入口が1の場合

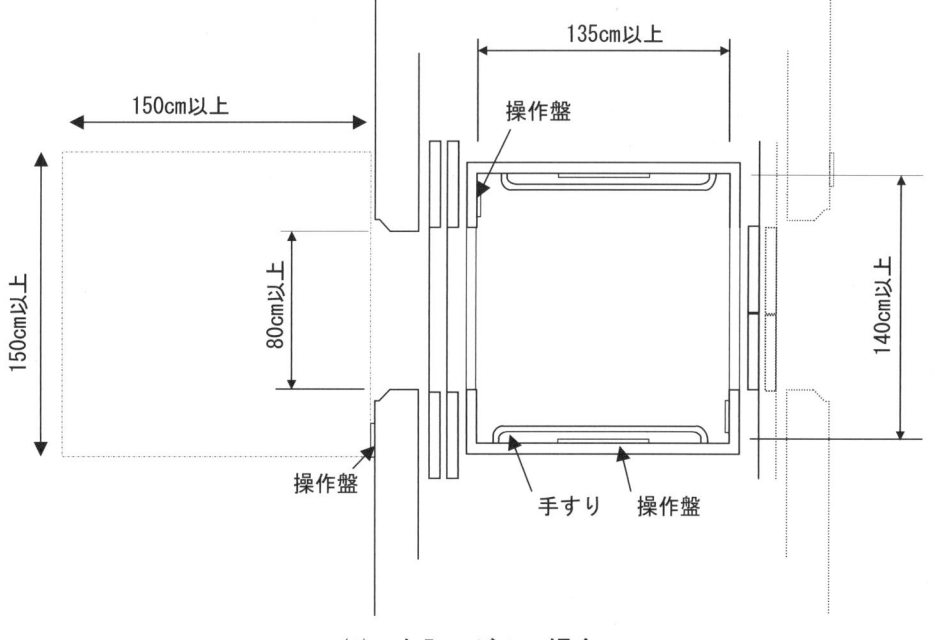

(2) 出入口が2の場合

図3-2 エレベーターの寸法

(2) 表示

> 1）かご内には、かごが停止する予定の階及びかごの現在位置を表示する装置を設ける。
> 2）かご内には、かごが到着する階並びにかご及び昇降路の出入口の戸の閉鎖を音声により知らせる装置を設ける。
> 3）停止する階が3以上であるエレベーターの乗降口には、到着するかごの昇降方向を音声により知らせる装置を設ける。ただし、かご内にかご及び昇降路の出入口の戸が開いた時にかごの昇降方向を音声により知らせる装置が設けられている場合においては、この限りでない。
> 4）かごの出入口が複数あるエレベーターの場合は、開閉する側の扉を音声で知らせる装置を設置する。

　かご内には、かごが停止する予定の階及びかごの現在位置を表示する装置を設けるとともに、視覚障害者の利用を考慮し、かごが到着する階及び出入口の閉鎖を音声により知らせる装置を設置する。

　停止する階が3以上であるエレベーターの乗降口には、視覚障害者が到着するエレベーターの昇降方向を正しく認識できるよう、かごの昇降方向を音声により知らせる装置を設けなくてはならない。ただし、かごが到着し戸が開いた時、かご内にこれと同様の音声装置があり乗降口付近で聞くことが可能である場合は、この限りでない。

　また、かごの出入口が複数あるエレベーターは到着する階によって開閉する戸の位置が異なる。よって、到着する階においてどの戸が開閉するのかを音声で知らせる装置を設置し視覚障害者が認識しやすいよう配慮する必要がある。

(3) 操作盤

> 1）乗降口には、車いす使用者等が円滑に操作できる位置に操作盤を設ける。
> 2）かごの両側面には、車いす使用者を考慮した横型の操作盤を高さ1m程度に設置する。
> 3）かご及び昇降路の出入口の戸の開扉時間を延長する機能を設ける。
> 4）かご内および乗降口に設ける操作盤の各操作ボタン（階数、開閉、非常呼び出し等）には縦配列の場合には左側に、横配列の場合には上側に点字表示を行う。点字による表示方法はJIS T0921の規格にあわせたものとする。
> 5）操作盤のボタンは、指の動きが不自由な利用者も操作できるような押しボタン式とし、静電式タッチボタンは用いない。
> 6）操作盤またはボタンに表示する数字は、浮き出させること等により点字が読めない視覚障害者でも円滑に利用できるものとすることが望ましい。
> 7）操作盤のボタンの文字は、周囲との輝度比が大きいこと等により弱視者の操作性に配慮したものであることが望ましい。
> 8）音と光で視覚障害者や聴覚障害者にもボタンを押したことがわかるものが望ましい。

車いす使用者等は、手の届く範囲が限られる場合がある。このため、車いす使用者等が利用しやすい、床から概ね1mの位置に操作盤を設けることとする。かご内においてはその両側面に横型の操作盤を設置する。(参考「エレベーター等の構造について」参照)

　車いす使用者のエレベーターへの乗降が安全に行われるよう、かご及び昇降路の出入口の戸の開扉時間を延長する機能を設ける必要がある。

　操作盤のボタンは、押した実感のある押しボタン式とし、各操作ボタン（階数、開閉、非常呼び出し等）には縦配列の場合には左側に、横配列の場合には上側に点字表示を行う。点字による表示方法はJIS T0921の規格にあわせたものとする。

　さらに、点字が判読できない人を考慮し文字を浮き出させる、弱視者に考慮し文字を大きめにする、周囲との輝度比が大きい文字とする等に配慮することが望ましい。

　また、操作盤は、指の動きが不自由な利用者等ボタンの操作が困難な人に配慮した形状、構造としたり、音と光で視覚障害者や聴覚障害者がボタンを押したことを認識しやすくしたりすることが望ましい。

　写真3－7にかご内の操作盤の事例を、写真3－8に乗降口の操作盤の事例を示す。

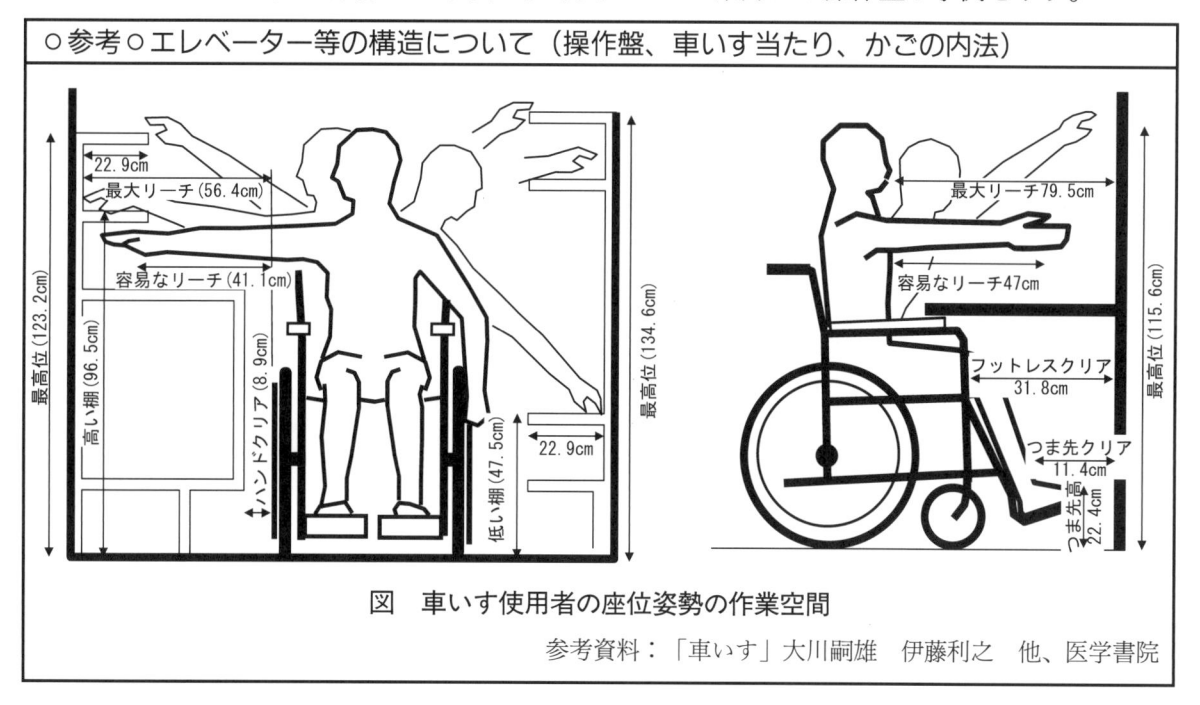

○参考○エレベーター等の構造について（操作盤、車いす当たり、かごの内法）

図　車いす使用者の座位姿勢の作業空間

参考資料：「車いす」大川嗣雄　伊藤利之　他、医学書院

○参考○ 点字の表示原則及び点字標示方法（JIS T0921）

点字表示は、JIS T0921規格に合わせたものとする。

■点字間隔

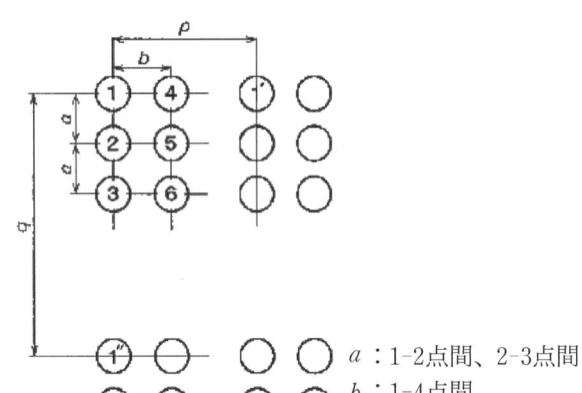

表　点字の間隔（単位mm）

	中心間距離
a	2.2～2.5
b	2.0～2.5
q	5.1～6.3
p	11.0～15.0

表　bとpの関係（単位mm）

b	qの範囲
2.0	5.1～6.0
2.1	5.2～6.1
2.2	5.4～6.2
2.3	5.6～6.3
2.4	5.8～6.3
2.5	6.0～6.3

a：1-2点間、2-3点間
b：1-4点間
p：1マスの領域・横1-1'点間
q：1行の領域・縦1-1''点間

■点字断面形状

d：底面の直径
h：点の中心の高さ

	寸法
d	1.3～1.7
h	0.3～0.5

■手すりの点字表示例

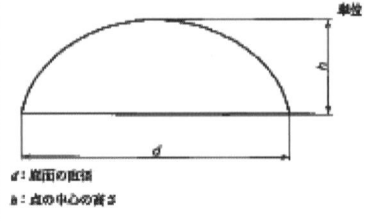

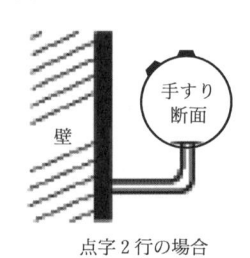

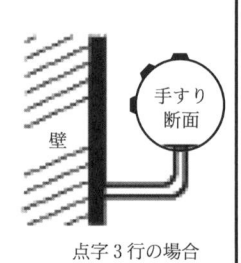

点字1行の場合　　点字2行の場合　　点字3行の場合

図　手すりの点字表示例

写真3−6　ウォークスルー型のエレベーター

写真3−7　かご内側面の操作盤設置例

写真3−8　乗降口の操作盤設置例

(4) 安全・防犯設備

> 1) かご内には、車いす使用者がかご及び昇降路の出入口を確認するために、割れにくい材質の鏡を設ける。ただし、(1)2)に適合するエレベーターにあっては、出入口上方に当該出入口が確認可能な鏡を設置することが望ましい。
> 2) かご及び昇降路の出入口の戸にガラスその他これに類するものがはめ込まれていることにより、かご外からかご内が視覚的に確認できる構造とする。
> 3) 昇降路の出入口を除く壁面には手すりを設ける。その設置高さは80～85cm、60～65cm程度の二段とすることが望ましい。また、かご内には設置高さは80～85cm程度の手すりを設けることが望ましい。なお、手すりの外径は4cm程度、壁面からの離れを5cm程度とし、端部は衣服の引っかかり等がないような処理とする。
> 4) かごの壁面には床上35cm程度まで、車いす当たりを設置することが望ましい。
> 5) かごの出入口部には戸閉を制御する装置を設ける。
> 6) 緊急時への対応として、次のような装置を設けることが望ましい。
>   ・かご内を確認できるカメラ
>   ・故障したことが自動的に音声及び文字で表示される装置
>   ・かご内から外部に故障を知らせる非常装置
>   ・管理者等への連絡ケース、管理者の対応状況をかご内の利用者に音声及び文字で知らせる装置
>   ・管制運転により停止した旨を音声及び文字で知らせる装置（管制運転機能を有するエレベーターの場合）
> 7) 必要に応じて、かご内に空調設備を設けることが望ましい。

　出入口が1方向の場合、同乗者等との関係から車いす使用者が転回できない場合がある。よって、車いす使用者が安全に後退して退出できるようにするため、特に足下の後方を確認できるように、出入口が写し出される鏡を設置する。車いすの前輪が衝突して破損する場合などがあるため、設置する鏡を安全ガラスやステンレス製にする等、割れにくいものとするとともに、かご内の壁面には、車いす使用者のつま先高に10cm程度の余裕を持たせた床上35cm程度まで車いす当たりを設けることが望ましい。なお、出入口が複数ある場合については、戸の上方に鏡を設置することが望ましい。

　エレベーターは密室空間であり、特に管理者が近辺に配置されていない道路に設置する場合においては、犯罪や事故発生時の安全確保、聴覚障害者等の緊急時の対応のために、乗降口等かごの外側からかご内の様子が容易に確認できるように、かご及び昇降路の出入口の戸にガラス等を用いた構造とする。また、かご内にカメラを設置し防犯に配慮することが望ましい。

　乗降口に接続する歩道等又は通路の部分の戸のある面を除く壁面には、高齢者、障害者等が体を支えられるように、二段式（80～85cm、60～65cm）の手すりを設ける必要がある。写真3－9にその事例を示す。また、かご内には高さ80～85cmの手すりを設けることが望ましい。手すりは、外径4cm程度のもので壁面から5cm程度離した位置に設置し、端部の処理は下方に滑らかに屈曲させるなどして衣服の引っかかりを防止するとともに、その箇所が終端部であることが認識できるようにする。

かごの出入口部には、利用者の乗り降り中に戸閉め動作が行われないよう、戸閉を制御する装置を設ける。利用者の乗降状況を感知する高さは、車いすのフットレスト部分と身体部の両方の高さとする。なお、機械式セーフティシューには、光電式、静電式または超音波式等のいずれかの装置を併設することとする。また、かごから歩道へ出る際に、歩行者等との接触の危険があるため、出入口部にはカーブミラーの設置等の安全対策を講ずることが望ましい。

さらに、火災・地震・停電等に管制運転を行うエレベーターを設置する場合は、音声及び文字で管制運転により停止したことを知らせる装置を設置する。

この他、故障等緊急時の対応として、音声及び文字によって、故障発生や管理者等の対応状況をかご内に知らせる装置を設けるとともに、外部に連絡可能な装置を設けることが望ましい。

図3－3に、エレベーターの手すりの位置、操作盤の位置等の各種寸法を示す。

写真3－9　乗降口付近における手すりの設置例（仙台市仙台駅～あおば通駅地下道）

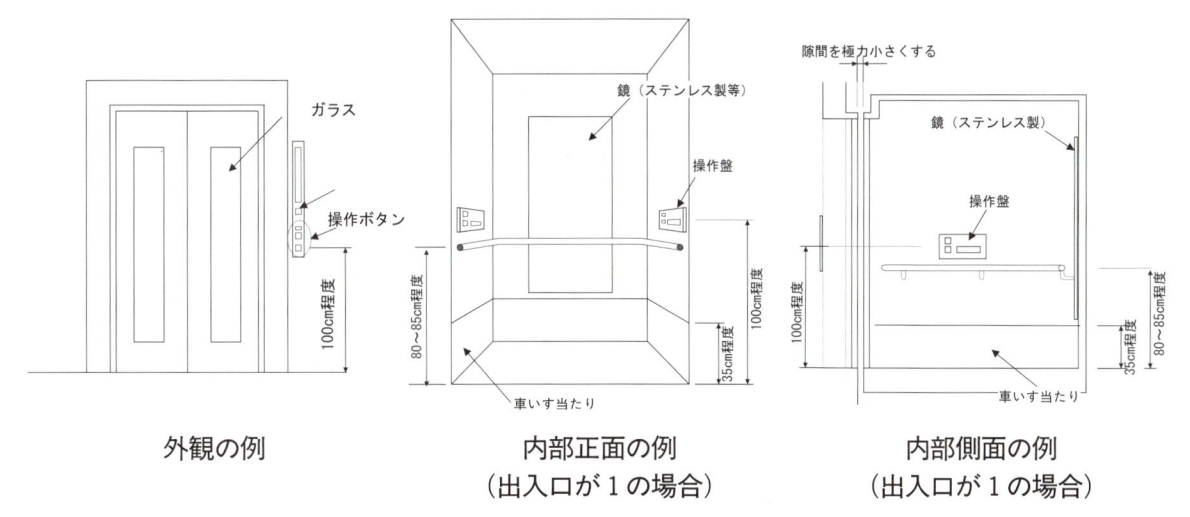

外観の例　　　内部正面の例　　　内部側面の例
　　　　　　（出入口が1の場合）（出入口が1の場合）

参考資料：「公共交通機関の旅客施設に関する移動等円滑化整備ガイドライン」国土交通省
　　　　　「東京都福祉のまちづくり条例施設整備マニュアル」東京都

図3－3　エレベーターの手すり、操作盤等の各種寸法

(5) その他

> 1) エレベーターの出入口近傍において、エレベーターがあることが認識できるよう、視認できる場所に案内標識を必要に応じ設ける。
> 2) かご及び昇降路の出入口には、高齢者や障害者等が優先的にエレベーターを使用することができるよう、案内板を設置することが望ましい。
> 3) 点検等により、利用者の利便性を損なわないよう配慮する。
> 4) 乗降口に接続する歩道等または通路の部分にはひさしを設けることが望ましい。

エレベーターの出入口部が利用者にわかりにくい場合は、多くの利用者に見えやすい場所に案内標識を設置して誘導することが望ましい。

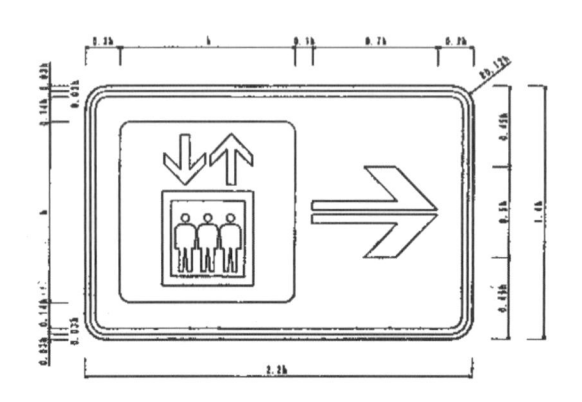

図3－4　案内標識の例

道路標識、区画線及び道路標示に関する命令の一部改正に伴う道路標識の取扱いについて
（国道企第22号　平成13年3月1日　道路局企画課長通達）

移動等円滑化された立体横断施設に設けるエレベーターは、全ての人が利用できるものであるが、高齢者や障害者等の移動制約者が優先的に使用すべきものと考え、案内板を設置することが望ましい。

エレベーターの維持・修繕にあたっては、故障等の不測の事態に陥らぬよう、定期点検等を密に行うようにしなければならない。この定期点検等は、夜間などの利用者の少ない時間帯に行う事とし、万一故障した場合にも迅速かつ短時間で作業を終わらせるよう心がけるものとする。なお、定期点検等でエレベーターが使用できない状況が見込まれる場合は、前もってその旨を利用者に周知するために、かご内等に予告表示することが必要である。また、故障、点検等でエレベーターが使用できない場合は、当該立体横断施設の昇降口（出入口）においてその旨を利用者に知らせるとともに、代替ルート等を事前に案内することによって歩行の連続性を確保することが望ましい。

雨天時のエレベーターの利用に配慮し、乗降口に接続する歩道等又は通路の部分にはひさしを設けることが望ましい。

3－3－2　傾斜路

> **道路移動等円滑化基準**
>
> （傾斜路）
>
> **第13条**　移動等円滑化された立体横断施設に設ける傾斜路（その踊場を含む。以下同じ。）は、次に定める構造とするものとする。
> 一　有効幅員は、2メートル以上とすること。ただし、設置場所の状況その他の特別の理由によりやむを得ない場合においては、1メートル以上とすることができる。
> 二　縦断勾配は、5パーセント以下とすること。ただし、設置場所の状況その他の特別の理由によりやむを得ない場合においては、8パーセント以下とすることができる。
> 三　横断勾配は、設けないこと。
> 四　二段式の手すりを両側に設けること。
> 五　手すり端部の付近には、傾斜路の通ずる場所を示す点字をはり付けること。
> 六　路面は、平たんで、滑りにくく、かつ、水はけの良い仕上げとすること。
> 七　傾斜路の勾配部分は、その接続する歩道等又は通路の部分との色の輝度比が大きいこと等により当該勾配部分を容易に識別できるものとすること。
> 八　傾斜路の両側には、立ち上がり部及びさくその他これに類する工作物を設けること。ただし、側面が壁面である場合においては、この限りでない。
> 九　傾斜路の下面と歩道等の路面との間が2.5メートル以下の歩道等の部分への進入を防ぐため必要がある場合においては、さくその他これに類する工作物を設けること。
> 十　高さが75センチメートルを超える傾斜路にあっては、高さ75センチメートル以内ごとに踏み幅1.5メートル以上の踊場を設けること。

(1)　幅員

> 1）傾斜路の有効幅員は、2.0m以上とする。
> 2）設置場所の状況その他の特別の理由によりやむを得ない場合においては、1m以上とすることができる。

　歩道一般部と同様に、傾斜路の有効幅員は2.0m以上とする。地下横断歩道の場合は、排水施設、照明施設等の余裕幅として有効幅員の他に両側に0.5m確保する必要がある。

(2) 勾配及び踊場

> 1）縦断勾配は、5％以下とする。ただし、設置場所の状況その他特別の理由によりやむを得ない場合においては、8％以下とすることができる。
> 2）横断勾配は設けない。
> 3）高さ75cmを超える傾斜路にあっては、高さ75cm以内ごとに踏み幅1.5m以上の踊場を設ける。

歩道一般部と同様に縦断勾配は5％以下とする。ただし、用地的な問題等によりやむを得ない場合は、車いす使用者が自力走行可能な最大勾配として8％以下とすることができる。また、傾斜路は縦断勾配により排水処理を行うことが可能であるため、横断勾配を設ける必要はない。

ただし、他の歩道部分から勾配区間へ雨水が流入しないよう配慮する必要がある。排水施設を設ける場合は、車いすの車輪、視覚障害者の白杖等の支障とならないように可能な限りグレーチングの空隙を小さくすることや、滑りづらさ等に配慮することが必要である。

(3) 手すり

> 1）傾斜路には、高さが80〜85cm、60〜65cm程度である二段の手すりを両側に連続して設けることとする。なお、手すりの外径は4cm程度とし、壁面から5cm程度離して設置することが望ましい。
> 2）手すりは、傾斜路の終端部から水平区間へ60cm程度延長し、利用者の乗降、誘導が円滑になるようにすることが望ましい。
> 3）手すりの端部の付近には、傾斜路の通ずる場所を示す点字をはり付けることとする。点字による表示方法はJIS T0921の規格にあわせたものとする。また、手すりの端部にはり付ける点字は、その内容を文字で併記するのが望ましい。
> 4）手すりの端部は衣服の引っかかり等がないような処理とする。

高齢者や障害者等の利用に考慮し、手すりは図3－5に示すように二段式（80〜85cm、60〜65cm）とし、利き手、昇降方向に応じて左右どちらでも利用できるように配慮し、両側に連続して設置する。（参考「手すりの設置について」参照）

なお、手すりは、外径4cm程度とし壁面から5cm程度離して設置することが望ましい。また、傾斜路の終端部から水平区間へ60cm程度（高齢者の平均的な1歩幅）延長し円滑に利用者を誘導できるようにすることが望ましい。

手すりの端部では、点字によってその傾斜路の方向や現在位置等を案内し、視覚障害者の円滑な移動を図る。点字による表示方法はJIS T0921の規格にあわせたものとする。なお、点字にはその内容を文字で併記することが望ましい。

また、端部の処理は、下方に滑らかに屈曲させるなどして、衣服の引っかかりを防止するとともに、その箇所が終端部であることが認識できるようにする。（参照図3－7）

第3章　立体横断施設

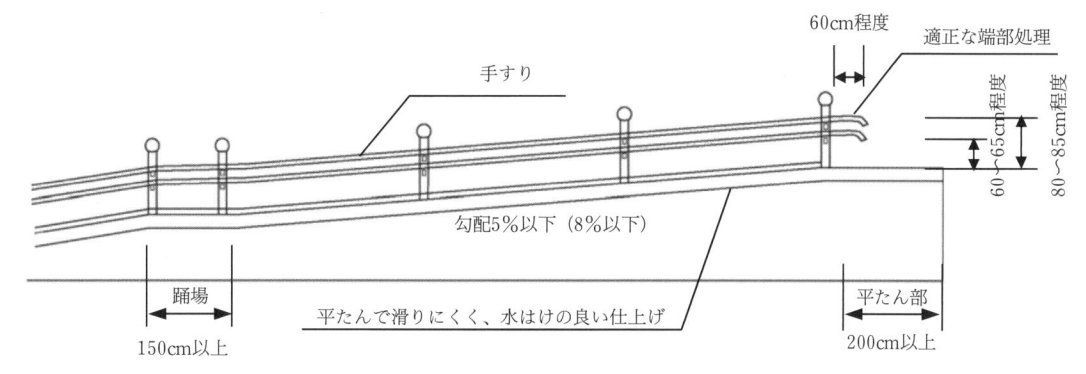

図3－5　傾斜路の側面

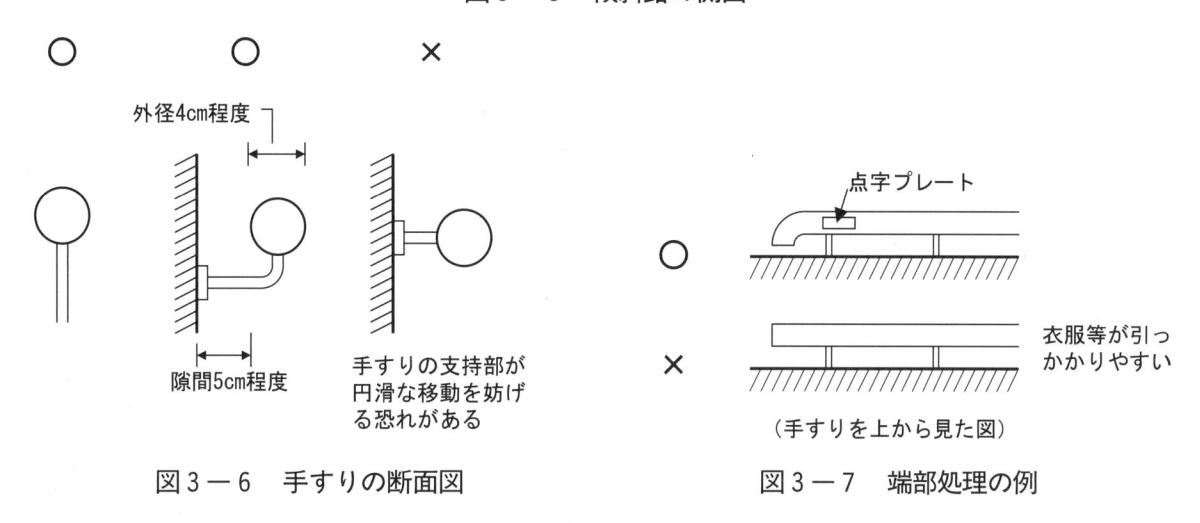

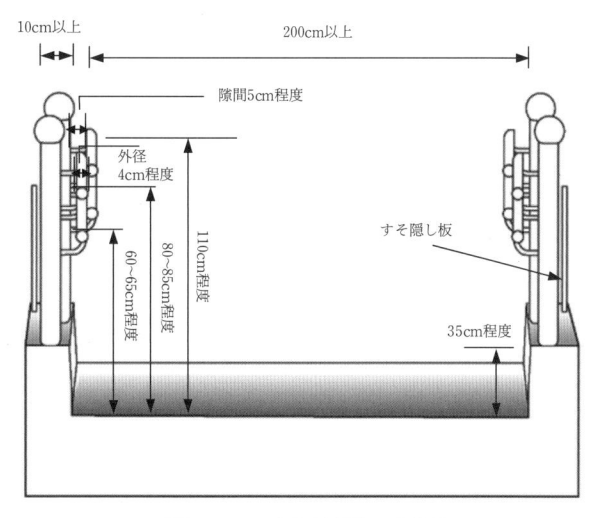

図3－6　手すりの断面図

図3－7　端部処理の例

図3－8　傾斜路の断面

○参考○手すりの設置について

- 高齢者（65歳以上）の歩幅が60cm程度であること、特に階段を下りる場合は手すりにより大きな力を掛けるため、階段等端部において初めて両足が水平部に着く状況でも手すりを利用できるよう、手すりの水平区間を60cmとする。
- 手すりの高さは、既存の都道府県マニュアル等を参考に80〜85cm、60cm〜65cmの二段式、壁との隙間は5cm程度とし、端部は下方に滑らかに曲げる等して処理するものとする。
- 年齢と歩幅の関係について

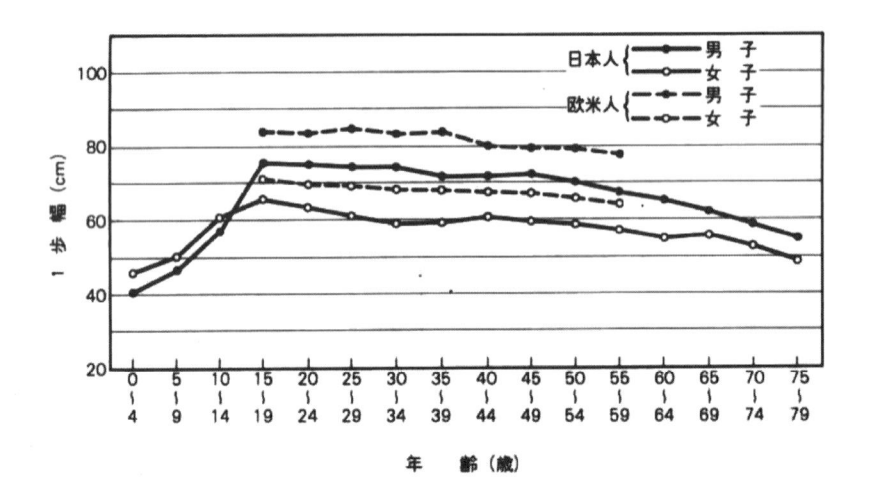

出典：「建築設計資料集成」日本建築学会　編

図　年齢と歩幅

- 手すりの高さについて

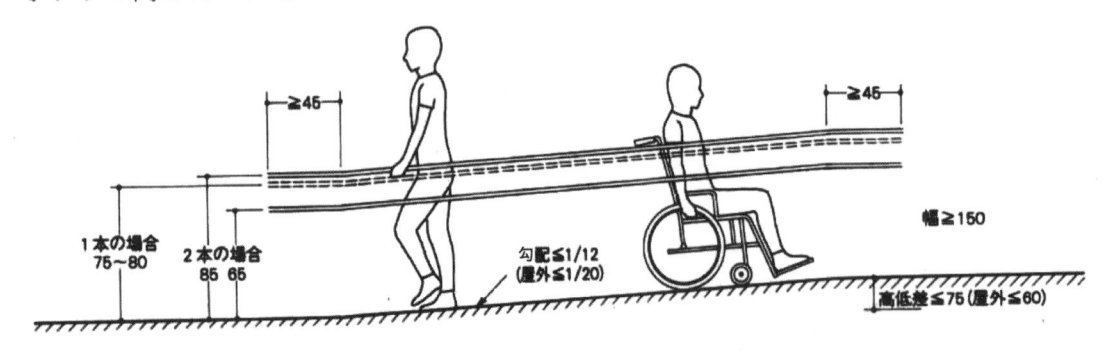

出典：「建築設計資料集成」日本建築学会　編

図　斜路の機能寸法

- 手すりの設置について

　　東京都など各都道府県の福祉のまちづくり整備マニュアル等において、階段、傾斜路、通路等に設置する手すりは二段式とし、その高さは60〜65cm、80〜85cmとされている。

　　　　　　　　　　　　出典：「東京都福祉のまちづくり条例施設整備マニュアル」東京都　他

- 手すりの壁との関係、端部について
  - 壁との関係；壁との隙間は、5〜6cmとし、手すりの下側で支持する。
  - 端部；端部は下方または壁面方向に曲げる。

　　　　　　　　　　　出典：「福祉インフラ整備ガイドライン」監修　建設大臣官房技術調査室
　　　　　　　　　　　　　　　　　　　　　　　福祉インフラ整備ガイドライン研究会編

(4) 路面

> 1) 路面は、平たんで滑りにくく、かつ水はけの良い仕上げとする。
> 2) 傾斜路の勾配部分は、それに接続する歩道等、通路の部分または踊場との色の輝度比が大きいこと等により当該勾配部分を容易に識別できるものとする。ただし、色の組合せによっては認識しづらい場合も想定されるため、沿道住民・利用者の意見が反映されるよう留意して決定するものとする。
> 3) 積雪寒冷地においてはロードヒーティング等の防雪及び凍結防止設備を設置することが望ましい。

　車いす使用者等は、凹凸による振動、雨天時のスリップ、水はね等が円滑な通行の支障となるため、傾斜路における踏面の表面は、平たんで、滑りにくく、かつ、水はけの良い仕上げとしなければならない。

　勾配部分は、それに接続する歩道等、通路の部分又は踊場の色との輝度比が大きいこと（2.0程度の輝度比を確保）等により当該勾配部分を弱視者が容易に識別できるものとする。ただし、色の組合せによっては認識しづらい場合も想定されるため、沿道住民・利用者の意見が反映されるよう留意して決定するものとする。

　なお、積雪寒冷地においては、スリップによる転倒事故等を防止するためにロードヒーティング等の防雪及び凍結防止設備を設置することが望ましい。

(5) その他

> 1) 傾斜路の両側には35cm程度の立ち上がり部、及びさくその他これに類する工作物を設ける。ただし、側面が壁面である場合においては、この限りでない。
> 2) 高欄は路面から高さ1.1m程度の高さとし、落下等の危険のない構造とする。また、笠木の幅は10cm以上とすることが望ましい。
> 3) 傾斜路の始終部には、2m以上の水平部を設けることが望ましい。

　傾斜路の両側には35cm程度の立ち上がり部を設け、車いす使用者の飛び出し、杖の滑落、物品の落下、雨水の流下等を防止すると同時に、斜路の端部であることを認識可能な構造とする必要がある。

　歩行が不安定な高齢者や障害者、子供の乗り越え等を考慮すると高欄の高さは1m以上必要であり、自転車の利用がある場合は、自転車利用者の転落を防止するための高さとして1.1～1.2m程度必要である。笠木の幅は10cm以上とし、物などが置かれないように曲面にするなどの工夫を行うことが望ましい。

　傾斜路の始終部は、車いす使用者どうしの横断方向のすれ違いを考慮し2m以上の水平部を設けることが望ましい。

3-3-3　エスカレーター

> **道路移動等円滑化基準**
>
> （エスカレーター）
>
> **第14条**　移動等円滑化された立体横断施設に設けるエスカレーターは、次に定める構造とするものとする。
> 一　上り専用のものと下り専用のものをそれぞれ設置すること。
> 二　踏み段の表面及びくし板は、滑りにくい仕上げとすること。
> 三　昇降口において、3枚以上の踏み段が同一平面上にある構造とすること。
> 四　踏み段の端部とその周囲の部分との色の輝度比が大きいこと等により踏み段相互の境界を容易に識別できるものとすること。
> 五　くし板の端部と踏み段の色の輝度比が大きいこと等によりくし板と踏み段との境界を容易に識別できるものとすること。
> 六　エスカレーターの上端及び下端に近接する歩道等及び通路の路面において、エスカレーターへの進入の可否を示すこと。
> 七　踏み段の有効幅は、1メートル以上とすること。ただし、歩行者の交通量が少ない場合においては、60センチメートル以上とすることができる。

(1) 形式・位置

> 上り専用のものと下り専用のものをそれぞれ設置する。

　エスカレーターは、上り、下りの両方を設置する。エスカレーターが設置された場合は、多くの歩道利用者がエスカレーターを利用することが予測されるため、歩道接続部において利用者の滞留、錯綜が発生しないように、歩行動線を考慮した上で設置位置を決定する。

　車いす使用者が利用可能なエスカレーターは機器操作が必要であり、単独利用は困難である。特に歩道等に設置された場合は、管理員等の到着を待った後でなければ移動可能とならないため、移動等円滑化とは言い難い状況が予想される。このため、エスカレーターの利用者としては車いす使用者を対象としていない。

(2) 構造

> 1）踏み段の有効幅は、1m以上とする。ただし、歩行者の交通量が少ない場合においては、60cm以上とすることができる。
> 2）踏み段の表面及びくし板は、滑りにくい仕上げとする。
> 3）昇降口において、3枚以上の踏み段が同一平面上にある構造とする。
> 4）乗り口、降り口ともくし板から70cm以上の移動手すりを設けることが望ましい。

　エスカレーター踏み段の有効幅は、視覚障害者等とその介助者が利用できるような幅として1m以上とする。また、歩行者交通量が少ない場合においては、利用者一人当たりの物理的占有幅に若干の余裕を見た60cm以上とする。

　凹凸によるつまずき、滑りによるふらつきや転倒（例えば、松葉杖を使用する場合は、接触する部分が小さいため、滑りやすい）を考慮し、エスカレーターにおける踏面の表面は、平た

第3章　立体横断施設

んで、滑りにくい仕上げとしなければならない。

　また、視覚障害者等がエスカレーターを利用する際には、これへの乗り移り、及び降り口の認知が困難である。また、高齢者、障害者等の乗降なども考慮し、乗降口においては、3枚以上の踏み段が同一平面上にあるような構造とする。

　始終端部における移動手すりの水平部は、くし板から70cm以上として踏み段へ容易に乗り移りできるよう配慮することが望ましい。

　エスカレーターの構造等について図3－9に示す。

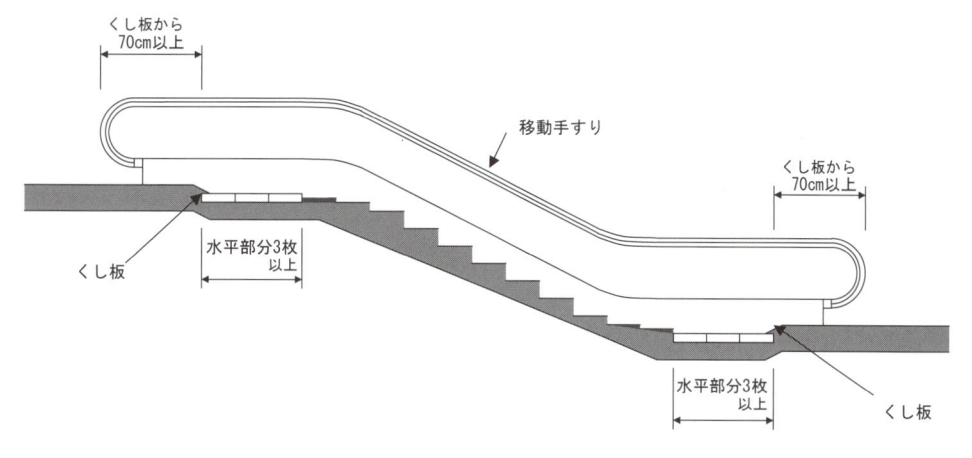

側面図

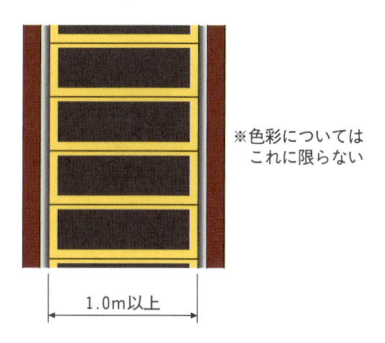

平面図

出典：「公共交通機関の旅客施設に関する移動等円滑化整備ガイドライン」国土交通省

図3－9　エスカレーターの構造

写真3－10　エスカレーターの併設例（大阪府大阪市）

(3) 安全・その他

> 1）踏み段の端部に縁取りを行うなどにより踏み段相互の境界を容易に識別しやすいようにする。
> 2）くし板の端部と踏み段の色の輝度比が大きいこと等によりくし板と踏み段との境界を容易に識別できるものとする。
> 3）ただし、1）、2）のいずれについても、色の組合せによっては認識しづらい場合や景観上の問題も想定されるため、沿道住民・利用者の意見が反映されるよう留意して決定するものとする。
> 4）エスカレーターの上端及び下端に近接する歩道等及び通路の路面において、エスカレーターへの進入の可否を路面標示で示すものとする。さらに進入可能なエスカレーター乗り口端部において、当該エスカレーターの行き先及び上下方向を知らせる音声案内装置を設置することが望ましい。
> 5）速度は毎分30ｍを標準とする。
> 6）点検等により利用者の利便性を損なわないよう配慮する。

　視覚障害者等がくし板及び踏み段の端部を識別できるように、くし板と踏み段との境界及び踏み段相互の境界等の輝度比が大きいこと（2.0程度の輝度比を確保）等によって識別しやすいものとしなければならない。ただし、色の組合せによっては認識しづらい場合も想定されるため、障害者等を含む沿道住民・利用者等の意見が反映されるよう留意して決定するものとする。

　エスカレーター取り付け部床面には、そのエスカレーターが進む方向を示す矢印等を敷設し、利用者が誤って進入しないようにする。さらに、視覚障害者にとっては、エスカレーターの乗り口がわからないと、転落などの危険性があるため、進入可能なエスカレーター乗り口端部において、当該エスカレーターの行き先及び上下方向を知らせる音声案内装置を設けることが望ましい。

　エスカレーターの速度については、より低速であることが利用者の恐怖感を抑え、快適な利用に資することになることから、30m/分を標準とすることが望ましい。

　エレベーターの維持・修繕と同様にエスカレーターについても故障等の不測の事態に陥らぬよう、定期点検等を密に行うようにしなければならない。この定期点検等は、夜間などの利用者の少ない時間帯に行うことが望ましく、万一故障した場合にも迅速かつ短時間で作業を終わらせるよう心がけるものとする。なお、定期点検等でエスカレーターが使用できない状況が見込まれる場合は、前もってその旨を利用者に周知するために、当該エスカレーター近傍等に予告表示することが望ましい。

3－3－4　通路

> **道路移動等円滑化基準**
>
> （通路）
> **第15条**　移動等円滑化された立体横断施設に設ける通路は、次に定める構造とするものとする。
> 　一　有効幅員は、2メートル以上とし、当該通路の高齢者、障害者等の通行の状況を考慮して定めること。
> 　二　縦断勾配及び横断勾配は設けないこと。ただし、構造上の理由によりやむを得ない場合又は路面の排水のために必要な場合においては、この限りでない。
> 　三　二段式の手すりを両側に設けること。
> 　四　手すりの端部の付近には、通路の通ずる場所を示す点字をはり付けること。
> 　五　路面は、平たんで、滑りにくく、かつ、水はけの良い仕上げとすること。
> 　六　通路の両側には、立ち上がり部及びさくその他これに類する工作物を設けること。ただし、側面が壁面である場合においては、この限りでない。

(1) 幅員

> 通路の有効幅員は2m以上とし、当該通路の高齢者、障害者等を含む歩行者の通行の状況を考慮して定めることとする。

　歩道一般部と同様に最小有効幅員は2mとする。地下横断歩道の場合は、上記有効幅員の他に、排水施設、照明施設等の余裕幅として両側に0.5m程度確保する必要がある。

　なお、排水施設は、車いすの車輪、視覚障害者の白杖等の支障とならないように可能な限りグレーチングの空隙を小さくすることや、滑りづらさ等にも配慮が必要である。

(2) 勾配

> 縦断勾配及び横断勾配は、排水処理のために必要な勾配を越えて設けないこととする。ただし、構造上の理由によりやむを得ない場合においては、この限りでない。

　縦断勾配及び横断勾配は、構造上の理由によりやむを得ない場合以外は、路面の排水のために必要な勾配以上には原則設けないこととする。

(3) 手すり

> 1 ）通路には、高さが80～85cm、60～65cm程度である二段の手すりを両側に連続して設けることとする。なお、手すりの外径は4cm程度とし、壁面から5cm程度離して設置することが望ましい。
> 2 ）手すりの端部の付近には、通路の通ずる場所を示す点字をはり付けることとする。点字による表示方法はJIS T0921の規格にあわせたものとする。
> 3 ）手すりの端部は衣服の引っかかり等がないような処理とする。
> 4 ）手すりの端部にはり付ける点字は、その内容を文字で併記するのが望ましい。

　高齢者や障害者等の利用を考慮し、手すりは図3－10に示すように二段式（80～85cm、

60～65cm）とする。また、利き手、昇降方向に応じて左右どちらでも利用できるようにする必要があるため、両側に連続して設置する。なお、外径は4cm程度とし、壁面から5cm程度離して設置することが望ましい。（参考「手すりの設置について」P130参照）

手すりの端部では、点字によってその通路の方向や現在位置等を案内し視覚障害者の円滑な移動を図る。点字による表示方法はJIS T0921の規格にあわせたものとする。なお、点字にはその内容を文字で併記することが望ましい。

また、端部の処理は下方に滑らかに屈曲させるなどして、衣服の引っかかりを防止するとともに、その箇所が終端部であることが認識できるようにする。（図3－7参照）

(4) 路面

> 1）路面は、平たんで、滑りにくく、かつ、水はけの良い仕上げとする。
> 2）積雪寒冷地の横断歩道橋においてはロードヒーティング等の防雪及び凍結防止設備を設置することが望ましい。

凹凸による振動、雨天時のスリップ、水はね等が円滑な通行の支障となるため、傾斜路における踏面の表面は、平たんで、滑りにくく、かつ、水はけの良い仕上げとしなければならない。

なお、積雪寒冷地に設置された横断歩道橋においては、スリップによる転倒事故等を防止するためにロードヒーティング等の防雪及び凍結防止設備を設置するものとする（第11章参照）。

(5) その他

> 1）通路の両側には35cm程度の立ち上がり部、及びさくその他これに類する工作物を設ける。ただし、側面が壁面である場合においては、この限りでない。
> 2）高欄は路面から高さ1.1m程度の高さとし、危険のない構造としなければならない。笠木の幅は10cm以上とする。

通路の両側には35cm程度の立ち上がり部を設け、車いすの飛び出しや杖の滑落、物品の落下、雨水の流下等を防止する。

歩行が不安定な高齢者や障害者、子供の乗り越え等を考慮すると高欄の高さは1.0m以上必要であり、自転車の利用がある場合は、自転車利用者の転落を防止するための高さとして1.1～1.2m程度必要である。

笠木の幅は10cm以上とし、物などが置かれないように曲面にするなどの工夫を行う。

第3章 立体横断施設

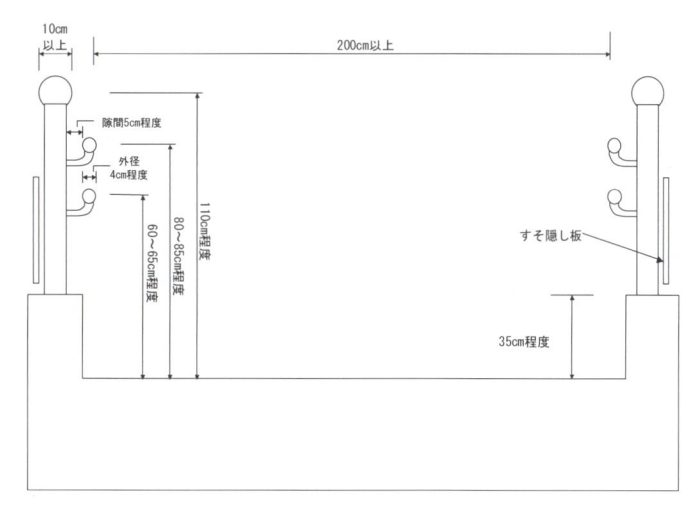

横断歩道橋の例

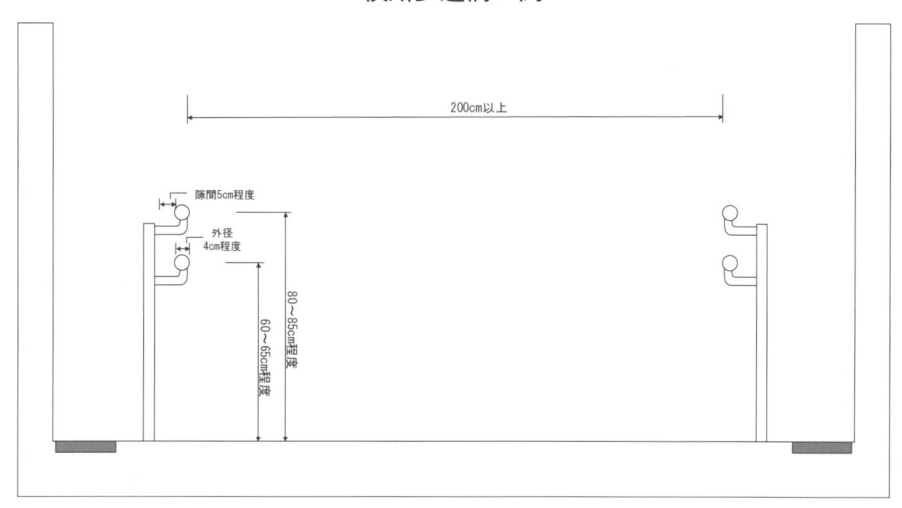

地下横断歩道の例

図3－10　横断歩道橋、地下横断歩道の手すりの設置位置と寸法

川崎市ハローブリッジ　　　　　　　　仙台市仙台駅～あおば通駅地下道

写真3－11　通路の例

3－3－5　階段

> **道路移動等円滑化基準**
>
> （階段）
> **第16条**
> 　移動等円滑化された立体横断施設に設ける階段（その踊場を含む。以下同じ。）は、次に定める構造とするものとする。
> 一　有効幅員は、1.5メートル以上とすること。
> 二　二段式の手すりを両側に設けること。
> 三　手すりの端部の付近には、階段の通ずる場所を示す点字をはり付けること。
> 四　回り階段としないこと。ただし、地形の状況その他の特別の理由によりやむを得ない場合においては、この限りでない。
> 五　踏面は、平たんで、滑りにくく、かつ、水はけの良い仕上げとすること。
> 六　踏面の端部とその周囲の部分との色の輝度比が大きいこと等により段を容易に識別できるものとすること。
> 七　段鼻の突き出しその他のつまずきの原因となるものを設けない構造とすること。
> 八　階段の両側には、立ち上がり部及びさくその他これに類する工作物を設けること。ただし、側面が壁面である場合においては、この限りでない。
> 九　階段の下面と歩道等の路面との間が2.5メートル以下の歩道等の部分への進入を防ぐため必要がある場合においては、さくその他これに類する工作物を設けること。
> 十　階段の高さが3メートルを超える場合においては、その途中に踊場を設けること。
> 十一　踊場の踏み幅は、直階段の場合にあっては1.2メートル以上とし、その他の場合にあっては当該階段の幅員の値以上とすること。

(1)　形式

> 1）階段は、踏み幅が一定のものとする。回り階段やらせん階段は、踏み幅が一定でなく踏み外しによる転倒等の危険性が高いことなどから設置しないことが望ましい。
> 2）自転車の通行を考慮する場合は、斜路付き階段を設けることが望ましい。

　図3－11に示す直階段や折れ階段のように、一定の踏み幅による階段であれば転倒の危険性は小さいものと考えられる。一方、回り階段やらせん階段は踏み幅が一定でないため踏み外し等の危険が高く、視覚障害者が方向感覚を損なうこと等が考えられるため、これらの階段を設置する際には、内径を大きく、踏み幅を広くし、方向案内に配慮する。また、これらの対応のできないらせん階段は、主階段としないものとする。

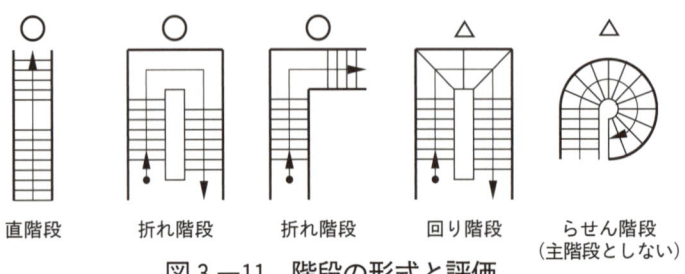

　　　〇　　　〇　　　〇　　　△　　　△
　　直階段　　折れ階段　折れ階段　回り階段　らせん階段
　　　　　　　　　　　　　　　　　　　　　（主階段としない）

図3－11　階段の形式と評価

(2) 幅員

> 1）有効幅員は1.5m以上とする。
> 2）斜路付き階段の有効幅員は、上記幅員に斜路部分幅員0.6mを加えた2.1m以上とする。

　階段の有効幅員は高齢者、障害者等（車いす使用者や松葉杖使用者等、階段を利用困難な人を除く）がすれ違える最小幅として1.5m（75cm×2）以上とする。また、地下横断歩道の場合は、上記幅員の他、排水・照明施設のための余裕幅として両側に0.5mを確保する必要がある。

　なお、排水施設は、杖等の支障とならないように可能な限りグレーチングの空隙を小さくすることや、滑りづらさ等にも配慮が必要である。

　また、立体横断施設技術基準では、自転車の通行を考慮して斜路付き階段を設置する場合、その斜路部分の幅員は0.6mを標準としている。

写真3－12　有効幅員の確保された斜路付き階段の例（川崎市ハローブリッジ）

(3) 勾配、けあげ高及び踏面

> 1）階段は、勾配50％、けあげ高15cm、踏み幅30cmを標準とする。
> 2）段鼻の突き出しがないこと等によりつまずきにくい構造とする。けこみを設ける場合はその長さを2cm以下とする。
> 3）踏面の端部は、全長にわたって十分な太さ（幅5cm程度が識別しやすい）で周囲の部分との輝度比が大きいことにより、段を容易に識別できるものとする。

　階段の勾配、けあげ高、踏み幅、及びけこみは、立体横断施設技術基準に準じ、勾配50％、けあげ高15cm、踏み幅30cmとすることとする。

　階段の段鼻により、下肢の不自由な人や補装具を使用している人が昇る際につまずきやすくなるため、段鼻の突き出しをなくすことによりつまずきにくい構造としなければならない。

　踏面の端部は、全長にわたって十分な太さ（幅5cm程度が識別しやすい）で周囲の部分との輝度比が大きいことにより、段を容易に識別できるものとする。なお、色は段の始まりから終わりまで統一されたものとする。階段の構造について図3－12に示す。

　斜路付き階段の勾配は25％を超えてはならない（立体横断施設技術基準）。また、これは階段に沿った自転車を押し上げて昇降することを考慮したもので、車いすの登坂を考慮したものではないことに留意するものとする。

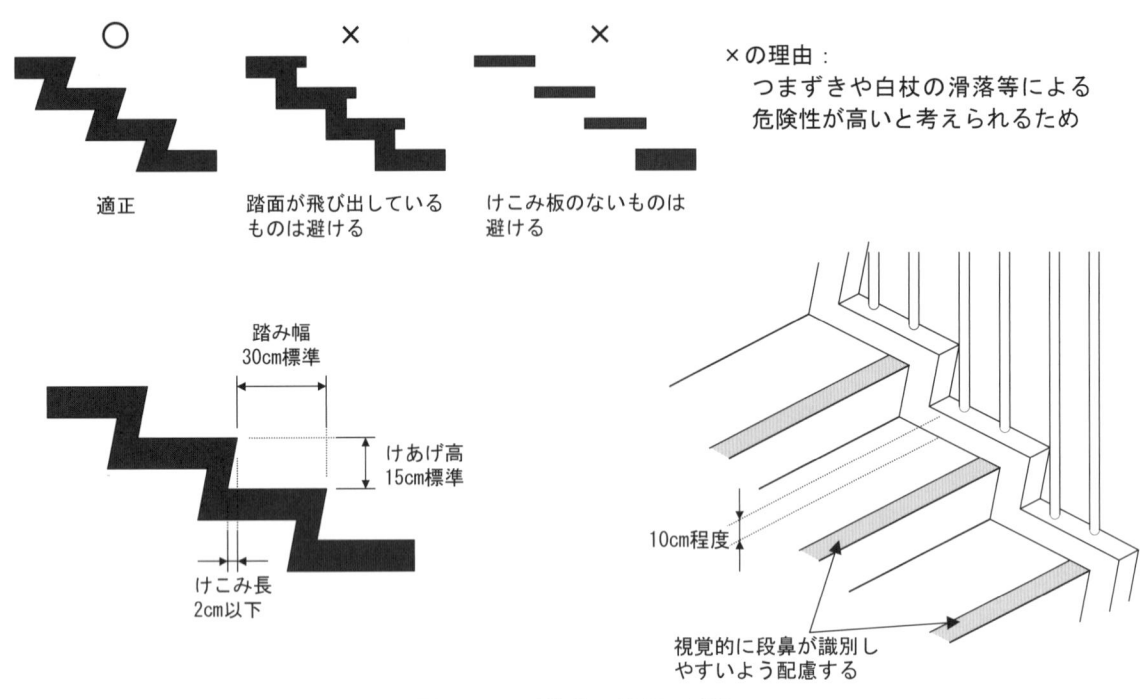

図3-12　階段の構造と評価

(4) 踊場

> 1) 階段の高さが3mを超える場合においては、その途中に踊場を設ける。
> 2) 踊場の踏み幅は、直階段の場合にあっては1.2m以上とし、その他の場合にあっては当該階段の幅員の値以上とする。
> 3) 折れ階段の踊場等で進行方向の見通しが悪い箇所については、鏡を設置することが望ましい。

　高さ3mを超える高さの階段の場合は、高齢者等が昇降途中に休憩できるように、階段の途中に踊場を設ける。横断歩道橋の場合は、その必要高さから少なくとも1箇所以上の踊場が必要となる。

　地下横断歩道に接続する折れ階段の踊場等や、階段と通路、傾斜路との接続部等において進行方向の見通しが悪い箇所では、鏡を設置することが望ましい。

(5) 手すり

> 1) 階段には、高さが80～85cm、60～65cm程度である二段の手すりを両側に連続して設けることとする。なお、手すりの外径は4cm程度とし、壁面から5cm程度離して設置することが望ましい。
> 2) 手すりは、階段の終端部から水平区間へ60cm程度延長し、利用者の昇降、誘導が円滑になるようにすることが望ましい。
> 3) 手すりの端部の付近には、階段の通ずる場所を示す点字をはり付けることとする。点字による表示方法はJIS T0921の規格にあわせたものとする。また、手すりの端部にはり付ける点字は、その内容を文字で併記するのが望ましい。
> 4) 手すりの端部は衣服の引っかかり等がないよう処理する。
> 5) 斜路付き階段の斜路部分を幅員端部に設けた場合は、手すりの利用に支障があるため、幅員中央に手すりを設けることが望ましい。

　高齢者や障害者等の利用に考慮し、手すりは図3－13に示すように二段式（80～85cm、60～65cm）とし、利き手、昇降方向に応じて左右どちらでも利用できるように配慮し、両側に連続して設置する。

　なお、手すりは外径4cm程度とし、壁面から5cm程度離して設置することが望ましい。また、階段の終端部から水平区間へ60cm程度（高齢者の平均的な1歩幅）延長することが望ましい。踊場においては、連続して設置するものとする。（図3－13）

　手すりの端部では、点字によってその通路の方向や現在位置等を案内し視覚障害者の円滑な移動を図る。点字による表示方法はJIS T0921の規格にあわせたものとする。なお、点字にはその内容を文字で併記することが望ましい。

　また、端部の処理は、下方に滑らかに屈曲させるなどして、衣服の引っかかりを防止するとともに、その箇所が終端部であることが認識できるようにする。

　幅の広い階段や斜路付き階段の斜路部分を幅員端部に設け手すりの利用に支障がある場合、幅員中央に手すりを設けることを検討する。

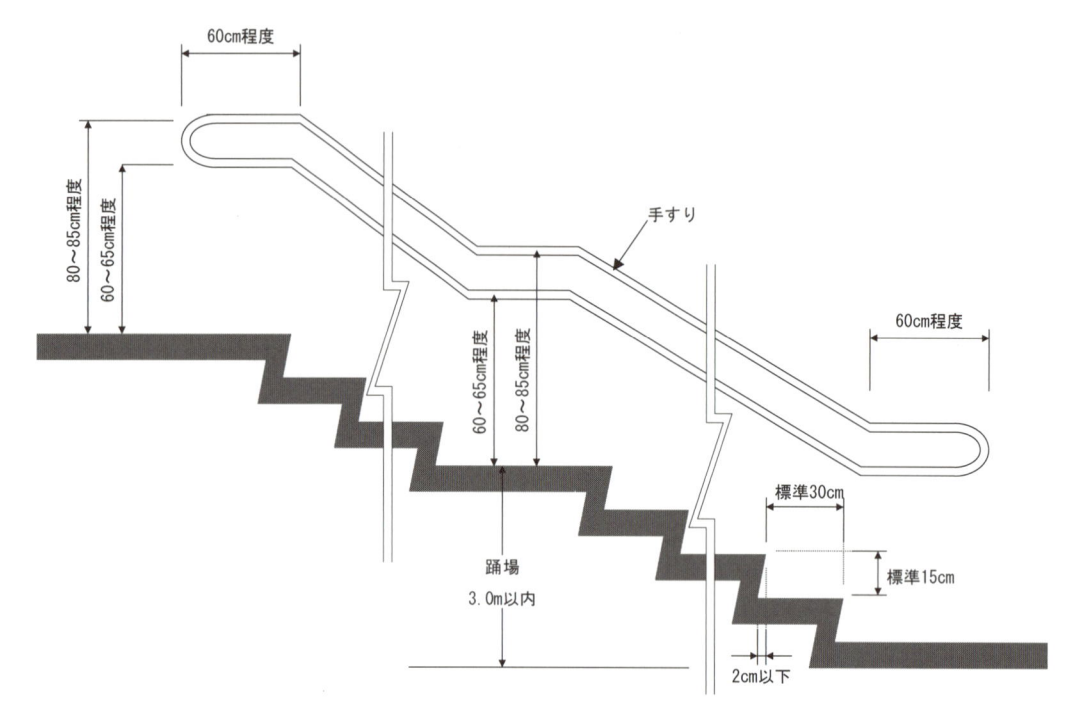

図3-13 階段の構造と手すりの設置例

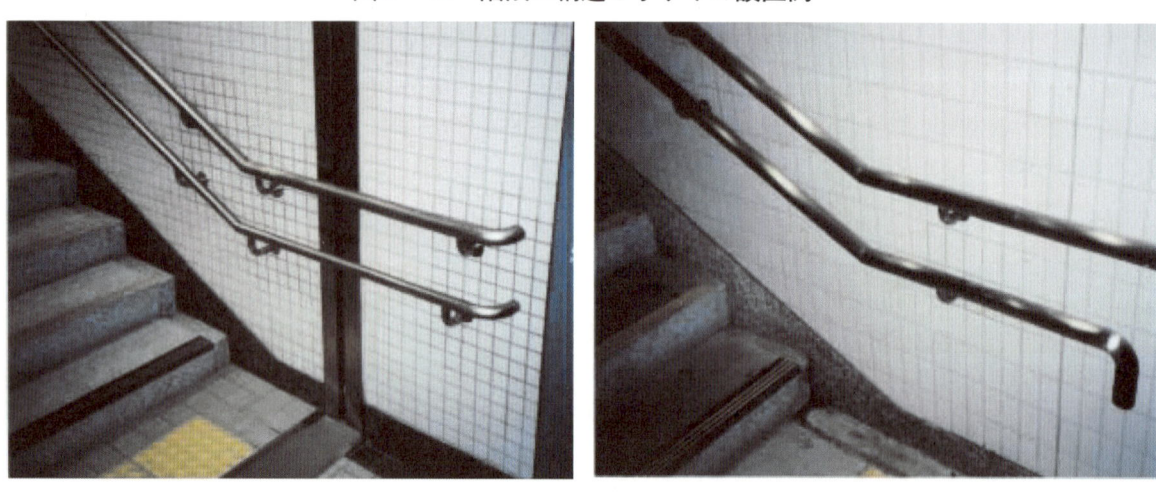

端部処理の例（その1）　　　端部処理の例（その2）

写真3-13 手すりの設置事例

(6) 路面

> 1) 踏面は、平たんで、滑りにくく、かつ水はけの良い仕上げとする。
> 2) 踏面の端部とその周囲の部分及び斜路付き階段の斜路部分との色の輝度比が大きいこと等により段を容易に識別できるものとする。ただし、色の組合せによっては認識しづらい場合も想定されるため、沿道住民・利用者の意見が反映されるよう留意して決定するものとする。
> 3) 積雪寒冷地においてはロードヒーティング等の防雪および凍結防止設備を設置するものとする。
> 4) 斜路付き階段の斜路部分の路面は、「3－3－2 傾斜路 (4)」と同様のものとすることが望ましい。

　雨天時のスリップ、水はね等が円滑な通行の支障となるため、階段における踏み面の表面は、平たんで、滑りにくく、かつ、水はけの良い仕上げとしなければならない。

　弱視者等は、踏み面の色がすべて同じであると階段を上から見た場合に段の識別が困難である。よって、踏み面の端部は2.0程度の輝度比を確保するなどして明確にする必要がある。ただし、色の組合せによっては認識しづらい場合も想定されるため、沿道住民・利用者の意見が反映されるよう留意して決定するものとする。

　なお、積雪寒冷地においては、スリップによる転倒事故等を防止するためにロードヒーティング等の防雪及び凍結防止設備を設置することが望ましい。

　また、斜路付き階段の斜路部分は、「3－3－2 傾斜路 (4)」と同様のものとする。

(7) その他

> 1) 階段の両側には10cm程度の立ち上がり部、及びさくその他これに類する工作物を設ける。ただし、側面が壁面である場合においては、この限りでない。
> 2) 高欄は路面から高さ1.0m以上の高さとし、危険のない構造としなければならない。笠木の幅は10cm以上とすることが望ましい。
> 3) 階段の終始部においては、視覚障害者誘導用ブロックを設置することが望ましい。

　階段の両側には10cm程度の立ち上がり部を設け、杖の滑落、物品の落下、雨水の流下等を防止すると同時に、階段の端部であることを認識できるようにする。

　歩行が不安定な高齢者や障害者等、子供の乗り越え等を考慮し高欄の高さは1m以上にするとともに、笠木の幅は10cm以上として物などが置かれないように曲面にするなどの工夫を行う。

　目隠し板を設置する際には設置高さを車いすの視点に配慮するとともに、平面部との合流部付近では弱視の人等にも接触の危険がないよう配慮するなど、設置方法、素材の選択を検討することが望ましい。

　階段の終始部においては、階段が始まる又は終わることが分かるよう、視覚障害者誘導用ブロック（点状ブロック）を設置することが望ましい。

第3部　道路の移動等円滑化基準の運用指針

3－4　各種施設・設備等

1）立体横断施設には照明施設を連続して設けることとする。ただし、夜間における当該路面の照度が十分に確保される場合においてはこの限りではない。
2）立体横断施設の踊場、通路等及びこれに接続する歩道等の部分には、視覚障害者の移動等円滑化のために必要であると認められる箇所に、視覚障害者誘導用ブロックを敷設するものとする。
3）階段、傾斜路、エスカレーターの下面と歩道等の路面との間が2.5m以下の歩道等の部分への進入を防ぐため、さくその他これに類する工作物を設ける。

　階段部等については、夜間においても、踏み段、勾配部等が認識しやすいように、照明施設を連続して設けることが必要である。
　立体横断施設の通路、昇降口（出入口）手前等には視覚障害者誘導用ブロックを敷設する。（第8章参照）
　さらに、傾斜路、階段又はエスカレーター下部の路面から2.5m以下の高さの歩道等の空間は、視覚障害者等の衝突を避けるため、さく等を設置する必要がある。また、視覚障害者のこの部分への進入を未然に防止するため視覚障害者誘導用ブロックを設置する必要がある。

写真3－14　階段下のさくの設置例

第4章　乗合自動車停留所

4－1　概説

歩道上に設置する乗合自動車停留所（バス停）においては、

- 高齢者・障害者等が低床バスに円滑に乗降できるような歩道等の高さとするとともに、バスが停留所との隙間を空けずに停車（以下、「正着」という。）して、利用者が円滑に乗降できるような構造となるように配慮する。
- 車いす使用者の乗降のアプローチの際に、スロープ板を降ろす場所や、降りた後の方向転換に支障が生じないように注意する。
- 乗合自動車停留所に設けられるベンチ及び上屋等は、歩行者等の通行に支障のないよう設置する。
- 視覚障害者誘導用ブロック、照明施設、案内施設等を設置する。

などを行うものとする。

　なお、高齢者、障害者等がバスを円滑に利用できるようにするためには、道路だけではなく関係者の連係により車両、バス停、民地なども含むバスのネットワーク全体としてバリアフリー化を図ることが重要である。

4－2　乗合自動車停留所の構造

> 乗合自動車停留所の構造には、以下のような形式がある。
> ①　バスベイ型
> ②　テラス型
> ③　ストレート型
> ④　三角形切り込み型

　乗合自動車停留所の構造は、交通の状況や道路横断面構成等、道路の状況を判断し決定するものとするが、切り込みの角度を工夫する、公安委員会やバス事業者と連携、協力して停留所周辺の路上駐車を削減する等、バスが停留所から離れずに正着できるよう配慮することが望ましい。また、植樹帯や防護柵を設置する場合には、乗降の支障とならないような配置とするものとする。

表4－1　乗合自動車停留所の構造別特徴

		歩道の幅員	乗合自動車の正着		本線交通への影響
			周辺に路上駐車なし	周辺に路上駐車あり	
バスベイ型		●歩道側に切り込むため、歩道の幅員が狭い場合、歩道の有効幅員を侵す可能性がある	●切り込み形状によっては停留所に正着することが困難な場合がある ●バスのオーバーハングのため、バスベイの長さによっては停留所に正着することが困難	●切り込みの形状や周辺の路上駐車の状況によっては停留所に正着することが困難	○バスは停車帯に入り込むため、バスの停車による本線交通への影響は少ない ○乗降の利便性を図るとともに、後続車の追い越しを容易にさせることができる
	切り込みテラス型（既存のバスベイ型の改良）	●テラスを設置するためには、一定以上の長さのバスベイ型の切り込みが必要であることから、歩道の幅員が狭い場合、歩道の有効幅員を大きく侵す可能性がある	○バスベイ内に張り出したテラスを設置することにより、テラス手前でバスを安全に歩道に寄せることが可能になり、正着が容易となる	●周辺の駐車の状況により困難になる場合がある	○バスは停車帯に入り込むため、バスの停車による本線交通への影響は少ない ○乗降の利便性を図るとともに、後続車の追い越しを容易にさせることができる
テラス型		○車道側にはみ出して設置するため、歩道の有効幅員を侵しにくい	○容易である	●テラス部の幅によっては正着が困難になる場合がある	●バスの停車中は、後続車の通行が困難 ●広い路肩や停車帯をもたない道路では、停留所付近では1車線分通行できないので、交通容量が減る ●張り出し部分で事故の危険性がある
ストレート型		○道路の全幅員に余裕がなく歩道に切り込みを入れて停車帯を設けることができない場合等に歩道の幅員を変えることなく、歩道内に停留所を設ける ●歩道内にベンチや上屋等停留所付属施設を設置する場合には、歩道の幅員が狭い場合、有効幅員を侵す可能性がある	○容易である	●周辺の駐車の状況により困難になる場合がある	●バスの停車中は後続車の通行が困難
三角形切り込み型		○歩行空間やバス待ち空間を広く確保できる	○斜めに進入するため、正着が容易である	●周辺の駐車の状況により困難になる場合がある	●バスの右側後方が車道側にはみ出すため、場合によっては後続車に影響がある ●バスの運転席から後方が確認しにくいため、発車時に十分な注意が必要

凡例：○メリット、●デメリット

＜乗合自動車停留所の構造別特徴＞
① バスベイ型

　この形式は、歩道に切り込みを入れてバスの停車帯を設けるものであり、乗降の利便性を図るとともに、後続車の追い越しを容易にさせることができるという特徴がある。ただし、切り込みの形状や周辺の路上駐車の状況によっては停留所に正着することが困難となる。なお、設置にあたっては、停留所部分の歩道幅員を確保するため、新たに用地を確保したり、植樹帯部分を活用したりすること等により、歩道の有効幅員を確保するものとする。

図4－1　バスベイ型の例

写真4－1　バスベイ型の停留所（民地を活用した）設置例　（千葉県松戸市）

≪切り込みテラス型（既存のバスベイ型の改良）≫

　今までバスが寄せきれなかった部分をバスベイ内に設けた張り出し状のテラスで歩道とバスの間隔を縮めることができる。

図4－2　切り込みテラス型の例

写真4－2　切り込みテラス型の停留所の設置例（東京都東久留米市）

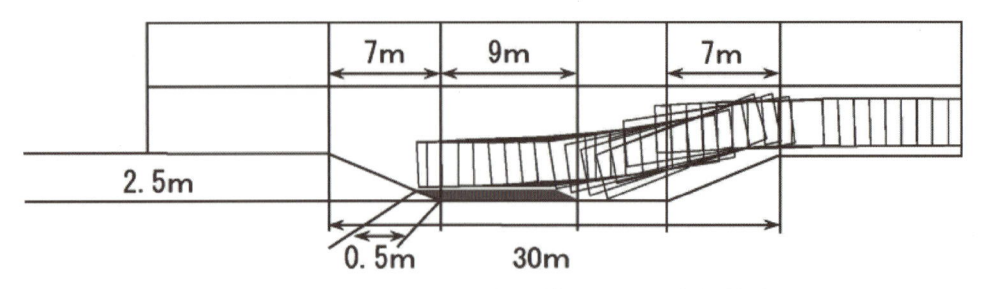

図4-3　バスベイの形状の違いによる走行軌跡

② テラス型

この形式は、駐車車両等が停車している場合に、停留所に正着することができないといった問題を解決すべく、車道側（路肩、停車帯、又は車道）に張り出して停留所を設けたものであり、歩道の有効幅員を狭めることなく停留所を設けることができる。ただし、複数車線、広い路肩や停車帯を持たない道路では適用が困難である。

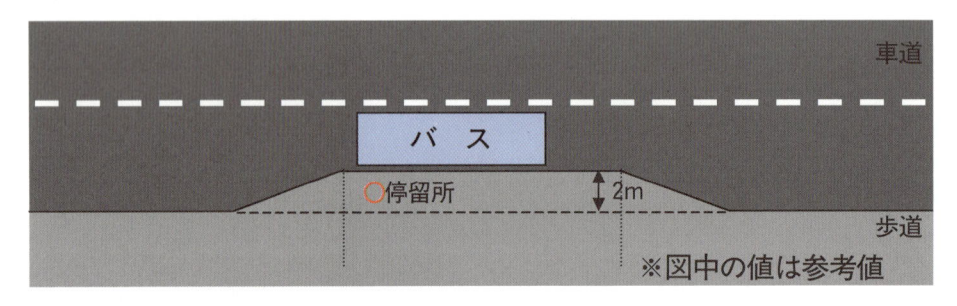

図4-4　テラス型の例

写真4-3　テラス型の停留所の設置例（大阪市大正区）

③ ストレート型

　この形式は、道路の全幅員に余裕がなく歩道に切り込みを入れて停車帯を設けることができない場合等に歩道の幅員を変えることなく、歩道内に停留所を設けるものである。後続車に影響を与える、駐車車両などが停車している場合に停留所への正着が難しくなるといったデメリットがある。

図4－5　ストレート型の例

写真4－4　ストレート型の停留所の設置例（神奈川県横浜市）

④ 三角形切り込み型

　この形式は、バスベイ型において切り込みの長さを長くとれない場合に、バスの停留所への正着を容易にし、バスと歩道との距離が短くなるよう切り込みの形状を工夫したものであり、歩行空間やバス待ち空間を広く確保できるというメリットがある。

　一方、バスの右側後方が車道側にはみ出す、バスの運転席から後方が確認しにくいといったデメリットがある。

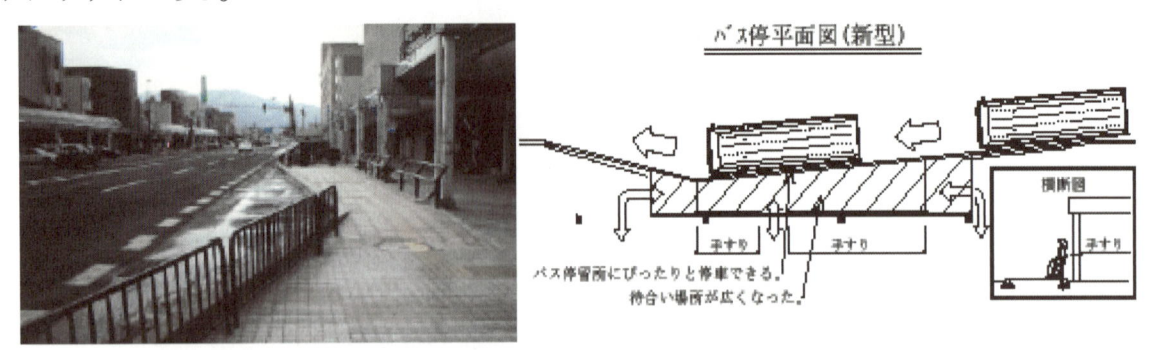

図4-6　三角形切り込み型の停留所の設置例（福井県敦賀市）

≪バスターミナル≫

　バスターミナルでは、三角形に切り込むことにより、バスの正着性を高めることができる。また、スペースの有効利用にもなる。

写真4-5　三角形切り込み型停留所のバスターミナルの事例（埼玉県三郷市）

写真4-6　三角形切り込み型停留所のバスターミナルの事例（島根県松江市）

⑤　その他バスベイの工夫例

≪島式≫

　この形式は、バスを中央走行方式で運行している場合に、停留所を道路の中央に島式の形状で設けるものである。駐停車車両の影響を受けにくいことから正着しやすい等のメリットがある一方、利用者は必ず道路を横断しなければならないといったデメリットもある。

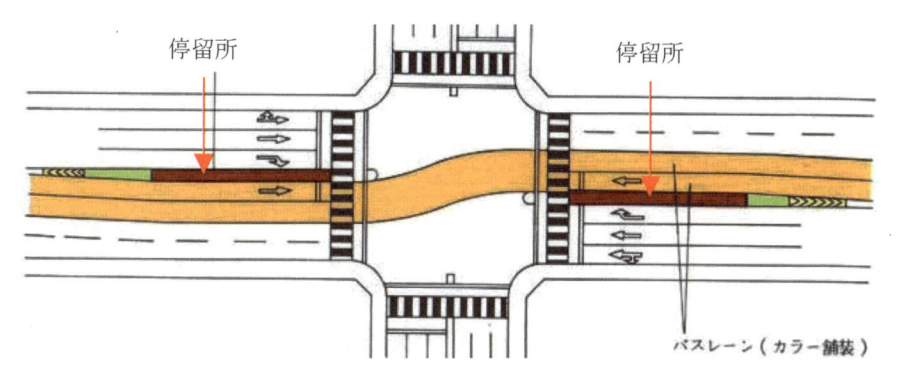

図4－7　島式の平面図（名古屋市東区新出来町）

写真4－7　島式の停留所の設置例（名古屋市東区新出来町）

4－3　乗合自動車停留所を設ける歩道等の高さ

道路移動等円滑化基準

乗合自動車停留所

（高さ）

第17条　乗合自動車停留所を設ける歩道等の部分の車道等に対する高さは、15センチメートルを標準とするものとする。

　高齢者、障害者等が低床バスに円滑に乗降できる高さとして、当該停留所の部分の歩道等の高さは15cmを標準とするものとする。
　ただし、道路の構造上やむを得ない場合等バスが正着できない場合は15cmにこだわらず、高さの調整等により、車いす使用者等が円滑に利用できる構造とするものとする。

　法第2条第23項ハにおいてバスの低床化を公共交通特定事業に位置付けるとともに、移動等円滑化の促進に関する基本方針において、平成27年までに原則として低床化された車両に代替することとしていることから、停留所については、低床バスに適合した構造とする必要がある。

　ここでいう低床バスとは、スロープ板を出して、車いす使用者が歩道から直接乗降できるようにしたものである。当該バスが歩道に近接し、適切にスロープ板を設置できる歩道の高さは、一般的に15cmであることから、停留所部分の歩道の高さは15cmを標準とする。

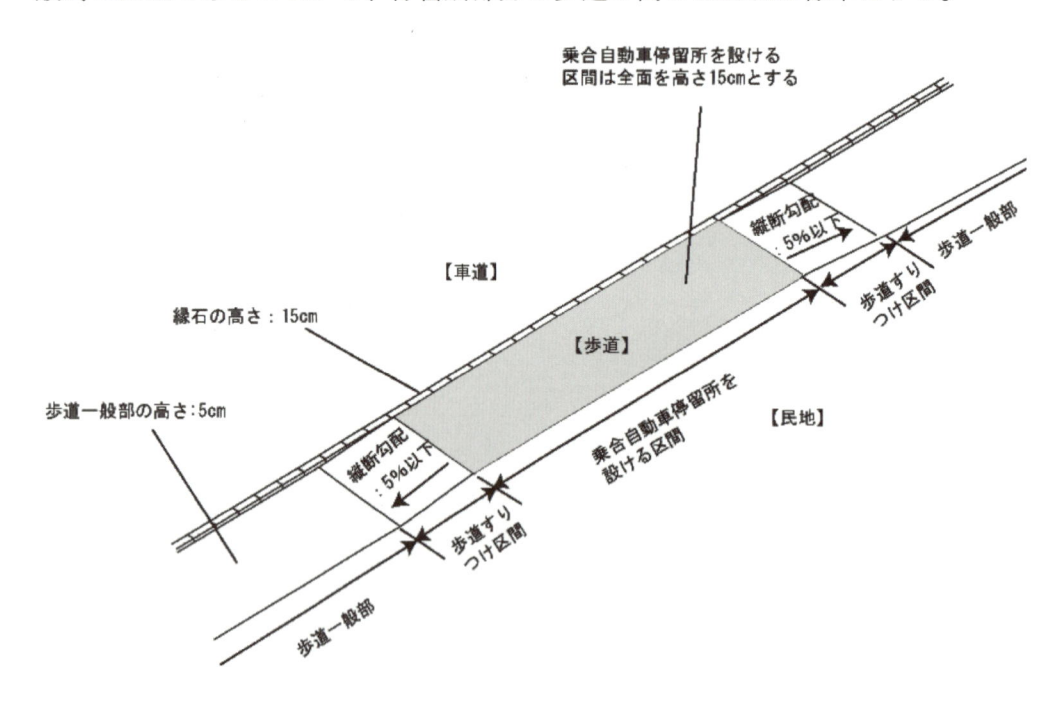

※有効幅員は、水平部分のみとするものとする。
※セミフラット型の歩道における、ストレート型での整備例。
※乗合自動車停留所の区間の長さは、歩行者の滞留人数を考慮して乗合自動車の乗降に支障がない範囲を15cmに嵩上げするものとする。
※停留所が連担して、停留所付近の歩道が波打ち状になる場合には、セミフラット歩道などにかかわらず歩道高を嵩上げするものとする。

図4－8　乗合自動車停留所を設ける歩道の構造の例

第 4 章　乗合自動車停留所

（島根県浜田市）　　　　　　　　　　　　（沖縄県那覇市）

写真 4 − 8　歩道高さを調節した事例

○参考○ 次世代普及型ノンステップバスの標準仕様（平成15年3月国土交通省自動車交通局）

次世代普及型ノンステップバスの標準仕様（道路の構造に関係する部分を抜粋）は下表に示す通りである。この表は「バリアフリー化のねらい」別にまとめてあるため、必ずしも部位・設備項目別には区分されていない。表の左側には、「バリアフリー化のねらい」に続いて、現行の交通バリアフリー法の移動円滑化基準（「移動円滑化のために必要な旅客施設及び車両等の構造及び設備に関する基準」平成12年11月省令）※において定められている規定、運輸政策研究機構が平成13年3月にまとめた「障害者・高齢者等のための公共交通機関の車両等に関するモデルデザイン」のなかに示されている都市内路線バスの仕様、及び本事業で試作した試験車の仕様を記載してある。中央部分が標準仕様であり、「2004年以前標準仕様」、「2005年以降標準仕様」、「将来の開発普及目標仕様」の順に記載している。右端が解説であり、設定の根拠や関連の情報を記載している。

※平成18年12月に施行された「移動等円滑化のために必要な旅客施設又は車両等の構造及び設備に関する基準を定める省令（国土交通省令111号）」に引き継がれている。

「次世代普及型ノンステップバスの標準仕様（道路の構造に関係する部分を抜粋）」

国土交通省自動車交通局　2003年（平成15年）3月

バリアフリー化のねらい			現行バリアフリー法の移動円滑化基準による規定	標　準　仕　様		解　説
目的	部位	方策		2004年以前標準仕様	2005年以降標準仕様	
乗降し易さに対する配慮	乗降口	広い開口幅	①乗降口の一つは有効幅80cm以上	①乗降口の一つは有効幅800mm以上とする。	①車いすを乗降させる乗降口の有効幅は900mm以上とする。（ただし、小型は除く）②大量乗降を想定する車両の場合には、乗降口の有効幅は1000mm以上とする。	・試験車の幅1000mmは好評 ・車いすの幅は最大700mm、2004年以前では両側に50mmの余裕、2005年以降では、両側に100mmの余裕。ただし、小型バスでは900mmは困難。 ・ここでいう大量乗降とは、2列乗降のことをさす。 ・全ての扉の有効幅を900mm以上とすることにより、車いす使用者も一般乗客と同様な乗車形態がとれるようになる。
		低いステップ高さ	①乗降口付近の床高さ65cm以下（滑り止め部分は除く、空車・車高下げ時、ワンステップも可）	①乗降時のステップ高さは285mm以下（小型については300mm以下）とする。②傾斜は極力少なくする。	①乗降時のステップ高さは270mm以下とする。②同左	・ステップ高さに対する関心は高い。 ・高齢者や障害者の身体特性から段差は200mm以下に抑える必要がある。バスベイからの乗車では、この仕様で十分これを満足する。 ・2004年以前仕様のステップ高さは現行の技術で達成できる高さ。 ・扉周辺の傾斜は、乗客の安全などを考慮し、車内の排水性などに支障のない範囲で極力少なくすることが望ましい。 ・車いすが乗降する場合にはスロープ角度を7度（約12％勾配）以下に抑えるのが望ましい。（一例として、高さ150mmのバスベイから長さ1050mmのスロープ板でこの角度が得られるステップ高さは278mm以下） ・乗降時のステップ高さ200mm以下の将来目標は、歩道のない場所からの乗降を容易なものにするため。 ・バスベイの整備されていない地域での運行を想定する場合には地上高200mm以下の補助ステップを設けることが望ましい。
車いす使用者への配慮	スロープ板	容易に乗降できるスロープ角度	①幅：72cm以上 ②角度：15cm高の縁石に設置した状態で14度以下 ③携帯型の場合には使用に便利な位置に収納	①車いすを乗降させるためのスロープ板の幅は800mm以上とする。②地上高150mmのバスベイより車いすを乗降させる際のスロープ角度は9度（約16％勾配）以下とする。③スロープ板の表面は滑りにくい材質もしくは仕上げとする。④スロープ板は、容易に取り外せる場所に格納する。	①同左 ②地上高150mmのバスベイより車いすを乗降させる際のスロープ板の角度は7度（約12％勾配）以下とし、長さは1050mm以下とする。③同左 ④同左	・スロープ板の幅800mmは、車いす使用者が乗降時に不安を感じない幅。 ・開口幅800mmの乗降口に設置する場合には取付け部に工夫が必要となる場合がある。 ・ステップ高さ300mmで150mm高さのバスベイより1000mmのスロープ板を渡す場合のスロープ角度は8.2度。スロープ角度9度は介助があれば乗降可能な角度であることを実験で確認。 ・電動車いすのJIS登坂性能は10度。 ・スロープ板の長さ1050mmは、歩道の幅（2000mm）、スロープ角度7度および車いすの回転スペース（1100mm）より設定。このスロープ板により地上高150mmのバスベイでスロープ角度7度以下とするにはステップ高さを278mm以下に下げる必要がある。スロープ角度7度は介助があれば容易に乗降可能な角度。 ・脱輪防止のためスロープ板の側面にガードを設ける場合には、車いすのハンドリムとの干渉を考慮する。 ・車いすの前輪（キャスター）はわずかな段差でもつまずきが生じるため、極力排除する。 ・試験車のスロープ板A（5度）では車いす未経験者でも自力乗降可能であった。 ・バスベイの整備されていない地域での運行を想定する場合には、スロープ板による乗降は困難なため、車いすの乗降用のリフタ等の設備を設けることが望ましい。

○参考○低床バスの例

① ワンステップバス

　床を低くして乗降口の階段を1段（通常は2～3段）にし、床を地上から55～60センチ程度と低くし、乗降口と歩道との段差を軽減している。

② ノンステップバス

　床を低くして乗降口の階段をなくし、床を地上から30～35センチ程度と低くしており、乗降口の階段をなくしただけでなく、空気圧で車体を下げるニーリング（車高調整）装置により車高を5～9センチ引き下げられる。

　車いすの乗降のためにスロープ板を使用するが、収納型になっている場合で、縁石の高さが高い場合にはスロープ板が出ない可能性がある。

表　ノンステップバスのステップ高さ

車　種		前　扉		中　扉	
		標準時	ニーリング時	標準時	ニーリング時
RM・JP	日産ディーゼル	320mm	250mm	330mm	260mm
日野レインボー	日野自動車	300mm	250mm	300mm	250mm
日野レインボーⅡ		330mm	260mm	330mm	260mm

出典：各社HPより

○参考○ 歩道のない道路におけるバス停

　歩道のない道路にバス停留所を設置する場合においても、車いす使用者が乗降の際に利用するスロープ板の設置が可能で、乗降のスペース（車いす使用者が留まり、回転ができる、など）が確保できるよう配慮する必要がある。

　しかしながら、歩道のない道路においては、そもそもスペース確保が困難であることが多いため、民地の活用や側溝における蓋の上の有効利用なども含めて検討することが重要である。歩道のない道路におけるバス停については、ノンステップバスによる運行を前提とすれば、スロープを降ろすスペースを確保するため、以下の対応が考えられる。

① バス停から車道側に離れて停車する
② 民地を活用して確保した空間に寄せて停車する

写真　民地を活用しスペースを確保した例

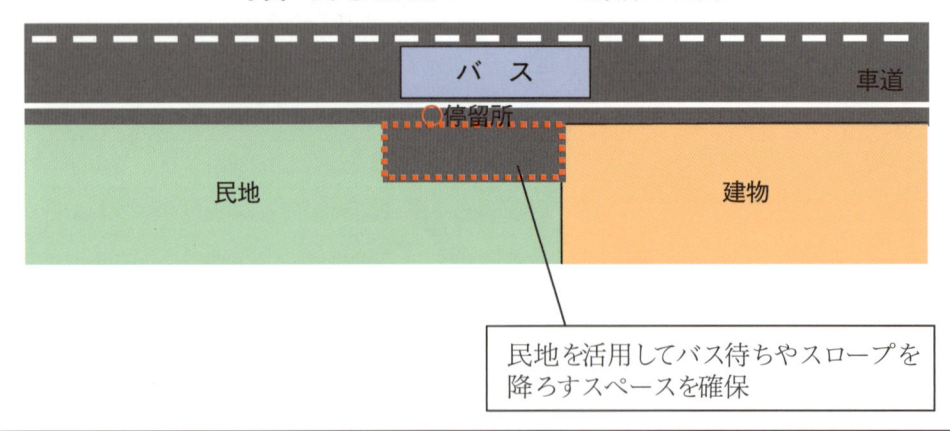

4－4　ベンチ及び上屋の設置

道路移動等円滑化基準

（ベンチ及び上屋）
第18条　乗合自動車停留所には、ベンチ及びその上屋を設けるものとする。ただし、それらの機能を代替する施設が既に存する場合又は地形の状況その他の特別の理由によりやむを得ない場合においては、この限りでない。

　ベンチ及びその上屋はバスへの乗降及び歩道等の利用者の支障とならないよう設置するものとする。なお、ベンチ及びその上屋の設置にあたっては、車いす使用者がバス停の時刻表・その他案内情報を視認できる位置に十分に近接できるように配慮することが望ましい。

　また、ベンチ及びその上屋を設置する歩道等の幅員は、ベンチ及びその上屋の設置に必要な幅員に、3.5m又は2m（歩道）、4m又は3m（自転車歩行者道）の有効幅員を加えた値以上とするものとする。

　さらに、歩行者の滞留により歩行者又は自転車の安全かつ円滑な通行が妨げられないようにするため必要がある場合においては、主として歩行者の滞留のためのスペースを設けるものとする。

　ただし、民地側にベンチ及びその上屋を設置した既存の休憩施設が存在する等、それらの機能を代替する施設が既に存する場合又は地形の状況その他の特別の理由によりやむを得ない場合においては、この限りでない。

　道路構造令第11条の2の規定により、歩行者の滞留により歩行者又は自転車の安全かつ円滑な通行が妨げられないようにするため必要がある場合においては、主として歩行者の滞留の用に供する部分を設けなければならないとされている。そのため、上記のベンチ及びその上屋の幅員等を決めるにあたっては、バス事業者と調整を行い、望ましくは停留所利用者の需要も予測したうえで、必要に応じて幅員を拡幅する、乗合自動車停留所の長さを拡張する等の工夫により滞留のためのスペースを確保するものとする。

　ただし、民地等を活用した休憩施設が既に存在し、停留所に設置するベンチ及びその上屋の機能を代替可能な場合や、地形の状況等特別の理由によりやむを得ない場合は、この限りでない。

○参考○関連するその他の基準

道路構造令

第11条の2
　歩道、自転車歩行者道、自転車歩行者専用道路又は歩行者専用道路には、横断歩道、乗合自動車停留所等に係る歩行者の滞留により歩行者又は自転車の安全かつ円滑な通行が妨げられないようにするため必要がある場合においては、主として歩行者の滞留の用に供する部分を設けるものとする。

特定道路等においては、高齢者、障害者等の移動等円滑化を図るために、車いす使用者がいつでもすれ違える幅員を確保しなければならない。このため、ベンチ及びその上屋の設置に必要な幅員を除き、有効幅員として、歩行者の交通量の多い歩道においては3.5m、その他の歩道においては2m、歩行者の交通量が多い自転車歩行者道においては4m、その他の自転車歩行者道においては3mをそれぞれ最小値として、それ以上の幅員を確保しなければならない。

また、道路構造令第10条の2第3項及び第11条第4項の規定により、ベンチ及びその上屋を設置する歩道等の幅員は、上記幅員に2mを加えた値以上としなければならない。

なお、ベンチ及びその上屋はバスへの乗降及び歩道等の利用者の支障とならないよう設置するとともに、バスの正着を妨げない位置に設置するものとする。

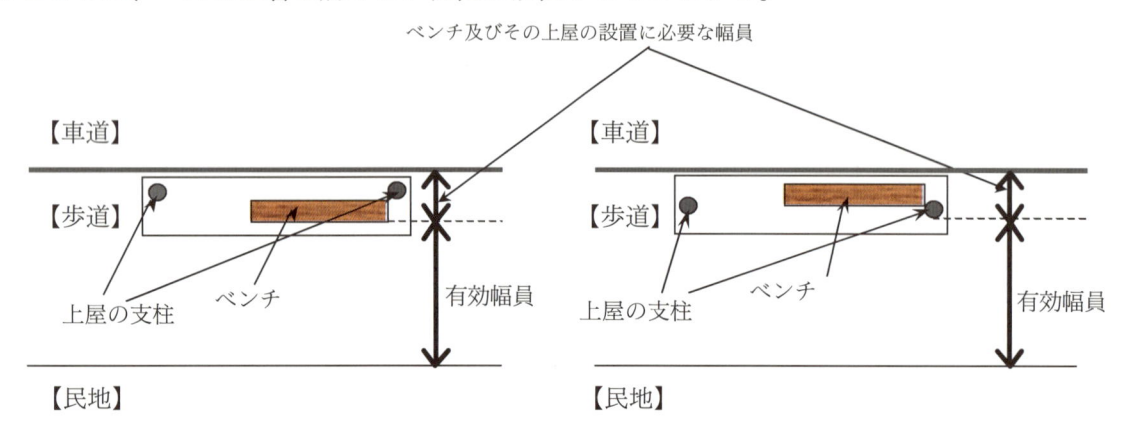

（ベンチの位置により幅員が規定される場合）　　（上屋の位置により幅員が規定される場合）

※バスが正着するためには、バスのバックミラーや車両後端部が最も歩道に接近することから上屋、防護柵の位置が干渉しないように注意しなければならない。

図4-9　乗合自動車停留所の幅員の基本的な考え方

○参考○関連するその他の基準

道路構造令

第10条の2第3項、第11条第4項

……又は路上施設を設ける自転車歩行者道の幅員については、前項に規定する幅員の値に……ベンチの上屋を設ける場合にあっては2メートル、……を加えて同項の規定を適用するものとする。ただし、第3種第5級又は第4種第4級の道路は、この限りでない。

道路構造令等の一部を改正する政令の施行について（道政発第57号　平成5年11月25日　道路局長通達）

4．道路の付属物の追加

　ベンチ又はその上屋は、様々な歩行者が道路を安全かつ円滑に通行できるようにするため、バス利用の利便性の向上、歩行中の休憩需要への対応等の必要性に鑑み、道路の管理上必要と判断されるものを、道路の附属物として整備することができるものとしたものであること。

歩道に自転車道を併設する又は自転車歩行者道を設置する場合は、乗合自動車停留所を利用する際に歩行者が自転車道又は自転車歩行者道の自転車通行部分を横切る必要がある場合があるため、自転車が歩行者の通行に配慮して停留所部分を通行できるよう工夫をすることが望ましい。

≪上屋・ベンチの設置事例≫

写真4－9　上屋・ベンチの設置例
（岡山県岡山市）

写真4－10　民地におけるベンチの設置例
（東京都目黒区）

写真4－11　折りたたみベンチの設置例
（広島県三原市）

写真4－12　省スペースベンチの設置例
（東京都品川区）

≪多機能な停留所の整備例≫
○バス停における機能を高度化したハイグレードバス停を設置した事例

　ハイグレードバス停とは、バス停における機能を高度化したもので、屋根つきのシェルター、ベンチ、バス接近表示器（バスロケーションシステム）、文字表示装置、駐輪場などを備えている。

上屋とベンチ 　　　　　　　　　　　　バスロケーションシステム

バス停付属の駐輪場 　　　　　　　　　バス停付属の駐車場

写真4－13　ハイグレードバス停の整備例（岩手県盛岡市）

≪休憩施設として活用した停留所の例≫

　概ね500mごとに存在する停留所を「シビックステーション（まちの駅）」という概念で捉え、ゆったりとした休憩施設として整備した。バスシェルターやゆったりとした休憩ベンチ、周辺案内板、公衆電話等を設置している。

写真4－14　停留所を休憩施設として整備した事例（京都府京都市）

4－5　その他の付属施設

(1) 視覚障害者誘導用ブロック

> 乗合自動車停留所においては、視覚障害者が乗降位置を認識できるよう、必要であると認められる箇所に視覚障害者誘導用ブロックを設置するものとする。

　乗合自動車停留所には、視覚障害者の利用に配慮し、必要であると認められる箇所に乗降位置を確認できるよう視覚障害者誘導用ブロックを設置し、適切に案内するものとする。

　また、敷設方法等については、基本的には第8章を参照するものとするが、バスの大きさが異なる、乗降形式が異なる等、乗降位置が一概に定まらない場合においては、当該箇所におけるバス事業者及び停留所の利用者の意見が反映されるよう留意して決定することが望ましい。

(2) 照明施設

> 乗合自動車停留所には、高齢者、障害者等の移動等円滑化のために必要であると認められる箇所に、照明施設を設けるものとする。

　乗合自動車停留所には、乗降場、時刻表設置箇所、ベンチ設置箇所等、高齢者、障害者等の移動等円滑化のために必要であると認められる箇所に、照明施設を設けるものとし、植樹帯内や上屋に共架する等、必要な有効幅員を確保するとともに、視覚障害者の通行を考慮して設置しなければならない。ただし、夜間における当該路面の照度が十分に確保される場合においては、この限りでない。

　また、照明施設の照度等詳細については第10章を参照するものとする。

> ○参考○関連するその他の基準
>
> JIS Z 9111　道路照明基準　解説５．１．３特殊箇所(8)停留所
> 　停留所付近の照明器具の配置・配列は、道路照明の一般的効果に加えて、停留所の存在とその付近の状況を、自動車の運転者が遠方からよく視認できるようにするものとする。
> 　停留所が遠方から視認できるためには、その付近の道路構造がよく分かるような十分な照明が設けられていなければならない。なお、プラットホームとその付近に乗客用の照明を別に設けることが望ましい。

(3) 乗合自動車停留所における案内

> 乗合自動車停留所においては、行き先やバスの接近状況等の運行情報を音声及び文字により案内するとともに、弱視者に配慮した表示とすることが望ましい。

　乗合自動車停留所においては、視覚障害者に配慮し、バス事業者と調整を図って、バス停の位置や行き先、次のバスの到着時間などの運行情報やバス停の位置を音声及び文字等で案内することが望ましい。文字で案内する場合の文字の大きさは、弱視者に配慮して、視距離に応じた大きさを選択する。それに加え、大きな文字を用いたサインを視点の高さに掲出することがなお望ましい。また、車いす使用者に配慮して、車いす使用者が利用可能な低床バスの運行状況を案内することが望ましい。

　また、文字の大きさや高さ等の詳細については第7章を参照するものとする。

第5章　路面電車停留場等

5-1　概説

　高齢者、障害者等が路面電車を円滑に利用できるようにするため、路面電車停留場においては、
・乗降場の有効幅員や勾配、乗降場と車両の乗降口の床面段差や縁端との間隔などを高齢者、障害者等の利用に配慮したものとする
・高齢者、障害者等の安全を確保するため、さくなどの施設を設ける
・路面電車停留場に設けられるベンチ及びその上屋は、歩行者等の通行に支障のないよう設置する
・視覚障害者誘導用ブロック、照明施設、案内施設等を設置する
などを行うものとする。

5-2　路面電車停留場の構造

道路移動等円滑化基準

（乗降場）
第19条　路面電車停留場の乗降場は、次に定める構造とするものとする。
　一　有効幅員は、乗降場の両側を使用するものにあっては2メートル以上とし、片側を使用するものにあっては1.5メートル以上とすること。
　二　乗降場と路面電車の車両の旅客用乗降口の床面とは、できる限り平らとすること。
　三　乗降場の縁端と路面電車の車両の旅客用乗降口の床面の縁端との間隔は、路面電車の車両の走行に支障を及ぼすおそれのない範囲において、できる限り小さくすること。
　四　横断勾配は、1パーセントを標準とすること。ただし、地形の状況その他の特別の理由によりやむを得ない場合においては、この限りでない。
　五　路面は、平たんで、滑りにくい仕上げとすること。
　六　乗降場は、縁石線により区画するものとし、その車道側にさくを設けること。
　七　乗降場には、ベンチ及びその上屋を設けること。ただし、設置場所の状況その他の特別の理由によりやむを得ない場合においては、この限りでない。

(1) 路面電車停留場の設置の考え方

> 路面電車停留場の構造には、以下のような形式がある。
> ① 両側を使用するもの
> ② 片側を使用するもの
> 　これらは、一般的に歩道から離れて設置されるため、歩行者が歩道から停留場まで安全に車道を横断できるよう配慮が必要である。

　路面電車停留場の構造は、交通の状況や道路横断面構成等、道路の状況を判断し決定するものとする。

　路面電車停留場は、一般的に歩道から離れて設置されるため、路面電車の乗降客は歩道から停留場まで車道を横断することとなる。そこで、路面電車停留場を設置する際には、歩行者が歩道から停留場まで安全に通行できるよう配慮する必要がある。

○路面電車停留場の形式

　路面電車停留場の設置形式には、停留場の両側を使用するものと、片側を使用するものとがある。

① 両側を使用する例　　　　　　　　　② 片側を使用する例

図5－1　岡山電気軌道清輝橋線
　　　　郵便局前停留場（一般国道2号）

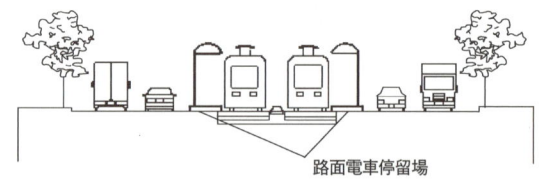

図5－2　鹿児島市交通局唐湊線
　　　　西鹿児島駅前停留場
　　　　　（主要地方道西鹿児島停車場線）

5－3　乗降場

(1) 有効幅員

> 乗降場の有効幅員は、乗降場の両側を使用するものにあっては、車いすのすれ違いに配慮して2m以上、片側を使用するものにあっては、車いすの転回に配慮して1.5m以上とするものとする。

　両側に路面電車が停車する乗降場の有効幅員は、車いす使用者がすれ違うことが可能な幅員として2m以上とした。また、片側を使用する乗降場においては、両側の場合に比べて車いす使用者がすれ違う可能性が低いことから、その有効幅員は、車いす使用者が転回することが可能な幅員として1.5m以上を確保するものとするが、電動車いすの回転に配慮して1.8m以上とすることが望ましい。

<u>○停留場の有効幅員を確保する工夫の例</u>
　交差点改良にあわせ停留場の位置を右折車両の影響のない交差点流出側に変更し停留場の拡幅を図っている。

【改良前】　　　　　　　　　　　　　　　【改良後】

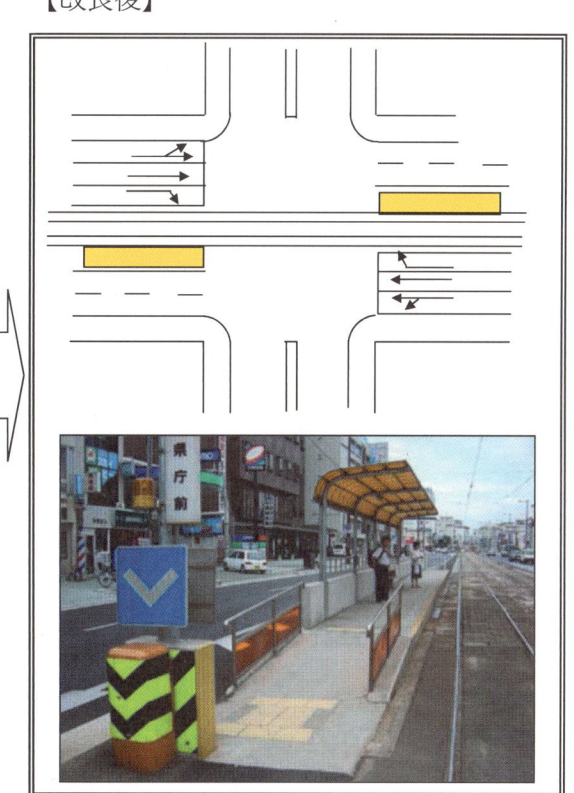

図5－3　土佐電気鐵道　伊野線県庁前停留場（一般国道33号）

(2) 高さ

> 路面電車の車両によって旅客用乗降口の高さは多様であるが、利用者の安全性に考慮して、乗降場をマウントアップ形式とし、車両の乗降口の床面と乗降場をできる限り平らとすることとする。なお、乗降場の高さについては、路面電車事業者と調整して決定することとし、改善を図る場合は、当該事業者の車両改善と連携して実施することが望ましい。

　高齢者、障害者等が路面電車に乗降する際につまずくことのないよう、また、特に車いす使用者の乗降の円滑化が図られるよう、乗降場の路面と車両の旅客用乗降口の床面又は踏み段とはできるだけ同じ高さとする必要がある。

　しかし、乗客数等によって路面電車の床面又は踏み段の高さが微妙に変化し、乗降場との差を常にゼロとすることが困難であるため「できる限り平ら」とした。

　なお、事業者の改善の取り組みとして低床車両が運行されている場合は、低床車両の床面の高さと整合を図ることが望ましい。

> ○参考○
> 　現況における我が国の超低床電車（LRV）の乗降口の高さ：30cm（諸外国ではさらに低い例もある）

○従来型車両　　　　　　　　　○超低床車両

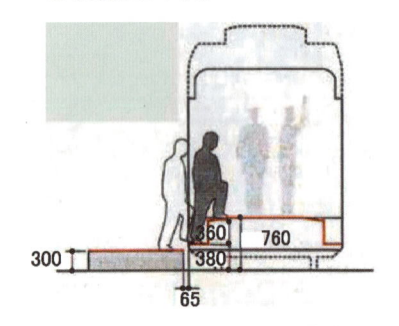

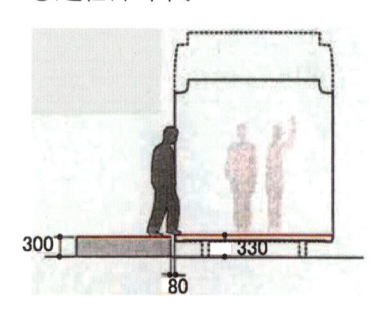

出典：「グリーンムーバーパンフレット」広島電鉄

図5－4　従来型車両と超低床車両（広島電鉄線の例）

≪乗降場の高さと車両の乗降口の床面の高さの調整例≫
○低床車両を導入し、乗降場の高さと乗降口の高さの整合を図った例

写真5－1　広島電鉄　十日市町停留場（一般国道54号）

○車両に合わせて、乗降場を嵩上げした例

写真5－2　東京都交通局都電荒川線　宮ノ前停留場（都道補助90号線）

○車両にリフトを設置した例

　車いす使用者は、リフトがホーム面の高さまで下がった状態で電車に乗り込み、その後リフトが路面電車の床面の高さまで上げて車内へ移動する（運転士が監視しながらリフトを操作）。

出典：「新潟鐵工所パンフレット」

写真5－3　熊本市交通局　通町筋停留場（県道熊本高森線）

≪乗降場の高さの例（九州3都市ヒアリング結果）≫
- 熊 本 市：18cmで統一（超低床電車の地上からの床の高さは30cmであるが車いす使用者に対しては、ステップ部分の乗降＋リフトで段差12cmに対応している。）
- 鹿児島市：25cmで統一
- 長 崎 市：28cmで統一（以前は15～20cmだったが、電車客室床面と乗降口の床面の段差を小さくするのに合わせて13cm嵩上げした。）

(3) 車両乗降口の床面との間隔

> 乗降場の縁端と路面電車の車両の旅客用乗降口の床面の縁端との間隔は、路面電車の事業者と調整を図り、路面電車の車両の走行に支障を及ぼさない範囲でできる限り小さくするものとする。

　車両と乗降場との間に生じる隙間は、路面電車に乗降する高齢者、障害者等のつまずきや、場合によっては転落の原因ともなり得るものであり、これを防止するために、当該隙間をできる限り小さくする。

　したがって、停留場の設置にあたっては、乗降場の縁端と車両の間隔を大きくとる必要がある曲線部を避け直線部に設けることが望ましい。

(4) 横断勾配

> 乗降場の横断勾配は、1パーセントを標準とするものとする。
> なお、排水上問題がない場合は横断勾配を設けないことが望ましい。

　車いす使用者の走行、高齢者等の歩行に配慮して、乗降場の横断勾配を小さくすることが望ましいが、雨水排水の必要性から1％を標準として横断勾配を設けるものとした。
　上屋を設置する場合、透水性舗装とする場合など、雨水排水の影響の少ない場合には、1％以下とすることが望ましい。

(5) 路面の仕上げ

> 路面は、平たんかつ滑りにくい仕上げとするものとする。

　歩行中のつまずきや滑りによるふらつき、転倒や転落を防止する観点から、舗装面を平たんかつ滑りにくい仕上げとしなければならない。

(6) 安全対策

> 　乗降場は、利用者の安全性を確保するために、縁石線により明確に区画するとともに、車両衝突防止用の設備を設けるものとし、車道側には有効幅員を侵さない位置にさくを設けるものとする。

　乗降場は、縁石線により明確に区画するとともに、乗降場を自動車運転者に明確に示すことにより、交通流を安全かつ適正に導く必要がある。また、利用者の安全性を確保する必要性から、車両衝突防止用の施設を設けるとともに、車道側には有効幅員を侵さない位置にさくを設けるものとする。
　なお、さくを設ける場合には、「防護柵の設置基準」（道地環発第93号　平成16年3月31日道路局長通達）に示されている歩行者自転車用のさくの構造によるものとする。

○衝突防止用施設の例　　　　○さくの設置例

写真5－4　岡山電気軌道　郵便局前
　　　　　停留場（一般国道2号）

写真5－5　伊予鉄道　城南線
　　　　　（一般国道11号）

(7) その他の付属施設

> 乗降場には、通行に支障の無い位置にベンチ及びその上屋を設置するものとする。なお、雨水の浸入や排気ガス・騒音の抑制等に配慮して、車道側には地上から屋根までの背面板を設けることが望ましい。ただし、設置場所の状況その他の特別な理由によりやむを得ない場合においては、この限りではない。

　乗降場には、有効幅員を確保し、通行に支障の無い位置に、ベンチ及びその上屋を設置することとする。なお、雨水の浸入や排気ガス・騒音の抑制等に配慮して、車道側には地上から屋根までの背面板を設けることが望ましい。ただし、ベンチ及びその上屋や背面板を設置することにより有効幅員が確保できない等、設置場所の状況その他の特別な理由によりやむを得ない場合においては、設置しないことができる。なお、ベンチ及びその上屋の設置により、有効幅員を確保することが困難な場合には、車道側のさくにベンチの機能を持たせることや、はね上げ式ベンチを採用する等の工夫をする必要がある。

○ベンチの設置例

　跳ね上げ式ベンチを採用し有効幅員を確保している。

写真5－6　広島電鉄　鷹野橋停留場（県道広島港線）

○上屋の設置例

　片持ち式の上屋を設置し、有効幅員を確保している。

写真5－7　広島電鉄　十日市町停留場（一般国道54号）

5－4　傾斜路の勾配

> 道路移動等円滑化基準
>
> （傾斜路の勾配）
> **第20条**　路面電車停留場の乗降場と車道等との高低差がある場合においては、傾斜路を設けるものとし、その勾配は、次に定めるところによるものとする。
> 一　縦断勾配は、5パーセント以下とすること。ただし、地形の状況その他の特別の理由によりやむを得ない場合においては、8パーセント以下とすることができる。
> 二　横断勾配は、設けないこと。

(1)　縦断勾配

　縦断勾配は、車いす使用者、高齢者等の通行に配慮して、可能な限り小さくする必要があり、その最大値を5％と規定することとした。

　「地形の状況その他の特別な理由によりやむを得ない場合」とは、停留場の高さが高く交差点に近接しているため十分な停留場の長さの確保が困難等の問題により、5％以下でのすりつけが困難な場合等であり、このような特別の理由がある場合のみ8％の勾配まで許容できるものである。

　また、必要に応じて転落防止用のさくを設置することが望ましい。

(2)　横断勾配

　縦断勾配により排水処理を行うことが可能であることから、横断勾配は設けないこととする。

○傾斜路の例

写真5－8　広島電鉄　紙屋町東停留場（県道広島海田線）

5－5　歩行者の横断の用に供する軌道の部分

> **道路移動等円滑化基準**
>
> （歩行者の横断の用に供する軌道の部分）
> **第21条**　歩行者の横断の用に供する軌道の部分においては、軌条面と道路面との高低差は、できる限り小さくするものとする。

　歩行者の横断の用に供する軌道の部分においては、歩行者の通行に配慮して、軌条面と道路面との高低差をできる限り小さくし、軌道の隙間についても車いすのキャスターなどがはまらないよう、できる限り狭くするものとする。

5－6　路面電車停留場の付属施設

(1)　視覚障害者誘導用ブロック

> 　路面電車停留場の乗降場においては、視覚障害者の移動等の円滑化のために必要であると認められる箇所に、視覚障害者誘導用ブロックを敷設するものとする。

　路面電車停留場の乗降場においては、視覚障害者の利用に配慮し、視覚障害者誘導用ブロックを適切に敷設し、案内するものとする。

(2)　照明施設

> 　路面電車停留場には、高齢者、障害者等の移動等の円滑化のために必要であると認められる箇所に、照明施設を設けるものとする。

　路面電車停留場には、乗降場、時刻表設置箇所、ベンチ設置箇所等、高齢者、障害者等の移動等円滑化のために必要であると認められる箇所に、照明施設を設けるものとする。この場合、上屋に共架する等、有効幅員を侵さないこととするとともに、視覚障害者の通行に支障のない位置に設置しなければならない。ただし、夜間における当該路面の照度が十分に確保される場合においては、この限りでない。

　また、照明施設の照度等詳細については第10章を参照するものとする。

(3)　路面電車停留場における案内

> 　路面電車停留場においては、行き先などの運行情報を音声又は文字により案内するとともに、弱視者に配慮した表示とすることが望ましい。

　路面電車停留場においては、視覚障害者に配慮し、路面電車事業者と調整を図って、行き先や次の路面電車の到着時間などの運行情報を音声又は文字で案内することが望ましい。文字で案内する場合の文字の大きさは、弱視者に配慮して視距離に応じた大きさを選択する。それに加え、大きな文字を用いたサインを視点の高さに掲出することがなお望ましい。

　また、車いす使用者が利用可能な路面電車の運行状況を案内するとともに、車いす使用者乗降口が停止する位置を乗降場の上に表示することが望ましい。

第3部　道路の移動等円滑化基準の運用指針

○文字による運行情報の案内

写真5－9　岡山電気軌道　郵便局前停留場（一般国道2号）

○文字による運行情報の案内

第6章 自動車駐車場

6−1 概説

道路付属物としての自動車駐車場は、基準の他、駐車場設計・施工指針や各自治体における福祉のまちづくり条例、駐車場附置義務条例などに基づき障害者の円滑な利用を促進する構造による整備を図ることとしている。

法の対象となる自動車駐車場には、障害者等が円滑に利用できる障害者用駐車施設、障害者用停車施設を設けるとともに、出入口、通路、エレベーター、傾斜路、階段、屋根、便所等を移動等円滑化することとしている。

6−2 障害者用駐車施設

> **道路移動等円滑化基準**
>
> （障害者用駐車施設）
>
> **第22条** 自動車駐車場には、障害者が円滑に利用できる駐車の用に供する部分（以下「障害者用駐車施設」という。）を設けるものとする。
>
> 2 障害者用駐車施設の数は、自動車駐車場の全駐車台数が200以下の場合にあっては当該駐車台数に50分の1を乗じて得た数以上とし、全駐車台数が200を超える場合にあっては当該駐車台数に100分の1を乗じて得た数に2を加えた数以上とするものとする。
>
> 3 障害者用駐車施設は、次に定める構造とするものとする。
> 一 当該障害者用駐車施設へ通ずる歩行者の出入口からの距離ができるだけ短くなる位置に設けること。
> 二 有効幅は、3.5メートル以上とすること。
> 三 障害者用である旨を見やすい方法により表示すること。

6−2−1 設置

> 自動車駐車場には、障害者が運転又は同乗する車両が駐車し、障害者が安全かつ円滑に乗降できる、障害者用の駐車ます（以下「障害者用駐車施設」という。）を設けるものとする。

自動車駐車場には、障害者が自動車駐車場を利用できるようにするため、障害者が運転又は同乗する車両が駐車し、障害者が安全かつ円滑に乗降できる障害者用駐車施設を設けるものとする。

6-2-2　数

> 障害者用駐車施設は、次の数を設けるものとする。
> ・当該自動車駐車場の全駐車施設数が200以下の場合
> 　全駐車施設数×１／50以上
> ・当該自動車駐車場の全駐車施設数が200より多い場合
> 　全駐車施設数×１／100＋２以上

　当該施設が利用できない状況をできるだけ避けるため、当該自動車駐車場の全駐車施設数に占める障害者用駐車施設数の最低値を規定した。

　当該施設の数は、高齢者、障害者等が円滑に利用できるようにするために誘導すべき建築物特定施設の構造及び配置に関する基準を参考とし、全人口に占める障害者数などの数値を基に規定している。

○参考○ 関連するその他の基準

　高齢者、障害者等が円滑に利用できるようにするために誘導すべき建築物特定施設の構造及び配置に関する基準（平成18年12月20日　国土交通省令第114号）
（駐車場）

第12条

　多数の者が利用する駐車場には、当該駐車場の全駐車台数が200以下の場合は当該駐車台数に50分の１を乗じて得た数以上、全駐車台数が200を越える場合は当該駐車台数に100分の１を乗じて得た数に２を加えた数以上の車いす使用者駐車施設を設けなければならない。

○参考○ 関連データ

・18歳以上の人口（103,778千人）に対する18歳以上の障害者数（3,446千人）の割合は3.3％（2000年）
・そのうち、肢体不自由者及び内部障害者数（2,598千人）の割合は2.5％（2000年）
・全免許保有者数に対する免許等の条件が身体障害者用車両に限定と記載されている人数。
　→免許の条件等が「身体障害者用車両に限定」と記されている人数（207千人）の、全免許保有者（78,799千人）に対する割合は、現在で、0.26％（2005年）

出典：「障害者白書」総理府　平成18年度

・全車両販売台数に対する福祉車両の販売台数
　→福祉車両の販売台数は1997年に約11千台で、2005年には約42千台、全販売台数（5,861千台）の約0.7％

出典：（社）自動車工業会資料

6-2-3　構造

(1) 設置位置

> 障害者用駐車施設の位置は、自動車駐車場外へ通ずる歩行者の出入口に可能な限り近い位置に設けるものとする。
> また、大規模駐車場で複数の出入口がある場合分散配置するなど、移動距離を可能な限り短縮することや、歩行者の出入口から当該施設まで自動車動線との交錯が極力少ない安全な歩行者用通路が確保できることを考慮するものとする。

障害者の移動等円滑化のためには、移動距離を可能な限り短縮することも必要なため、歩行者の出入口にできるだけ近い位置に設けることを規定した。

ここでの歩行者の出入口は、障害者が自動車駐車場外に円滑に移動できる必要があるため、自動車駐車場外へ通ずる歩行者の出入口とする。ただし、自動車駐車場外へ通ずる歩行者の出入口が当該施設と異なる階にある場合には、自動車駐車場外へ通ずる歩行者の出入口に近接しているエレベーターの出入口とする。

その他障害者用駐車施設の位置の決定にあたっては、次の点に留意することが必要である。

① 大規模駐車場で、複数の方面に歩行者の出入口がある場合は、それぞれの出入口に分散して配置することが望ましい。

② 障害者用駐車施設から歩行者の出入口に至る歩行者用通路と、自動車の交通動線との交錯が極力少なくなるように、歩行者用道路が確保できる位置に配置することが望ましい。

> ○参考○障害者用駐車施設の位置
>
> 駐車場設計・施工指針　同解説（(社)日本道路協会　平成4年11月）
> 第2編　2.5　身体障害者等に対する配慮
> 　駐車場には身体障害者等の利用が可能な駐車ますおよび通路を設置するとともに、必要に応じてエレベーター等を設置するものとする。
> (1) 需要予測結果および駐車場周辺の施設の種類等を考慮のうえ、車椅子利用者等の駐車ますを設置する。車椅子利用者の駐車ますには、利用者出入口、サービス施設などの諸施設の近傍で、駐車場内の歩行距離が短く、自動車の交通動線との交錯が極力少なくなる位置に配置し、必要な標示を行うものとする。

≪障害者用駐車施設の配置の工夫事例≫
〇分散配置の例

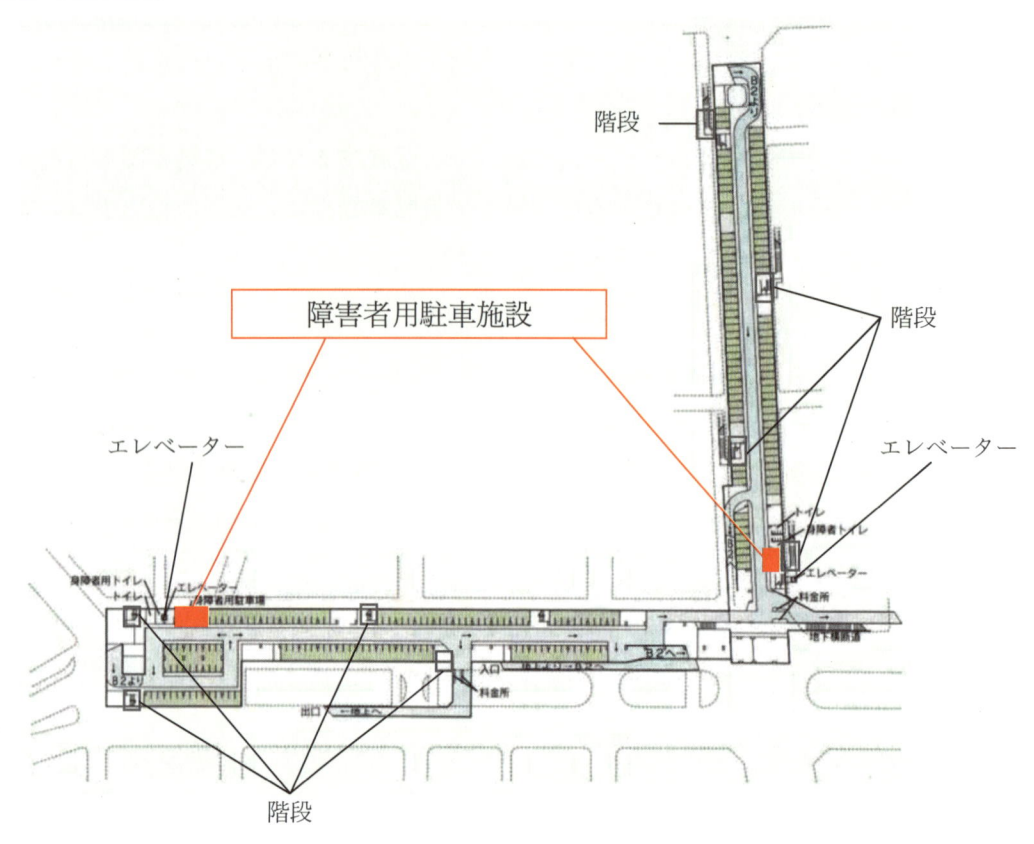

図6－1　駐車場外へ通ずる出入口が複数存在するため障害者用駐車施設を分散配置した例（四日市市くすの木パーキング）

〇自動車の交通動線との交錯が極力少なくなる位置に設置した例

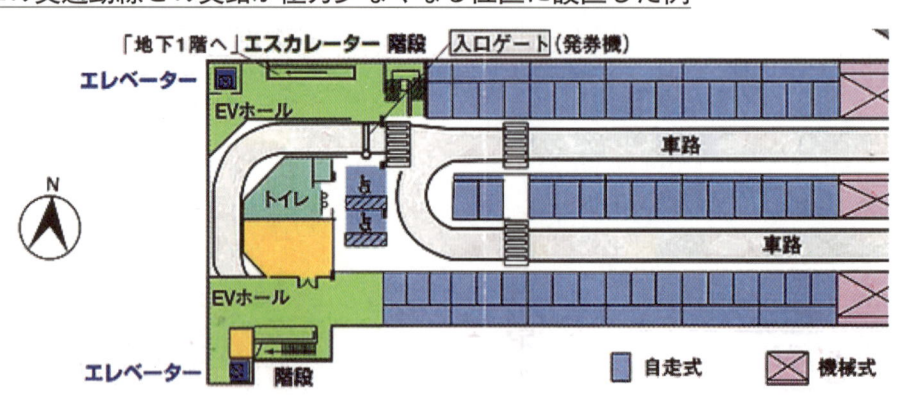

図6－2　自動車との交通動線と交錯せずにEV等にアクセスできる障害者用駐車施設の配置例（福島市平和通り地下駐車場）

(2) 大きさ

> 障害者用駐車施設の幅は、車体用スペース幅2.1m程度に、高齢者・障害者等が円滑に乗降可能な乗降用スペース幅1.4m以上を加えた、3.5m以上確保するものとする。
> なお、乗降用スペースは、車体用スペースの両側に設けることが望ましい。
> また、車体用スペースは、上記の幅に加え、車体の大きい福祉車両への対応を考慮した幅にすることや、長さ・高さも対応することが望ましい。
> さらに、地表面は、可能な限り平たんとするものとする。

　障害者用駐車施設の幅は、特に乗降幅の必要な車いす使用者の乗降が可能となるよう、幅2.1m程度の車体用スペースに、車いす使用者が転換できるとともに介護者が付き添える1.4m以上の乗降用スペース幅を加えた3.5m以上を確保する。

　なお、乗降用スペースは、前方・後方からの駐車の場合の乗降及び助手席からの乗降を考慮し、車体用スペースの両側に設けることが望ましい。

　車体用スペースは、近年、車体の大きい福祉車両が増加傾向であることを鑑み、上記の幅に加え、福祉車両の大きさを考慮した幅にすることや、長さ・高さも対応することが望ましい。

　また、地表面は、段差・勾配があると、車いす使用者の乗降が困難となるため、可能な限り平たんとする必要がある。

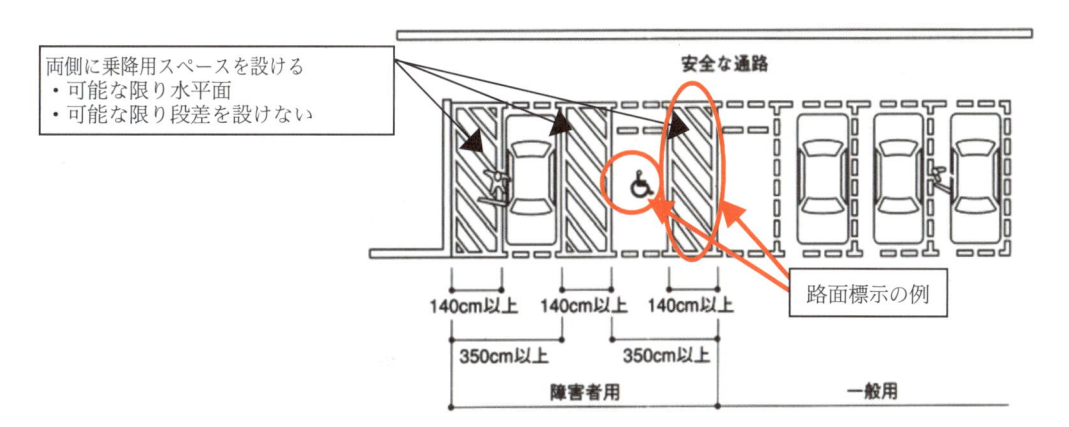

図6-3　障害者用駐車施設の構造例

写真6-1　障害者用駐車施設の例（東名高速道路浜名湖SA）

＜障害者用駐車施設＞　　　　＜車体全長の長い車両に対応した駐車施設＞

○参考○ 福祉車両の諸元

◆福祉車両についてのメーカーヒアリング結果（5社）
　車体全長の最高値：5,055mm
　後部乗降を行う車両の後方突出幅の最高値：1,850mm
　車体の全長＋後方突出幅の最高値：6,840mm
　車体全高の最高値：2,535mm

注）ただし、この値は最高値であり、実際はこれより小さい車両もある。

写真6-2　福祉車両の例

○参考○ 関連するその他の基準

駐車場設計・施工指針　同解説（(社)日本道路協会　平成4年11月）
第2編　計画編　2.4.1　設計対象車両
　駐車場の幾何構造設計の対象とする車両の諸元は、表に示すとおりである。

表　駐車場の幾何構造設計の対象車両（単位：m）

設計対象車両	長さ	幅員	高さ
軽自動車	3.3	1.4	2.0
小型乗用車	4.7	1.7	2.0
普通乗用車	5.6	2.0	2.1
小型貨物車	6.7	2.2	3.4
大型貨物車およびバス	12.0	2.5	3.8

第2編　計画編　2.4.2　駐車ます
　駐車ますの大きさは、設計対象車両に応じて、表に示す値以上とすることを原則とする。

表　駐車ますの大きさ（単位：m）

設計対象車両	長さ	幅員
軽自動車	3.6	2.0
小型乗用車	5.0	2.3
普通乗用車	6.0	2.5
小型貨物車	7.7	3.0
大型貨物車およびバス	13.0	3.3

　前後方向のクリアランスは、運転技術の程度、車体の大きさによって必要な値が異なってくるが、一般的には30cm程度を確保しておけばよいとされている。一方、ドアの開閉寸法は50cm～80cmである。したがって、軽自動車、小型乗用車および普通乗用車に対しては、設計

対象車両の寸法に長さ方向に30cm～40cm、幅員に50cm～60cmを加え、貨物車に対しては、それぞれ100cmと80cmを加えた値を駐車ますの大きさとした。

車椅子利用者用駐車ますは、車椅子のための余裕幅員として上記表に示す幅員の値に1m以上を加えるものとするが、普通乗用車のますを対象として1m以上を加えるのが一般的である。

第2編　計画編　2.4.3　天井の有効高さ

天井の有効高さは、設計対象車両に応じて車路では、駐車ますの左欄に示す値以上、車室では右欄に示す値以上とすることを原則とする。

表　天井の有効高さ　（単位：m）

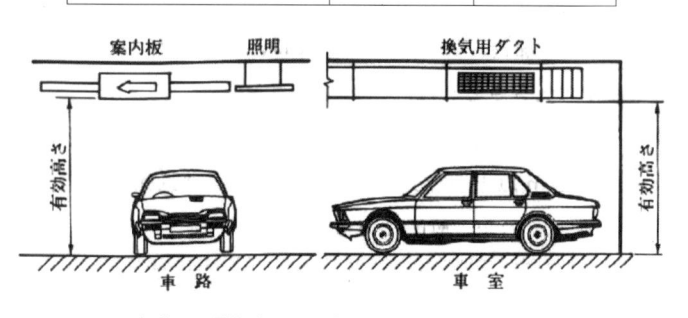

設計対象車両	車路	車室
軽自動車	2.3	2.1
小型乗用車	2.3	2.1
普通乗用車	2.4	2.2
小型貨物車	3.7	3.5
大型貨物車およびバス	4.1	3.9

出典：「駐車場設計・施工指針同解説」（社）日本道路協会　1992年11月

(3) 案内表示

障害者用駐車施設には、障害者用駐車施設である旨を、標示板や塗装標示などにより表示するものとする。標示板は、障害者が利用できる施設であることを明確に示す世界共通のシンボルマーク「国際シンボルマーク」を使用して障害者用の駐車スペースであることを表示するものとする。また、塗装標示は、車体用スペース床面に国際シンボルマーク、乗降用スペース床面に斜線標示を行うものとする。

さらに、自動車駐車場の進入口において当該施設の有無を表示するとともに、進入口から当該施設までの経路において当該施設の案内誘導を行うため、国際シンボルマークに駐車施設であることを標示板等により表示することが望ましい。

なお、標示板は、周辺に自動車が駐車していても確認できる位置に設置するとともに、運転席から判別できる大きさとするものとする。

1）障害者用駐車施設の表示

障害者用駐車施設には、当該施設の存在を認識できるようにするとともに、一般の利用者の駐車の抑制を図るため、障害者用駐車施設である旨を見やすい方法により表示するものとする。

① 標示板
- 障害者が利用できる施設であることを明確に示す世界共通のシンボルマーク「国際シンボルマーク」を使用して障害者用の駐車スペースであることを表示するものとする。
- 屋内や屋外の夜間における標示板の視認性確保のため、必要に応じて照明等の採用も検討することが望ましい。

図6－4　障害者用駐車施設の標示板例

≪障害者用駐車施設であることを強調して表示した事例≫
○中日本高速道路（株）（旧日本道路公団）のサービスエリア等での事例

図6－5　障害者用駐車施設の標示板の例

写真6－3　東名高速道路海老名 SA での設置例

※中日本高速道路(株)（旧日本道路公団）では、障害者用駐車施設を示す標示板に加え、上記の標示板を設置している。この標示板は、高速道路における障害者用駐車施設の使われ方に一部問題があるため、一般の人の安易な使用の制限を目的に専用という表現で強調した事例である。

② 塗装標示（図6－3参照）
- 車体用スペース床面に国際シンボルマーク標示を行うものとする。
- 乗降用スペース床面に斜線標示を行うものとする。

2）進入口及び経路における案内誘導

自動車駐車場の進入口及び進入口から障害者用駐車施設に至る経路において、必要に応じて、下記の事項について、見やすい方法により表示することが望ましい。

① 障害者用駐車施設の有無
・駐車場の進入口において、障害者用駐車施設が設置されていることを認識できるようにするため、必要がある場合は、案内板を設置することが望ましい。

≪駐車場の進入口において障害者用駐車施設の存在を案内した例≫

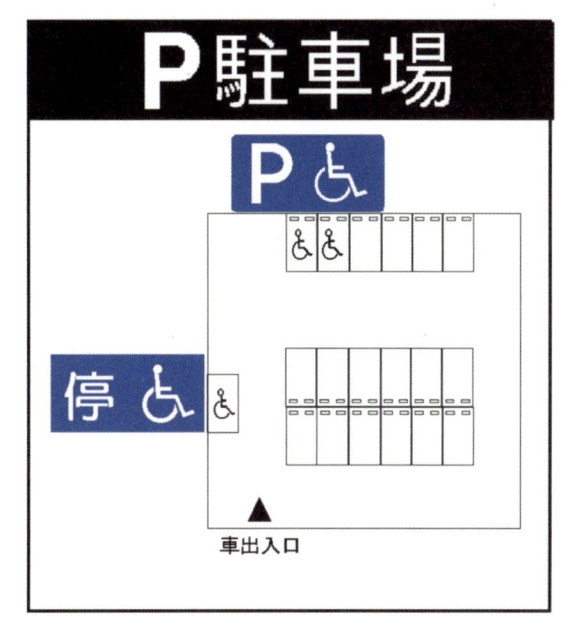

図6－6　駐車場の進入口において障害者用駐車施設の存在を案内している例

② 障害者用駐車施設の案内誘導
・駐車場の進入口から障害者用駐車施設に至る経路において、障害者が円滑に移動できるようにするため、必要に応じて矢印を併記した誘導用標示板を設置することが望ましい。

≪駐車場の進入口から障害者用駐車施設に至る経路における障害者用駐車施設の案内例≫

図6－7　障害者用駐車施設への誘導用標示板例

3）設置高さ・位置

標示板は周辺に自動車が停車していても確認できる位置に設置するとともに、運転席から判別できる大きさを想定することが望ましい。

そのため、標示板の高さ・位置については、当該駐車場の対象とする車両及びその配置によって視認条件が異なるため、それらを考慮して、駐車場管理者が判断するものとする。

○参考○ 案内標示板の高さ・位置

案内標示板の高さ・位置は、下記の点に配慮して案内標示を設置することが望ましい。

ただし、車両等の条件によって適切な高さが異なるため、車両の後部に設置すると標示板が見えなくなるような場合は、駐車ますの前面に設置するなど、設置場所に配慮することが望ましい。

1．走行中視認しやすい上限線といわれる仰角7°の線との関係
2．視認車両の視点の高さ（どの程度の車種別を想定するか）
3．駐車車両の全高による視界下限線（どの程度の車種別を想定するか）
4．自車両の窓枠や屋根による視界上限線（どの程度の車種別を想定するか）
5．視認位置から標示板掲出位置までの視距離（どの程度のバリエーションを想定するか）

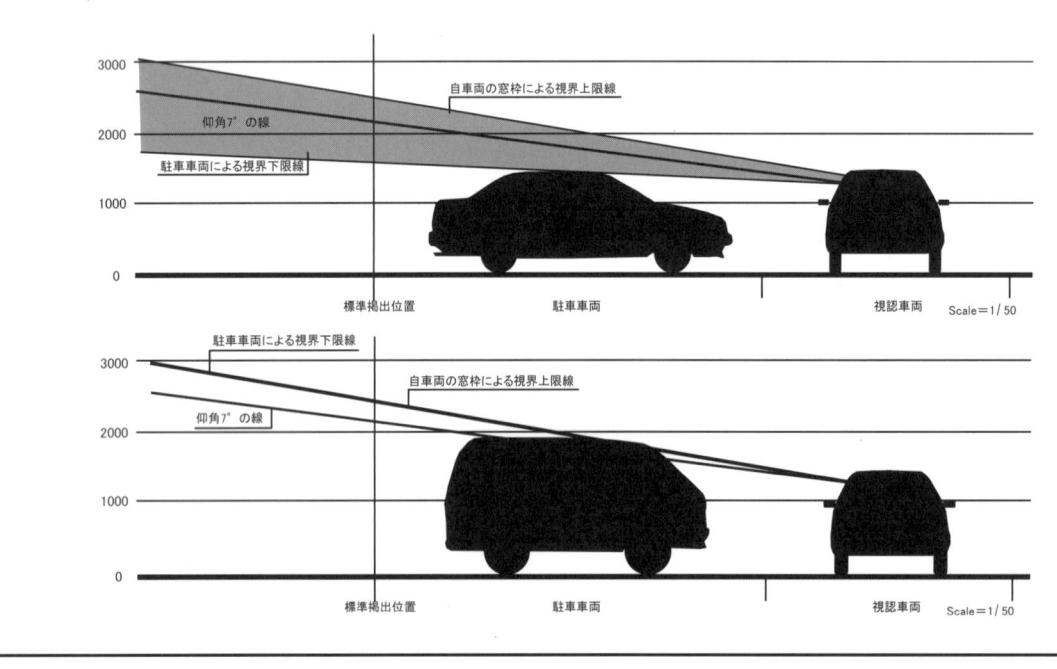

6-3 障害者用停車施設

道路移動等円滑化基準

（障害者用停車施設）

第23条　自動車駐車場の自動車の出入口又は障害者用駐車施設を設ける階には、障害者が円滑に利用できる停車の用に供する部分（以下「障害者用停車施設」という。）を設けるものとする。ただし、構造上の理由によりやむを得ない場合においては、この限りでない。

2　障害者用停車施設は、次に定める構造とするものとする。

一　当該障害者用停車施設へ通ずる歩行者の出入口からの距離ができるだけ短くなる位置に設けること。

二　車両への乗降の用に供する部分の有効幅は1.5メートル以上とし、有効奥行きは1.5メートル以上とする等、障害者が安全かつ円滑に乗降できる構造とすること。

三　障害者用である旨を見やすい方法により表示すること。

6-3-1　設置

> 自動車の出入口又は障害者用駐車施設を設ける階には、障害者の同乗する車両が一時的に停車し、障害者が円滑に乗降できるように、障害者用の停車ます（障害者用停車施設）を設けるものとする。
> ただし、構造上の理由によりやむを得ない場合には、この限りでない。

障害者用停車施設を設置することにより、障害者の同乗している車両は、一般の駐車施設を利用することができる。

障害者用停車施設は、自動車の出入口を設ける階と障害者用駐車施設を設ける階のそれぞれに設置するものとする。ただし、障害者用停車施設のスペースが確保できないなど構造上の理由によりやむを得ない場合は、障害者用停車施設を設けなくてもよい。

また、障害者用停車施設は、障害者の移動の短縮化を図るため、障害者用停車施設へ通ずる歩行者の出入口からの距離ができるだけ短いところに設置するものとする。

6-3-2　構造

(1) 設置位置

> 障害者用停車施設の位置は、自動車駐車場外へ通ずる歩行者の出入口又はエレベーターの出入口の可能な限り近い位置に設けることや、大規模駐車場で複数の出入口がある場合分散配置するなど、移動距離を可能な限り短縮するよう考慮するものとする。
> また、歩行者の出入口から当該施設まで、自動車動線との交錯が極力少ない安全な歩行者用通路が確保できることを考慮するものとする。

障害者の移動の負担を軽減するために、障害者用停車施設は歩行者の出入口又は、エレベーターの出入口に近接した位置に設けることが望ましい。

ここでの歩行者の出入口は、障害者を含む歩行者が自動車駐車場外まで円滑に移動できる通路の出入口のことをいう。ただし、自動車駐車場外へ通ずる歩行者出入口が当該施設と異なる

階にある場合には、自動車駐車場外へ通ずる歩行者出入口に近接しているエレベーターの出入口のことをいうものとする。

　また、障害者用停車施設から歩行者の出入口またはエレベーターの出入口に至る歩行者用通路と、自動車の交通動線との交錯が極力少なくなるように歩行者用通路が確保できる位置に配置することが望ましい。

(2) 大きさ・構造

> 車両への乗降の用に供する部分は、車体用スペースの側部と後部に、幅1.5m以上×奥行き1.5m以上確保するとともに、地表面を可能な限り水平面とするものとする。
> 　なお、車体用スペースは、車体の大きい福祉車両への対応を考慮した幅・奥行き・高さとすることが望ましい。

　車両への乗降の用に供する部分は、車いす使用者が360度回転可能な空間（1.5m×1.5m）を確保するものとする。

　当該部分は、福祉車両において、障害者の乗降部が側部タイプと後部タイプがあることを考慮し、車体用スペースの側部と後部に設置する必要がある。

　当該部分の地表面は、車いす使用者が乗降可能となるようにするため、可能な限り水平面とする必要がある。また、通路がマウントアップの場合は、乗降用スペースへ降りるスロープの設置等により、車いす使用者が円滑に利用できる構造とすることが望ましい。

　なお、車体用スペースの幅・奥行き・高さは、福祉車両の大きさを考慮したものとすることが望ましい。

≪障害者用停車施設の構造例≫

> 障害者用停車施設
> ・可能な限り水平面
> ・可能な限り段差を設けない
> ・歩行者の出入口または、エレベーターの出入口の近くに設置
> ・通路が自動車の交通動線との交錯が少ない位置に設置

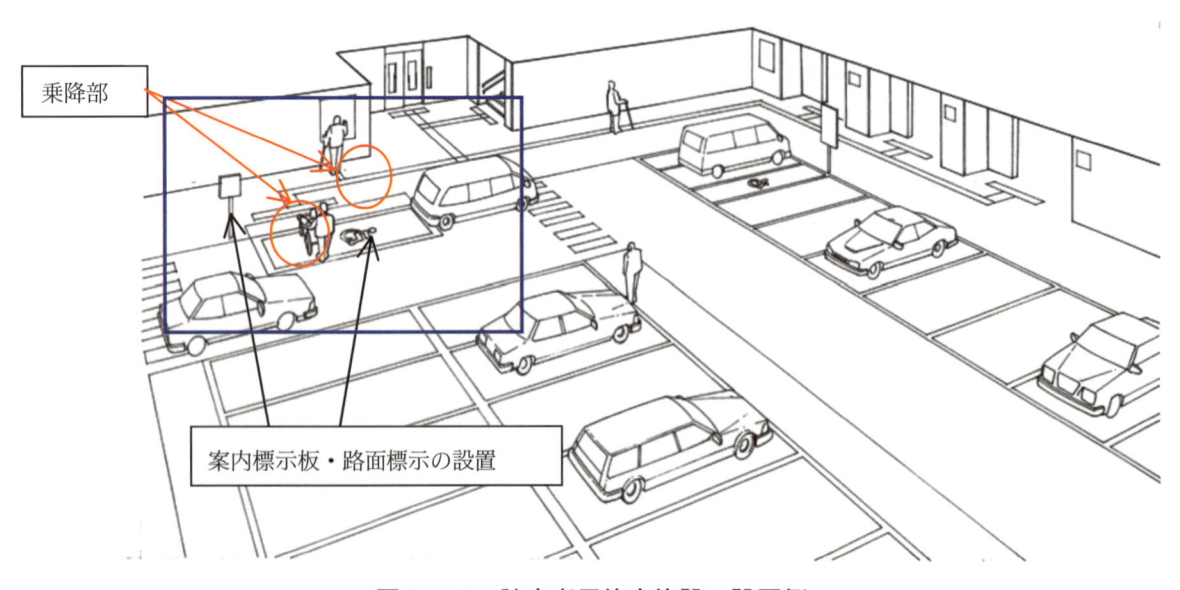

図6－8　障害者用停車施設の設置例

≪障害者用停車施設の大きさ≫
○障害者が同乗する車両には、横から乗降するものと後ろから乗降するものがあるため、後部にも水平な乗降用スペースを十分確保する必要がある。
○「障害者用駐車施設の大きさ」（6－2－3(2)参照）で示した駐車ます及び福祉車両の大きさを考慮して、停車施設の大きさを検討することが望ましい。

(3) 案内表示

> 障害者用停車施設には、障害者用停車施設である旨を、標示板や標示などにより表示するものとする。
> 　標示板は、国際シンボルマークを使用して障害者用の一時停車のためのスペースであることを表示するものとする。また、塗装標示は、車体用スペース床面に国際シンボルマークを表示する。
> 　さらに、自動車駐車場の進入口において当該施設の有無を標示するとともに、進入口から当該施設までの経路において当該施設の案内誘導を行うため、必要に応じて国際シンボルマークに停車施設である旨を併記した標示板などを表示することが望ましい。
> 　なお、標示板は、周辺に自動車が停車していても確認できる位置に設置するとともに、運転席から判別できる大きさとする。

1）障害者用停車施設の標示

障害者用停車施設には、健常者及び障害者が、当該施設の存在を認識可能とするため、障害者用停車施設である旨を見やすい方法により表示する。

① 標示板
・国際シンボルマークに障害者用の一時停車のためのスペースであることを表示するものとする。

② 塗装標示
・車体用スペース床面に国際シンボルマーク標示を行う。

≪障害者用停車施設の案内例≫

図6－9　障害者用停車施設標示板例

2）進入口及び経路における案内誘導

　また、自動車駐車場の進入口及び進入口から当該施設に至る経路において必要に応じて、当該施設の有無を示す案内板や案内誘導のための標示板を見やすい方法により表示することが望ましい。（6－2－3(3)参照）

≪駐車場の進入口から障害者用停車施設に至る経路における障害者用停車施設の案内例≫

図6－10　障害者用停車施設への誘導用標示板例

※障害者用停車施設の標示板の設置位置は、図6－6参照のこと。

6－4　出入口

道路移動等円滑化基準

（出入口）

第24条　自動車駐車場の歩行者の出入口は、次に定める構造とするものとする。ただし、当該出入口に近接した位置に設けられる歩行者の出入口については、この限りでない。
　一　有効幅は、90センチメートル以上とすること。ただし、当該自動車駐車場外へ通ずる歩行者の出入口のうち1以上の出入口の有効幅は、1.2メートル以上とすること。
　二　戸を設ける場合は、当該戸は、有効幅を1.2メートル以上とする当該自動車駐車場外へ通ずる歩行者の出入口のうち、1以上の出入口にあっては自動的に開閉する構造とし、その他の出入口にあっては車いす使用者が円滑に開閉して通過できる構造とすること。
　三　車いす使用者が通過する際に支障となる段差を設けないこと。

(1) 適用の範囲

> 歩行者の出入口は、(2)～(4)に定める構造とするものとする。
> ただし、同一場所への出入口が複数あるなど、複数の出入口が近接した位置に設置されている場合には、主要な出入口のみ、(2)～(4)に定める構造としてもよいものとする。

　高齢者・障害者等の歩行動線上の出入口を移動等円滑化する必要があるため、歩行者の出入口の構造を規定する。

　ただし、歩行者の出入口は、構造上その対応が困難である場合も想定されるため、同一場所への出入口が複数あるなど、複数の出入口が近接している場合には、主要な出入口のみを対象としてもよい。

　自動車駐車場における歩行者の出入口としては以下のようなものがあげられる。

〔自動車駐車場外へ通じる出入口〕
① 「建築物」と歩行者用通路※との境界部
② 「土木施設（道路・広場等）」と歩行者用通路※との境界部

※高低差のある場合は、「歩行者用通路」でなく、「エレベーター・階段・斜路・エスカレーターの昇降口」となる。

〔自動車駐車場内の歩行者の出入口〕
① 居室の出入口とは
　・待合室と歩行者用通路との境界部　等
② 居室以外の出入口とは
　・「階段・斜路・エスカレーターの昇降口」と歩行者用通路との境界部
　・「エレベーターホール」と歩行者用通路との境界部
　・「駐車施設」と歩行者用通路との境界部
　・「便所」[※1]と歩行者用通路との境界部
　・「エレベーター」[※2]とエレベーターホールとの境界部

　※1　便所・便房の出入口は、第31条第1項第2号及び第5号に基づくものとする。
　※2　エレベーターのかご及び昇降路の出入口は、第12条第3号に定める立体横断施設のエレベーターの基準に基づくものとする。

(2) 有効幅

> 歩行者の出入口の有効幅は、90cm以上とする。ただし、自動車駐車場外へ通ずる１つ以上の出入口は有効幅1.2m以上とする。
> また、その出入口部前後に、車いすが１台止まることができるよう水平区間を確保するものとする。

有効幅は、高齢者、障害者等、特に車いす使用者が余裕をもって通り抜けることができる幅として90cm以上とする。

また、自動車駐車場外へ通ずる１以上の出入口については、当該出入口を利用する利用者も多く、より円滑な出入りを確保するため、1.2m以上の幅を確保することとした。

その出入口前後には、車いす１台が停止することができるよう1.2m以上の長さの水平区間を確保するものとする。

なお、手動式開き戸の場合は、開閉動作のために車いすが回転できる1.5m以上の長さの水平区間を設けることが望ましい。

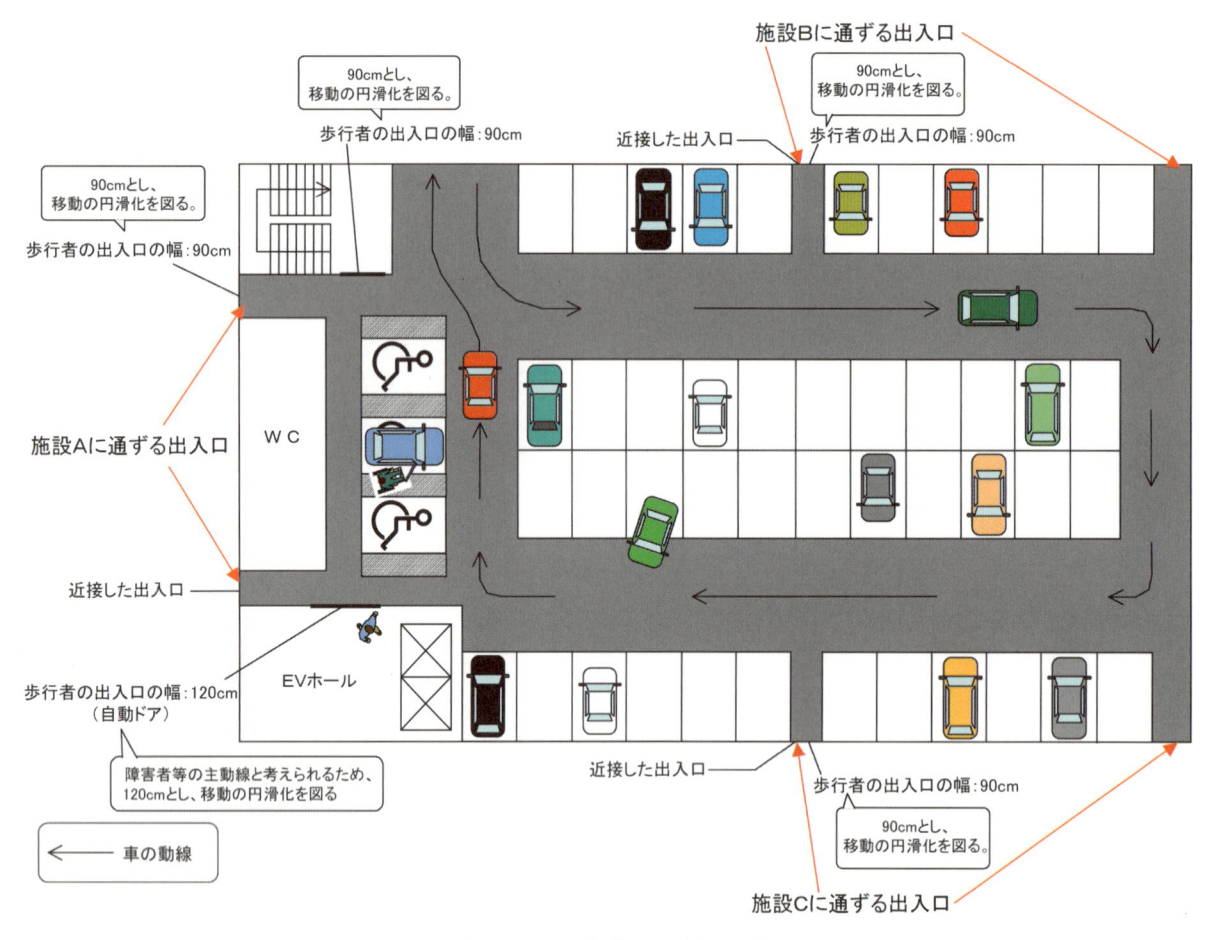

図６−11 出入口の幅の例

・移動円滑化された「歩行者の出入口」を、利用者の動線及び利便性を考慮し、自動車駐車場外に通ずるところに設置するものとする。
・同じ施設に接続する近接した出入口がある場合、最低限どちらか片方の出入口を移動円滑化する必要がある。

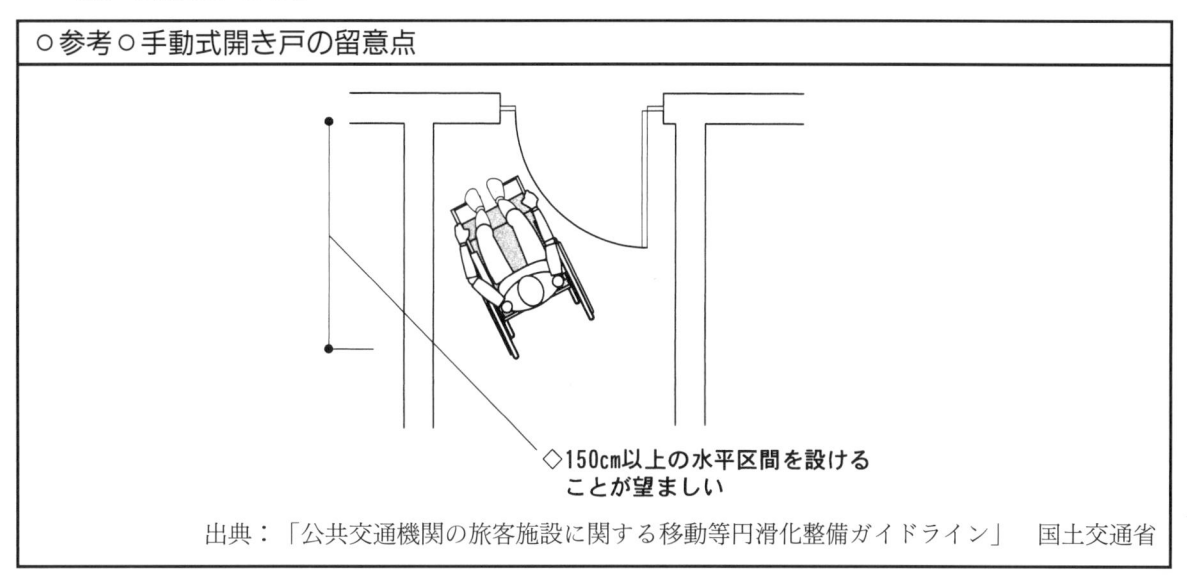

○参考○ 手動式開き戸の留意点

◇150cm以上の水平区間を設けることが望ましい

出典：「公共交通機関の旅客施設に関する移動等円滑化整備ガイドライン」　国土交通省

---

(3) 戸

> 歩行者出入口に戸を設ける場合、有効幅を1.2m以上とする当該自動車駐車場外へ通ずる出入口のうち、1以上の出入口は、自動的に開閉する構造とするものとする。
> その他の出入口の戸も、車いす使用者が円滑に開閉して通過できる構造とする。
> また、上記以外にも、出入口の戸は、車いす使用者を含む高齢者・障害者等の円滑な通行や安全性を考慮した構造や設備設置を行うものとする。

出入口の戸のうち、利用者が多く、より円滑な出入りの確保が望まれる有効幅120cm以上の出入口のうち1つ以上の出入口は、自動的に開閉する構造とすることとした。

その他の出入口も、車いす使用者が円滑に通過できるようにするため、車いす使用者が円滑に開閉して通過できる構造とすることとした。

戸は、高齢者・障害者等の円滑な通行や安全性を考慮した構造や設備の設置を行うものとする。（視覚障害者誘導用ブロック、音声誘導装置、ガラス、インターホン等の設置）

○参考○ 建物の出入口の設計標準

◆設計のポイント◆

建築物の出入口の設計は、以下の通りとすることが望ましい。

① 建築物の出入口は、車いす使用者が通過可能な幅とする。
② 建築物の出入口には、車いす使用者の通過を妨げるような段を設けない。
③ 出入口の前後には、車いす使用者が方向転換できるスペースを確保する。
④ 戸は、車いす使用者・上肢障害者等が開閉しやすい形式とする。
⑤ 戸のガラス等は、衝突時の事故防止のため、安全ガラス（合わせガラス又は強化ガラスをいう。以下同じ）を用いる。
⑥ 主要経路の出入口に回転戸を使用することは避ける。
⑦ 風除室の両開き戸の間隔は、車いす使用者が待機できるスペースが十分確保される大きさとする。
⑧ 視覚障害者誘導用ブロック等は、出入口から受付カウンター等の案内設備まで連続して敷設する。ただし、視覚障害者誘導用ブロックによらないで視覚障害者が円滑に移動できる案内設備、音声案内、人的案内等がある場合はこの限りではない。
⑨ 風除室にあっては、視覚障害者誘導用ブロック等の敷設は要しない。ただし、風除室内であっても、方向転換が求められる場合等は、視覚障害者誘導用ブロック等の敷設等により進行方向が分かりやすくなるよう配慮する。
⑩ 夜間の安全な通行に配慮して照明設備を設置する。
⑪ 床の表面は滑りにくい仕上げとする。
⑫ 建築物の出入口付近に受付カウンターやインターホン等の案内設備を設ける。この場合、視覚障害者誘導用ブロック等や音声による誘導等により視覚障害者の受付カウンター、インターホン等の案内設備への誘導に配慮する。（小規模な建築物や利用者が特定される建築物で受付等案内設備を設けない場合はこの限りではない）
⑬ 聴覚障害者等の利用に配慮して、建築物や施設の利用情報案内を適切に表示する。

(1) 寸　法

① 有効幅員
- 原則として80cm以上とする。
- 車いす使用者、杖使用者等の利便性を考慮すると、主要な出入口の有効幅員は120cm以上とし、それ以外の出入口は90cm以上とすることが望ましい。

② 戸の前後に設ける水平な部分
- 戸の前後に設ける水平な部分は150cm角以上を確保することが望ましい。

(2) 戸の形式

- 開閉動作の難易度から見ると、引き戸の方が開き戸より使いやすく、また手動式よりも自動式の方が安全で、使いやすい。

① 自動式引き戸

イ　開閉速度
- 開くときは迅速に、閉まるときは遅くすることが望ましい。

ロ　起動装置
- 起動装置は、視覚障害者、車いす使用者等の通行については、支障なく作動するよう配慮する。

ハ　安全装置
- 高齢者・障害者等がドアに挟まれないように、ドア枠の左右かつ適切な高さに安全センサーを設置することが望ましい。

ニ　手動式の戸の併設
- 自動式の場合、非常時の対応のため、手動式の戸を併設することが望ましい。

② 手動式引き戸及び開き戸

イ　引き戸
- 手動の引き戸は開閉が円滑にできる上吊り形式が望ましい。また、車いす使用者の通過を妨げるような敷居や溝は設けない。

ロ　開き戸
- ドアクローザーは閉鎖作動時間が十分に確保され、かつ、操作の軽いものを設けることが望ましい。
- 開き戸には、プライバシー上問題のある場合を除き、危険防止のため、戸の反対側の様子が分かるような窓を設けることが望ましい。窓は、車いす使用者や子ども等が容易に利用できる高さ・位置とすることが望ましい。
- 戸の前後には車いす使用者が開閉操作しやすく、通過しやすいように袖壁と開閉スペースを十分に設けることが望ましい。

③ 回転戸
- 回転戸は設けないことが望ましく、もし設ける場合は、高齢者・障害者、児童等が使いやすい引き戸、開き戸を併設することが望ましい。

(3) 設備・備品等

① 屋根、庇
- 建築物の出入口には、出入りの際、及び自動車の乗降時に雨等がかからないようにするため、屋根又は庇を設けることが望ましい。

② 視覚障害者誘導用ブロック等
- 視覚障害者誘導用ブロック等は、原則として出入口から受付カウンター等の案内設備まで連続させて敷設する。
- ただし、視覚障害者誘導用ブロックによらないで視覚障害者が円滑に移動できる案内設備、音声案内、人的案内等がある場合はこの限りではない。
- 受付カウンター等の案内設備前、戸又はマット直前には「点状ブロック等」を3枚程度敷設することが望ましい。

③ 音による案内
- 視覚障害者の利用に配慮して、音による案内を設ける場合には、戸の直上に設置することが望ましい。

④ ガラス
- ガラスの選定にあたっては、「ガラスを用いた開口部の安全設計指針（昭和61年建設

省住指発第116号、117号)」等を参照し、安全性の高いものを選ぶことが望ましい。
- 視覚障害者にとっては、無色透明のガラス扉、ガラススクリーンは、衝突の危険があるため、目の高さの位置に横桟をいれるか、色（高齢者の黄変化した視界では見えにくいため青色は避ける。）や模様等で十分識別できるようにすることが望ましい。

⑤ 玄関マット
- 玄関マットは、埋め込み式とし、車いすで動きにくいはけ状のものは使用しないことが望ましい。また、杖先を引っかけたりしないよう、しっかりと端部を固定するとともに、視覚障害者誘導用ブロック等との取り合いに配慮することが望ましい。

⑥ 風除室
- 風除室内では、方向転換するような設計は避けることが望ましい。方向転換する場合は、視覚障害者誘導用ブロック等により誘導する。

●建築物出入口の設計標準　　　　　　　　　　　　　　　　　　　　建築物の出入口１

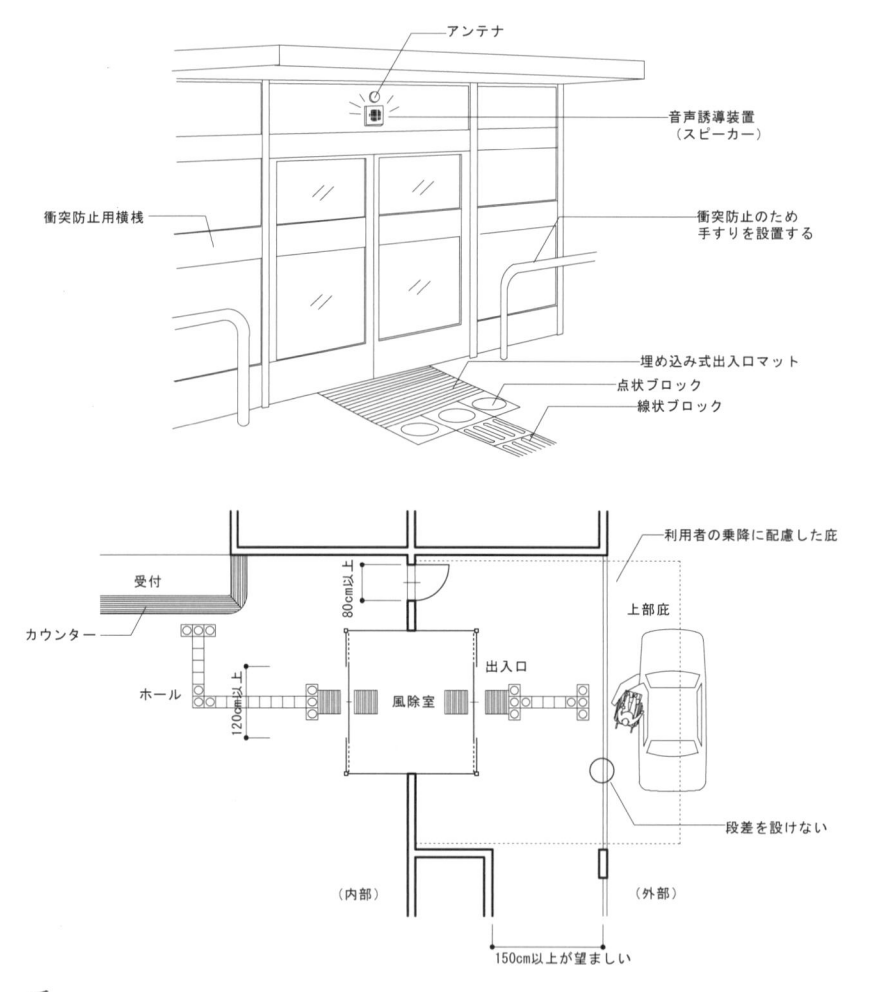

⑦ 把手
- 手動式引き戸では、棒状のもの、開き戸では大きく操作性の良いレバーハンドル式、プッシュプルハンドル式又はパニックバー形式のものとする。また、引き戸には、補助把手をつけることが望ましい。
- 床から90cm程度の位置に設置することが望ましい。

⑧ インターホン・案内板
- インターホンは、立位と車いす使用者両者が利用できる高さとする。

・聴覚障害者に配慮し、施設の利用案内が文字表示されていることが望ましい。

⑨ 受付カウンター等

・建築物の出入口に近い位置に受付カウンターやインターホン等を設け、人的に対応できるようにすることが望ましい。

●玄関廻りの設備・備品　　　　　　　　　　　　　　　　　建築物の出入口2

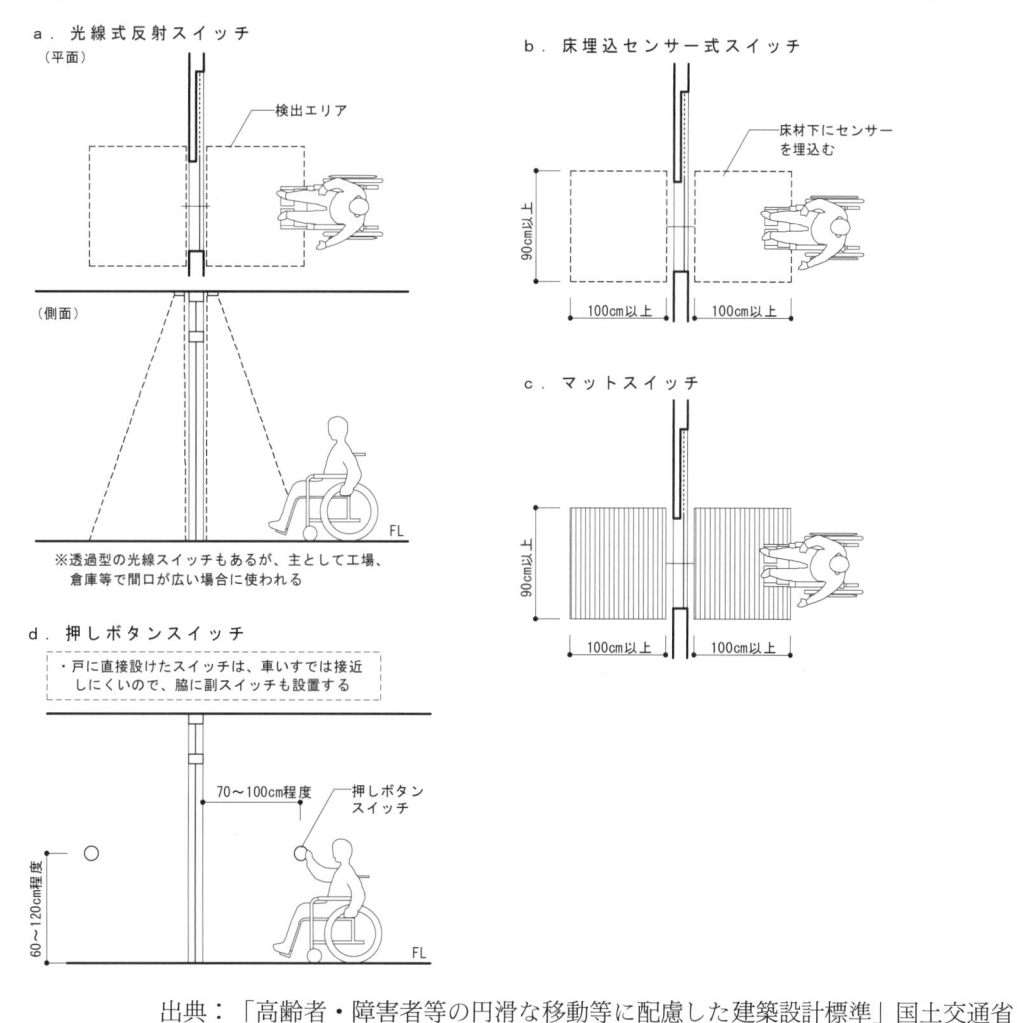

a．光線式反射スイッチ（平面／側面）
　検出エリア
　※透過型の光線スイッチもあるが、主として工場、倉庫等で間口が広い場合に使われる

b．床埋込センサー式スイッチ
　床材下にセンサーを埋込む
　90cm以上／100cm以上／100cm以上

c．マットスイッチ
　90cm以上／100cm以上／100cm以上

d．押しボタンスイッチ
　・戸に直接設けたスイッチは、車いすでは接近しにくいので、脇に副スイッチも設置する
　70～100cm程度
　押しボタンスイッチ
　60～120cm程度

出典：「高齢者・障害者等の円滑な移動等に配慮した建築設計標準」国土交通省

(4) 路面

> 出入口には車いす使用者が通過する際に支障となる段差を設けないものとする。

出入口には車いす使用者の円滑な通行を確保するために、段差を設けないものとする。

6−5　通路

> **道路移動等円滑化基準**
>
> （通路）
> **第25条**　障害者用駐車施設へ通ずる歩行者の出入口から当該障害者用駐車施設に至る通路のうち１以上の通路は、次に定める構造とするものとする。
> 　一　有効幅員は、２メートル以上とすること。
> 　二　車いす使用者が通過する際に支障となる段差を設けないこと。
> 　三　路面は、平たんで、かつ、滑りにくい仕上げとすること。

(1)　適用の範囲

> 障害者用駐車施設へ通ずる歩行者の出入口から当該障害者用駐車施設に至る歩行者の通路のうち、１以上の通路は、(2)及び(3)の構造とするものとする。

　障害者の歩行動線のうち、特に障害者用駐車施設へ通ずる歩行者の出入口から当該障害者用駐車施設に至る通路は、車いす使用者等の障害者の利用が多いため、その構造を規定した。

(2)　有効幅員

> 通路の有効幅員は、２ｍ以上とするものとする。

　有効幅員は、車いす使用者の円滑なすれ違いができるようにするため、２ｍ以上とするものとする。

(3)　構造

> 通路には、車いす使用者が通過する際に支障となる段差を設けないものとする。
> また、通路上には、排水施設を設けないなどにより平たん性を確保するとともに、滑りにくい仕上げとするものとする。
> 屋外における自動車駐車場の通路の路面は、雨水を地下に浸透させる構造とすることが望ましい。
> さらに、通路は、駐車施設・車路などと、車止めを設けること等により分離した構造とすることが望ましい。

　車いす使用者その他の障害者の安全かつ円滑な通行を可能とするため、段差を設けないこととし、かつ、転倒防止のために平たん性を確保するとともに、滑りにくい仕上げとすることとした。

　平たん性を確保するために、通路上には排水施設を設置しないように配慮し、やむをえず設ける場合は、グレーチングの目を狭く（１cm程度）すること等に配慮するものとする。

　屋外における自動車駐車場の通路の路面は、障害者駐車施設から出入口に至る通路には屋根を設けることとなっているが、雨水が流れてくるなどの状況も想定されるため、雨水を地下に浸透させる構造とすることが望ましい。

　通路は、自動車交通からの安全性を確保するため、駐車施設・車路と、縁石・車止め・高さの変化等により、分離した構造とすることが望ましい。

○参考○ 歩行者通路と駐車施設・車路との分離

　駐車場内の歩行（者）通路は、そこを通る人たちを運転者がよく見えるように計画しなければならない。車いす使用者の高さは低くなり運転者がバックミラーを使用するときなどはとくに発見しにくいので、動いている車の後部を通過するような動線はよくない。このことは幼児についても同様であり、幼児はさらに急に飛び出したり、駐車場内で遊んだりするので危険が多い。

　自動車が進入できない車止めのある安全通路を確保し、これのレベルを歩道のように少し上げておくのがよい。

車がバックするときの配慮：自動車がバックするとき、車いす使用者や幼児の姿が見えにくいので、安全通路を駐車面よりやや高くすることが有効である。

車止め等：安全通路はその両側に縁石ブロックを配置する。通行の幅員を確保するとともに、自動車のバンパーがこの通路内に入り込まないような位置に、車止めを設置する必要がある。

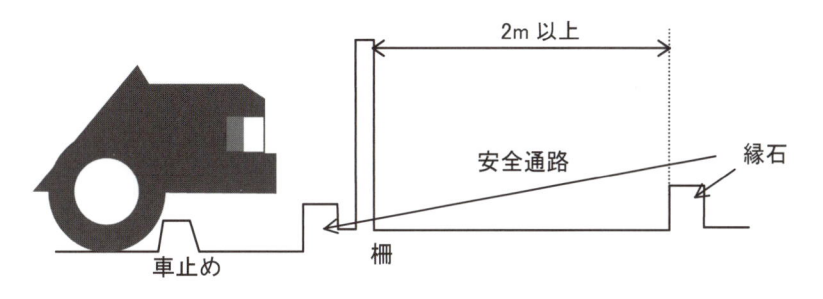

6-6 エレベーター

道路移動等円滑化基準

（エレベーター）

第26条 自動車駐車場外へ通ずる歩行者の出入口がない階（障害者用駐車施設が設けられている階に限る。）を有する自動車駐車場には、当該階に停止するエレベーターを設けるものとする。ただし、構造上の理由によりやむを得ない場合においては、エレベーターに代えて、傾斜路を設けることができる。

2　前項のエレベーターのうち1以上のエレベーターは、前条に規定する出入口に近接して設けるものとする。

3　第12条第1号から第4号までの規定は、第1項のエレベーター（前項のエレベーターを除く。）について準用する。

4　第12条の規定は、第2項のエレベーターについて準用する。

6-6-1　設置

> 自動車駐車場外へ通ずる歩行者の出入口のない階を有する自動車駐車場には、障害者用駐車施設が設けられている階に停止するエレベーターを設けるものとする。
> ただし、構造上の理由によりやむを得ない場合は、エレベーターに代えて傾斜路を設けることができるものとする。

自動車駐車場外へ通じる出入口のない階に駐車した障害者は、当該出入口に至る途中に垂直方向の移動を伴うこととなるため、エレベーターを設けることによって移動の円滑化を図るものとする。

立体横断施設と同様に、昇降高さが低い等構造上エレベーターの設置が困難な場合は、エレベーターに代えて傾斜路を設けることができるものとする。

6-6-2　位置

> 地上へ直接通じる出入口のない階を有する駐車場内に設けるエレベーターのうち、1以上のエレベーターは移動等円滑化された歩行者の出入口に近接して設けるものとする。

障害者の移動等円滑化のためには、移動距離を可能な限り短縮することも必要であるため、障害者用駐車施設へ通ずる出入口から近い位置にエレベーターを設けるものとした。

6−6−3　構造
(1) 自動車駐車場に設けるエレベーターの構造

> 自動車駐車場に設けるエレベーターの構造は、「3−3−1エレベーター」のうち第12条第1号から第4号までに関する規定を参照するものとする。

　自動車駐車場に設けるエレベーターの構造は、障害者等の移動等円滑化を図るために必要な構造とするため、以下のいずれかを満たすものとする。
① 　かごの内法幅1.5m以上、内法奥行きを1.5m以上、かご及び昇降路の出入口の有効幅員を90cm以上とするとともに、かご内に鏡を設けることとする。
② 　かごの出入口が複数あるエレベーター（開閉するかごの出入口を音声により知らせる装置が設けられているものに限る。）の場合は、内法幅1.4m以上、内法奥行き1.35m以上とするとともに、かご及び昇降路の出入口の有効幅員を80cm以上とする。

(2) 障害者用駐車施設に通ずる歩行者の出入口の近くに設けるエレベーターの構造

> 駐車場に設けるエレベーターのうち、障害者用施設に通ずる歩行者の出入口の近くに設けるエレベーターの構造は、「3−3−1エレベーター」を参照するものとする。

　障害者用駐車施設に通ずる歩行者の出入口近くに設けるエレベーターの構造は、特に障害者等の移動等円滑化を図るために必要な構造とする必要があるため、「3−3−1エレベーター」に示す移動等円滑化された立体横断施設におけるエレベーターの構造によるものとする。

6−7　傾斜路

道路移動等円滑化基準
（傾斜路）
第27条　第13条の規定は、前条第1項の傾斜路について準用する。

(1) 概説

> 自動車駐車場にエレベーターに代えて設置する傾斜路の構造は、「3−3−2傾斜路」を参照するものとする。

　自動車駐車場に設ける傾斜路の構造は、障害者等の移動等円滑化を図るために必要な構造とするため、「3−3−2傾斜路」に示す立体横断施設に設ける傾斜路の構造によるものとする。

6-8 階段

道路移動等円滑化基準

（階段）

第28条 第16条の規定は、自動車駐車場外へ通ずる歩行者の出入口がない階に通ずる階段の構造について準用する。

(1) 概説

> 自動車駐車場に設置する階段の構造は、「3-3-5 階段」を参照するものとする。

自動車駐車場に設ける階段の構造は、高齢者、障害者等の移動等円滑化を図るために必要な構造とするため、「3-3-5 階段」に示す、立体横断施設に設ける階段の構造を参照するものとする。

6-9 屋根

道路移動等円滑化基準

（屋根）

第29条 屋外に設けられる自動車駐車場の障害者用駐車施設、障害者用停車施設及び第25条に規定する通路には、屋根を設けるものとする。

(1) 構造

> 屋外に設けられる自動車駐車場には、障害者用駐車施設、障害者用停車施設及び第25条に規定する通路（歩行者の出入口から障害者用駐車施設に至る通路のうち1つ以上の移動等円滑化された通路）には、屋根を連続的に設けるものとする。

屋外の自動車駐車場の障害者用駐車施設、障害者用停車施設及び第25条に規定する通路（歩行者の出入口から障害者用駐車施設に至る通路のうち1以上の移動等円滑化された通路）には、障害者が、雨水に濡れずに利用できるとともに、積雪により当該施設の利用困難となることを避けるため、屋根を設けるものとした。

また、屋根は、その機能を十分に発揮するために連続的に設ける必要がある。

なお、屋根を設ける際には、屋根の柱が乗降用スペース及び通路の幅員を侵さないよう配慮する必要がある。

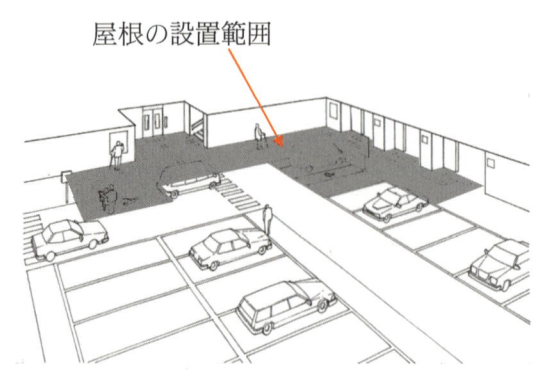

図6-12 屋根を連続的に設置した例

6−10 便所

> **道路移動等円滑化基準**
>
> (便所)
>
> **第30条** 障害者用駐車施設を設ける階に便所を設ける場合は、当該便所は、次に定める構造とするものとする。
>   一 便所の出入口付近に、男子用及び女子用の区別（当該区別がある場合に限る。）並びに便所の構造を視覚障害者に示すための点字による案内板その他の設備を設けること。
>   二 床の表面は、滑りにくい仕上げとすること。
>   三 男子用小便器を設ける場合においては、1以上の床置式小便器、壁掛式小便器（受け口の高さが35センチメートル以下のものに限る。）その他これらに類する小便器を設けること。
>   四 前号の規定により設けられる小便器には、手すりを設けること。

6−10−1　一般の便所

(1)　概説

> 障害者用駐車施設を設ける階に便所を設ける場合は、以下の(2)〜(7)に定める構造とするものとする。

　障害者用駐車施設を設ける階は、障害者等の利用が多いため、便所は障害者等が円滑に利用できる構造とするものとする。

(2)　案内表示

> 便所の出入口付近に、男子用及び女子用の区別（当該区別がある場合に限る。）並びに便所の構造を視覚障害者に示すための点字による案内板や、案内板の正面に誘導する視覚障害者誘導用ブロックなどの設備を設けるものとする。

　視覚障害者の円滑な利用を図るため、便所の出入口付近のわかりやすい位置に、男子用及び女子用の区別並びに便所の構造を、点字による案内板等で表示する。点字による案内板等において、点字により表示する場合の表示方法はJIS T0921規格に合わせたものとし、触知案内図により表示する場合の表示方法はJIS T0922の規格に合わせたものとする。点字による案内板等は、床から中心までの高さが140cmから150cmとなる位置に設置するものとする。

　また、視覚障害者を安全かつ円滑に便所まで誘導するため、点字による案内板等の正面まで誘導する視覚障害者誘導用ブロックを設置するものとする。

(3)　床仕上げ

> 便所の床の表面は、ぬれた状態でも滑りにくい仕上げとする。

　便所の床の表面は、ぬれた状態でも滑りにくい仕上げとするとともに、床面には、高齢者、障害者等の通行の支障となる段差を設けないようにする。

　また、排水溝などを設ける必要がある場合には配置を考慮することが望ましい。

(4) 男子用小便器

> 男子用小便器を設ける場合は、床置式小便器又は低リップの壁掛け式小便器を１以上設置するとともに、当該便器には、手すりを設けるものとする。

　便所内に男子用小便器を設ける場合は、高齢者、障害者等、特に腰の曲がった高齢者が利用可能とするため、床置式小便器または低リップ（リップ高35cm以下が望ましい。）の壁掛け式小便器を１以上設置するものとする。また、杖使用者等の肢体不自由者等の立位保持を支援するため、当該便器には、手すりを設けるものとする。

　なお、上記小便器の設置にあたっては、できるだけ入口に近い位置に設置することが望ましい。

　小便器の便器洗浄については、自動センサー式など操作を必要としないものとする。

　小便器の脇には杖や傘などを立てかけるくぼみやフック等を設け、小便器正面等に手荷物棚を設置することが望ましい。

床置き式　　　　　　　　**低リップ式**

○リップ高35cm以下

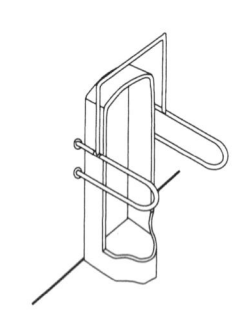

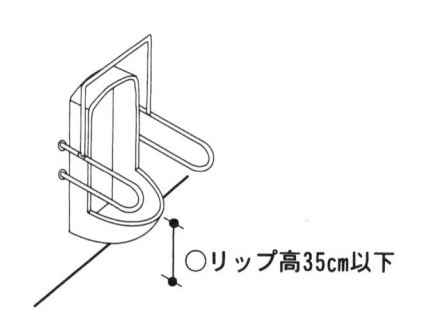

図６−13　小便器の手すり例
出典：「公共交通機関の旅客施設に関する移動等円滑化整備ガイドライン」
国土交通省

(5) 大便器

> 便所内には、腰掛け式大便器を１以上設置するとともに、その便房の便器周辺には、手すりを設けるものとする。

　便所内には、腰掛け式大便器を１以上設置した上で、高齢者、障害者等の利用の利便を図るため、その便房の便器周辺には垂直、水平に手すりを設けるものとする。

　便房内には、杖や傘等を立てかけられるフック等、手荷物を置く棚等を設置し、便房の扉の握り手は、高齢者、障害者等が操作しやすい形状とすることが望ましい。

　弱視者、色覚障害者等に配慮し、扉には確認しやすい大きさ、色により使用可否を表示することが望ましい。また、色だけでなく「空き」「使用中」等の文字による表示も併記することが望ましい。

　緊急時における聴覚障害者の安全確保の観点から、視覚的な警報装置を設置することが望ましい。

　なお、和式便器を設置する場合は、その前方の壁に垂直、水平に手すりを設置することが望ましい。

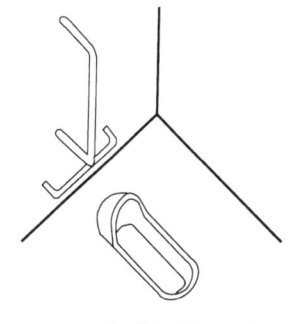

出典：
「公共交通機関の旅客施設に関する移動等円滑化整備ガイドライン」
国土交通省

図6-14 和式便器の手すり例

※「腰掛け式便器」の手すりの設置高さ等については、「多機能便所・便房」を参照

(6) 洗面器

> 洗面器は、もたれかかった時に耐えうる強固なものとするか、もしくは手すりを設けたものを1以上設置することが望ましい。

便所に設置する洗面器は、もたれかかった時に耐えうる強固なものとするか、もしくは手すりを設けたものを1以上設置するものとする。

また3～4才児程度の幼児の利用に配慮し、洗面器の上面の高さを55cm程度とする洗面器を設置することがなお望ましい。

(7) 乳児用施設

> 便所内には、ベビーチェアを1以上、大便用の便房内に設置することが望ましい。

乳児連れの人の利用を考慮し、便所内に1以上、男女別を設けるときはそれぞれに1以上、大便用の便房内にベビーチェアを設置するものとする。当該便房の扉には、ベビーチェアが設置されている旨の文字表示を行う。

なお、スペースに余裕がある場合には複数の便房に設置し、洗面所付近にも設置することが望ましい。

6−10−2　多機能便所・便房

> **道路移動等円滑化基準**
> （便所）
> **第30条**
> 2　障害者用駐車施設を設ける階に便所を設ける場合は、そのうち1以上の便所は、次の各号に掲げる基準のいずれかに適合するものとする。
> 　一　便所（男子用及女子用の区別があるときは、それぞれの便所）内に高齢者、障害者等の円滑な利用に適した構造を有する便房が設けられていること。
> 　二　高齢者、障害者等の円滑な利用に適した構造を有する便所であること。

(1)　概説

> 障害者用駐車施設を設ける階に便所を設ける場合、そのうち1以上の便所は、①高齢者、障害者等の円滑な利用に適した構造を有する便房（以下「多機能便房」という。）が設けられている便所、あるいは②高齢者、障害者等の円滑な利用に適した構造を有する便所とするものとする。

障害者用駐車施設を設ける階に便所を設ける場合は、高齢者や障害者等の利用に配慮し、以下のいずれかに適合する便所を、障害者等が利用しやすい場所に1以上設けるものとする。また、その他の階においても、障害者等の利用を考慮して、必要に応じて設置を検討することが望ましい。

　①　高齢者、障害者等の円滑な利用に適した構造を有する便房（多機能便房）を有する便所
　②　高齢者、障害者等の円滑な利用に適した構造を有する便所（多機能便所）

多機能便房を設ける場合は、便所（男子用及び女子用の区別がある場合は、それぞれの便所）内に1以上設けるものとする。

②に規定する便所は、一般のその他便所と独立して設けられる便所であり、便所の広さ等の規定は、①に規定する便房と同様のものであることが必要である。

また、スペースがあまり無い場合においても便器に移乗でき一人で用の足せる車いす使用者を主に対象とする施設（以下「簡易型多機能便房」という。）を、男子用及び女子用便所それぞれに設置することが望ましい。

多機能便所を設ける場合は、男女共用のものを1以上設けるか、男女別にそれぞれ1以上設けることが望ましいが、異性による介助を考慮すると、男女共用のものを設けることが望ましい。また、男女共用のものを2以上設ける場合は、右利き、左利きの車いす使用者の車いすから便器への移乗を考慮したものとするなどの配慮をすることが望ましい。

また、多機能便房・便所としては、高齢者、障害者等にとってより使いやすいものとするとともに、乳幼児を連れた者等の使用にも配慮した多機能なものとすることとする。

第6章　自動車駐車場

○参考○ トイレの配置例

標準的なプラン

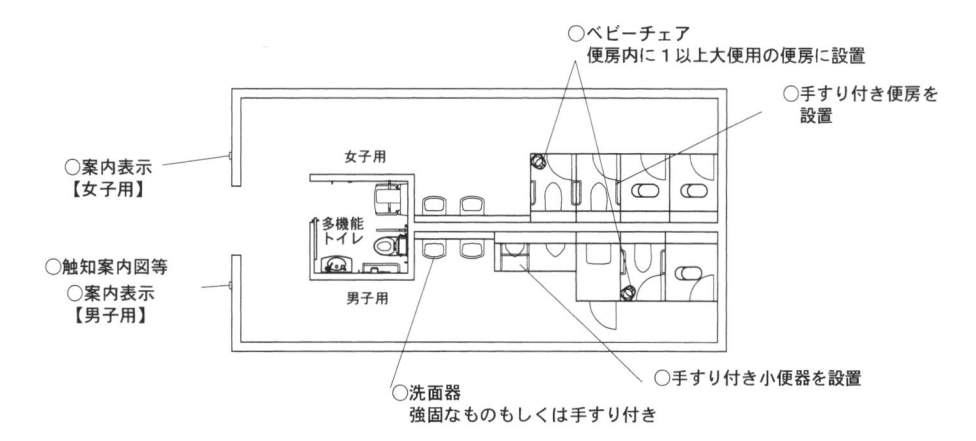

- ○案内表示【女子用】
- ○触知案内図等
- ○案内表示【男子用】
- 女子用／多機能トイレ／男子用
- ○ベビーチェア　便房内に1以上大便用の便房に設置
- ○手すり付き便房を設置
- ○洗面器　強固なものもしくは手すり付き
- ○手すり付き小便器を設置

望ましいプラン

■多機能トイレを1箇所及び簡易型多機能便房を男女別に配置した例

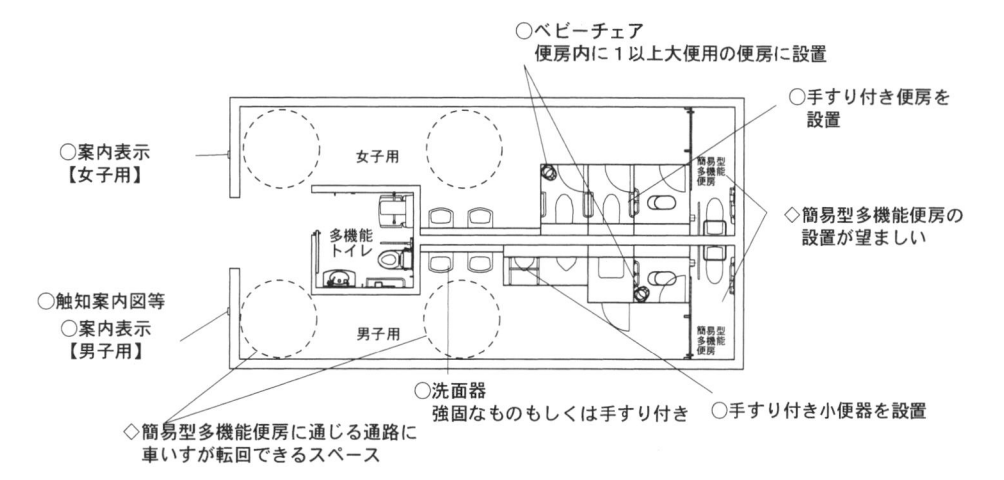

- ○案内表示【女子用】
- ○触知案内図等
- ○案内表示【男子用】
- 女子用／多機能トイレ／男子用／簡易型多機能便房
- ○ベビーチェア　便房内に1以上大便用の便房に設置
- ○手すり付き便房を設置
- ◇簡易型多機能便房の設置が望ましい
- ○洗面器　強固なものもしくは手すり付き
- ○手すり付き小便器を設置
- ◇簡易型多機能便房に通じる通路に車いすが転回できるスペース

多機能トイレを2箇所配置した例

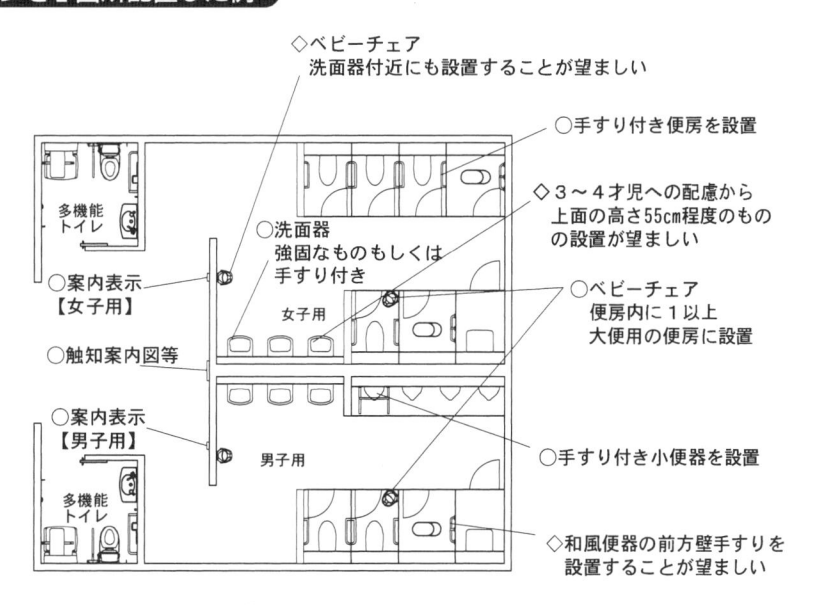

- 多機能トイレ／女子用／男子用／多機能トイレ
- ○案内表示【女子用】
- ○触知案内図等
- ○案内表示【男子用】
- ◇ベビーチェア　洗面器付近にも設置することが望ましい
- ○手すり付き便房を設置
- ◇3～4才児への配慮から上面の高さ55cm程度のものの設置が望ましい
- ○洗面器　強固なものもしくは手すり付き
- ○ベビーチェア　便房内に1以上大便用の便房に設置
- ○手すり付き小便器を設置
- ◇和風便器の前方壁手すりを設置することが望ましい

出典：『公共交通機関の旅客施設に関する移動等円滑化整備ガイドライン』
　　　国土交通省

第3部　道路の移動等円滑化基準の運用指針

○参考○ 簡易型多機能便房の例

正面から入る場合

（図：正面から入る場合の平面図）
- ◇背もたれの設置が望ましい
- ○汚物入れの設置
- ◇便器に腰掛けた状態と移乗しない状態の双方から使用できる紙巻器の設置が望ましい
- ○190cm以上
- ○手すりの設置
- ○手すりの間隔70～75cm
- 幅80cm以上
- 90cm以上
- ◇オストメイトのパウチ等が洗浄できる水洗装置の設置が望ましい

側面から入る場合

（図：側面から入る場合の平面図）
- ◇背もたれの設置が望ましい
- ○汚物入れの設置
- ◇便器に腰掛けた状態と移乗しない状態の双方から使用できる紙巻器の設置が望ましい
- ○220cm以上
- ○手すりの設置
- ○フック
- ○手すりの間隔70～75cm
- 90cm以上
- 120cm以上が望ましい
- 幅90cm以上
- ◇オストメイトのパウチ等が洗浄できる水洗装置の設置が望ましい
- ◇握り手はドア内側の左右両側に設置することが望ましい

○簡易型多機能便房は、小型の手動車いす（全長約85cm、全幅約60cmを想定）で利用可能なスペースを確保する（正面から入る場合は奥行き190cm以上×幅90cm以上のスペースと幅80cm以上の出入口の確保、側面から入る場合は奥行き220cm以上×幅90cm以上のスペースと幅90cm以上の出入口の確保が必要）。

◇新設の場合等でスペースが十分取れる場合は、標準型の手動車いす（全長約120cm、全幅約70cmを想定）で利用が可能なスペースを確保することが望ましい（正面から入る場合は上記と同様であるが、側面から入る場合は奥行き220cm以上×幅120cm以上のスペースと幅90cm以上の出入口の確保が必要）。また、簡易型多機能便房に通ずるトイレ内通路には車いすの転回スペースを確保することが望ましい。

◇ドアの握り手は、引き戸の場合ドア内側の左右両側に設置することが望ましい。開き戸の場合、握り手は高齢者、障害者等が操作しやすい形状とすることが望ましい。

○簡易型多機能便房には、腰掛式便器を設置する。便器の形状は、車いすのフットサポートがあたることで使用時の障害になりにくいものとする。

◇便器に背もたれを設置することが望ましい。

◇オストメイトのパウチ等の洗浄ができる水洗装置を設置することが望ましい。

○便器の周辺には、手すりを設置するとともに、便器に腰掛けたままの状態と車いすから便器に移乗しない状態の双方から操作できるように便器洗浄ボタン、呼出しボタン及び汚物入れを設置する。便器洗浄ボタンは、手かざしセンサー式だけの設置を避け、操作しやすい押しボタン式、靴べら式などとする。手かざしセンサー式が使いにくい人もいることから、手かざしセンサー式とする場合には押しボタン、手動式レバーハンドル等を併設する。

○視覚障害者や肢体不自由な人等の使用に配慮し、紙巻器、便器洗浄ボタン、呼出しボタンの形状、色、配置についてはJIS S0026の規格にあわせたものとする。

◇便器に腰掛けた状態と車いすから便器に移乗しない状態の双方から使用できるように紙巻器を設置することが望ましい。

○荷物を掛けることのできるフックを設置する。このフックは、立位者、車いす使用者の顔面に危険のない形状、位置とするとともに、1以上は車いすに座った状態で使用できるものとする。

○便房の床、出入り口には段差を設けない。

出典：「公共交通機関の旅客施設に関する移動等円滑化整備ガイドライン」
国土交通省

(2) 多機能便房を設ける便所の構造

> **道路移動等円滑化基準**
>
> **第31条** 前条第2項第1号の便房を設ける便所は、次に定める構造とするものとする。
> 一 第25条に規定する通路と便所との間の経路における通路のうち1以上の通路は、同条各号に定める構造とすること。
> 二 出入口の有効幅は、80センチメートル以上とすること。
> 三 出入口には、車いす使用者が通過する際に支障となる段を設けないこと。ただし、傾斜路を設ける場合においては、この限りでない。
> 四 出入口には、高齢者、障害者等の円滑な利用に適した構造を有する便房が設けられていることを表示する案内標識を設けること。
> 五 出入口に戸を設ける場合においては、当該戸は、次に定める構造とすること。
> 　イ 有効幅は、80センチメートル以上とすること。
> 　ロ 高齢者、障害者等が容易に開閉して通過できる構造とすること。
> 六 車いす使用者の円滑な利用に適した広さを確保すること。

1) 通路

> 多機能便房を設ける便所と通路との間に設ける通路は、第25条に規定する通路の構造とする。

　多機能便房を設ける便所までの経路については、移動円滑化が図られている必要があるため、多機能便房を設ける便所と通路との間に設ける通路は、「6－5通路」に定める構造とするものとする。

2) 出入口

① 有効幅

> 便所の出入口の有効幅は、90cm以上が望ましく、最低でも80cm以上を確保するものとする。

　出入口の有効幅は、車いす使用者が通過可能な最低幅である80cm以上を確保するものとするが、車いす使用者の余裕のある通過を可能とするため、可能な場合は90cm以上確保することが望ましい。

② 段

> 便所の出入口には、車いす使用者が通過する際に支障となる段を設けないものとする。ただし、傾斜路を設ける場合においては、この限りでない。

　便所の出入口には、車いす使用者が通過する際に支障となる段を設けないものとする。ただし、既設施設において段がある場合など、段をなくすことが困難な場合には、「6－7傾斜路」に基づく傾斜路による対応も可能であることとした。

③ 案内標識

> 便所の出入口には、高齢者、障害者等の円滑な利用に適した構造を有する便房が設けられていることを表示する案内標識を設けるものとする。

　高齢者、障害者等が、当該施設の存在を認識できるようにするため、高齢者、障害者等の円滑な利用に適した構造を有する便房が設けられていることを表示する案内標識を設けるものとする。

④ 戸の構造

> 便所の出入口に戸を設ける場合、当該戸の有効幅は、90cm以上が望ましく、最低でも80cm以上を確保するものとする。
> また、戸の構造は、高齢者、障害者等の円滑な通過を確保するため、高齢者、障害者等が容易に開閉できる構造とするものとする。

　便所の出入口に戸を設ける場合、戸の有効幅は、車いす使用者が通過可能な最低幅である80cm以上を確保するものとするが、車いす使用者の余裕のある通過を可能とするため、可能な場合は90cm以上確保することが望ましい。

　戸の構造は、上肢不自由者等の障害者に配慮し、電動式引き戸又は軽い力で操作のできる手動式引き戸とし、手動式の場合は、車いす等で出入りする場合に充分な時間を確保できるようにするため、自動的に戻らないタイプとするものとする。また、握り手は棒状ハンドル式のものとし、ドア内側の左右両側に設置することが望ましい。

　戸の鍵は、指の動きが不自由な人でも容易に施錠できる構造のものとし、非常時に外から解錠できるようにするものとする。

　ドア開閉盤は、電動式ドアの場合車いす使用者が中に入り切ってから操作できるようドアから70cm以上離れた位置に設置し、高さは100cm程度とするとともに、戸の外側には、使用中であることを表示する装置を設置するものとする。

3）広さ

> 便所の出入口から多機能便房等まで、車いす使用者等障害者の円滑な利用に適した広さを確保すること。

　障害者等が出入口から入り、便房、洗面器を利用するのに十分な広さを確保するものとする。

(3) 多機能便房の構造

> **道路移動等円滑化基準**
> **第31条**
> 2　前条第２項第１号の便房は、次に定める構造とするものとする。
> 　一　出入口には、車いす使用者が通過する際に支障となる段を設けないこと。
> 　二　出入口には、当該便房が高齢者、障害者等の円滑な利用に適した構造を有するものであることを表示する案内標識を設けること。
> 　三　腰掛便座及び手すりを設けること。
> 　四　高齢者、障害者等の円滑な利用に適した構造を有する水洗器具を設けること。
> 3　第１項第２号、第５号及び第６号の規定は、前項の便房について準用する。

1）出入口

> 多機能便房の出入口には、車いす使用者が通過する際に支障となる段を設けないものとする。

2）案内標識

> 多機能便房の出入口付近には、当該便房が、高齢者、障害者等の円滑な利用に適した構造を有する便房である旨を表示するものとする。

　多機能便房の出入口付近には、高齢者、障害者等の円滑な利用に適した構造を有する便房であることを認識できるようにするため、その旨を表示する案内標識を設けるものとする。

3）便器及び手すり

> 多機能便房には、腰掛便座及び手すりを設置するものとする。

　多機能便房には、足腰が弱く、立ったり座ったりの動作が困難な高齢者、障害者等が円滑に利用できるようにするため、腰掛便座及び手すりを設置する。

　便座の形状は、車いすのフットレストがあたることで使用時の障害になりにくいものとし、便蓋は設けず、背後に背もたれを設ける。便座の高さは40～45cmとし、便器に前向きに座る場合も考慮して、その妨げになる器具等がないように配慮する。

　手すりは、取り付けを堅固とし、腐食しにくい素材で、握りやすいものにするとともに、壁と手すりの間隔は握った手が入るように５cm以上とする。手すりの位置は、便器に沿った壁面側はＬ字型に設置し、もう一方は、車いすを便器と平行に寄り付けて移乗する場合等を考慮し、十分な強度を持った可動式とする。可動式手すりの長さは、移乗の際に握りやすく、かつアプローチの邪魔にならないよう、便器先端と同程度とする。手すりの高さは65～70cmとし、左右の間隔は70～75cmとする。

4）水洗器具
① 水洗装置

> 多機能便房には、オストメイト※のパウチやしびんの洗浄ができる水洗装置を設置するものとする。

　多機能便房には、オストメイトのパウチやしびんの洗浄ができる水洗装置を設置するものとし、その水洗装置としては、パウチの洗浄や様々な汚れ物洗いに、汚物流しを設置することが望ましい。また、汚物流しを設置する場合には、オストメイトがペーパー等で腹部を拭う場合を考慮し、温水が出る設備を設け、水洗装置の付近に、パウチなどの物を置けるスペースを設置することが望ましい。

※オストメイト：人工肛門保有者。また、人工膀胱（ぼうこう）保有者。

② 水洗スイッチ

> 水洗スイッチは、便器に腰掛けたままの状態と、便器の回りで車いすから便器に移乗しない状態の双方から操作できるように設置することが望ましい。

　多機能便房の水洗スイッチは、便器に腰掛けたままの状態と、便器の回りで車いすから便器に移乗しない状態の双方から操作できるように設置するものとし、手かざしセンサー式又は操作しやすい押しボタン式、靴べら式などとする。手かざしセンサーが使いにくい人もいることから、手かざしセンサー式とする場合には押しボタン、手動式レバーハンドル等を併設するものとする。

③ 洗面器

> 洗面器は、車いすから便器へ前方、側方から移乗する際に支障とならない位置、形状のものとする。

　多機能便房の洗面器は、車いすから便器へ前方、側方から移乗する際に支障とならない位置、形状のものとする。

　洗面器の形状は、車いすでの使用に配慮し、洗面器の下に床上60cm以上の高さを確保し、洗面器上面の標準的高さを80cm以下とするとともに、よりかかる場合を考慮し、十分な取付強度を持たせるものとする。

　蛇口は、上肢不自由者のためにもセンサー式、レバー式などとする。また、おむつ交換やオストメイトがペーパー等で腹部を拭う場合を考慮し、温水が出る設備を設けることが望ましい。温水設備の設置にあたっては、車いすでの接近に障害とならないよう配慮することが望ましい。

④ 小型手洗い器

> 小型手洗い器は、便座に腰掛けたままで使用できる位置に設けることが望ましい。

　小型手洗い器を便座に腰掛けたままで使用できる位置に設けることが望ましく、蛇口は操作が容易なセンサー式、押しボタン式などが望ましい。

5） 出入口の有効幅や戸の構造

> 多機能便房の出入口の有効幅、出入口の戸の構造については、多機能便房を設ける便所の基準の規定を準用するものとする。

多機能便房の出入口の有効幅、出入口の戸の構造については、「(2) 多機能便房を設ける便所の構造」の規定を準用するものとする。

6） 多機能便房の大きさ

> 多機能便房の大きさは、手動車いすの方向転換を考慮して、標準奥行き200cm×幅200cmを確保するものとする。

多機能便房の大きさは、手動車いすの方向転換を考慮して、標準奥行き200cm以上×幅200cm以上を確保するものとする。また、新設の場合等スペースが十分取れる場合は、電動車いすで便器へ移乗するための方向転換を考慮して、奥行き220cm以上×幅220cm以上を確保するものとする。

7） その他の付属器具

① ペーパーホルダー

> ペーパーホルダーは、便器に腰掛けたままの状態と、便器の回りで車いすから便器に移乗しない状態の双方から使用できるように設置するものとする。

多機能便房には、ペーパーホルダーを、便器に腰掛けたままの状態と、便器の回りで車いすから便器に移乗しない状態の双方から使用できる位置に設置するものとする。また、上肢不自由者等に配慮して、片手で紙が切れるものとするものとする。

② フック

> 荷物を掛けることのできるフックを設置する。

多機能便房には、オストメイトや様々な器具の使用者に配慮して、荷物を掛けることのできるフックを設置するものとする。フックは、立位者、車いす使用者の顔面に危険のない形状、位置とするとともに、1以上は車いすに座った状態で使用できるものとする。また、手荷物を置ける棚などのスペースも設定する。

③ 汚物入れ

> 汚物入れは、大きくかつ手の届く範囲に設置するものとする。

多機能便房には、パウチ、おむつも捨てることを考慮した大きさの汚物入れを設置するものとする。

④ 鏡

> 洗面器前面の鏡は、低い位置から設置され十分な長さを持った平面鏡とするものとする。また、洗面器前面の鏡とは別に、全身の映る姿見を設置することが望ましい。

多機能便房には、鏡は車いすでも立位でも使用できるよう、低い位置から設置され十分な長

さを持った平面鏡とするものとする。
　また、オストメイト等の身づくろいへの対応として、洗面器前面の鏡とは別に、全身の映る姿見を設置することが望ましい。

⑤　おむつ交換シート

> 乳児のおむつ替え用に乳児用おむつ交換シートを設置するものとする。ただし、一般トイレに男女別に設置してある場合はこの限りではない。

　多機能便房には、乳児のおむつ替え用に乳児用おむつ交換シートを設置するものとする。ただし、一般トイレに男女別に設置してある場合はこの限りではない。
　また、重度障害者のおむつ替え用等に、折りたたみ式のおむつ交換シートを設置することが望ましい。その場合、畳み忘れであっても、車いすでの出入が可能となるよう、車いすに乗ったままでも畳める構造、位置とすることが望ましい。

⑥　通報装置

> 便器に腰掛けた状態、車いすから便器に移乗しない状態、床に転倒した状態のいずれからも操作できるように通報装置を設置することが望ましい。

　多機能便房には、便器に腰掛けた状態、車いすから便器に移乗しない状態、床に転倒した状態のいずれからも操作できるように通報装置を設置することが望ましい。
　通報装置を設置する場合は、音、光等で押したことが確認できる機能の付与や、点字等により視覚障害者が呼び出しボタンであることが認識できるものとする。また、水洗スイッチ等の装置と区別できるよう形状等に配慮するとともに、指の動きが不自由な人でも容易に使用できる形状とすることが望ましい。

⑦　器具等の形状・色・配置

　視覚障害者や肢体不自由な人等の使用に配慮し、ペーパーホルダー、水洗スイッチ、通報装置の形状、色、配置については、JIS S0026規格にあわせたものとする。

8）床仕上げ

> 便房の床の表面は、ぬれた状態でも滑りにくい仕上げとする。

　多機能便房の床の表面は、一般の便所と同様に、ぬれた状態でも滑りにくい仕上げとするとともに、床面には、高齢者、障害者等の通行の支障となる段差を設けないようにする。
　また、排水溝などを設ける必要がある場合には、視覚障害者や肢体不自由者等にとって危険にならないように、配置を考慮することが望ましい。

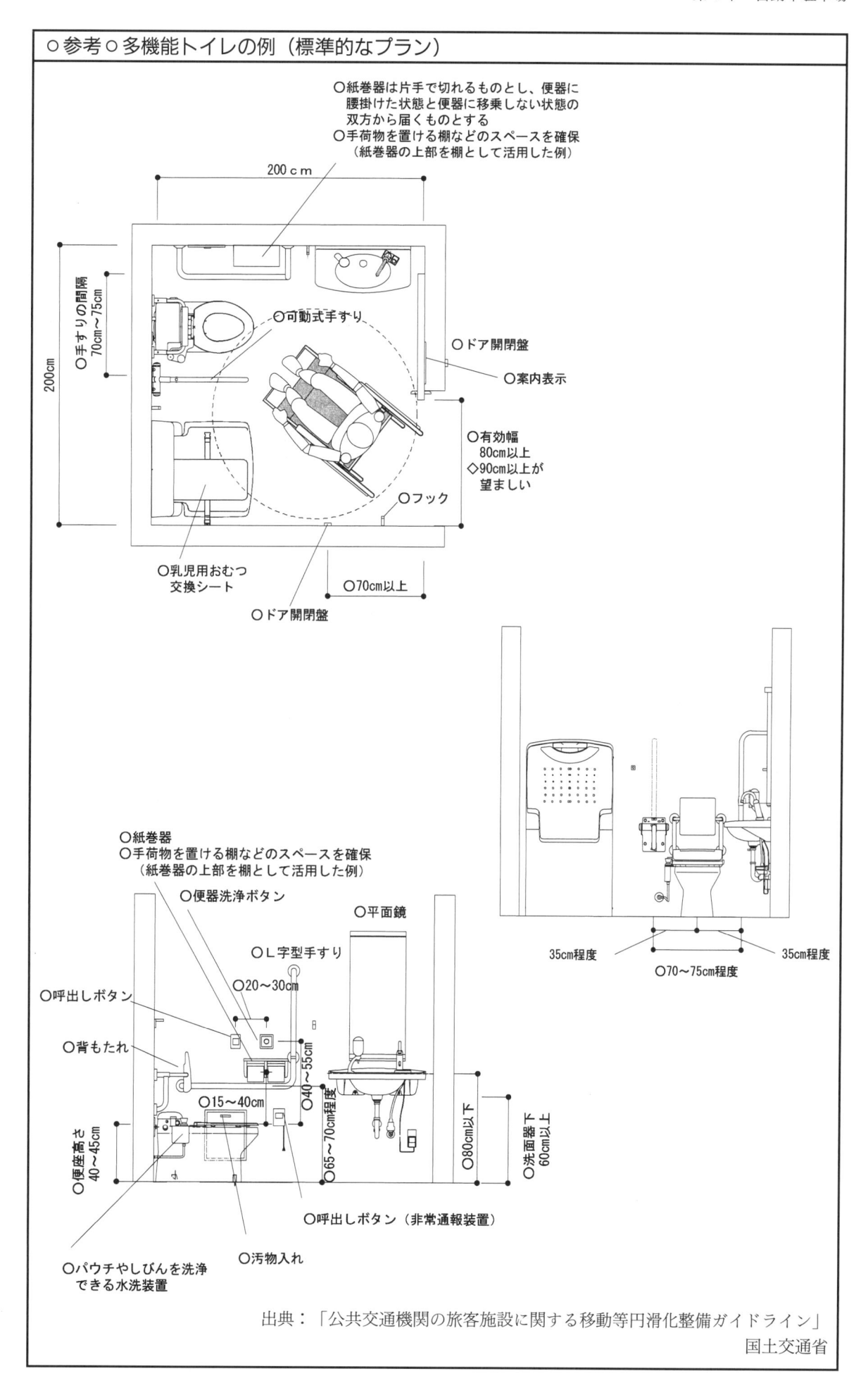

○参考○ 多機能トイレの例（標準的なプラン）

- ○紙巻器は片手で切れるものとし、便器に腰掛けた状態と便器に移乗しない状態の双方から届くものとする
- ○手荷物を置ける棚などのスペースを確保（紙巻器の上部を棚として活用した例）

- 200cm
- ○手すりの間隔 70cm～75cm
- 200cm
- ○可動式手すり
- ○ドア開閉盤
- ○案内表示
- ○有効幅 80cm以上 ◇90cm以上が望ましい
- ○フック
- ○乳児用おむつ交換シート
- ○70cm以上
- ○ドア開閉盤

- ○紙巻器
- ○手荷物を置ける棚などのスペースを確保（紙巻器の上部を棚として活用した例）
- ○便器洗浄ボタン
- ○平面鏡
- ○L字型手すり
- ○20～30cm
- ○呼出しボタン
- ○背もたれ
- ○40～55cm
- ○15～40cm
- ○65～70cm程度
- ○80cm以下
- ○洗面器下 60cm以上
- ○便座高さ 40～45cm
- ○呼出しボタン（非常通報装置）
- ○汚物入れ
- ○パウチやしびんを洗浄できる水洗装置

- 35cm程度
- 35cm程度
- ○70～75cm程度

出典：「公共交通機関の旅客施設に関する移動等円滑化整備ガイドライン」
国土交通省

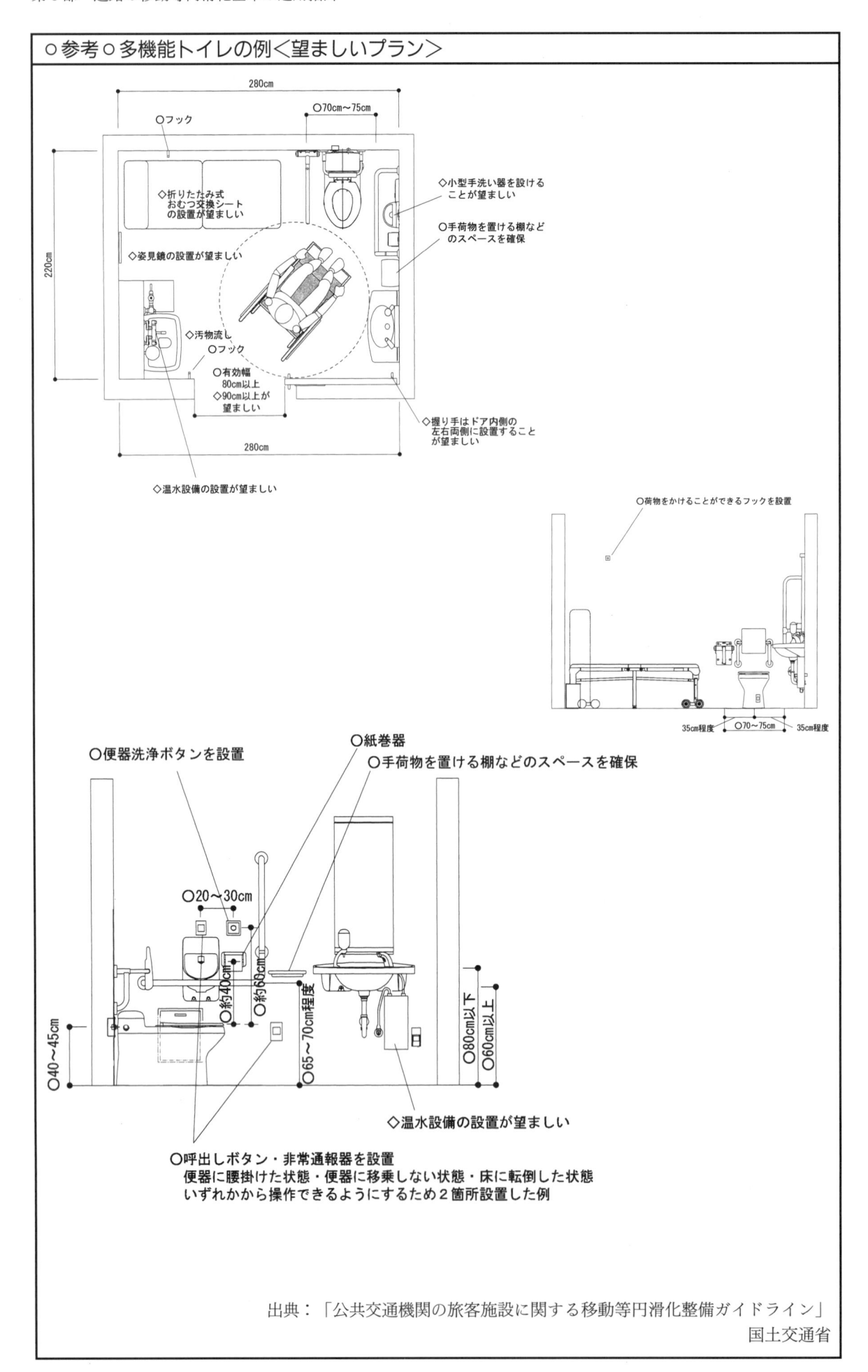

第3部　道路の移動等円滑化基準の運用指針

○参考○ 多機能トイレの例 ＜望ましいプラン＞

平面図（280cm × 220cm）

- ○フック
- ◇折りたたみ式おむつ交換シートの設置が望ましい
- ◇姿見鏡の設置が望ましい
- ◇汚物流し
- ○フック
- ○有効幅80cm以上、90cm以上が望ましい
- ◇温水設備の設置が望ましい
- ○70〜75cm
- ◇小型手洗い器を設けることが望ましい
- ○手荷物を置ける棚などのスペースを確保
- ○握り手はドア内側の左右両側に設置することが望ましい

正面図（便器まわり）

- ○荷物をかけることができるフックを設置
- 35cm程度 ○70〜75cm 35cm程度

詳細図

- ○便器洗浄ボタンを設置
- ○紙巻器
- ○手荷物を置ける棚などのスペースを確保
- ○20〜30cm
- 約54cm
- 約60cm
- 65〜70cm程度
- ○80cm以下
- ○60cm以上
- ○40〜45cm
- ◇温水設備の設置が望ましい
- ○呼出しボタン・非常通報器を設置
  便器に腰掛けた状態・便器に移乗しない状態・床に転倒した状態
  いずれかから操作できるようにするため2箇所設置した例

出典：「公共交通機関の旅客施設に関する移動等円滑化整備ガイドライン」
国土交通省

○参考○多機能トイレの案内標識の例

○位置サイン

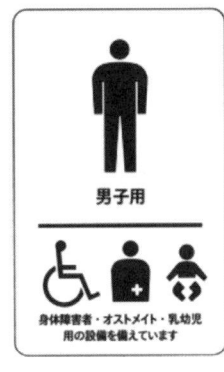

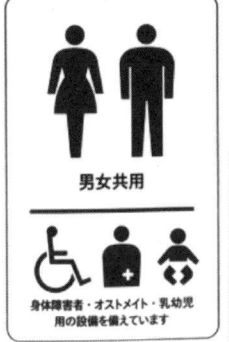

| 女子用 | 男子用 | 男女共用 | 多機能便所のあるトイレ |

○誘導サイン

多機能便所のあるトイレ

出典：「公共交通機関の旅客施設に関する移動等円滑化整備ガイドライン」
国土交通省

(4) 多機能便所の構造

道路移動等円滑化基準

第32条 前条第1項第1号から第3号まで、第5号及び第6号並びに第2項第2号から第4号までの規定は、第30条第2項第2号の便所について準用する。この場合において、前条第2項第2号中「当該便房」とあるのは、「当該便所」と読み替えるものとする。

多機能便所の構造は、多機能便房を設ける便所及び多機能便房の次の構造に準じるものとする。
① 便所に接続する通路の構造
② 出入口の有効幅・構造
③ 出入口の戸の有効幅・構造
④ 広さ
⑤ 案内標識
⑥ 便器及び手すり
⑦ 水洗器具

第30条第2項第2号に基づく便所（多機能便所）の構造は、「(2) 多機能便房を設ける便所の構造」の通路、出入口、広さ、及び、「(3) 多機能便房の構造」の出入口・案内標識・便器及び手すり、水洗器具等の規定を準用するものとする。

第3部　道路の移動等円滑化基準の運用指針

6－11　案内標識

(1) 概説

> 　自動車駐車場には、歩行者の動線に配慮し、案内標識を設置し、目的施設（障害者用駐車施設、障害者用停車施設、便所、移動等円滑化された出入口等）や、エレベーター等の移動を支援する施設等の位置や方向等の情報提供を行うものとする。また、大規模駐車場など、出入口が多数存在する場合には、行先を案内する情報提供を行うものとする。
> 　なお、案内標識を設置する際には、設置位置や記載内容、文字の大きさ、点字又は音声案内の設置など、高齢者・障害者等の利用に配慮するものとする。

　高齢者、障害者等の移動の円滑化を図るために、歩行動線上において、目的地である施設等の位置及びエレベーター等の移動を支援する施設等の位置を案内するものとする。

　なお、自動車駐車場内における目的地の施設としては、障害者用駐車施設、障害者用停車施設、便所、移動円滑化された出入口等がある。

　このうち、障害者用駐車施設の標示は「6－2障害者用駐車施設」、障害者用停車施設の標示は「6－3障害者用停車施設」、移動円滑化されたトイレは「6－10便所」、その他、移動円滑化された施設については「第7章案内標識」を参照するものとする。

○出入口において行う標示の例

○経路において行う標示の例

図6－15　移動等円滑化された出入口の標示例

　また、大規模駐車場など歩行者出入口が多数存在する場合は、行先への移動等円滑化を図るため、案内標識に、行先を案内する情報提供を行うことが必要である。

○参考○関連するその他の基準

駐車場設計・施工指針　同解説（(社)日本道路協会　平成4年11月）
第2編　2.8　案内表示
(1) 駐車場内においては、車からおりた利用者が速やかに目的地まで到達することができるように、また駐車車両を入庫口から駐車位置まで、あるいは駐車位置から出庫口まで速やかに誘導するために必要に応じて案内標示を設置することが必要である。とくに、規模が大きな駐車場で複数の出入口、入出庫口が存在する場合には、利用者が迷うことのないように適切な案内標示を行う必要がある（例えば、カラーあるいはイラストによる駐車場内のゾーニングなど）。

≪目的地の案内例≫

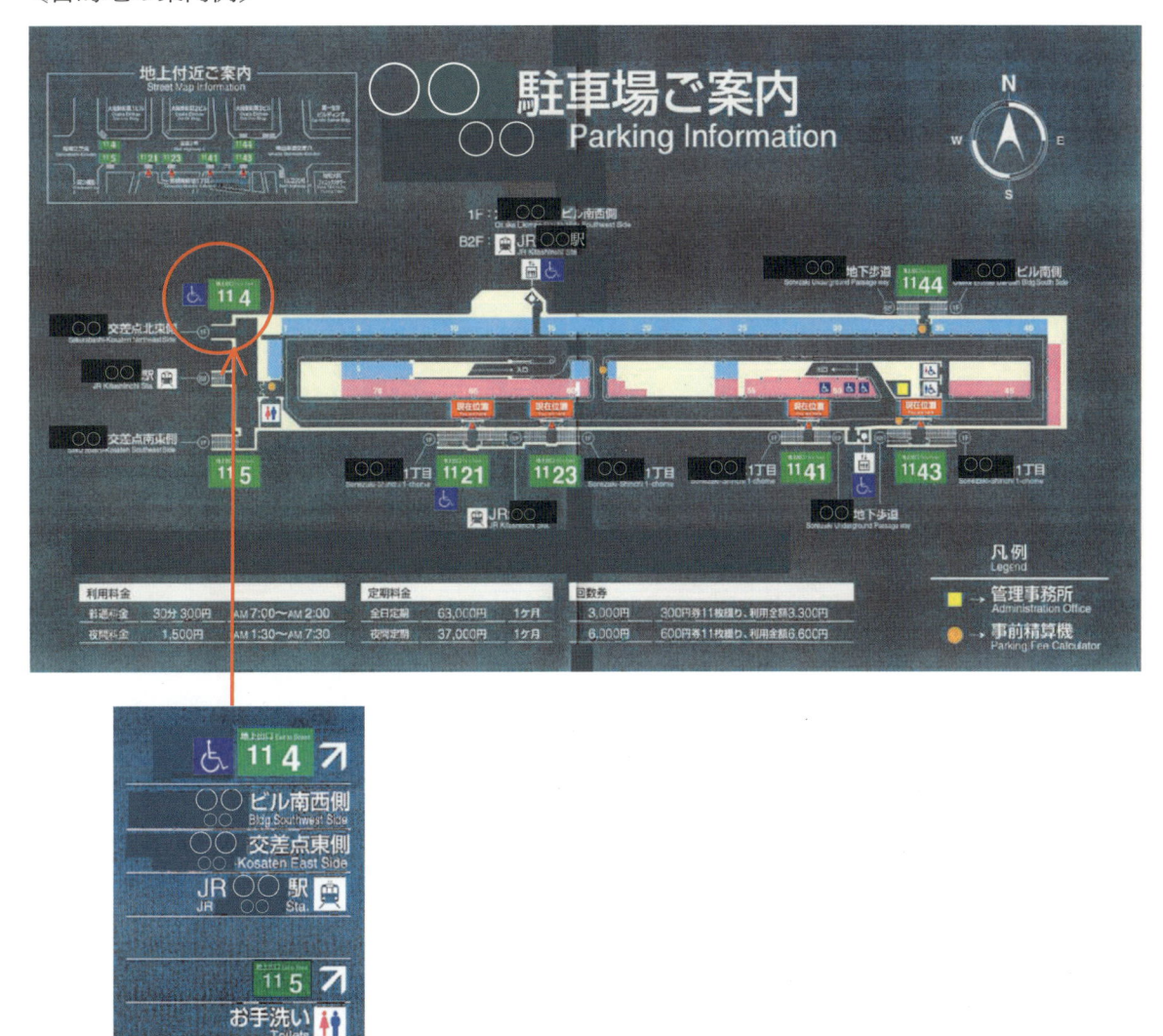

図6－16　総合案内板と目的地案内板の連携

　高齢者、障害者等が案内標識を有効に活用できるようにするため、記載内容、文字の大きさ等に配慮するものとし、視覚障害者には単なる表示だけでは不十分であるため、案内標識には点字又は音声等による情報提供施設を併設するものとする。

　案内標識の文字の大きさ、点字・音声等による案内の方法等の詳細については、第7章を参照するものとする。

6-12　視覚障害者誘導用ブロック

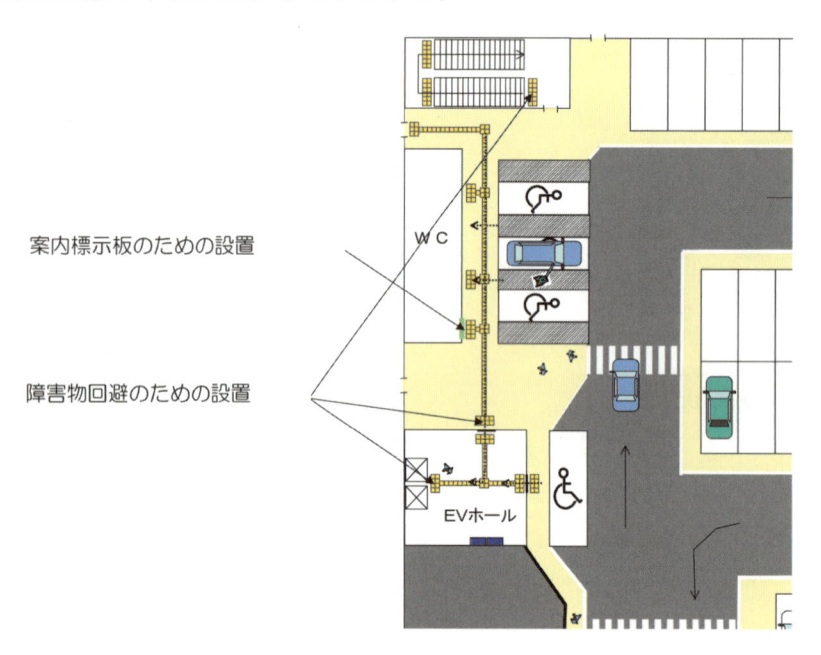

> 視覚障害者誘導用ブロックは、視覚障害者のエレベーター、階段、エスカレーター等の障害物の回避及び案内標識、案内標示板への誘導のために設置するものとする。また、その他の箇所については、当該施設を利用する視覚障害者等の意見を反映して設置することが望ましい。

　視覚障害者が安全かつ円滑に歩行できるようにするため、視覚障害者を誘導し、かつ、視覚障害者が段差等の存在を認識し又は障害物を回避できるよう、視覚障害者誘導用ブロックを設置するものとする。

　そのため、自動車駐車場における視覚障害者誘導用ブロックは、視覚障害者の移動の安全性を確保するため、段差等の存在の認識やエレベーター・階段・エスカレーター等障害物の回避と、案内標識・標示板への誘導を目的とした設置を行うものとする。その他の箇所は、自動車を利用する視覚障害者には介助者が付き添っていることを考慮し、当該施設を利用する視覚障害者等の意見を反映して設置することが望ましい。

　また、設置方法は第8章を参照するものとする。

図6-17　視覚障害者誘導用ブロック設置例

6-13 照明施設

(1) 概説

> 自動車駐車場には、障害物や案内標識が的確に認識できる箇所に、照明施設を設けるものとする。歩行空間においては、特に、一定の照度が連続的に確保できる箇所に設けるものとする。
> ただし、屋外の自動車駐車場では、夜間において、周辺からの光によって、弱視者等でもこれらが的確に認識できる照度が確保されている場合には、この限りでない。

屋内又は夜間の屋外の自動車駐車場においても、高齢者、障害者等が障害物や案内標識を的確に認識できるようにするため、必要であると認められる箇所に照明施設を設置するものとする。

なお、必要であると認められる箇所とは、①障害物や案内標識を的確に認識するために必要な箇所、又は、②歩行空間の路面に明るさのムラがあると障害物が見にくいため、一定の照度を連続的に確保するために必要な箇所である。

屋外の自動車駐車場では、夜間も周辺からの光によって、弱視者等でも障害物や案内標識を的確に認識できる場合があり、その場合は、照明施設を設ける必要はないものとした。

また、照明施設の詳細については第10章を参照するものとする。

○参考○関連基準

駐車場設計・施工指針　同解説（（社）日本道路協会　平成4年11月）
5.5　照明設備
(1) 地下駐車場では、車路、車室、階段・通路および管理諸室等に照明設備を設けるものとする。必要な平均照度は原則として以下のとおりとする。
- 車路　　　　　　　　　　　　　75～150 lx
- 車室　　　　　　　　　　　　　50～100 lx
- 機械式駐車装置の出入り口部　　150～300 lx
- 階段・通路　　　　　　　　　　100～250 lx
- 管理諸室　　　　　　建築設備設計要領に準拠した照度

(2) 車路、車室、階段・通路および管理諸室には、非常用照明と必要に応じて保安用照明を設置するものとする。
(3) 光源は蛍光灯を標準とする。

＜解説＞
(1) 車路、車室、機械式駐車装置の出入口部の平均照度はJIS Z 9110付表10駐車場に、階段・通路および管理諸室の平均照度は建築設備設計要領（建設大臣官房官庁営繕部監修）によるものとする。
(2) 非常照明設備については、建築基準法施行令第126条の四、五に準拠するものとする。また、停電時における保安照明の照度は10lx以上とする。
(3) 光源としては蛍光灯、水銀灯、ナトリウム灯、ハロゲン灯等がある。

○参考○階段・通路及び管理諸室の平均照度

区　分	室　　名	水平面照度[lx]	グレアを考慮する場合
ユーティリティエリア	化粧室，便所，洗面所，宿直室	100～300	G0，G1
	廊下，階段，電気室，機械室，書庫		G2，G3
	エレベータホール	250～500	G1
	更衣室，倉庫，車庫	80～150	G2，G3

（備考）　1）照度は，作業面（一般事務室では床上85cm，座業では床上40cm，廊下等は床面）における平均照度とする。

出典：「建築設備設計基準」建設大臣官房官庁営繕部監修　1994年4月15日

6－14　発券機・精算機

> 車に乗車したまま操作する発券機・精算機は、曲がり角や斜路部分には設置しないものとする。なお、可能な限り車に乗り込む前に精算等を済ませるシステム等を導入することが望ましい。
>
> 車から降りた状態で操作する発券機・精算機は、床面が水平な箇所に設置するものとする。
>
> 発券機・精算機も、高齢者・障害者等が円滑に利用できるように配慮することが望ましい。

(1) 設置箇所

乗車したまま操作する発券機・精算機は、高齢者、障害者等にとって、券を取る又は精算する際、降車や車から身を出すこと等が特に困難なため、このような状況になりやすい曲がり角や傾斜路部分に設置しないものとする。

なお、それぞれの自動車の車高が異なり、それに伴い操作位置が異なることを考慮すると、発券機・精算機自体での対応が困難であるため、可能な限り車に乗り込む前に精算等を済ませるシステム等を導入することが望ましい。

> ○参考○発券所の設置箇所
>
> ・発券所等は、曲がり角や斜路部分に設けないように計画するなど高齢者、障害者等が円滑に利用できるよう配慮したものとする。
>
> 　　　　　　　　　　出典：「東京都福祉のまちづくり条例施設整備マニュアル」東京都

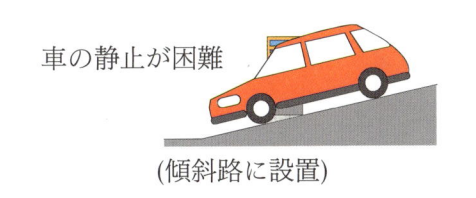

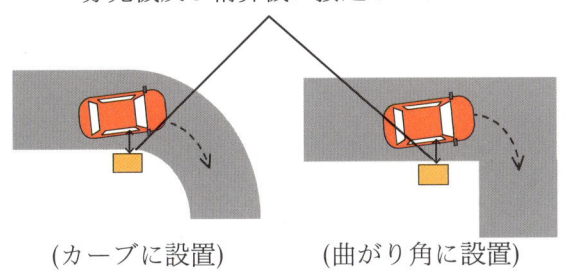

図6－18　券売機及び精算機の設置位置の悪い例

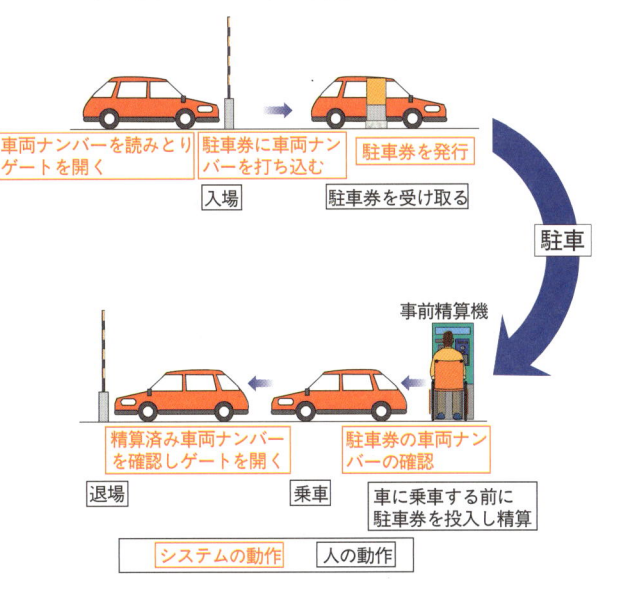

図6－19　車両ナンバー読みとりと事前精算による精算システム

(2) 発券機・精算機の工夫

　車から降りた状態で操作する発券機・精算機は、車いす使用者等の利用を考慮し、床面が水平な箇所に設置するものとする。

　発券機・精算機は、車いす使用者の手の届く範囲が低いため、操作位置（高さ）に配慮が必要である。さらに、車いす使用者が容易に接近できるよう、発券機・精算機の蹴込みを確保する等の配慮を行うことが望ましい。

　発券機・精算機は、高齢者・障害者等が円滑に利用できるように、操作方法（硬貨の投入方法）に配慮することが望ましい。

≪車を降りて操作する精算機の例≫

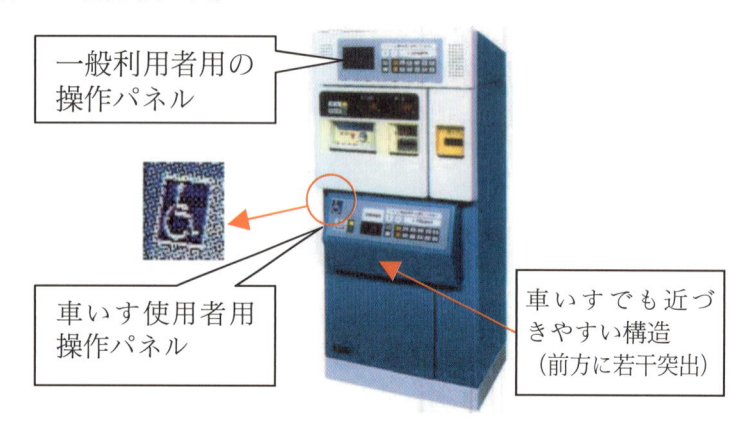

- 一般利用者用の操作パネル
- 車いす使用者用操作パネル
- 車いすでも近づきやすい構造（前方に若干突出）

参考資料：日本信号株式会社　カタログ

写真6-4　車椅子の高さからでも押しボタン等を操作できる精算機

参考資料：オムロン株式会社　カタログ

写真6-5　コインの一括投入方式を採用している精算機

6－15　維持管理
6－15－1　点検・維持・修繕

> 管理人等は、自動車駐車場が常に移動等円滑化の図られた状態に保つという観点から、各施設について、適宜、点検・維持・修繕に努めるものとする。

　移動等円滑化が図られた場合においても、施設等が使用されることにより、その機能を十分に発揮できなくなるため、管理人等は、適宜移動等円滑化が図られているかについて、点検・維持・修繕に努めることが必要である。

6－15－2　管理
(1)　広報活動の推進

> 管理人等は、障害者用駐車施設及び障害者用停車施設において、健常者等の利用を抑制するための広報活動を行うことが望ましい。

　管理人等は、健常者による障害者用駐車施設及び障害者用停車施設の利用を抑制するため、チラシ・看板等により、障害者用駐車施設及び障害者用停車施設が障害者専用である旨の広報活動を行うことが望ましい。

(2)　案内・誘導

> 管理人等は、①健常者の一般駐車施設への案内・誘導、②障害者の障害者用駐車施設及び障害者用停車施設への案内・誘導を行うことが望ましい。

　管理人等は、障害者用駐車施設及び障害者用停車施設において、健常者等の利用を抑制するとともに、障害者等の円滑な利用を促進するために、係員等による案内・誘導を行うことが望ましい。

(3)　代行運転

> 管理人等は、障害者用駐車施設が満車の場合、障害者等の運転を代行し、一般駐車施設へ駐車するなど代行運転の対応を行うことが考えられる。

　管理人等は、障害者用駐車施設が満車の場合においても、障害者等が当該駐車場を利用できるようにするため、障害者等の運転を代行し、一般駐車施設へ駐車するなど代行運転の対応を行うことが考えられる。なお、福祉車両は、一般の車とは仕組みが異なるため、運転方法について十分に注意するものとする。

　管理人等は、障害者用駐車施設について、障害者等のみを利用可能とするため、健常者が駐車している場合に、管理人が一般駐車施設に移動するなど、代行運転が可能とする仕組みも考慮することが考えられる。

(4) 監視

> 駐車場においては、管理人等が、管理室から当該駐車場内（特に障害者用駐車施設周辺）が常に監視できることが望ましい。

　管理人等は、自動車駐車場内で高齢者、障害者等の移動に支障があった場合にすみやかな対応が行えるよう、管理人室から当該駐車場内が常に監視できるようにすることが望ましい。

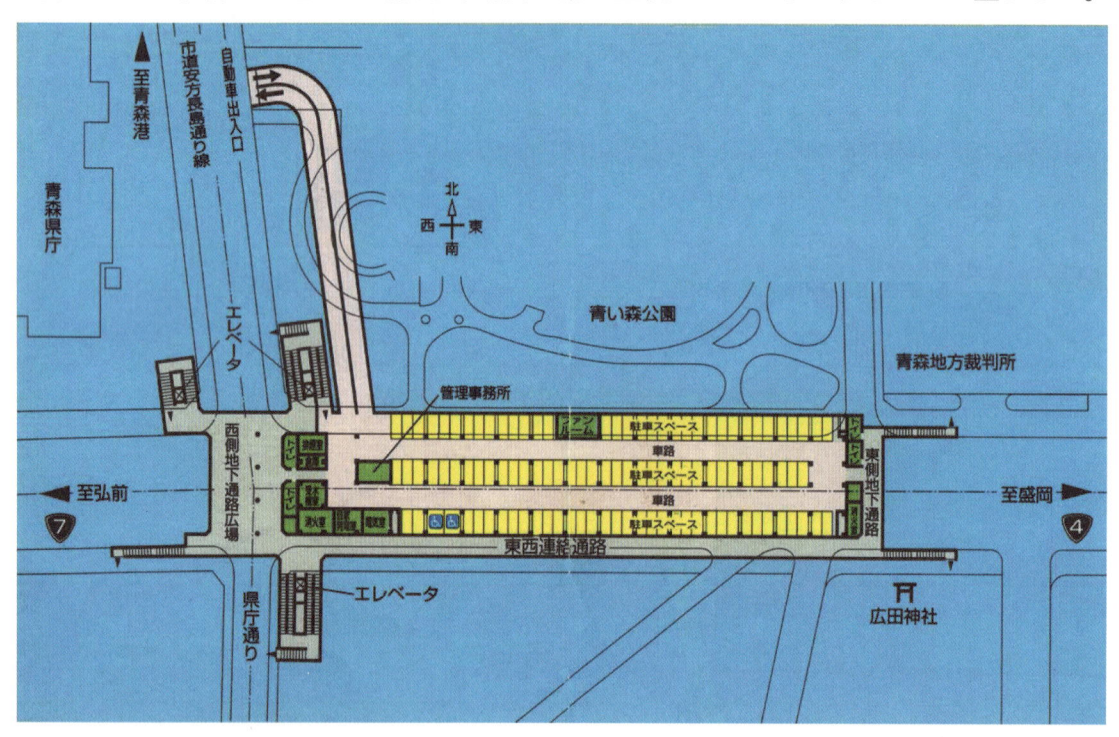

図6－20　障害者用駐車施設・トイレ等が監視できる位置に管理室を設置
（長島地下駐車場　青森市）

○参考○駐車場ETC社会実験［桜橋駐車場（大阪府大阪市）］

　国土交通省では有料道路等の料金決済に使用しているETC車載器を利用した駐車場ETC社会実験を平成17年度〜18年度に行った。

　これにより、利用者、特に障害者等は料金支払に関わる煩わしさから解放される。さらに、同システムにおいて障害者用駐車ますには障害者以外が駐車できないようなゲートを設置することにより、不正利用を防止して効果をあげており、今後の展開が期待される。

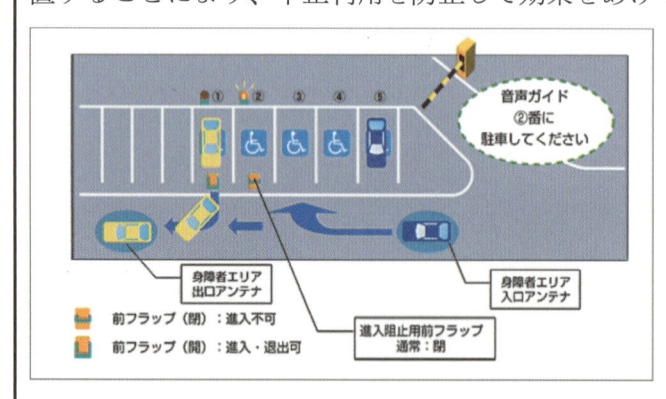

写真　フラップが上がって使用不可の状態

写真：（財）駐車場整備推進機構

第6章　自動車駐車場

○参考○機械式駐車装置

1　概説

> 機械式駐車場において、「機械式駐車装置」部分の、移動等円滑化を図る場合には、当該項を参考とするものとする。

　機械式駐車場は、1）機械式駐車装置の部分、2）それ以外の部分（通路・エレベーター・階段・傾斜路等）により構成される。

　機械式駐車場において、機械式駐車装置以外の移動等円滑化は、6－2～6－14に基づくものとする。また、機械式駐車場全体について、移動等円滑化を図る場合には上記の項目に加え、次の3つの方法が想定される。

①　機械式駐車装置は健常者のみ使用可能とし、駐車場内に別途障害者用駐車施設を設置。

②　管理人による対応（ドライバーは事前に乗降用スペースで乗降し、管理人が機械式駐車装置への入出庫を行う）

③　機械式駐車装置自体の移動等円滑化

　ここでは、③の方法を対象として、参考となる考え方等を例示する。

参考：機械式駐車場、機械式駐車装置の定義

＜機械式駐車場の定義＞
　自動車を駐車又は運搬する手段として機械装置を用いる全域をいい、一般に車路、前面空地、管理室等も含まれる。

＜機械式駐車装置の定義＞
　自動車を駐車位置に運搬しあるいは駐車させるために使用する機械装置全体をいう。

参考：機械式駐車装置の種類

＜機械式駐車装置の種類＞
　方式別分類（構造、機構、形状、用途など）
　1．垂直循環方式
　2．多層循環方式
　3．水平循環方式
　4．エレベーター方式
　5．エレベーター・スライド方式
　6．平面往復方式
　7．二段方式・多段方式
　8．方向転換装置（ターンテーブル）
　9．自動車用エレベーター

出典：「機械式駐車場技術基準及び機械式駐車場管理基準」（社）立体駐車場工業会

第3部　道路の移動等円滑化基準の運用指針

2　機械式駐車装置の移動等円滑化の例

> 機械式駐車装置の移動等円滑化は、高齢者・障害者等が、機械式駐車装置内において、円滑に、①乗降部で乗降し、②乗降部から出入口まで移動し、出入口から出ることができる構造とすることである。

　機械式駐車場の場合、障害者用駐車施設を設ける代替措置として、機械式駐車装置の移動等円滑化を図ることが考えられる。機械式駐車装置の移動等円滑化は、高齢者・障害者等が、機械式駐車装置内において円滑に、①乗降部で乗降し、②乗降部から出入口まで移動し、出入口から出ることができる構造とすることである。

＜機械式駐車装置の移動等円滑化の工夫例＞

○段差の解消、隙間の縮小
- 障害者対応の乗降バースでは、乗降用スペースの確保と段差の解消と隙間の縮小に配慮されている。

写真　乗降部及び通路の段差の解消、隙間の縮小

○乗降部のフラット化・スペース確保
- 乗降用スペースは段差のないフラットな構造である。（段差は5mm程度）
- 通常より幅の広い乗降バースが設置されており、車の左右どちらからの乗降にも対応したスペースの確保が可能である。

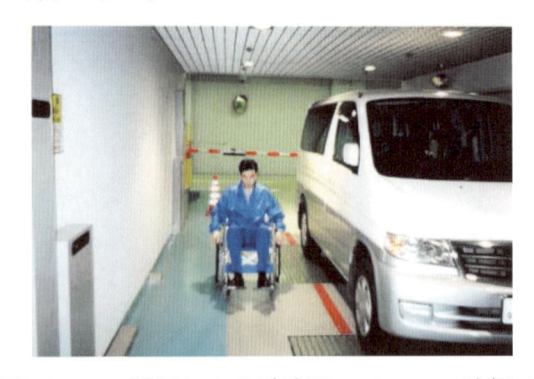

写真　幅広い乗降バースの設置による乗降用スペースの確保（平面往復方式）

○段差の少ないタイヤガードの設置
  ・自動車の搬器への誘導は、従来型では進入部のタイヤガードと搬器の凹凸の立体の形成により行われているが、このタイプでは搬器をフラット化しているため、搬器部に段差の少ないタイヤガードを設けて対応している。

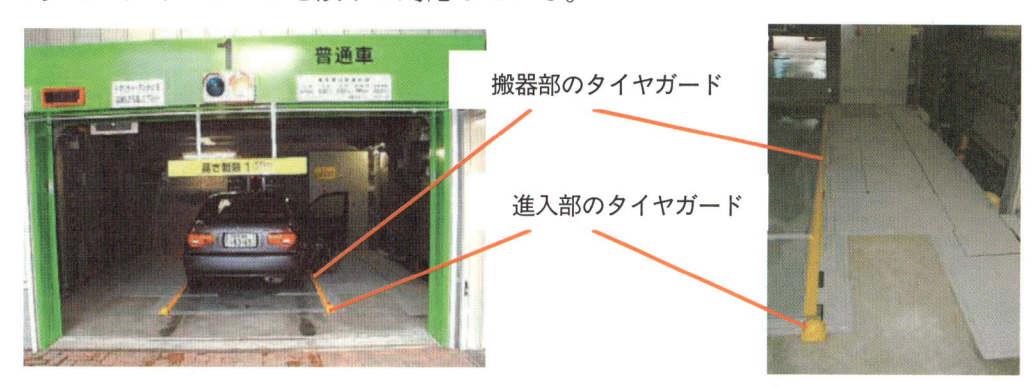

写真　タイヤガードの設置

第6章　自動車駐車場

（参考）【標準仕様図】

※図中の整備内容は、あくまで参考例である。

－障害者用駐車施設－
- 次の数を設置する。
   駐車施設総数×1/50以上（駐車施設総数≦200）
   駐車施設総数×1/100＋2以上（駐車施設総数＞200）
- 歩行者用出入口又はエレベーターの出入口に近い箇所に配置
- 歩行者用出入口又はエレベーターの出入口までの通路と自動車動線との交錯が極力少ない位置に設置
- 乗降用スペースは、車体用スペースの両側に設ける
- 地表面は可能な限り水平とする
- 標識、塗装標示により障害者用駐車施設である旨を標示

－障害者用駐車施設－
国際シンボルマークに障害者用の駐車スペースであることを併記する

－視覚障害者誘導用ブロック－
視覚障害者が障害物を回避できるよう敷設、また駐車場内の案内標識前に敷設

出入口の幅：90cm以上
施設Bに通ずる出入口
近接した出入口

出入口の幅：90cm以上

－通路－
- 有効幅員2m以上
- 平坦性の確保
- 車路・駐車施設と分離した構造

2.1m程度
1.4m以上
WC

－照明施設－
- 障害物や案内標識が的確に認識できる箇所に照明施設を設ける
- 歩行空間では、一定の照度が連続的に確保できる箇所に設ける

－屋根－
屋外に設ける自動車駐車場では、障害者用駐車施設、障害者用停車施設、歩行者の出入口から障害者用駐車施設に至る通路のうち1つ以上の移動等円滑化された通路には、屋根を連続的に設置する
また屋根を設ける際には、屋根の柱が、当該施設の有効幅員を侵さないよう配慮する必要がある

施設Aに通ずる出入口
近接した出入口

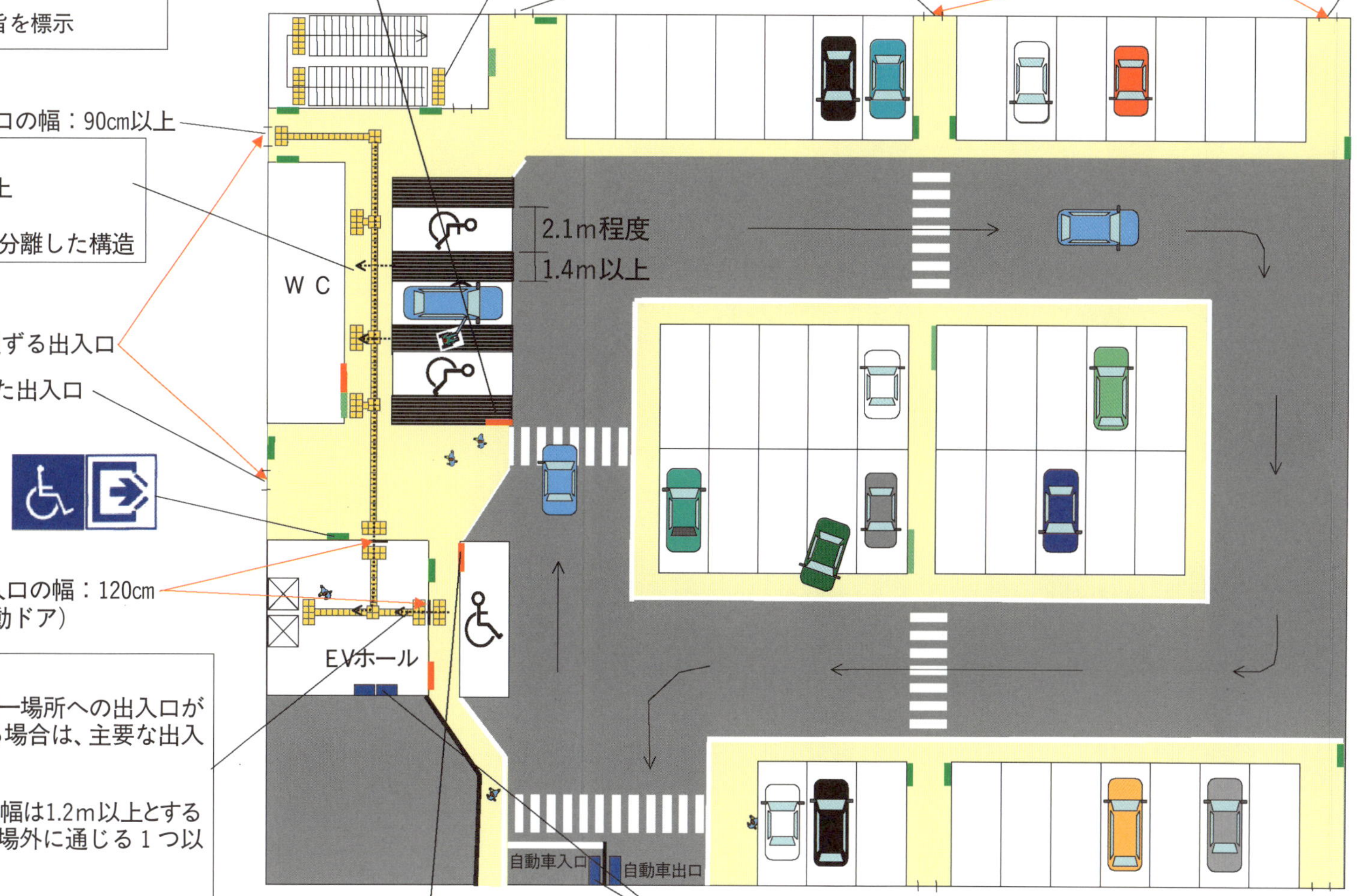

歩行者の出入口の幅：120cm（自動ドア）

EVホール

－出入口－
下記の構造の出入口を設置すること。ただし、同一場所への出入口が複数ある場合など、複数の出入口が近接してある場合は、主要な出入口のみ下記の構造とすればよい
- 出入り口の有効幅は90cm以上とする
- 自動車駐車場外に通じる1つ以上の出入口の有効幅は1.2m以上とする
- 戸を設ける場合は1.2m以上として、自動車駐車場外に通じる1つ以上のものは自動ドアとする
- 出入口部前後に、1.2m以上の水平区間を確保
- 段差を設けない
- 高齢者・障害者等の円滑な通行や安全性を考慮した構造や施設の整備を行う

自動車入口　自動車出口

－障害者用停車施設－
- 移動距離の短縮に配慮した配置とする
- 自動車動線との交錯が極力少ない位置に配置
- 乗降部分として側部と後部に、1.5m以上×1.5m以上のスペースを確保する
- 地表面を可能な限り水平とする
- 車体用スペースは、車体の大きい福祉車両への対応に考慮した幅・奥行き・高さとする
- 標識、塗装標示により障害者用停車施設である旨を標示

－発券機・精算機－
- 曲がり角や斜路部分には設置しない
- 高齢者が円滑に利用できる操作方法に配慮することが望ましい
- 可能な限り車に乗り込む前に清算等を済ませるシステムの導入が望ましい
- その場合、機械は水平な場所に設置し車いす使用者等を考慮した構造とする

－障害者用停車施設－
国際シンボルマークに障害者用の停車スペースであることを併記する

－案内標識－
- 歩行者の動線に配慮し、目的施設（障害者用駐車施設、障害者用停車施設、便所等）や移動を支援する施設（エレベーター）の方向等の情報提供を行う
- 移動等円滑化された出入口にはその旨を標示する
- 高齢者・障害者等の利用に配慮したものとする

凡例
←‥‥‥‥ 障害者等の動線
←——— 車の動線

凡例（案内標識）
■ 目的施設への経路の情報提供を行う標識
■ 出入口を示す標識（移動等円滑化されている出入口の場合その旨を示す）
■ 目的施設、移動を支援する施設を案内する標識

第7章 案内標識

7－1 概説

> **道路移動等円滑化基準**
>
> （案内標識）
> **第33条** 交差点、駅前広場その他の移動の方向を示す必要がある箇所には、高齢者、障害者等が見やすい位置に、高齢者、障害者等が日常生活又は社会生活において利用すると認められる官公庁施設、福祉施設その他の施設及びエレベーターその他の移動等円滑化のために必要な施設の案内標識を設けるものとする。

> 高齢者や障害者等が迷うことなく目的地に到達できるよう、「道路標識、区画線及び道路標示に関する命令」（昭和35年総理府令、建設省令第3号）（以下「標識令」という。）等に基づき、分岐点や交通結節点等の主要地点において道路標識を設置し、目的地又は中継地となる旅客施設や官公庁施設、福祉施設等の位置や方向等の情報提供を的確に行うこととする。また、エレベーター等の移動を支援する施設や高齢者、障害者等の使用を配慮した便所、駐車場等の施設（以下「バリアフリー施設」という。）等の位置や方向等の案内もあわせて行うものとする。
> 　また、「著名地点」を表示する案内標識には、必要がある場合に、現在位置、当該案内標識に示す著名地点及び表示する必要のある立体横断歩道等のバリアフリー施設の位置等を表示する地図を附置するものとする。

　目的地まで迷うことなく円滑に到達するには、その途中が移動等円滑化されているか否か、又は、バリアフリー施設の位置等の情報を、事前の行動決定に役に立つよう分岐点や交通結節点等適切な場所において、わかりやすく提供することが必要である。道路空間におけるそれらの情報提供の手段として、道路案内標識や地図等による案内標識の整備が行われているところである。移動等円滑化を促進する案内標識の整備においては、一般的に、高齢者や視覚障害者、車いす使用者、聴覚障害者、外国人等様々な利用情報のコミュニケーション制約を抱えている利用者に対しても、共通の情報を得られるように工夫することが必要である。案内標識の見やすさと分かりやすさを確保するためには、情報内容、掲出位置、表現様式（表示方法とデザイン）の三要素をそれぞれ考慮することが不可欠である。また、夜間等の視認性に配慮した掲出位置とすることが望ましい。

　そのため、本基準、標識令及び関連する通達（道路標識設置基準）等に基づき、適切な案内標識を設置する必要がある。

7－2　道路案内標識

(1)　情報内容

1)　著名地点を表示する案内標識

> 著名地点を表示する案内標識の標示板には、必要がある場合は、日本字の左又は右に車いすを使用している者その他の高齢者、障害者等の円滑な通行に適する道路を経由する旨を表す記号を表示するものとする。
>
> 著名地点を表示する案内標識には、必要がある場合には、当該案内標識の位置、当該案内標識が表示する著名地点の位置及び表示する必要のある立体横断施設その他の施設の位置を表示する地図（その略図を含む。）を附置するものとする。

著名地点案内標識に障害者等の円滑な通行に適する道路を経由する旨を表すため、障害者等が利用できる施設であることを明確に示す世界共通のシンボルマーク「国際シンボルマーク」を表示するときは、「道路標識、区画線及び道路標示に関する命令の一部改正に伴う道路標識の取扱いについて」（平成13年3月1日国道企第22号道路局企画課長通達）によるものとする。

以下に、障害者等の円滑な通行に適する道路を経由する旨を示す記号を表示した例を示す。

図7－1　著名地点を表示する案内標識

また、駅前広場、地下鉄の出入口等の場所において、必要な著名地点の標識に地図を付置することができるものとする。地図の設置、様式等については「7－3　地図」によることとする。地図を附置する要件は、「道路標識、区画線及び道路標示に関する命令の一部改正に伴う道路標識の取扱いについて」によるものとする。

2）歩行者用案内標識

> 歩行者用案内標識として、エレベーター、エスカレーター、傾斜路、乗合自動車停留所、路面電車停留場及び便所を表示する案内標識を設置するものとする。

表7－1　歩行者用案内標識

種類	設置場所	図柄
エレベーター	エレベーターが設置されている場所を示す必要がある地点	
エスカレーター	エスカレーターが設置されている場所を示す必要がある地点	
傾斜路	傾斜路が設置されている場所を示す必要がある地点	
乗合自動車停留所	乗合自動車停留所が設置されている場所を示す必要がある地点	
路面電車停留場	路面電車停留場が設置されている場所を示す必要がある地点	
便所	便所が設置されている場所を示す必要がある地点	

　シンボルマークの部分の大きさは、30cm×30cmを標準とする。寸法の詳細については、「道路標識、区画線及び道路標示に関する命令の一部改正に伴う道路標識の取扱いについて」によるものとする。

　エレベーター、エスカレーター、傾斜路及び便所を表示するものについては、記号を青色の地に白色、矢印及び縁線を青色、縁及び地を白色とする。また、乗合自動車停留所及び路面電車停留場を表示するものについては、文字、矢印及び縁線を青色、記号を青色の地に白色、縁及び地を白色とする。

第3部　道路の移動等円滑化基準の運用指針

> 歩行者用案内標識には、施設に応じて以下に示す内容を表示するものとする。
> ① エレベーター、エスカレーター、傾斜路、乗合自動車停留所、路面電車停留場及び便所を表示する案内標識の標示板には、必要がある場合は、当該施設の設置場所までの距離
> ② エスカレーターを表示する案内標識の標示板には、必要がある場合は、昇降方向を表す矢印
> ③ 乗合自動車停留所及び路面電車停留場を表示する案内標識の標示板には、必要がある場合は、当該停留所及び停留場の名称
> ④ 駐車場、エレベーター、傾斜路及び便所を表示する案内標識の標示板には、必要がある場合は、車いす使用者その他の高齢者、障害者等の円滑な利用に適する施設である旨を表す記号（国際シンボルマーク）

①から④までについて、それぞれに示す内容を表示した例を以下に示す。

エレベーター、エスカレーター、傾斜路、乗合自動車停留所、路面電車停留場及び便所を表示する案内標識の標示板に当該施設の設置場所までの距離を示す場合には、その距離をできる限り正確に示すことが望ましい。

図7－2　エレベーターの設置場所までの距離を表示した例

図7－3　エスカレーターを示す案内標識の標示板に昇降方向の矢印を表示した例

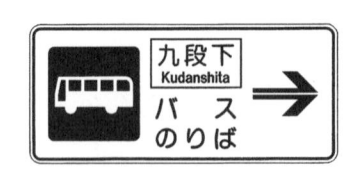

図7－4　乗合自動車停留所の案内標識の標示板に、停留所の名称を表示した例

歩行者用案内標識で案内する施設のうち、「道路標識、区画線及び道路標示に関する命令の一部改正に伴う道路標識の取扱いについて」の「2．「身体障害者マーク」を表示する標識の取扱いについて」に示されている基準を満たす施設の場合は、歩行者用案内標識に障害者等の円滑な利用に適する施設である旨を表す記号（国際シンボルマーク）を表示するものとする。

図7-5　駐車場を表示する案内標識の標示板に障害者等の円滑な利用に適する施設である旨を表す記号を表示した例

図7-6　便所を表示する案内標識の標示板に障害者等の円滑な利用に適する施設である旨を表す記号を表示した例

> ○参考○ 関連するその他の基準
>
> 「道路標識、区画線及び道路標示に関する命令の一部改正に伴う道路標識の取扱いについて」（平成13年3月1日国道企第22号道路局企画課長通達）
>
> Ⅱ　標識の設置等について
>
> 2．「身体障害者マーク」を表示する標識の取扱いについて
>
> (1) 車いすを使用している者その他の高齢者、身体障害者等の円滑な利用に適する施設である旨を表す記号（以下「身体障害者マーク」という。）を表示する「エレベーター（121－A～C）」は、以下の全ての条件に適合するエレベーターに対するものであること。
>
> ①　かごの床面積は1.83㎡以上、かごの奥行きは1.35m以上であること。
>
> ②　かご及び昇降路の出入口の有効幅は80cm以上であること。
>
> ③　かごの平面形状は、車いす使用者の回転に支障のない構造とすること。
>
> ④　「重点整備地区における移動円滑化のために必要な道路の構造に関する基準」※（平成12年建設省令第40号。以下「バリアフリー基準」という。）第12条第8号から第13号に規定する装置、操作盤等を有する構造とすること。
>
> (2) 「身体障害者マーク」を表示する「傾斜路（123－A～C）」は、バリアフリー基準第13条に規定する傾斜路に対するものであること。
>
> (3) 「身体障害者マーク」を表示する「便所（126－A～C）」は、バリアフリー基準第30条から第32条に規定する便所に対するものであること。ただし、第31条第2項第4号の規定（水洗器具）は、当分の間、当該条件から除外することとし、当該水洗器具を有する便所には、当該標示板にその旨を表す表示（別添3）を添付すること。
>
> (4) 「身体障害者マーク」を表示する「駐車場（117－A・B）」は、以下の全ての条件に適合する駐車場に対するものであること。
>
> ※：平成18年12月に施行された「移動等円滑化のために必要な道路の構造に関する基準」（国土交通省令第116号）に引き継がれている。

① 幅員が3.5m以上の身体障害者用駐車施設を設けることとし、身体障害者用である旨を見やすい方法により表示すること。

② 歩行者の出入口の有効幅は80cm以上とし、戸を設ける場合においては、当該戸は、自動的に開閉する構造又は車いす使用者が円滑に開閉できる構造とすること。

③ 身体障害者用駐車施設へ通ずる歩行者の出入口から当該身体障害者用駐車施設に至る通路のうち、1以上の通路の有効幅員が1.2m以上とし、通路の全体或いは適当な部分で車いす使用者の回転に支障のない構造であること。

④ エレベーターを有する場合には、当該エレベーターの構造は2．(1)に掲げる条件に適合するものであること。

⑤ 傾斜路又は階段を有する場合には、当該傾斜路又は階段の構造は、それぞれバリアフリー基準第13条又は第16条に規定したものであること。

⑥ 便所を有する場合には、当該便所の構造は、2．(3)に掲げる条件に適合するものであること。

(5) これまでに設置した便所を有する駐車場を表示する標識については、上記趣旨に照らして必要な見直しを図ること。

3．「著名地点」を表示する案内標識の取扱いについて

(1) 「著名地点（114―B）」に、車いすを使用している者その他の高齢者、身体障害者等の円滑な通行に適する道路を経由する旨を示す記号（2．(1)に示した「身体障害者マーク」と同じマーク）を表示することができる場合は、以下の全ての条件に適合する場合であること。

① 当該著名地点で表される施設が高齢者、身体障害者等が利用する施設として対応されている施設であること

② 当該著名地点と当該標識の設置地点間の矢印で示す経路が、以下の全ての条件に適合する場合であること

a) 歩道等にあっては、バリアフリー基準第4条（附則第2項の要件を適用する場合を含む。）、第5条第2項、第6条、第9条、第10条（附則第4項の要件を適用する場合を含む。）に適合する構造を有すること

b) 立体横断施設にあっては、バリアフリー基準第11条、第13条、第14条、第15条、第16条及び2．(1)に規定する基準に適合する構造を有すること

(2) 駅前広場、地下鉄の出入口等の場所において、次の何れかの要件に該当する場合には、必要な著名地点の標識に地図（その略図を含む。）を付置することができるものとすること。

① 高齢者、身体障害者等が日常生活又は社会生活において利用すると認められる官公庁施設、福祉施設その他の施設及びエレベーターその他の移動の円滑化のために必要な施設を案内する必要がある場合。

② 著名地点を表示する標識の標示板を複数設置しなければならず、かつ当該案内が輻輳する場合。

(2) 設置計画
1）案内標識の掲示位置

案内標識の掲示形式は、車いす使用者、高齢者を対象とすることを考慮し、路側式を標準とするものとする。

案内標識の掲示位置については、道路標識設置基準に基づき、表7－2のとおりとする。

表7－2　案内標識の掲示位置

標示板の高さ	標示板の設置高さ（路面から標示板の下端までの高さ）は、1.8mを標準とする。なお、著名地点を表示する案内標識については、歩行者等の通行を妨げるおそれのない場合、必要に応じて標示板の設置高さを1.0mまで低くすることができる。
支柱の設置位置	歩道を有する道路において歩道等に標識を設置する場合は、原則で歩車道境界と標識間を25cm以上離すものとする。

2）著名地点案内標識の設置位置

歩行者のための著名地点案内標識は、歩行動線の起点、歩行動線の分岐点に設置し方面・方向の案内を行うものとする。このため、設置計画は、既設の標識や案内板等を勘案し次の3つの項目に留意して立てることが必要である。

(a) 歩行動線の起点の案内

　駅を降りた人や、駅周辺に集まる人に、歩行動線の起点で目的地の方面・方向の見当をつけやすく、また、著名施設の案内をするために駅前等に設置する。

(b) 歩行動線の分岐点の案内

　分岐の方面・方向を案内するために、歩行動線が分岐する箇所、歩行動線上の主要な交差点に設置する。また、駅等からの著名施設の案内を受けて、著名施設への分岐点に設置する。

(c) 著名施設の案内

　著名施設の近くの交差点、入り口に設置する。

3）バリアフリー施設等を表示する歩行者用案内標識の設置位置

バリアフリー施設等を表示する歩行者用案内標識は、原則として、表7－3に示す場所のいずれかに該当する場所に設けるものとする。また、これら以外の場所についても、歩行者等の行動特性等を考慮して、必要に応じ設けるものとする。

当該案内標識は、設置する壁面、場所等を勘案してその種類を選定するとともに、当該設置場所の建築限界を勘案して、歩道等を通行する歩行者より見えやすい位置及び向きに設置するものとする。

道路施設以外の施設を当該案内標識により案内する場合には、あらかじめ当該施設の管理者との調整を図ることが必要である。

表7-3 バリアフリー施設等を表示する歩行者用案内標識の設置位置

種　　類	設　置　場　所
エレベーター、エスカレーター、及び傾斜路	① 立体横断施設に設けるエレベーター、エスカレーター又は傾斜路の昇降口近傍（概ね10m程度）において、これら施設が確認しにくい地点から視認できる場所 ② 上記①に示す施設の昇降口で、これら施設の昇降口である旨を表す必要のある場所（道路施設である壁面を含む） ③ 道路施設以外のエレベーター、エスカレーター又は傾斜路のうち、一般の歩行者等が利用することが見込まれるこれら施設の昇降口近傍において、当該施設が確認しにくい地点から視認できる場所 ④ 上記③に示す施設の昇降口において、これら施設の昇降口である旨を表す必要のある場所（当該施設の利用時間が限られている場合には、その時間帯も併せて明示すること）
乗合自動車停留所	① 鉄道駅、旅客船ターミナル等の出入口付近において、当該乗合自動車停留所が確認しにくい地点から視認できる場所 ② 乗合自動車停留所である旨を表す必要のある場所（道路施設である上屋を含む）
路面電車停留場	① 鉄道駅、旅客船ターミナルなどの出入口付近において、当該路面電車停留場が確認しにくい地点から視認できる場所 ② 路面電車停留場近傍の歩道等において、当該路面電車停留場が確認しにくい地点から視認できる場所 ③ 路面電車停留場である旨を表す必要のある場所（道路施設である上屋を含む）
便所	道路に接して設けられた便所の出入口付近、又は道路の沿道に設けられた一般の歩行者が利用することが見込まれる便所の出入口近傍において、当該便所が確認しにくい地点から視認できる場所

○参考○ わかりやすい道案内

『通り名で道案内』について

　『通り名で道案内』は、地域に不慣れな人でも場所の説明や確認がし易く、分かりやすく道案内が出来るようにするために、以下の3つのルールを道路に適用した取り組みである。平成18年度より全国13地区で社会実験が実施されており、平成19年度は新たに14地区で実施される予定となっている。

1) 照明柱や電柱等を活用し、通りに「通り名」及び「位置番号」を表示する。
2) 位置番号の表示は「♯」＋「番号」で行うこととし、番号はおよそ10m単位での基点からの位置を表す。また、通りの起点を背に右側に奇数、左側に偶数を表示する。（例えば「♯7」は、通りの基点から、右側の凡そ70mの位置に表示される。）
3) 位置番号は、全ての10mごとの箇所に表示する必要はなく、既存の照明柱や電柱等を活用しつつ、道案内に過不足ない箇所に設けることで足りる。

　このシステムは、目的地の「通り名と♯番号」さえ知っていれば、誰でもその位置が的確に把握できるところに利点がある。また、沿道右側に奇数の位置番号、左側に偶数番号を付けることにより、どちらの方向に向かって位置番号が増加するのかが、現地でも認識可能であり、目的地の面する通りまでたどり着けば、現地でその位置番号を容易に探し出すことも可能である。

　さらに以下のような取り組みと連携すれば、より効果が高まると考えられる。

1) 通り名マップをその地域を通行するユーザーに配布。
2) 個々の店舗からも、通り名と位置番号を用いて場所案内を実施。

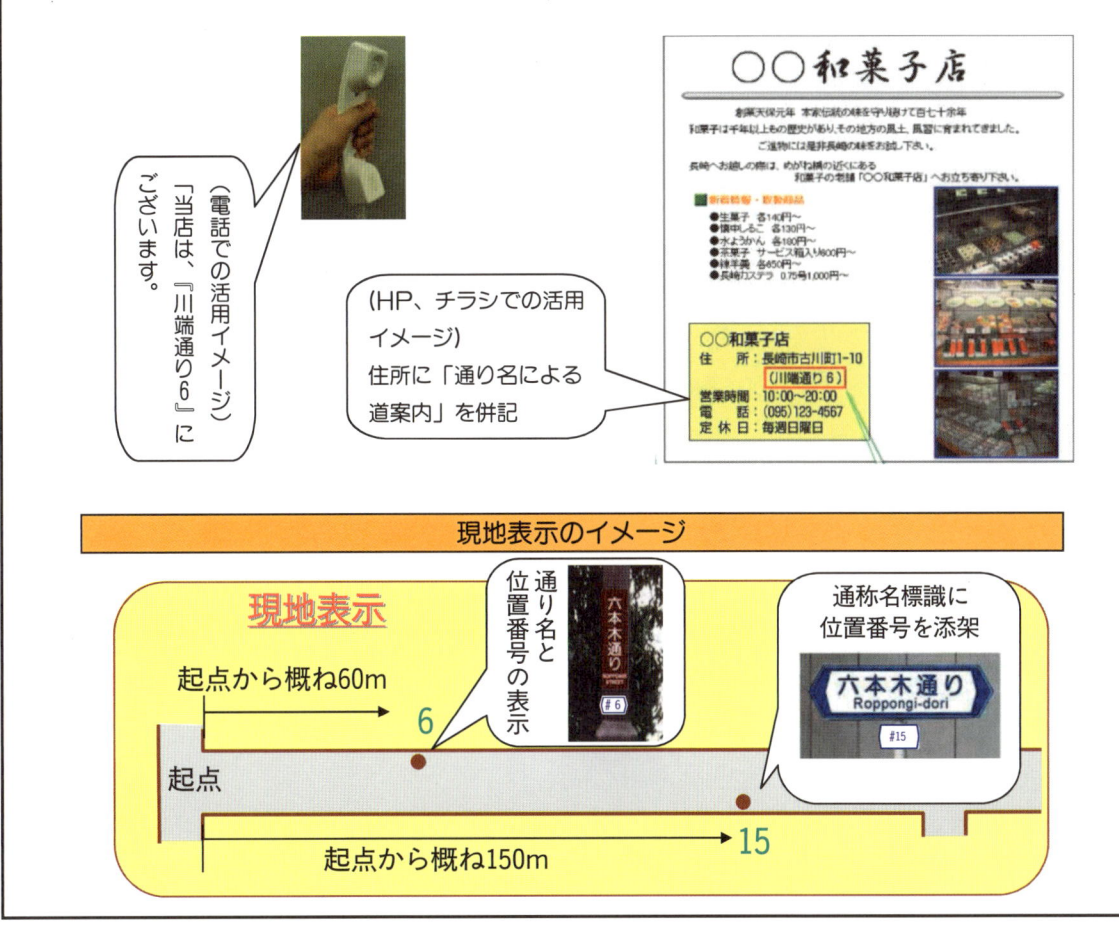

（電話での活用イメージ）
「当店は、『川端通り6』にございます。」

(HP、チラシでの活用イメージ)
住所に「通り名による道案内」を併記

現地表示のイメージ

現地表示

通り名と位置番号の表示

通称名標識に位置番号を添架

起点から概ね60m … 6
起点
起点から概ね150m … 15

7-3 地図

(1) 地図情報提供の基本的な考え方

> 　地図の表示は、より見やすく、わかりやすくするため、シンプルで、道路網が把握しやすいものとすることが必要であり、下記の考え方に配慮したものとする。
> 1. よく見えること（コントラストが明確）
> 　表示された情報が、誰にでも見やすいよう配慮する。
> 2. 理解しやすいこと
> 　必要な情報が探しやすいよう配慮する。
> 3. 役に立つこと
> 　必要としている情報が表示されており、目的施設や目標地点への経路が把握できるよう配慮する。

　地図の表示は、より多くの人にとって、より見やすく、分かりやすいものとするために、シンプルで、道路網の中で現状位置、目的施設や目標地点のバリアフリー施設の位置等を把握しやすくする必要がある。また、地図が表示される場所によって必要とされる情報が異なるため、地図の表示位置に応じた適切な情報を表示する必要がある。そのため、理解のしやすい情報提供や不要な情報の排除といった情報内容や、設置高さ、設置方向等の道路空間における設置位置、誰にも見やすいような様式・デザインに配慮することが必要である。

(2) 情報内容

> 　情報内容については、道路、歩道、交差点名等の一般的情報だけでなく、エレベーター等のバリアフリー施設や移動等円滑化された経路情報も提供するものとする。
> 　なお、情報内容（一般的情報及びバリアフリー情報）は適切に更新されることが望ましい。
>
> 1) 一般的情報
> ○地図に記載する情報は、地形・地盤、道路、歩道、立体横断施設並びに歩行経路の目標となる信号機、交差点名、番地の情報等を記載することが望ましい。
> ○また、地図に記載する施設は、国土地理院の地形図の基準をもとに、地図を設置する地域内で情報量や見やすさを考慮し選択することが望ましい。
> ○地図を設置する114―B標識で案内されている施設は、地図に表示するものとする。当該施設が、地図の表示範囲外の場合は、「至」、「→」表記を行うことが望ましい。
>
> 2) バリアフリー施設・経路情報
> ○エレベーター、エスカレーター等の移動等円滑化施設、バリアフリー経路を表示する。
> ○バリアフリー経路は朱赤系の点線で表示する。
> ○バリアフリー経路は、以下の経路とすることが望ましい。
> 　多様な障害を持った人々が概ね移動できるルートのうち、現在地から
> 1. 相当数の人が訪れる主要施設へのルート
> 2. 高齢者や障害者等が比較的多く利用する施設へのルート
> ○バリアフリー経路で案内する施設が地図の表示範囲外の場合は、「至」、「→」表記を行う

ことが望ましい。

○階段等のバリア情報もあわせて表示することが望ましい。

1）一般的情報

一般的情報については、以下のとおり表示することが望ましい。

○表示することが望ましい情報

表7-4 地図に表示する一般的情報（ベース図）

○：表示情報（地図の見やすさを考慮し、適宜選択する。）

		地図に表示する一般的情報	ベースマップ	ピクトグラム	名称
ベース図	地形・地盤	山、湾、島、半島、河川、湖、池、堀、港、埠頭、運河、桟橋	○		○
	道路	道路	○		○
		歩道	○		
		歩行者専用道路等	○		○
		ペデストリアンデッキ、横断歩道橋	○		○
		地下横断歩道・階段部	○		○
		横断歩道	○		
		踏切	○	○	○
	地点	インターチェンジ	○		○
		交差点（信号機）		○	○
		有名な橋、トンネル等	○		○
	交通施設	鉄軌道路線	○		
		鉄軌道駅	○		○
		駅出口		○	○
		バス路線	○		
		バス等の公共交通機関のターミナル		○	
		バス停		○	○
		タクシー乗り場		○	
		旅客船ターミナル	○	○	○
	行政界	市、区、町、街区	○		○
		丁、番地			○

出典：「地図を用いた道路案内標識ガイドブック」㈶道路保全技術センター

表7－5　地図に表示する一般的情報（施設）

		地図に表示する一般的情報	建物シルエット	ピクトグラム	名称
施設	案内所	案内所（有人）		○	
		情報コーナー		○	
	公共（的）施設	官庁又はその出先機関	○	○	○
		警察署	○	○	○
		交番		○	交番※1
		郵便局（普通郵便局）	○	○	○
		郵便局（その他）	○	○	郵便局※1
		消防署	○		○
		国（公社、公団除く）の機関及び公共地方サービス機関、その他官署	○		○
		病院	○	○	○
		学校	○		○
		幼稚園・保育園	○		○
		体育館、運動場	○		○
	文化施設	公会堂、公民館、図書館	○		○
		大規模な公園、遊園地、動物園	○		○
		美術館、博物館、文化会館、劇場	○		○
	公衆便所			○	
	名所・旧跡	神社、仏閣、寺院、教会、史跡			○
	大規模宿泊施設／商業施設、店舗	大規模なホテル及び旅館	○	○	○
		大規模なデパート・スーパーマーケット	○	○	○
		銀行・信用金庫		○	

※ベースマップ……線及び面で構成される情報で基本的な情報として表示するもの
　建物シルエット……建物の外形を面的に表示するもの
　ピクトグラム……施設を意味する記号（標識令・標準案内用図記号※2等）を表示するもの
　名　　　称……市町村名、施設名称等の各名称を文字情報として表示するもの
※1　固有名詞で表記するのではなく、「交番」、「郵便局」という表記をすることを指す。
※2　ピクトグラムはJIS Z8210に示された図記号を用いる。また、その他、一般案内用図記号検討委員会が策定した標準案内用図記号を活用する。

出典：「地図を用いた道路案内標識ガイドブック」㈶道路保全技術センター

表7－6　施設等を表示する際の注意事項

道路	車道と歩道等の区別が認識できることが望ましい。
踏切	車いす使用者に危険を及ぼす可能性があるため、ピクトグラムを表示することが望ましい。
歩道橋等	経路情報として重要であるため、構造物に枠線を付けて表示すると共に名称を表示することが望ましい。また、昇降箇所の階段部は「≣」で表示する等車いす使用者にとってバリアである旨を表示することが望ましい。
信号交差点	経路情報として重要であるため、信号機が設置してある交差点をピクトグラムで表示すると共に交差点名称を表記することが望ましい。
横断歩道	歩行者・車いす使用者にとって重要な情報であることから表示することが望ましい。
階段部	道路が階段で連結されている場合や地下鉄駅の出口部分が階段である場合は、階段部を「≣」で表示することが望ましい。
現在地	利用者が見ている方向をわかりやすい表示として現在位置を示すことが必要である。主地図及び広域図にそれぞれ現在地を表記することが望ましい。

2）バリアフリー施設・経路

① バリアフリー施設

　エレベーター、傾斜路等の移動等円滑化されたバリアフリー施設が設置されている箇所全てにピクトグラムを表示することが望ましい。なお、民間施設のエレベーターのうち、ペデストリアンデッキ等により鉄軌道駅や道路と連結されたもので24時間利用可能なものについてはピクトグラムを表示することが望ましい。

② 公衆便所

　ピクトグラムを表示することが望ましい。特に、現在地周辺の公衆便所情報は重要であるため、極力表示することが望ましい。また、バリアフリー対応便所については、便所と障害者用設備のピクトグラムを組み合わせて表示することとする。なお、バリアフリー対応便所で使用時間制限がある場合には、ピクトグラムの下部に「使用時間制限有」を表記することが望ましい。

③ バリアフリー経路

　複雑な経路になっても表示対応できるよう、朱赤系の点線で表示することが望ましい。

　なお、地図に表示するバリアフリー経路は、以下の経路とすることが望ましい。

　多様な障害のある人々が概ね移動できるルートのうち、現在地から

１．相当数の人が訪れる主要施設へのルート

２．高齢者や障害者等が比較的多く利用する施設へのルート

　また、高齢者、車いす使用者等に対して、より分かりやすくバリアフリーネットワークを示すためには、移動等円滑化基準を完全に満たしているルートのみを示すだけではなく、一部の基準はみたしていないものの概ね満たしているルートなども含め、ランク分けを行い表示する方法などについて検討を行うことが望ましい。

④ バリア情報

　車いす使用者にとって重要な情報であるため、踏切は「踏切あり」の警戒標識を表示するこ

とが望ましい。また、車いす使用者が利用できない歩道橋、ペデストリアンデッキ、地下鉄出口などの階段部は、階段のあることが判別できるよう「☰」で表示することが望ましい。

表7－7　表示する情報　　　　　　　　　　　　　　　○：表示情報

図に表示するバリアフリー施設・経路に関わる情報		ベースマップ	ピクトグラム	備考	
バリアフリー施設（エレベーター、エスカレーター、傾斜路）	道路上		○	バリアフリー施設を表示する。	使用時間に制限がある場合「使用時間制限有」と表記する。
	公共機関出入口		○	エレベーターピクトのみを表示し、エスカレーターは表示しない。	
車いす対応公衆便所			○	便所＋障害者用設備のピクトを表示する。	
バリアフリー経路		○			

※ベースマップ……線及び面で構成される情報で基本的な情報として表示するもの
　ピクトグラム……施設を意味する記号（標識令、標準案内用図記号等）を表示するもの

⑤　ピクトグラムとアイキャッチャー

地図に用いるピクトグラムは、標識令、標準案内用図記号のデザインに準ずることを基本とし、ピクトグラムのない施設については、アイキャッチャーを使用することが望ましい。

情報拠点、公衆便所及びバリアフリー情報に関するピクトグラムについては、青地に白図として視認性、判読性を高めたものとすることが望ましい。

その他、認知度の低いピクトグラムの施設や、ピクトグラムが設定されていない施設については、アイキャッチャー「■」を表示することが望ましい。

第7章　案内標識

表7−8　ピクトグラム等の例

施　設	ピクトグラム		施　設	ピクトグラム	
道路		踏切	公共（的）施設		大規模なホテル及び旅館
地点		交差点（信号機）			銀行・信用金庫
交通施設		駅出口	大規模商業施設		大規模デパート・スーパーマーケット
		バス等の公共交通機関のターミナル	公衆便所		便所
		バス停			障害者対応公衆便所
		タクシー乗り場		（使用時間制限有）	障害者対応公衆便所（使用時間制限有）
		旅客船ターミナル	バリアフリー経路		バリアフリー経路
案内所		案内所（有人）	バリアフリー施設	（使用時間制限有）	エレベーター（使用時間制限有）
		情報コーナー		（使用時間制限有）	エスカレーター（使用時間制限有）
公共（的）施設		官庁又はその出先機関			傾斜路
		警察署・交番			移動等円滑化された傾斜路
		郵便局			障害者対応駐車場
		病院	その他施設	（■）	

― 243 ―

(3) 設置計画

1）掲示高さ

> 掲示高さは、歩行者及び車いす使用者が共通して見やすい高さとする。

アンケート調査結果等から車いす使用者の地図上部の見やすさに配慮し、125cmに板中心を設置する。

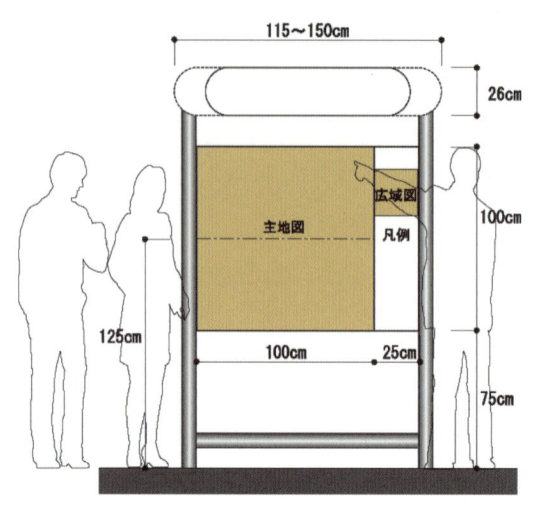

図7－7　案内標識の掲出高さの例

○参考○関連するその他の基準

近くから視認するサインの掲出高さの考え方

- 立位の利用者と車いす使用者の視点の中間の高さは約135cm（「建築設計資料集成」）である。

  ↓

- しかし1m四方の地図の中心の高さを135cmとした場合、車いす使用者は地図上部の判読が困難であった。

- また、立位と車いすの通常視野の中心の中間の高さは、視点の中間点よりもやや低い位置にある。

  ↓

- したがって、地図の中心の高さは125cm程度が望ましいと考えられる。

また、案内標識板を支える支柱は、視覚障害者の地図への衝突を防止するため、下図のように地図や標識板の両端に設置することが望ましい。

○　　　　　　　　　　　×

白材等が下に入りこまないように設置することが望ましい

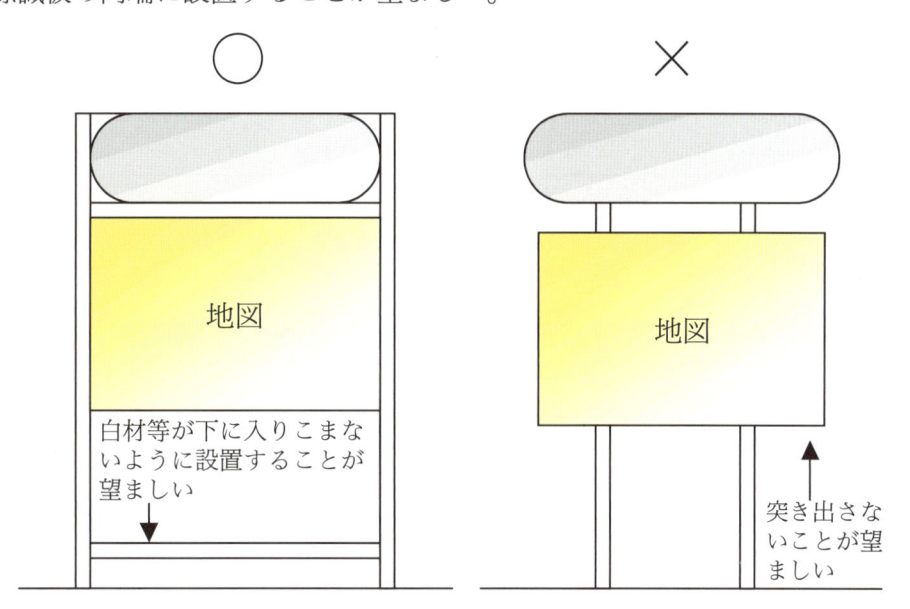

突き出さないことが望ましい

図7－8　案内標識の支柱について

2）設置位置

　地図は歩行者動線の起点となるターミナル機能を持つ鉄道駅等及び歩行者動線の分岐点となる主要交差点に設置し目標地までの経路の案内を行う。このため、設置計画は、既設の標識や案内板等を勘案し次の2つの項目に留意して設置することが必要。

①　歩行動線の起点の案内

　駅を降りた人や、駅周辺に集まる人に、歩行動線の起点で目的地の方面・方向、経路を案内するために駅前に設置する。

②　歩行動線の分岐点の案内

　目的地の方面・方向、経路を案内するために、歩行動線が分岐する箇所に設置する。

＜良い例＞　　　　　　　　　　　　　　　＜悪い例＞

方向動線に沿って設置されており、立ち止まって見ることができるスペースが地図の前にある（歩道上）

方向動線に沿って設置されているが、立ち止まって見ることができるスペースが地図の前にない（車道上）

写真7－1　設置位置の例

3）地図の大きさ及び表示範囲

　地図の大きさは、視距離50cmとして地図全体を見渡せることを考慮して、1m四方程度とす

る。なお、地図の縮尺は1/1000程度が適当であると考えられるが、地域の状況に応じて適切な縮尺とすることが望ましい。

また、必要に応じ広域図を併設することが望ましい。

(4) 様式・デザイン

1) デザイン

> 地図は、シンプルなデザインとし、複数設置する場合は、統一的なデザインとすることが望ましい。

2) 文字の書体・サイズ

> ○文字の大きさは、視力の低下した高齢者等に配慮して視距離に応じた大きさを選択するものとする。
> ○書体は、視認性の優れた角ゴシック体とすることがなお望ましい。地図は、シンプルなデザインとし、複数設置する場合は、統一的なデザインとすることが望ましい。

　文字の大きさは、表示内容の見やすさに配慮し、表示施設により文字サイズを変えて表示するとよい。なお、特に主要施設では文字を大きくし、少なくとも和文文字高：9mm、英文文字高：7mmを確保することが望ましい。

表7－9　地図の標準文字サイズ

表示施設	ピクトグラム	和　文	英　文
凡例部	24.0mm	10.5mm	8.0mm
県名、市名、郡名、区名等（図中に境界があった場合）	－	18.0mm	14.0mm
案内所、情報コーナー、県庁、市役所、区役所、博物館、美術館、ホール等	21.0mm	9.0mm	7.0mm
郵便局、交番、病院、デパート、ホテル、埠頭、踏切等 町名※、丁目※	16.5mm	7.0mm	5.5mm
番地※	－	－	5.0mm
橋梁名、交差点名、歩道橋名、バス停名、広域図の情報	12.0mm	5.0mm	4.0mm

※濃鼠色表示とする

・英文文字高は、旅客施設ガイドラインに準じ、和文文字高の3/4程度。
・ピクトグラムの大きさは、英字の3倍。また、ピクトグラムを組み合わせて表示する場合は、ピクトグラムの大きさの2/16を重ね合わせて併記。

出典：「地図を用いた道路案内標識ガイドブック」(財)道路保全技術センター　2003年11月

図7－9　ピクトグラムと文字のレイアウト例　　　図7－10　ピクトグラムを組み合わせた場合

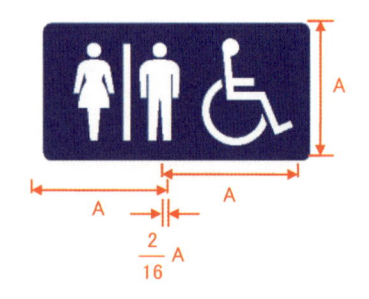

3）ローマ字・英語表記

○主要な名称には、ローマ字又は英語を併記するものとする。
○ローマ字を併記する場合、固有名詞はヘボン式ローマ字を、普通名詞は英語を表記するものとする。
○ローマ字のサイズは、和文文字と同程度に判読できるサイズとするものとする。

① ローマ字表記
　道路標識設置基準・同解説（㈳日本道路協会　1987年1月）に準拠し、ヘボン式により表記をするものとする。

② 英語以外の外国語の表記
　道路の利用者に応じ、英語以外の外国語の表記を追加することも可能とする。ただし、英語以外の外国語の使用により、地図の視認性を損なわれることのないように注意しなければならない。そのため、凡例のみに英語以外の外国語を表記する等の工夫が必要である。

4）色彩

○バリアフリー施設・経路に関わる表示は、見やすく容易に識別できるものとする。
○地図の図色と地色の明度の差を十分大きくすること等により容易に識別できるものとすることが望ましい。
○白内障患者にとって極めて識別が困難である「青と黒」「黄と白」等の組み合わせは用いない。
○色覚障害者に配慮し、見分けやすい色の組み合わせを用いて、表示要素毎の明度差・彩度差を確保した表示とする。
　留意すべき色の選択例：
　　・濃い赤を用いず朱色やオレンジに近い赤を用いる。赤を用いる場合は他の色との境目に細い白線を入れると表示が目立ちやすくなる。
　見分けにくい色の組み合わせ例：
　　・「赤と黒」、「赤と緑」、「緑と茶色」、「黄緑と黄色」、「紫と青」、「赤と茶色」、「水色とピンク」の見分けが困難
　　・明度や彩度の差には敏感であり、同系色の明暗の識別に支障は少ない。
　また、路線等を色により表示する場合には、文字を併記する等色だけに頼らない表示方法にも配慮する。
○地図に用いる色は、色数が増えると煩雑になるため多くの色を用いないことが望ましい。
　また、色により墨文字が見にくくなる色は使用しないことがなお望ましい。
○地図に用いる色は、退色を考慮した色とすることが望ましい。

5）凡例

① 凡例部
○現在地の住所表示を行うことが望ましい。
○主地図の表示区域と表示区域外の関係が把握しにくい場合は、必要に応じ表示区域を含む広域図を作成することが望ましい。

○地図に表示したピクトグラム等を表示することが望ましい。
② 地図の表示方角
○地図の向きは、掲出する空間上の左右方向と、図上の左右方向を合わせて表示し、必ずしも北を上にする必要はない。
○現在地の表示は、利用者が見ている方向をわかるようにすることが望ましい。
③ その他
○主地図及び広域図内の四角のいずれかの位置にスケール、方位を配置するものとする。
○地図の整備年月を明記することが望ましい。（例） 2001.10

(5) その他

○地図では、見やすさ、わかりやすさの観点から提供する情報は限られるため、他の歩行者用案内図等と十分連携し、より充実した案内が行われることが望ましい。
○地図の表示面は歩行者等の円滑な移動を妨げないよう配慮しつつ、動線と対面する向きに掲出することが望ましい。
○地図は、表示内容が見やすい材質とすることが望ましい。さらに、まぶしさを感じにくい材質とすることがなお望ましい。
○地図は、情報更新に対応できるような構造・素材を採用することが望ましい。

東京都道405号（外堀通り）（東京都中央区）

写真7－2　著名地点案内標識に地図を附した例

※著名地点案内標識及地図は、歩行動線の分岐点付近の歩道上で、自動車運転者の視界を遮らない位置で、歩行者の通行を妨げず、ゆっくり見ることのできる場所に設置した。
※また、標識が見つけやすいように歩行動線に対し対面視できるサイン（ⅰマーク）を設置した。さらに、反対の歩道からも標識が見つけやすいように裏面にも著名地点案内標識、ⅰマーク等を表示した。また、地図の表示面は、表示内容が見やすく落書き、張り紙が難しい材質とした。

第7章　案内標識

【参考　地図の表示例】

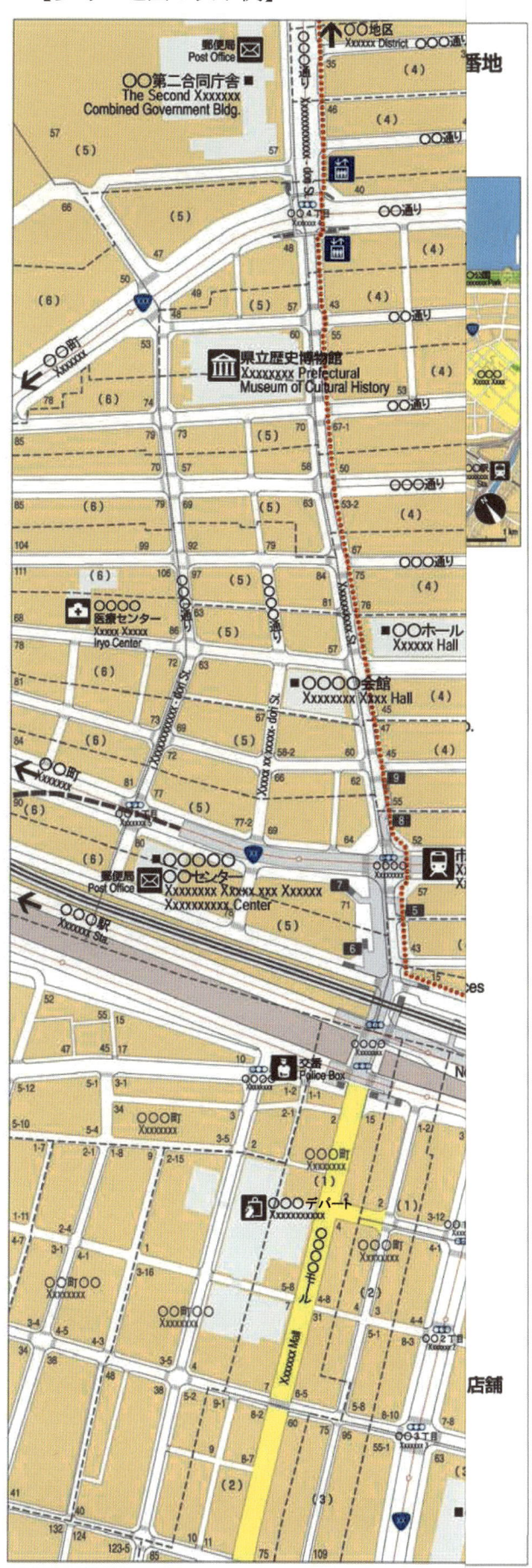

1．地図の表示範囲
　モデル地図は概ね1m四方の板に概ね1km四方を表示するものとした。

2．文字の大きさ
　和文文字高：5mm以上、英文文字高：4mm以上とした。
　英文文字高は、和文文字高の3/4程度とした。
　ピクトグラムの大きさは、英字の3倍とした。また、ピクトグラムを組み合わせて表示する場合は、ピクトグラムの大きさの2/16を重ね合わせて併記した。

3．文字フォント
　日本語表記は、視認性、判読性を考慮し、「新ゴシックM」とした。ローマ字・英語表記は、日本語表記に比べ字数が多いため、横幅が狭く、判読性の高い「Helvetica Narrow」とした。なお、凡例部の英語表記は、「Helvetica」とした。

4．文字揃え
　施設名称は、「左揃え」を基本とした。ただし、隣接する施設名称等と重なる場合、地図からはみ出す場合等は、「右揃え」を採用した。

5．現在地の表示
　現在地の住所を表示した。また、英語表記は「Address」とした。

6．広域図の表示
　主地図は1km四方程度の区域を表示しているが、表示区域外の地域との関係が把握しにくい場合を想定し、主地図の表示区域を含む広域図を凡例部内に表示した。
　モデル地図の広域図の仕様は以下のとおりである。
●表示サイズ：縦24cm×横24cm
●表示範囲　：約2km×2km（縮尺：1/8000）
●表示情報　：地図の基本的な座標軸が分かる程度の施設とし、具体的には以下のような施設とした。
　・鉄軌道駅などの交通拠点
　・役所（ピクトグラムと名称を表記）
　・大規模公園
　・広域避難場所（ピクトグラムのみ表示）

　各地域ごとに街の広がり、密度、交通機関の有無等が異なっていることから、地図の表示範囲や情報内容もそれらにあわせて検討する必要がある。

第7章　案内標識

【参考　地図の表示例】

1．地図の表示範囲

　モデル地図は概ね1m四方の板に概ね1km四方を表示するものとした。

2．文字の大きさ

　和文文字高：5mm以上、英文文字高：4mm以上とした。

　英文文字高は、和文文字高の3/4程度とした。

　ピクトグラムの大きさは、英字の3倍とした。また、ピクトグラムを組み合わせて表示する場合は、ピクトグラムの大きさの2/16を重ね合わせて併記した。

3．文字フォント

　日本語表記は、視認性、判読性を考慮し、「新ゴシックM」とした。ローマ字・英語表記は、日本語表記に比べ字数が多いため、横幅が狭く、判読性の高い「Helvetica Narrow」とした。なお、凡例部の英語表記は、「Helvetica」とした。

4．文字揃え

　施設名称は、「左揃え」を基本とした。ただし、隣接する施設名称等と重なる場合、地図からはみ出す場合等は、「右揃え」を採用した。

5．現在地の表示

　現在地の住所を表示した。また、英語表記は「Address」とした。

6．広域図の表示

　主地図は1km四方程度の区域を表示しているが、表示区域外の地域との関係が把握しにくい場合を想定し、主地図の表示区域を含む広域図を凡例部内に表示した。

　モデル地図の広域図の仕様は以下のとおりである。

● 表示サイズ：縦24cm×横24cm
● 表示範囲　：約2km×2km（縮尺：1/8000）
● 表示情報　：地図の基本的な座標軸が分かる程度の施設とし、具体的には以下のような施設とした。

・鉄軌道駅などの交通拠点
・役所（ピクトグラムと名称を表記）
・大規模公園
・広域避難場所（ピクトグラムのみ表示）

　各地域ごとに街の広がり、密度、交通機関の有無等が異なっていることから、地図の表示範囲や情報内容もそれらにあわせて検討する必要がある。

7-4　視覚障害者のための案内

> **道路移動等円滑化基準**
>
> （案内標識）
>
> **第33条**
>
> 2　前項の案内標識には、点字、音声その他の方法により視覚障害者を案内する設備を設けるものとする。

　視覚障害者に対しては、単なる表示だけでは情報を伝達することができないため、案内標識の表示内容を点字又は音声その他の方法により知らせる必要があることから、前項の道路標識に、点字又は音声等による情報提供施設を併設することとした。

　ただし、現在のところ、点字又は音声案内その他の方法による視覚障害者を案内する設備の情報内容、設置位置、様式については、統一されたものがなく、今後事例の蓄積と検討が必要である。

　なお、視覚障害者に対する点字又は音声等による案内設備の設置については、視覚障害者等の利用者の意見が反映されるようにすることが望ましい。

第8章 視覚障害者誘導用ブロック

8-1 視覚障害者誘導用ブロック

道路移動等円滑化基準

（視覚障害者誘導用ブロック）
第34条　歩道等、立体横断施設の通路、乗合自動車停留所、路面電車停留場の乗降場及び自動車駐車場の通路には、視覚障害者の移動等円滑化のために必要であると認められる箇所に、視覚障害者誘導用ブロックを敷設するものとする。
2　視覚障害者誘導用ブロックの色は、黄色その他の周囲の路面との輝度比が大きいこと等により当該ブロック部分を容易に識別できる色とするものとする。

(1) 概説

　視覚障害者には全盲の方と弱視の方がおり、視覚障害者のうち弱視者の割合は6割を超えている。（平成13年6月1日　厚生労働省　身体障害児・者実態調査結果）

　視覚障害者は、歩行にあたり、事前に記憶した道順（メンタルマップ）や路面状況、周囲の音など様々な情報を利用するほか、視覚障害者誘導用ブロックを歩行の手助けとしており、視覚障害者誘導用ブロックを直接足で踏むことや白杖で触れることにより認識している。また、弱視者は、視覚障害者誘導用ブロックの色と周囲の路面の色のコントラストにより認識している場合もある。

　視覚障害者の移動等円滑化を図るためには、安全かつ円滑に歩行できるよう誘導し、かつ、視覚障害者が段差等の存在を認識し又は障害物を回避できるよう、視覚障害者を誘導するために視覚障害者誘導用ブロックを設ける必要がある。

(2) 視覚障害者誘導用ブロックの定義

道路移動等円滑化基準

（用語の定義）
第2条
　三　視覚障害者誘導用ブロック　視覚障害者に対する誘導又は段差の存在等の警告若しくは注意喚起を行うために路面に敷設されるブロックをいう。

　視覚障害者誘導用ブロックは、主に足の裏や白杖による触感覚を利用して、視覚障害者の利便性の向上に役立てることを基調として考案、開発されたものである。

　視覚障害者が道路を歩行する場合、施設や道路構造等の情報や、同一経路の歩行経験、歩行前、歩行中の道案内等の個別情報をもって道路を歩行しており、視覚障害者誘導用ブロックは、これら大まかな情報をもって道路を歩行している視覚障害者に、歩行位置と移動方向の手がかりとして案内するための施設である。

(3) 種類

視覚障害者誘導用ブロックの種類は、原則として次のとおりとする。
1）線状ブロック
　視覚障害者に移動方向を示すために路面に敷設されるブロックであって、平行する線状の突起をその表面につけたブロックで、線状の突起の長手方向が移動方向を示す。
2）点状ブロック
　視覚障害者に対し段差の存在等の警告又は注意を喚起する位置を示すために敷設されるブロックであって、点状の突起をその表面につけたブロックをいう。

(4) 形状・寸法等

形状・寸法についてはJIS T 9251に合わせたものとする。

形状・寸法についてはJIS T 9251（視覚障害者誘導用ブロック等の特記の形状・寸法及びその配列）に合わせたものとする。なお、道路空間において一般的に使用されているブロック1枚の大きさは、300mm四方である。

＜線状ブロックの形状・寸法及び配列＞
- 線状突起の形状・寸法及びその配列は下図のとおりである。
- 線状突起の本数は4本を下限とし、ブロック等の大きさに応じて増やす。
- このブロック等を並べて敷設する場合は、ブロック等の継ぎ目（突起の長手方向）における突起と突起の上辺部での間隔は、30mm以下とする。

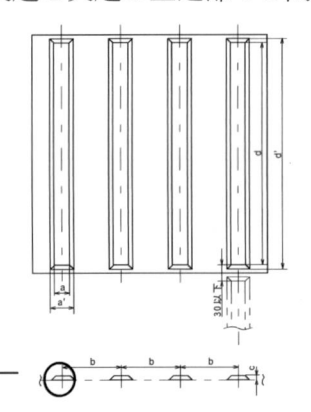

単位：mm

記号	寸　法	許容差
a	17	+1.5 / 0
a'	a＋10	
b	75	
c	5	+1 / 0
d	270以上	
d'	d＋10	

図8－1　線状ブロックの形状・寸法及び配列

＜点状ブロックの形状・寸法及び配列＞
- 点状突起の形状・寸法及びその配列は下図のとおりである。
- 点状突起を配列するブロック等の大きさは300mm（目地込み）四方以上。
- 点状突起の数は25（5×5）を下限とし、ブロック等の大きさに応じて増やす。
- このブロック等を並べて敷設する場合は、ブロック等の継ぎ目部分における点状突起の中心間距離を、b寸法より10mmを超えない範囲で大きくしてよい。

図8－2　点状ブロックの形状・寸法及び配列

記号	寸　法	許容差
a	12	+1.5 / 0
a'	a＋10	
b	55〜60	
c	5	+1 / 0

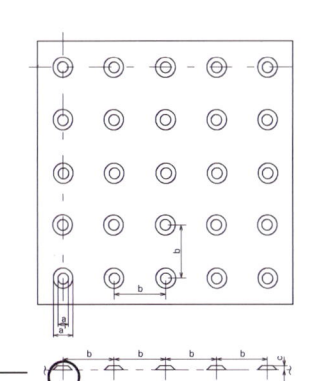

単位：mm

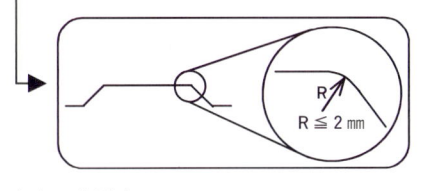

図8－3　突起の断面形状（R≦2mm）

(5) 材料

> 視覚障害者誘導用ブロックの材料としては十分な強度を有し、歩行性、耐久性、耐摩耗性に優れたものを用いるものとする。

　視覚障害者誘導用ブロックは、現在種々の材質のものが市販され、また、実用化されているが、その選択にあたっては、歩行性、耐久性、耐摩耗性、耐候性、施工性、経済性、維持管理等を十分考慮しなければならない。特に、滑りやすさは歩行性と密接な関連を持ち、路面が滑りやすいと歩幅が狭くなり必要以上に筋肉を使って疲労しやすい。

　基準策定の際に実施したパブリックコメントにおいて、滑りやすいもの、破損しやすいもの、つまずきの原因となるもの等が問題のあるブロックとしてあげられている。これらのことから、視覚障害者誘導用ブロックの材質は、歩行性を考慮して、雨天時においても滑りにくく、つまずきにくいものを選択するものとする。

　特に経年使用により頂上部が削られてしまうことがあるため、維持管理を含め材質、敷設方法をあわせて考慮する必要がある。さらに、車両乗入れ部等においては、車両の通過による剥がれが生じることもあるため、十分な配慮が必要である。

写真8－1　溶融式視覚障害者誘導用ブロックの剥がれ

(6) 色彩

> 視覚障害者誘導用ブロックの色は、黄色を基本とする。しかしながら、色彩に配慮した舗装を施した歩道等において、黄色いブロックを適用することでその対比効果が十分発揮できなくなる場合は、設置面との輝度比や明度差が確保できる黄色以外の色とするものとする。ただし、天候・明るさ・色の組み合せ等によっては認識しづらい場合も想定されるため、沿道住民・利用者の意見が反映されるよう留意して決定するものとする。

　視覚障害者誘導用ブロックの色は、一般的なアスファルト舗装との対比効果が発揮でき、視覚障害者（弱視）の適切な誘導を図ることができる黄色を基本としたものである。

　しかしながら、色彩に配慮した舗装を施した歩道等で、黄色いブロックを適用するとその対比効果が十分発揮できなくなる場合は、設置面との輝度比や明度差が確保できる黄色以外の色を選択できることとした。

　一般的に視覚障害者誘導用ブロックは黄色と認知されており、黄色が良いとする意見も多いため、黄色を基本とするが、路面の色彩が類似している場合、周囲の路面との輝度比を2.0程度確保することにより視覚障害者誘導用ブロックが容易に識別できることが必要である。

　輝度比については、晴天時において、1.5〜2.5の組み合わせが、弱視者、晴眼者双方にとって問題ない範囲であるという既存研究（「視覚障害者誘導用舗装の現況に関する調査例」　岩崎聖司　坂口睦男　秋山哲男　舗装29-4　1994）等から輝度比2.0程度とした。

　ただし、天候・明るさ・色の組み合わせ等によっては、認識しづらい場合があるため、色彩の決定にあたっては、沿道住民・利用者の意見が反映されるよう留意して決定するものとする。

　また、経年変化により輝度比が小さくなる場合もあるため、維持管理においても輝度比を確保するよう留意する必要がある。

> ○参考○輝度（きど）と輝度比
>
> ■輝度（cd/m²）
> 　ものの明るさを表現したものであり、単位面積あたり、単位立体角あたりの放射エネルギー（発散する光の量）を比視感度（電磁波の波長毎に異なる感度）で計測したものである。
> 　輝度は輝度計により測定することができる。（JIS Z 9111）
>
> ■輝度比
>
> $$輝度比 = \frac{視覚障害者誘導用ブロックの輝度（cd/m^2）}{舗装路面の輝度（cd/m^2）}$$
>
> （輝度が大きい方を除算するので、ブロックと舗装の輝度比を逆として算出する場合もある。）

輝度比の色彩事例の良い例、悪い例を以下に紹介する。

良い事例

悪い事例

写真8－2　視覚障害者誘導用ブロックの色彩事例

写真8－3　視覚障害者誘導用ブロックの輝度比確保の工夫事例

8-2　設置の考え方

(1) 横断歩道接続部及び出入口等の注意喚起・方向指示のために部分的に設置する箇所

> 特定道路等においては、歩道等の横断歩道接続部等に、点状ブロックによる歩車道境界の注意喚起を行うとともに、線状ブロックによりその移動方向を示す視覚障害者誘導用ブロックを部分的に設置するものとする。
> また、特定道路等における中央分離帯上の滞留スペース、立体横断施設の昇降口、乗合自動車停留所及び路面電車停留場の乗降口等、出入口付近には、上記同様、視覚障害者誘導用ブロックを設置するものとする。

既存文献や基準策定の際に実施したパブリックコメントの結果においても、視覚障害者から横断歩道接続部や歩道と車道の境界への視覚障害者誘導用ブロックの敷設についての意見・要望が多い。

そのため、視覚障害者が安全かつ円滑に歩道上を通行できるようにするために、視覚障害者が歩道との境界を確実に認識し、車や歩道上の工作物との衝突を回避する必要がある。そこで、横断歩道接続部及び中央分離帯上の滞留スペース、立体横断施設の昇降口、乗合自動車停留所及び路面電車停留場の乗降口等、出入口付近には視覚障害者誘導用ブロック（点状ブロック）を設置し、歩道との境界を知らせるものとする。

部分的に設置するパターンは、注意喚起を行う点状ブロックとともに、移動方向を示す線状ブロックを組み合わせて設置する。（設置例は図8-4に示す。）

中央分離帯上の滞留スペースについては、横断歩道の途中に交通島があることを示すことのほかに、その先の横断歩道接続部への誘導を行い、進行方向を見失わないようにするための役割も果たす。また、立体横断施設の昇降口、乗合自動車停留所及び路面電車停留場の乗降口等においては、そこへ誘導するまでの危険（立体横断施設の階段やエレベーターとの接触や、乗降口等を囲む構造物等があった場合の接触等）の回避という役割も果たすものである。

(2) 誘導のために連続的に設置する部分

> 特定道路等においては、エリア内において視覚障害者がよく利用する施設、誘導すべき施設を視覚障害者等と協議した上で設定し、その施設間について視覚障害者誘導用ブロックを連続的に設置するものとする。
> ただし、複数の経路が多数存在すると誘導性が損なわれるので、極力一つの経路（出入口が複数ある場合は、各出口からの一経路とする。）とすることが望ましい。なお、施設への連続誘導は、当該施設管理者と協議の上、道路敷地内だけではなく、民地内の当該施設の出入口直近まで連続して行うことが望ましい。

線状ブロックを歩道の位置・方向を示すだけの機能に限定する考えもあるが、一般的に視覚障害者誘導用ブロックは、そこを辿ればどこかに到達できるという認識で使用している人が多いため、歩道幅員の広い部分に位置・方向だけを表示する機能だけでは混乱が発生する。視覚障害者といっても、全盲、弱視等様々な方がおり、通行の際の重要な手がかりとして活用している人が多い。また、活用の方法も人それぞれで、ブロックを辿って目的地まで移動する人、歩行上の情報の一つとして活用している人等様々な使い方がある。したがって、連続的敷設を

行う場合は、必要に応じて歩道から施設の出入口まで分かりやすく誘導を行うことが必要である。その際には、歩道上の分岐点には点状ブロックを設置し、分岐であることが識別できるようにし、建物への誘導を分かりやすくすることが必要である。なお、歩道と民地の境界部においては、必ずしも点状ブロックを敷設する必要はない。

　また、連続的に設置した場合、分岐部等で、進行方向に迷うことが多く発生する場合があると思われるが、視覚障害者誘導用ブロックの敷設状況の事前の情報提供や誘導鈴・音声案内、情報受信機等（信号機とも連動）を活用することにより、問題を解消する努力も必要である。

　ただし、一つのエリア内で多くの建築物と接続を行うと、逆に視覚障害者の混乱を招く可能性があるため、接続する建物については、市町村の基本構想等におけるネットワーク計画と合わせて検討することが望ましい。

　そこで、連続誘導が必要な施設とそれが必要でない施設について視覚障害者等の意見を踏まえた上で区分し、敷設を考えていくこととする。

写真8－4　歩道から建物への誘導の悪い事例

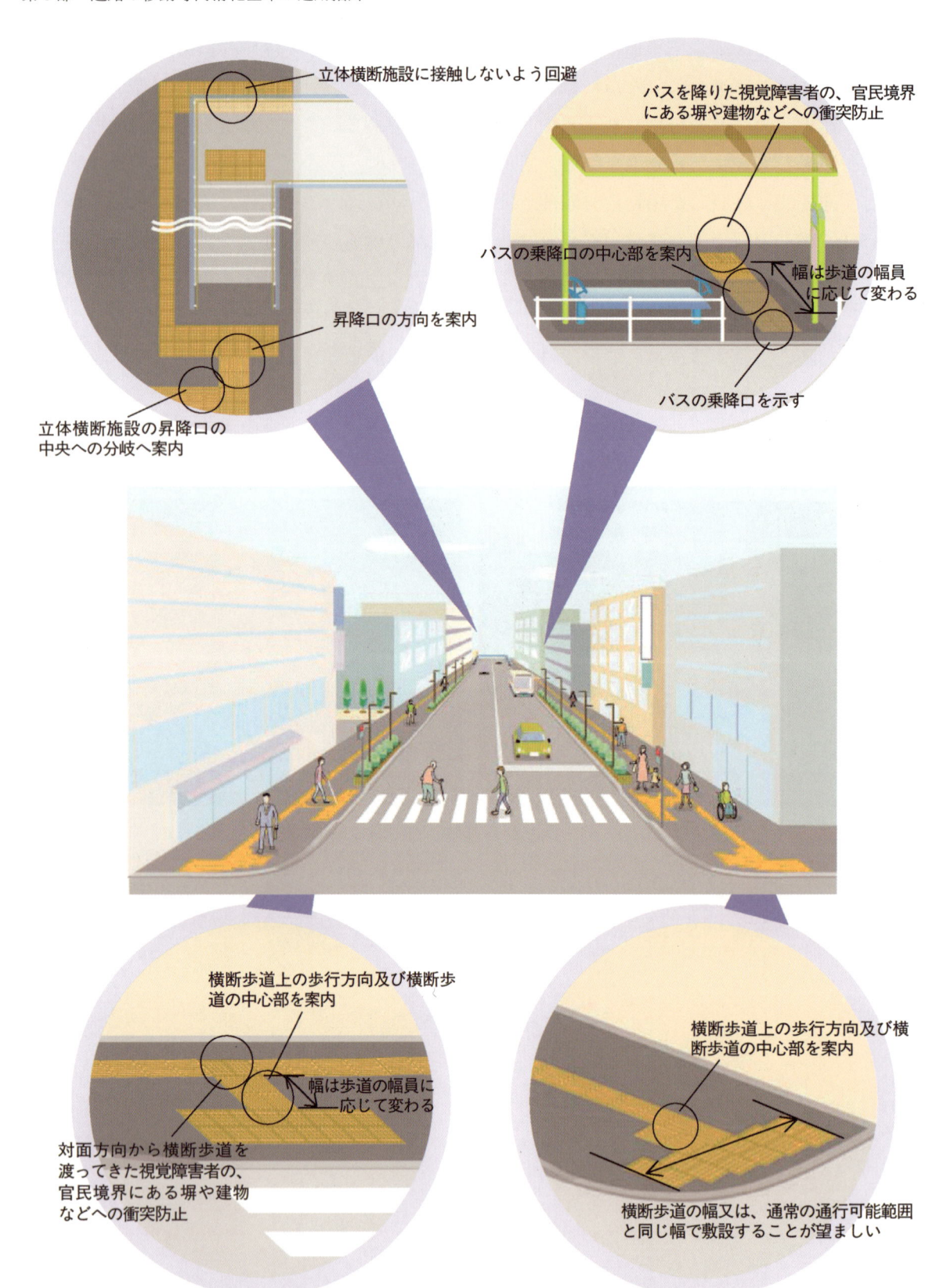

第3部　道路の移動等円滑化基準の運用指針

図8－4　視覚障害者誘導用ブロックを連続的に設置した例

8-3 設置の方法

(1) 基本的考え方

> 視覚障害者誘導用ブロックは、視覚障害者の利便性の向上を図るために、視覚障害者の歩行上必要な位置に、現地での確認が容易で、しかも覚えやすい方法で設置するものとする。

　視覚障害者誘導用ブロックは、道路を歩行中の視覚障害者に対して、道路及び沿道に関するある程度の情報をもって、より正確な歩行位置と移動方向を案内するための施設であるため、視覚障害者誘導用ブロックの設置方法は、視覚障害者の利便性に配慮する必要がある。

　視覚障害者誘導用ブロックを必要以上に数多く設置することにより、かえって混乱を招く危険性があるため、視覚障害者誘導用ブロックの設置にあたっては、視覚障害者の理解が容易となるよう配慮し、設置方法を単純化する必要がある。

(2) 設置の原則

> 1) 線状ブロックは、視覚障害者に、主に誘導対象施設等の移動方向を案内する場合に用いるものとする。視覚障害者の歩行方向は、誘導対象施設等の方向と線状突起の方向とを平行にすることによって示すものとする。
> 2) 点状ブロックは、視覚障害者に、主に注意すべき位置や誘導対象施設等の位置を案内する場合に用いるものとする。
> 3) 視覚障害者の歩行動線を考慮して、最短距離で目的地に辿り着けるよう誘導するために連続的かつ極力直線的に敷設するものとする。
> 4) 視覚障害者誘導用ブロックは、視覚障害者が視覚障害者誘導用ブロックの設置箇所にはじめて踏み込む時の歩行方向に、原則として約60cmの幅で設置するものとする。また、連続的に案内を行う場合の視覚障害者誘導用ブロックは、歩行方向の直角方向に原則として約30cmの幅で設置するものとする。なお、電柱などの道路占用物等の施設を避けるために急激に屈曲させることのないよう、官民境界にある塀や建物との離隔60cm程度にとらわれず、占用物件を避けた位置に直線的に敷設することとする。
> 5) 一連で設置する線状ブロックと点状ブロックとはできるだけ接近させるものとする。
> 6) 視覚障害者誘導用ブロックは、原則として現場加工しないで正方形状のまま設置するものとする。
> 7) 視覚障害者誘導用ブロックを一連で設置する場合は、原則として同寸法、同材質の視覚障害者誘導用ブロックを使用するものとする。

　「線状ブロック」は主に誘導対象施設等の移動方向を案内し、「点状ブロック」は、主に注意すべき位置や誘導対象施設等の位置を案内する場合に用いる。

　歩道上に、道路占用物などの障害物等やマンホール等が存在する場合には、マンホールにより誘導が途切れないことや障害物等を避けるために急激に屈曲させないように配慮する必要がある。よって、約60cmの幅で設置することにとらわれず、視覚障害者が必要以上に遠回りすることや細かく方向転換することにより方向感覚を喪失することのないよう、視覚障害者が可能な限り最短距離で直線的に移動できるように配慮して設置する必要がある。

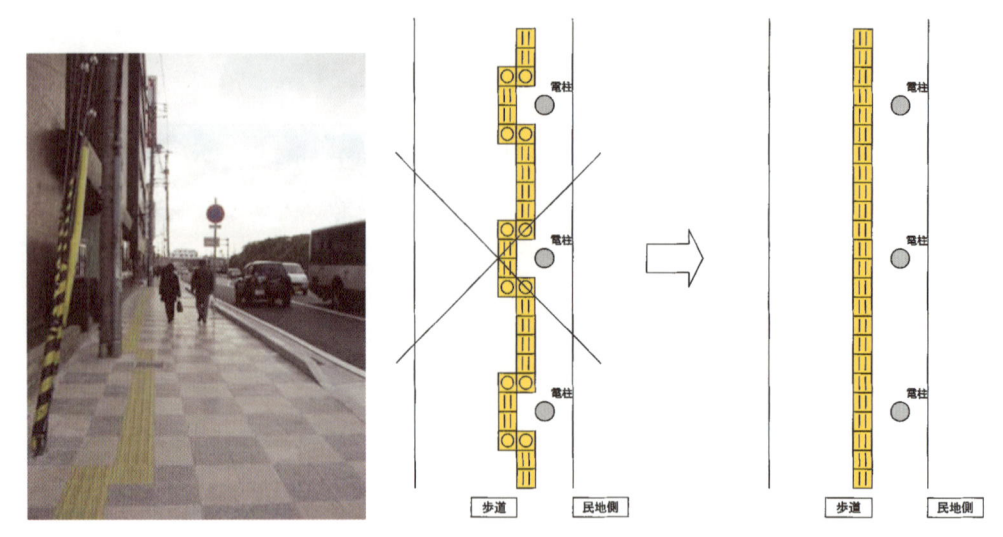

図8－5　電柱を避けるために屈曲して敷設された誘導用ブロックの改善イメージ

　視覚障害者誘導用ブロックの設置幅は、視覚障害者誘導用ブロックの設置箇所にはじめて踏み込む場合に、視覚障害者誘導用ブロックを跨ぎ越すことのないように、約60cmとした。（成人男子の平均的な歩幅が約75cm以下であり、靴の大きさが約25cmであることから、約50cm以上の幅があれば跨ぎ越すおそれがないこと、視覚障害者誘導用ブロック1枚の幅が約30cmであること等から。）

　一連で設置すべき線状ブロックと点状ブロックがあまり離れると視覚障害者に不安を与えるので、離れる場合でも10cm（足の大きさの約半分）程度とすることが望ましい。

　視覚障害者誘導用ブロックを現場加工する必要がある箇所としては、①誘導経路上の屈折・屈曲箇所、②マンホール等、視覚障害者誘導用ブロック設置上に障害物がある場所等があるが、①の場合は、図8－6のようにし、②の場合は、マンホールを避けた位置に直線的に敷設する又は10cm以内のすき間の範囲でマンホール上に敷設を行うなどするものとする。現場加工することにより歩行すべき方向がわからなくなること等を避けるため、視覚障害者誘導用ブロックは、原則現場加工しないものとするが、やむを得ない場合は状況に応じて現場加工も可能とする。

a：10cm以下とすることが望ましい。

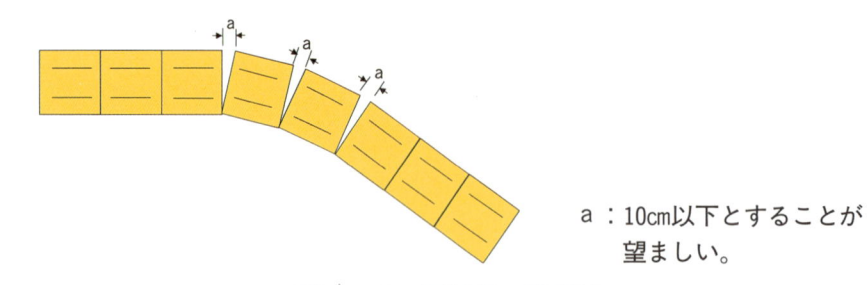

図8－6　屈折部の設置例

　一連で設置する視覚障害者誘導用ブロックの寸法、材質が異なることは、視覚障害者誘導用ブロックの識別のしやすさや歩行性等が変化するため望ましくない。このため、視覚障害者誘導用ブロックを一連で設置する場合は、原則として同寸法、同材質のブロックを使用することとする。

○参考○ 視覚障害者誘導用ブロックの設置例

【横断歩道口の設置例】

[歩道幅員が広い場合]

W_1：30cm程度

W_1：30cm程度

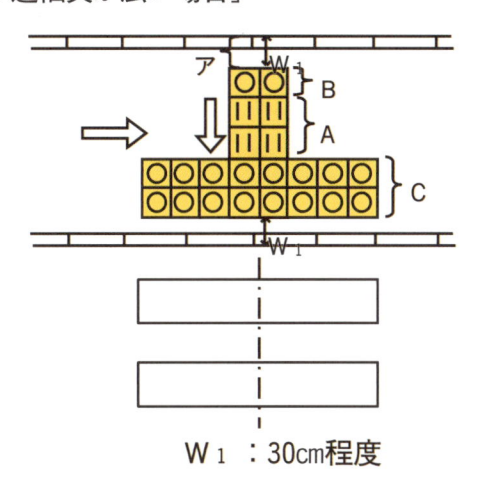

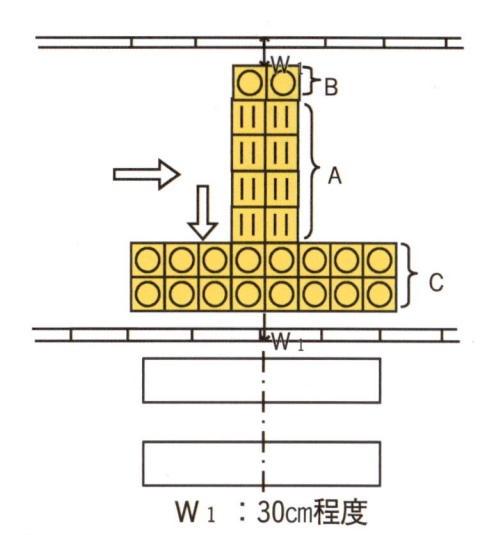

（さらに歩道幅員が広い場合は、Aの部分の設置する範囲が広くなることとなる）

注1） Aの部分の線状ブロックは、ⅰ）視覚障害者を横断歩道に導く、ⅱ）横断歩道上の歩行方向を示す、ⅲ）横断歩道の中心部を示す、という役割を果たしており、設置する範囲は、歩道の幅員に応じて定めるものとする。

注2） Bの部分の点状ブロックは、対面方向から横断歩道を渡って来た視覚障害者が、Aの部分の線状ブロックに導かれて、官民境界にある塀や建物などに衝突することを防ぐために設置する点状ブロックである。

また、アの部分は、同様の目的で、ある程度あけておくことが望ましいが、一方、この部分があまりあきすぎていると、官民境界にある塀や建物などに沿って歩いて来る視覚障害者が、視覚障害者誘導用ブロックを踏み逃がすおそれがあるため、この部分は、30cm程度とすることが望ましい。つまり、官民境界にある塀や建物などに沿って歩いて来る視覚障害者が、この横断歩道を利用する場合には、まずBの点状ブロックを踏むことにより、これらの視覚障害者誘導用ブロックの存在を認識することができ、その後は、Aの部分の線状ブロックに導かれることとなる。

[継続的直線歩行を案内している場合]

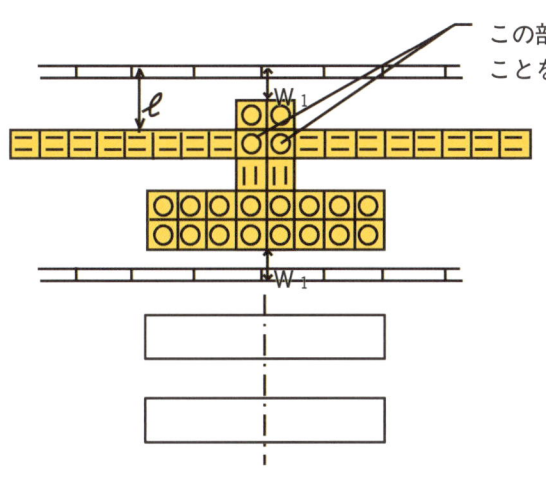

この部分を点状ブロックとし、ここが分岐点であることを案内することとする。

W_1：30cm程度
ℓ：60cm程度（ただし、路上施設や占用物件の設置状況などによって、この値とすることが適切ではない場合は、この限りではない。）

第3部　道路の移動等円滑化基準の運用指針

[歩道幅員が狭い場合]

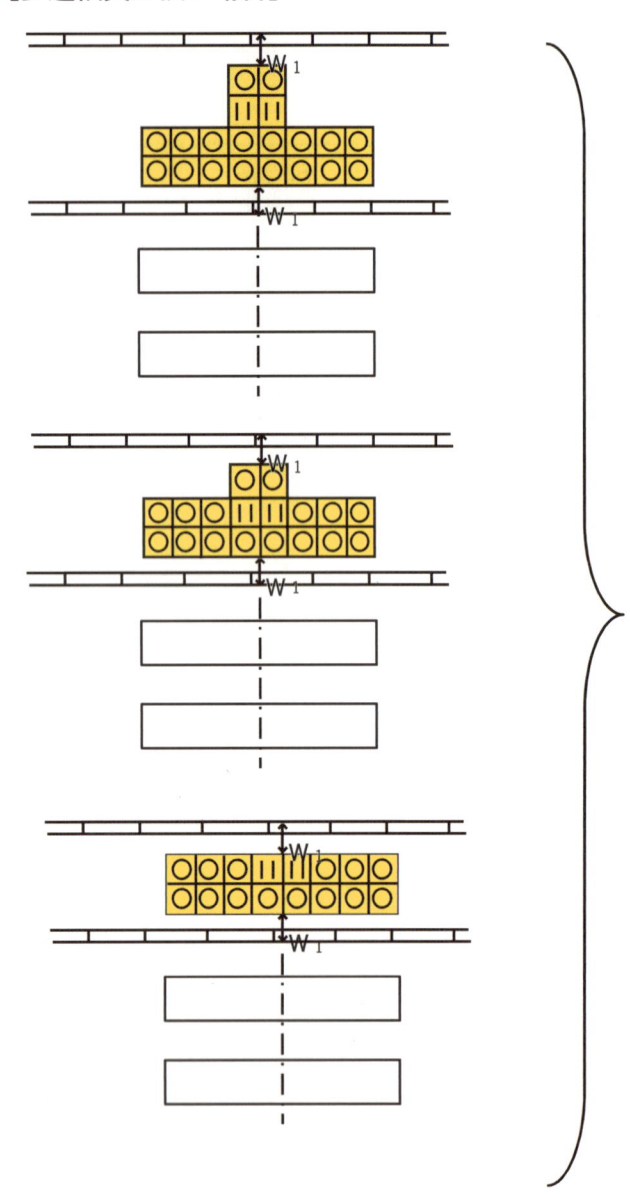

W_1：30cm程度
注）線状ブロックで、横断歩道上の歩行方向及び横断歩道の中心部を案内することが望ましい。

[やむを得ず横断歩道が斜めの場合の設置例]

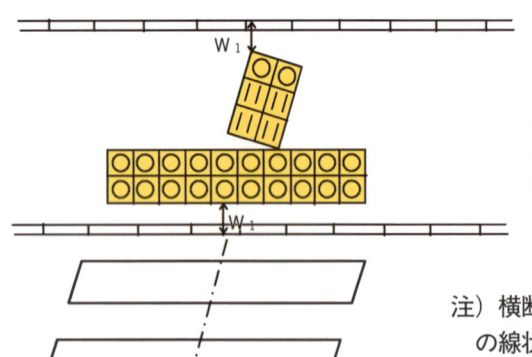

W_1：30cm程度

注）視覚障害者は、視覚障害者誘導用ブロック及び縁石の配列と、横断歩道が垂直に交わるという認識により、横断歩道を横断するという意見があり、横断歩道が斜めの場合の対策を検討する必要がある。

注）横断歩道の方向と線状ブロックの線状突起の方向とを同一方向にすることが望ましい。

第8章 視覚障害者誘導用ブロック

［自転車横断帯がある場合］

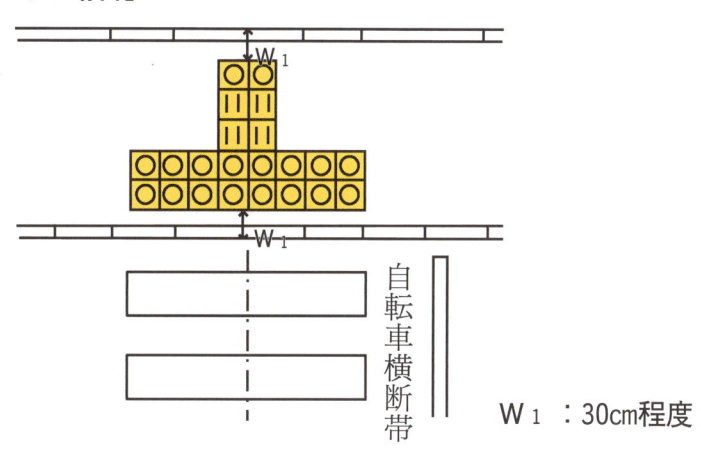

W_1：30cm程度

【歩道巻込部の設置例】

［歩道幅員が広い場合］

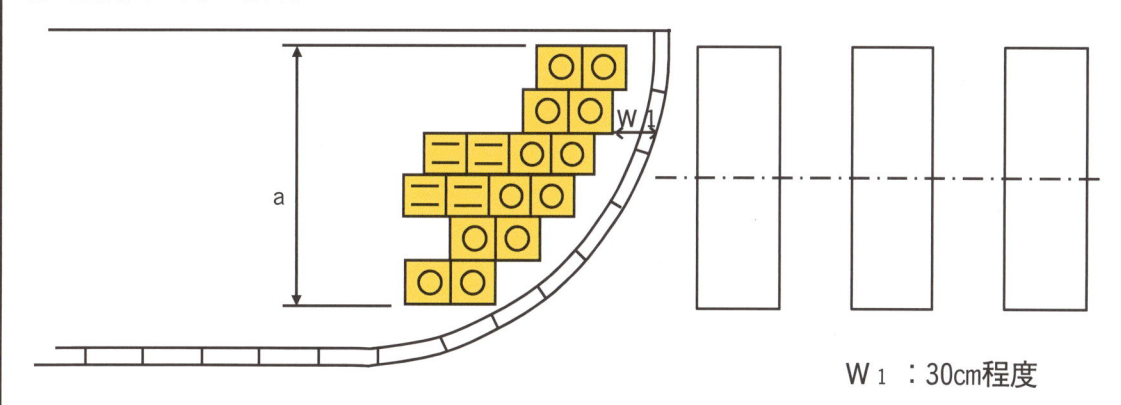

W_1：30cm程度

注1）横断歩道の有無に関わらず歩道巻込部には視覚障害者誘導用ブロックを設置する。

［歩道上、自転車の通行すべき部分が指定されている場合］

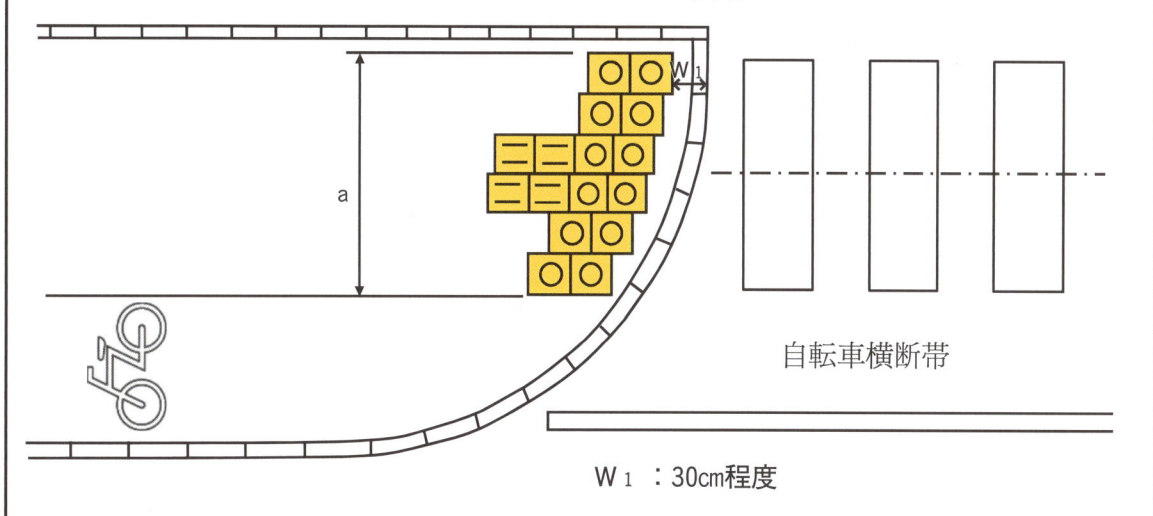

自転車横断帯

W_1：30cm程度

[横断歩道が近接している場合]

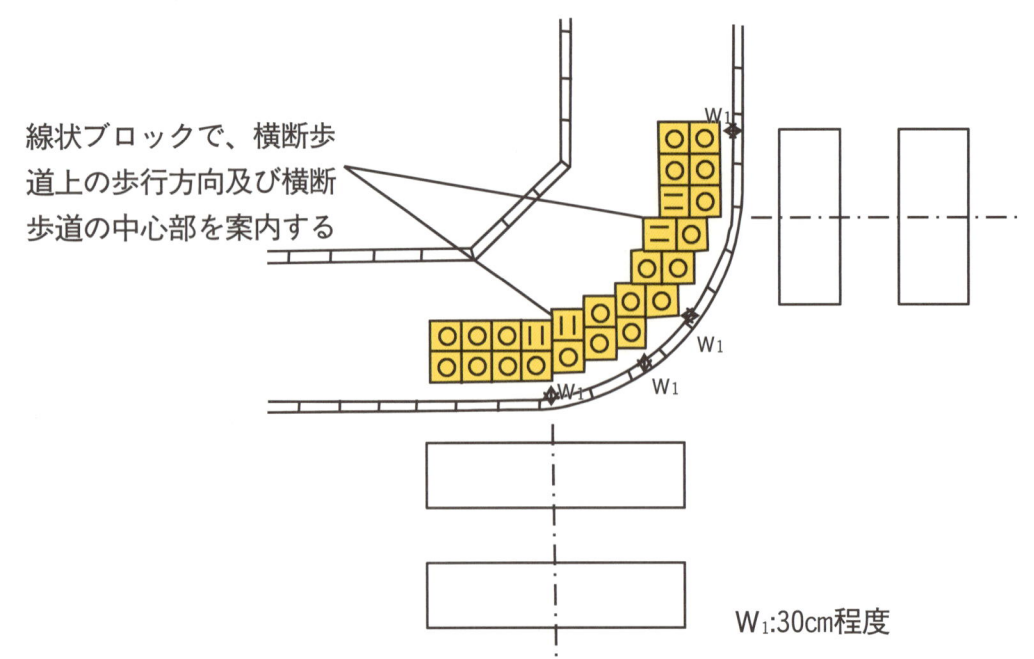

線状ブロックで、横断歩道上の歩行方向及び横断歩道の中心部を案内する

W_1:30cm程度

[2方向に横断が生じる場合]

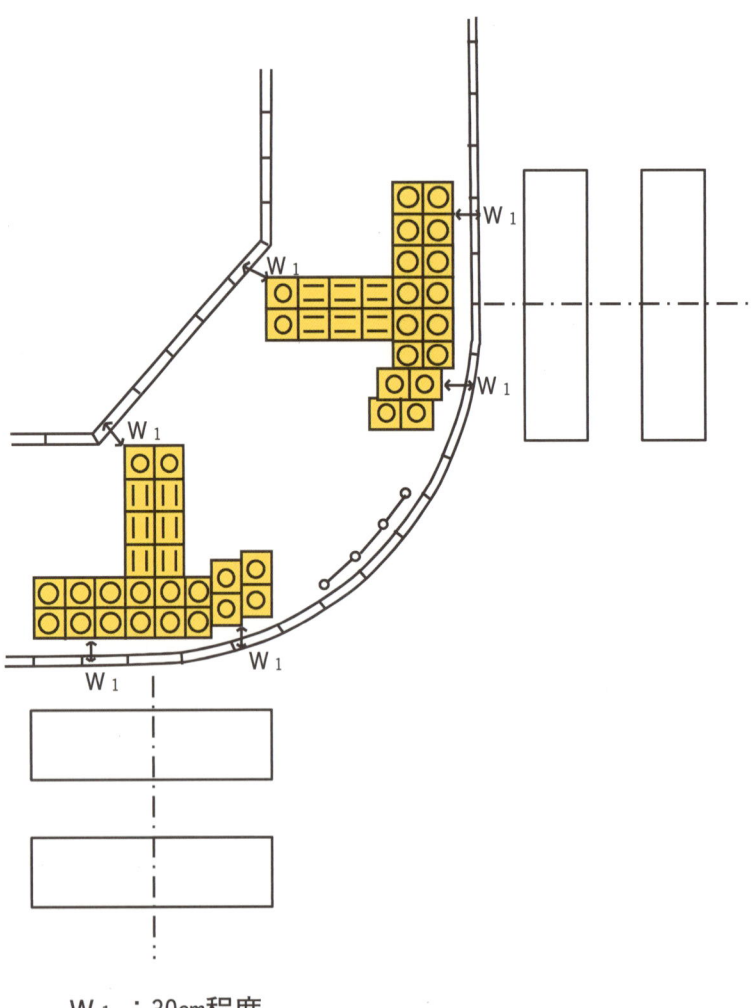

W_1 ：30cm程度

第8章　視覚障害者誘導用ブロック

【立体横断施設の昇降口（階段部）の設置例】

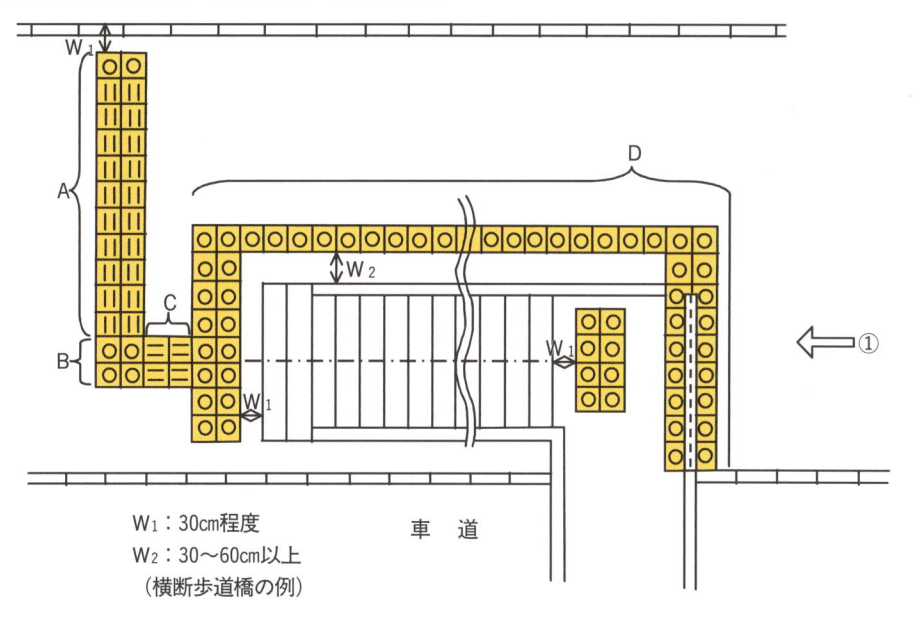

W_1：30cm程度
W_2：30～60cm以上
（横断歩道橋の例）

注）Aの線状ブロックによって誘導された視覚障害者は、Bの点状ブロックによって分岐点であることがわかり、Cの線状ブロックによって横断歩道橋の昇降口に導かれることとなる。また、Dの点状ブロックは、①方向から歩いてきた視覚障害者が横断歩道橋の橋脚等に接触しないように回避させるためのものである。

【地下横断歩道等の昇降部の設置例】

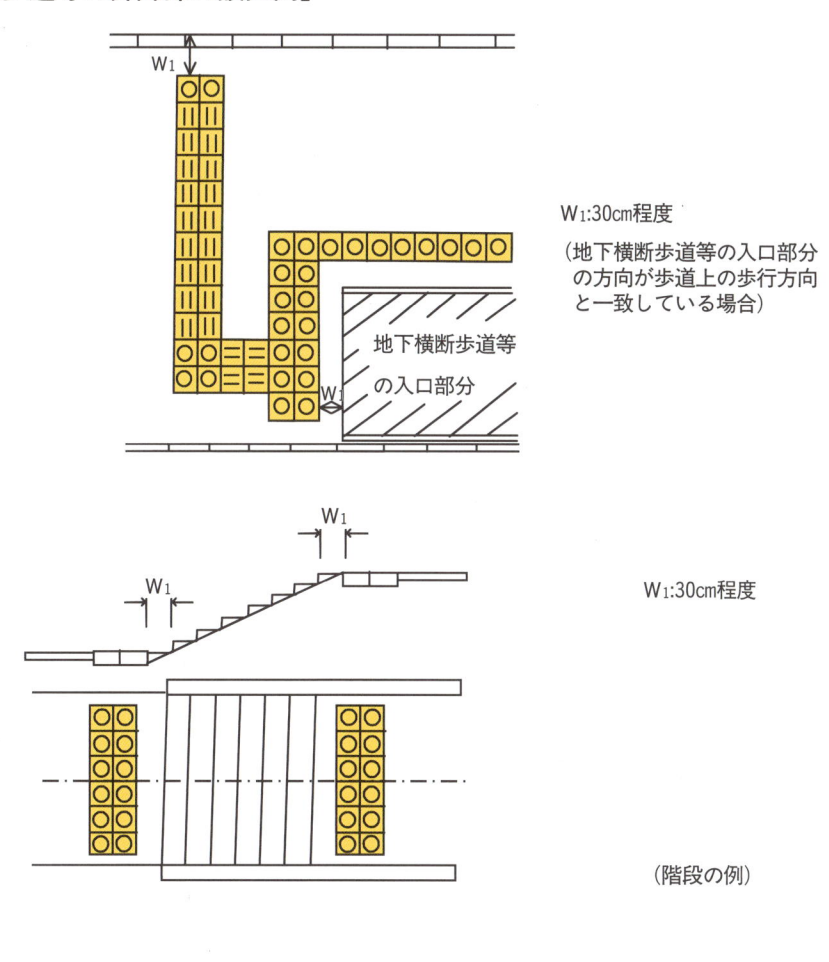

W_1：30cm程度
（地下横断歩道等の入口部分の方向が歩道上の歩行方向と一致している場合）

W_1：30cm程度

（階段の例）

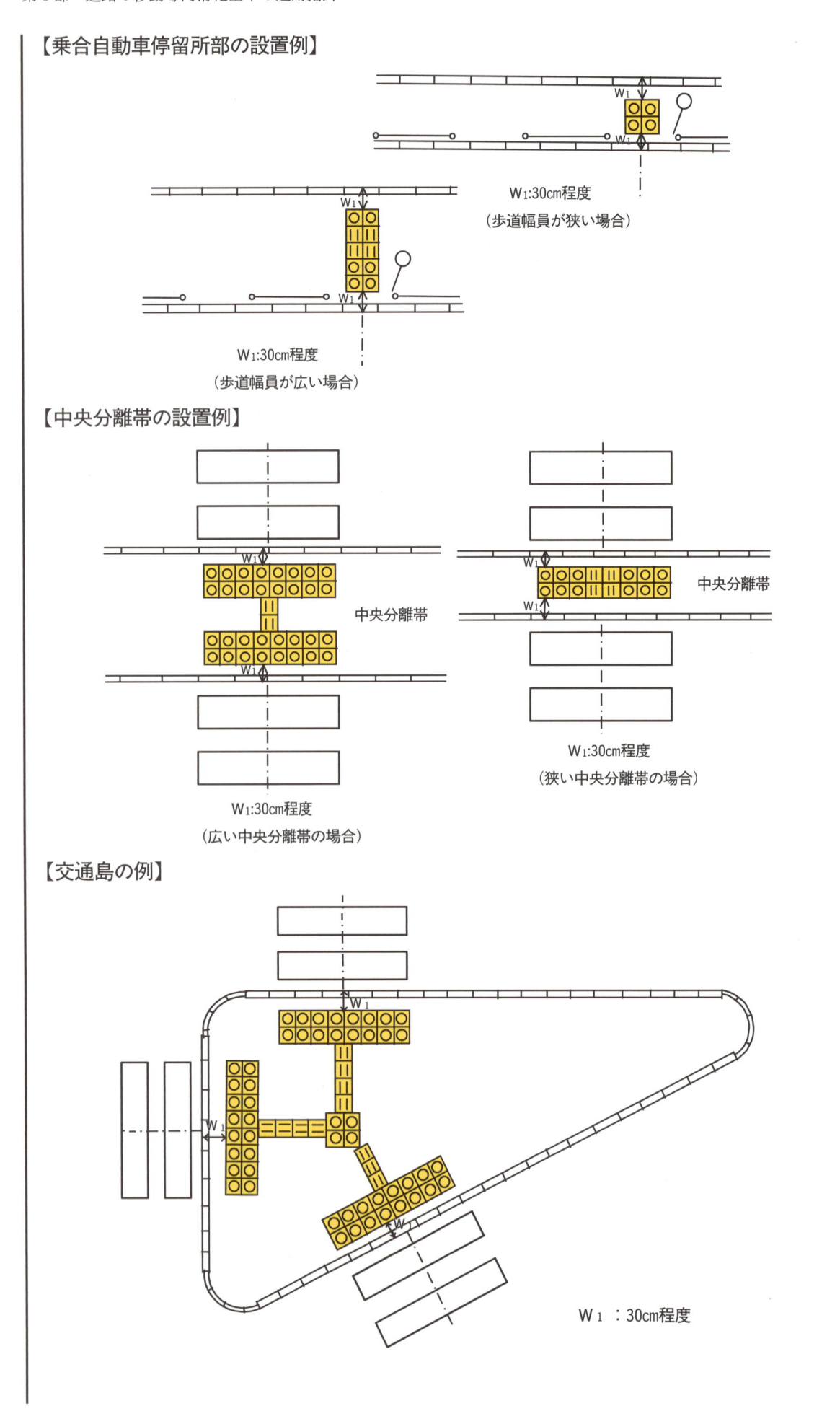

第3部　道路の移動等円滑化基準の運用指針

【乗合自動車停留所部の設置例】

W_1：30cm程度
（歩道幅員が狭い場合）

W_1：30cm程度
（歩道幅員が広い場合）

【中央分離帯の設置例】

中央分離帯

W_1：30cm程度
（広い中央分離帯の場合）

中央分離帯

W_1：30cm程度
（狭い中央分離帯の場合）

【交通島の例】

W_1：30cm程度

第8章　視覚障害者誘導用ブロック

【屈折部の設置例】

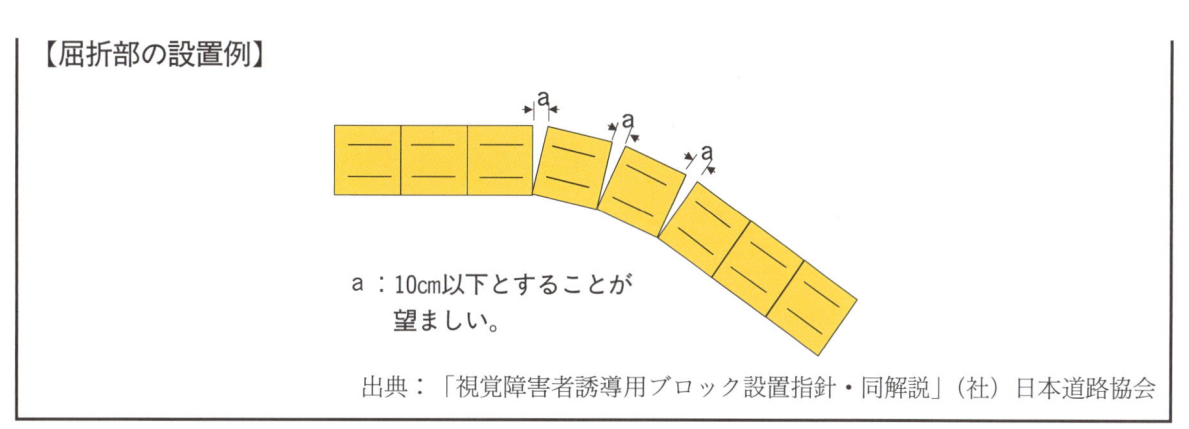

a：10cm以下とすることが
　望ましい。

出典：「視覚障害者誘導用ブロック設置指針・同解説」（社）日本道路協会

【エレベーターの設置例】

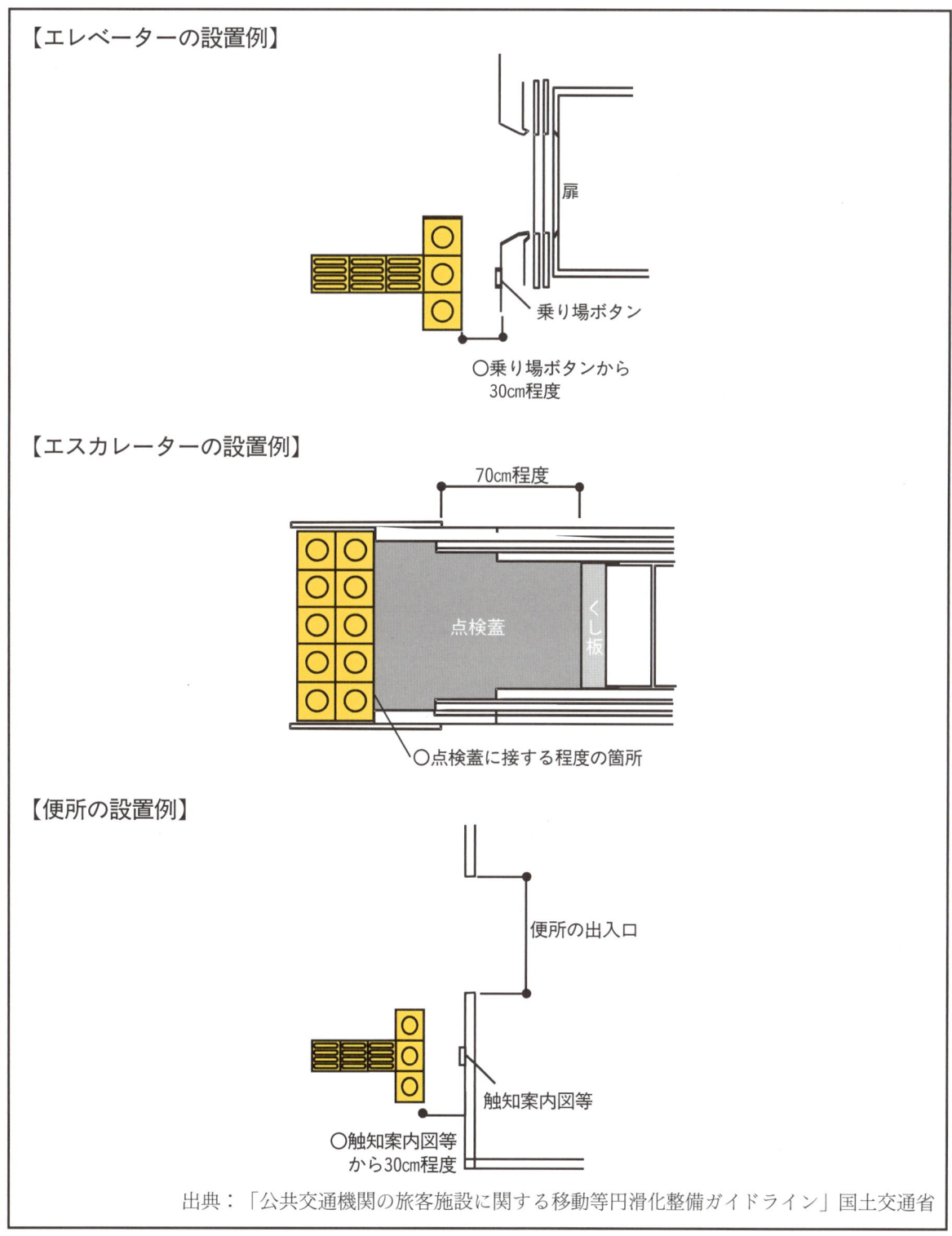

扉
乗り場ボタン
○乗り場ボタンから30cm程度

【エスカレーターの設置例】

70cm程度
点検蓋
くし板
○点検蓋に接する程度の箇所

【便所の設置例】

便所の出入口
触知案内図等
○触知案内図等から30cm程度

出典：「公共交通機関の旅客施設に関する移動等円滑化整備ガイドライン」国土交通省

(3) 施工

> 視覚障害者誘導用ブロックの施工は、設計図、仕様書等に定めるもののほか、次の各項に定めるところにより行うものとする。
> 1) 基礎は、視覚障害者誘導用ブロックの不陸や不等沈下が生じないよう十分に突き固め、転圧を行うものとする。
> 2) 視覚障害者誘導用ブロックの接着目地としては、舗装との整合性や接着性のよいものを用い、舗装と視覚障害者誘導用ブロック間及び各視覚障害者誘導用ブロック間の結合を図るものとする。

ここでは、耐久性等を考慮して、視覚障害者誘導用ブロックの一部を埋込む方法で設置するものの施工の原則を定めた。

視覚障害者誘導用ブロックは歩行、自然環境等による影響を受けるため、施工にあたっては計画高を確保するとともに、不陸や不等沈下の防止、一連で設置する視覚障害者誘導用ブロック群の一体性、舗装との整合性を図らなければならない。

(4) 点検

> 点検は、下記の項目について実施することが望ましい。
> 1) 視覚障害者誘導用ブロック
>   ① 突起の固定、破損及びすり減り状況
>   ② 平板の固定、破損、不陸及び不等沈下状況
>   ③ ブロック全体の輝度の状況
> 2) 視覚障害者誘導用ブロックが設置されている道路の状況
>   ① 路面の不陸状況
>   ② 路面の排水状況
>   ③ 視覚障害者誘導用ブロック上の放置自転車等の不法占用物件

視覚障害者誘導用ブロックの機能を十分に発揮させるためには日常の点検と保守が大切である。点検にあたっては、視覚障害者誘導用ブロックのみならず、道路状況をも含めることが視覚障害者の安全を図るうえで重要である。例えば、視覚障害者誘導用ブロックの上に、自転車などが放置されている場合には、関係機関とも協力しながら、視覚障害者誘導用ブロック上から撤去するなどの措置をとることが望ましい。また、視覚障害者誘導用ブロックの上に物を載せないように日常的にＰＲし、市民の協力を求めるといった措置をとることも望ましい。

点検により視覚障害者誘導用ブロックの摩耗・破損・著しい輝度の低下等を発見した場合には、当該箇所の補修を行い常に視覚障害者誘導用ブロックの機能が十分に発揮できるようにするとともに、本ガイドラインに整合しない視覚障害者誘導用ブロック又は、本ガイドラインに整合しない方法で設置されている視覚障害者誘導用ブロックについては、できるだけ本ガイドラインに合わせて補修することが望ましい。

8-4　案内誘導の高度化

道路移動等円滑化基準

（視覚障害者誘導用ブロック）

第34条

3　視覚障害者誘導用ブロックには、視覚障害者の移動等円滑化のために必要であると認められる箇所に、音声により視覚障害者を案内する設備を設けるものとする。

　視覚障害者誘導用ブロックは、線状ブロックで移動方向を、点状ブロックで危険箇所や方向転換点の存在を示すものであるが、分岐する場合のそれぞれの目的地までの経路や、具体的な危険の内容を認識することは困難である。そのため、たとえ視覚障害者誘導用ブロックが設置されていたとしても、初めての場所に単独で行く場合や歩行動線が複雑に分岐する場合には、不安を感じる視覚障害者も多く存在する。

　したがって、視覚障害者の歩行を支援するためには、視覚障害者誘導用ブロックの整備だけでなく、歩行動線が分岐する交差点や交通結節点等の主要地点付近において、目的地への経路等について音声等による適切な情報提供を行うことが有効である。

　視覚障害者に対する音声案内については、これまで多数の民間企業や関係省庁において研究・実用化がなされているものの、現状では提供情報の内容、機器の様式、設置位置等について統一された基準が無いため、導入に際しては、視覚障害者等の利用者の意見を聞くとともに、機器の汎用性を考慮するなど、慎重な検討が必要となる。

○参考○エスコートゾーンの設置

横断歩道上は視覚障害者にとって手がかりが少ないため、まっすぐ歩くことは容易ではなく、横断歩道から外れてしまうことがしばしばある。そこで、道路を横断する視覚障害者の安全性及び利便性を向上させるために横断歩道上に設置され、視覚障害者が横断時に横断方向の手がかりとする突起体の列（以降、「エスコートゾーン」と呼ぶ。）の設置に対するニーズが高まっている。

警察庁において「エスコートゾーンの設置に関する指針」が策定されており、今後、当該指針に基づくエスコートゾーンの整備の際には、公安委員会と連携し、歩道部の視覚障害者誘導用ブロックとの連続性の確保などが必要である。ただし、耐久性や騒音、スリップ転倒等について十分な事後評価が求められる。

＜エスコートゾーンに関して特に事後評価すべき事項＞
- 通過車両により、損耗、欠損が生じ、一部が剥離していないか
- 通過車両による騒音が問題となっていないか
- 雪寒地域において、除雪により削りとられていないか
- 自転車・二輪車等の走行時の車両転倒がないか（特に雨天によるスリップ転倒）
- 設置・修繕の際に時間を要することによる影響は大きくないか

写真　エスコートゾーンの一例

第9章 休憩施設

> **道路移動等円滑化基準**
>
> (休憩施設)
> **第35条** 歩道等には、適当な間隔でベンチ及びその上屋を設けるものとする。ただし、これらの機能を代替するための施設が既に存する場合その他の特別の理由によりやむを得ない場合においては、この限りでない。

9－1 概説

> 歩道等には、歩行者の休憩需要に対応するため、適当な間隔でベンチ及びその上屋を設けるものとする。

　歩道等には、高齢者、障害者等の移動等円滑化を図るため、特に身体的特性から歩行中に疲労しやすい高齢者や障害者等の休憩需要に応えることを目的として休憩施設を整備する。休憩施設を整備することが望ましい箇所・道路において、ベンチ及びそれを覆う上屋や樹木等を適当な間隔で設置するものとする。

　ただし、沿道の施設により休憩がとれる場合や、ベンチ等の設置によって通行の用に供する必要な有効幅員が確保できなくなる場合など、やむを得ない場合には、この限りでないものとする。

写真9－1　ベンチの設置例（千葉県八街市）

○参考○関連するその他の基準

道路構造令等の一部を改正する政令の施行について（平成5年11月25日　道路局長通達）
4　道路の附属物の追加（道路法施行令第34条の3、道路構造令第10条の2第3項及び第11条第4項関係）
　(1)　ベンチ又はその上屋は、様々な歩行者が道路を安全かつ円滑に通行できるようにするため、バス利用の利便性の向上、歩行中の休憩需要への対応等の必要性に鑑み、道路の

> 管理上必要と判断されるものを、道路の附属物として整備することができるものとしたものであること。
>
> 　この場合、ベンチ又はその上屋の設置は、単にバス事業者等の要請により行うものではなく、道路管理者が安全かつ円滑な道路の交通の確保その他道路の管理上必要なものであると判断する場合に行うものであること。

9－2　設置位置

> 休憩施設は、高齢者や障害者等の休憩需要を把握したうえで、休憩施設を設置することが望ましい道路・箇所において適当な間隔で設置するものとする。

　休憩施設を設置することが望ましい道路・箇所としては、表9－1に示すような場所があげられる。特に道路の交差点や橋詰のスペース等は、様々な活動が交錯する場所であり、歩行ネットワークの構成上重要な位置であるため、地域の情報発信機能やたまり機能を有する休憩施設を重点的に整備することが望ましい。

　しかし、一般的に都市部における歩道上ではスペースが限られており、休憩施設を単独で設置することが困難な場合が多い。そのような場合は、乗合自動車停留所との併用、立体横断施設の桁下やオープンスペース等の有効活用、植樹ますとの兼用、防災グッズ収納機能の複合化等により、限られた道路空間を有効に活用して休憩施設を設置することが望ましい。

表9－1　休憩施設を設置することが望ましい道路・箇所

道路・箇所	利用例
住宅地内のコミュニティ道路等	立ち話、遊び等
高齢者、障害者等の利用が多い公共施設周辺の道路	休憩、立ち話
遊歩道等、散策やジョギングに利用される道路	休憩、自然とのふれあい等
橋詰のスペース	小休憩、眺望等
商業地等の建物前面のスペース	ウィンドウショッピング、小休憩、待ち合わせ等
バス停周辺	バス待ちを兼ねた休憩スペース

第 9 章　休憩施設

○たまり機能を有する休憩施設の例

写真 9 － 2　たまり機能を有する休憩施設の例（大阪府大阪市）

○交差点の一角を活用した休憩施設の例

写真 9 － 3　ポケットパークの例（東京都世田谷区）

○乗合自動車停留所やオープンスペース等を有効に活用した休憩施設の例

写真 9 － 4　バス停付近のポケットパークの
　　　　　整備例（東京都江戸川区）

出典：「交通工学 Vol.36」
　　　（社）交通工学研究会　2001年9月

写真 9 － 5　オープンスペースにベンチを
　　　　　設置した例（埼玉県越谷市）

○他施設との兼用・機能の複合化を図った休憩施設の例

写真9－6　学校の敷地を削りベンチを設置した例（東京都板橋区）

写真9－7　植樹帯スペースの一部を活用したベンチ（和歌山県和歌山市）

写真9－8　移動可能なプランタータイプのベンチを設置した例（東京都三鷹市）

写真9－9　植樹ますと合わせてベンチを設置した例（東京都三鷹市）

9-3 その他

　休憩施設を歩道に設置する場合は、ベンチ利用者の安全を確保するために、車道からの車両の侵入がないようベンチと車道との間に植樹ますや車両用防護柵を設置するものとする。
　また、休憩施設において、ゴミが捨てられたり、不法駐輪、放置自転車等がないよう管理を行い、本来の目的で適切に利用されるようにすることが必要である。

○参考○ 休憩施設の設置間隔に関する研究例

　休憩施設の設置間隔については、体力の低下した高齢者や歩行困難な障害者等が休憩なしに歩ける距離を目安に設定することが考えられる。なお、既存研究によると高齢者が望むベンチの設置間隔は「100～200m程度」が最も多く、また、都市内における通常の状況のもとで歩行者が抵抗なく歩ける距離は200～400m程度といわれている。

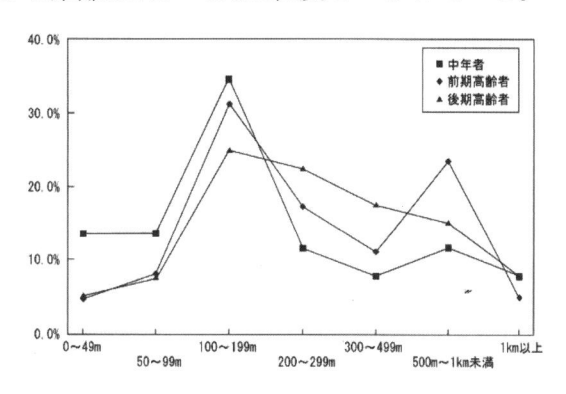

図　ベンチの必要間隔

参考資料：「高齢者を考慮した歩行空間の休憩施設設置に関する研究」
　　　　　三星昭宏、北川博巳他　土木計画学研究・論文集　1999年10月

第10章　照明施設

10－1　概説

道路移動等円滑化基準

（照明施設）

第36条　歩道等及び立体横断施設には、照明施設を連続して設けるものとする。ただし、夜間における当該歩道等及び立体横断施設の路面の照度が十分に確保される場合においては、この限りでない。

2　乗合自動車停留所、路面電車停留場及び自動車駐車場には、高齢者、障害者等の移動等円滑化のために必要であると認められる箇所に、照明施設を設けるものとする。ただし、夜間における当該乗合自動車停留所、路面電車停留場及び自動車駐車場の路面の照度が十分に確保される場合においては、この限りでない。

ここでいう照明施設とは、夜間における歩道等、あるいは地下横断歩道のように明るさの急変する場所において、道路状況や交通状況を的確に把握するための良好な視環境を確保し、歩行者等の交通の安全かつ円滑な移動を目的とする交通空間で整備される機能照明としての施設である。（機能照明施設と演出照明施設については第12章参照）

道路状況や交通状況を的確に把握するためには表10－1に示す視覚情報が必要である。

表10－1　歩行者等に必要な視覚情報

道路状況	歩道幅員や歩道線形、路面の段差や傾斜などの道路構造 乗合自動車停留所や路面電車停留場などの道路施設
交通状況	歩行者等の存否及びその存在位置、移動方向、交通量など

さらに、良好な視環境を確保するためには表10－2に示す点を考慮することが必要である。

表10－2　良好な視環境を確保するための考慮点

道路周辺の明るさ	道路沿道施設の光が歩行者等の視認性に影響を及ぼす
歩行者等の特性	視覚障害者は光を導線として利用したりまぶしさを感じやすい 車いす使用者は視線位置が低い

これらを踏まえた照明施設を、10－2以降に記述する考え方に基づき設置することが必要である。

本ガイドラインを適用する道路の明るさは、当該照明施設以外に車道用の照明等によって確保される場合もあり、これらの場合には特に照明施設を設置する必要はないと考えられる。なお、照明施設の設置については、「道路照明施設設置基準」（（社）日本道路協会）によるものとする。

10－2　照明施設の明るさ

(1) 歩道等の照明

> 歩道等に設置する照明は、夜間における歩行者等の交通量や周辺の光環境を考慮して、高齢者や障害者等が安全で円滑な移動を図るために適切な明るさを確保するものとする。

　歩道等に設置する照明施設の明るさは、歩行者等の交通量と周辺の明るさに応じた照度レベルを設定することが重要である。（右図参照）

① 歩行者等の交通量が多く、周辺が明るい場合
　他の歩行者等とのすれ違いや前後追従時の錯綜が増加するとともに、歩行者等の視認性に影響を与える道路沿道の光も増加し、交通状況を把握するための視覚情報が増える。このような場合、歩行者等は経路上の照度レベルを高くしなければ視認しにくくなる。

② 歩行者等の交通量が少なく、周辺が暗い場合
　交通量が多い場合に比べて交通状況を把握するための視覚情報も少なくなるので、歩行者等は低い照度レベルでも視認できる。

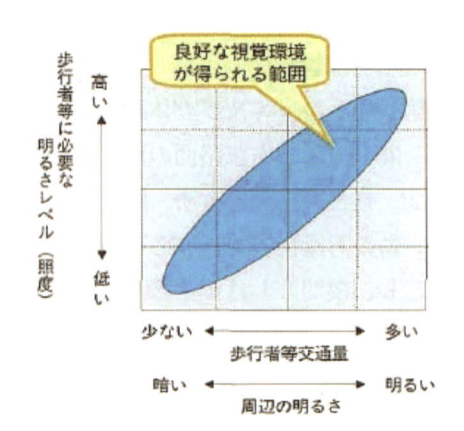

図10－1　照明施設の明るさ設定概念図

　これらのことを踏まえて、JIS Z 9111道路照明基準を参考に、高齢者や障害者等に対する視認性を配慮して歩道路面上に必要な明るさを設定する必要がある。

○参考○歩道等の明るさについて

JIS Z 9111　道路照明基準

表　歩行者に対する道路照明基準

夜間の歩行者交通量	地域	照度（lx）	
		水平面照度	鉛直面照度
交通量の多い道路	住宅地域	5	1
	商業地域	20	4
交通量の少ない道路	住宅地域	3	0.5
	商業地域	10	2

・水平面照度は路面上の平均照度
・鉛直面照度は、歩道の中心線上で路面上から1.5mの高さの道路軸に対して直角な鉛直面上の最小照度

　具体的には、重点整備地区等は周辺環境が明るい商業地域が該当すると考えられることや、高齢者や障害者等の特性を考慮すると、安全・安心に移動の円滑な通行ができる明るさとして、交通量の少ない道路であっても最低限水平面照度10ルクス（単位：lx）以上を確保することが望ましく、さらに歩行者等の交通量が多い大規模駅や中心業務地区等では、それ以上の照度レベルを適用することが望ましい。

　なお、障害者等のなかには暗さによる不安感を感じる場合もあり、女性や子供なども含めた地域の防犯面を考慮して明るさを確保する必要がある。重点整備地区内等であっても、歩道照

明の光が住居等へ射し込むことにより生活環境を阻害するおそれのある住宅地域なども存在するため、地域の状況に応じて地域住民や利用者等の意見を反映し、漏れ光による影響や地域景観を考慮した適切な整備計画を立てる必要がある。また、深夜になると歩行者等の交通量が大きく減少する道路がほとんどであることから、これらの状況に応じて照明の明るさを調整することも考えられる。

○参考○ 歩道等の明るさに関する実験結果

安全・安心に通行できる路面の明るさは、最低限3 lxは必要であり、5 lx以上の設定照度を確保する必要がある。なお、障害者等（ここでは特に車いす使用者）を考慮すると10 lx以上は必要である。

照度レベル別にみた考察

＜20及び10 lx＞
いずれの被験者においても、すべての評価項目で支持率が70％以上という評価であった。

＜5 lx＞
車いす使用者を除くすべての被験者において「すれ違う歩行者・自転車利用者の顔が見える」の評価項目以外は支持率が60％以上であった。車いす使用者は5 lxになるとすれ違う通行者の顔を視認し難いことがわかる。

＜3 lx＞
「路面が見えて歩きやすい」と「すれ違う歩行者・自転車利用者の顔が見える」の評価がいずれの被験者においても支持率が低い。

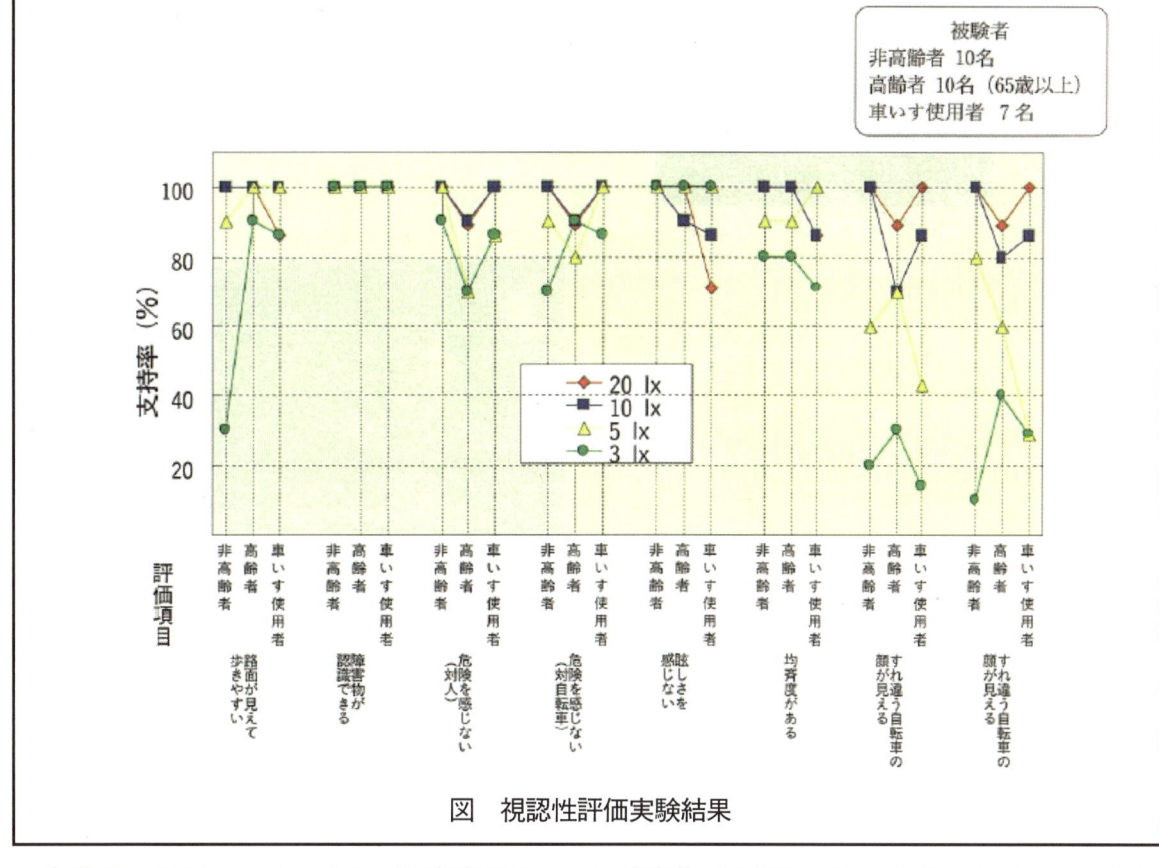

図　視認性評価実験結果

歩道等の路面にムラがある（均斉度が低い）と障害物が視認しづらくなる。このため、均斉度（当該歩道路面上の水平面照度の最小値を平均値で除した値）は、0.2以上[※]を確保するも

第3部　道路の移動等円滑化基準の運用指針

のとする。特に視覚障害者はムラによる影を障害物と誤認するおそれがあること、また、照明器具の発光部分を視線誘導として利用する場合もあることなどから、照明器具は等間隔で連続的に設置するものとする。

　照明方式は、路面の平均照度、まぶしさ、保守の容易性等の面からポール照明方式（ポールの先端に灯具を取り付け照明する方法）が望ましい。また、樹木等によって照明器具が覆われてしまわないように留意することが必要である。

※均斉度0.2は、（社）照明学会技術基準 JIEC-006（1994）「歩行者のための屋外公共照明基準」を参考にした。

○参考○均斉度について

　左図は均斉度が低い歩道照明の設置事例である。路面の明るさにムラがあり、闇溜ができて暗い部分がより暗く見えてしまっている。また、先も見通せない。歩行者にとってはこの闇溜が路面上の障害物や対向者の視認を困難にさせている原因となっている。

　右図は均斉度の高い歩道の設置事例である。路面の明るさが均一で、先も見通せる。

・路面に明るさのムラがある
・先が見通せない

・路面に明るさのムラがない
・先が見通せる

図　均斉度の低い歩道照明

図　均斉度の高い歩道

　前頁の視認性評価実験結果から、均斉度0.2※は、路面の明るさのムラにおいて全ての被験者が7割以上満足している結果となっている。

　右図は均斉度が0.2で照らされた歩道状況を示している。

図　実験時の均斉度0.2の歩道状況
　　（設定照度10ルクス）

(2) 立体横断施設等の照明

> 立体横断施設に設定する明るさは、立体横断施設技術基準によるものとする。

　歩道路面の明るさは、「立体横断施設技術基準」((社)日本道路協会)に示された明るさによるものとするが、地下横断歩道については、防犯上の観点から照度を増加することができる。

　なお、階段部等については、踏み段、勾配部等が認識しやすいように、別途局所的に照明施設を設けることが望ましい。

○参考○関連するその他の基準
横断歩道橋 　　　　照度：20 lx 地下横断歩道 　　　　照度：出入口100 lx以上（入口から出口が見通せないものに限る） 　　　　　　　階段及び通路50 lx以上

(3) その他施設の照明

> 乗合自動車停留所、路面電車停留場及び自動車駐車場等の施設に設置する照明は、設置場所に応じて、適切な明るさを確保するものとする。

　乗合自動車停留所や路面電車停留場において照明を行う場合は、歩行者等に停留所及び停留場の構造が認識でき、安全にバスや電車の利用が行えるように十分な明るさを確保するものとする。これらの施設に照明を行うことで、沿道構造物、植樹帯あるいは周辺の明るさによって停留所及び停留場で乗車待ちをしている利用者の存在に気づきにくい場合等についても、視認性を高める効果が期待できる。

　設定する照度はJIS Z 9110照度基準を参考に、その施設の利用者数や周辺環境の明るさに応じて適切な明るさとすることが望ましい。

○参考○ その他施設の明るさについて

JIS Z 9110　照明基準

表　駅舎

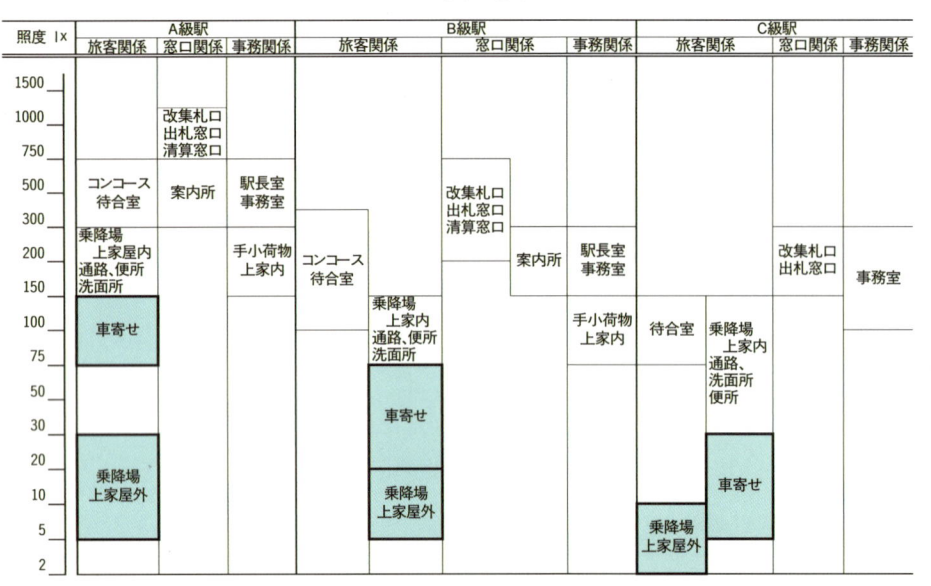

照度 lx	A級駅 旅客関係	A級駅 窓口関係	A級駅 事務関係	B級駅 旅客関係	B級駅 窓口関係	B級駅 事務関係	C級駅 旅客関係	C級駅 窓口関係	C級駅 事務関係
1500									
1000		改集札口 出札窓口 清算窓口							
750									
500	コンコース 待合室	案内所	駅長室 事務室		改集札口 出札窓口 清算窓口				
300				コンコース 待合室					
200	乗降場 上家屋内 通路、便所 洗面所		手小荷物 上家内		案内所	駅長室 事務室		改集札口 出札窓口	事務室
150				乗降場 上家内 通路、便所 洗面所					
100	車寄せ					手小荷物 上家内	待合室	乗降場 上家内 通路、洗面所 便所	
75									
50				車寄せ				車寄せ	
30									
20	乗降場 上家屋外								
15									
10				乗降場 上家屋外			乗降場 上家屋外		
5									
2									

備考 1．照度の適用に当たっては、1日の乗降客数、例えば、A級駅15万人以上、B級駅1万～15万人未満、C級駅1万人未満の3段階に駅級を分け、なお駅勢を考慮して級を選定する
　　 2．通路は階段も含む

表　駐車場

照度（lx）	屋内・地下				屋外				
300	―	―			―				
200	機械式駐車装置の出入口部	車路 （交通量大）							
150									
100		車路 （交通量小）			バス・トラック ターミナル （交通量大）				
75			駐車位置 （出入りの多い道路）		バス・トラック ターミナル （交通量小）				
50	―					サービスエリア （高速道路）	有料 （大規模）		
30			駐車位置 （出入りの少ない道路）						
20				↓		パーキングエリア （高速道路）	有料 （小規模）		商業、レジャー 公共施設などの 付属施設
10		―							
5			―			―	―		―

10-3 照明器具
(1) 光源の選定

> 光源は、次の事項に留意して選定しなければならない。
> 1) 効率が高く寿命が長いこと
> 2) 周囲温度の変動に対して安定していること
> 3) 光色と演色性が適切であること

　光源については、経済性の観点から効率、寿命等を考慮して選定するものとした。

　また、光源の種類によっては、周囲温度により効果が低下したり、低温時に始動しにくくなるため、周囲温度の変動に対して特性が安定していることが必要である。

　光色の違いによって、暖かみや涼しさを感じたりまぶしさを感じやすくなる。また、演色性の悪い光源で照らされると人の顔や視覚障害者誘導用ブロック等が本来の色に見えないこともある。このため、これらを考慮して適切な光源を選定するものとした。

(2) 灯具の選定

> 灯具は、次の事項に留意して選定しなければならない。
> 1) 適切な配光を有するものであること
> 2) まぶしさが十分制限されていること

　照明からの光が沿道住居内に射し込み生活環境を阻害しないように、また、農作物や動植物の生態系に影響を与えないように照明器具の配光に留意するものとした。

　照明器具の輝度が高いと歩行者等はまぶしさを感じると同時に、場合によっては視機能の一時的な低下を招くため、照明器具からまぶしさが生じると考えられる方向への光度あるいは輝度を制限するものとした。

○参考○関連するその他の基準

JIS Z 9111　道路照明基準
　4.2　歩行者に対する要件
(3)　照明器具のグレア
　歩行者は、歩行中、車両の運転者に比べ広い範囲に視線を移動させる傾向があるので、比較的近距離にある照明器具が視野中心付近に入りやすい。この場合、照明器具の輝度が高いと歩行者は不快グレアを感じると同時に、場合によっては視機能の一時的な低下を招く。不快グレアの程度は、照明器具の見かけの大きさ、視野の平均輝度レベルなどに関係する。不快グレアを生じないようにするためには照明器具の輝度が6,000cd/㎡を超えてはならない。
(4)　光源色、演色性
　光源色とは、点灯中の光源の見かけの色のことである。これに対して光源の演色性とは、その光源で照明された物体の色彩の見え方に及ぼす光源の性質のことである。
　一般照明用光源は、相関色温度「K」で表される。光源の相関色温度は照明環境の雰囲気に影響を与えるので、周囲環境に調和した相関色温度の光源を選定する必要がある。光源の演色性の選択に当たっては、すべての色彩が自然に見えることが望ましいが、効率を重視す

るために演色性に限度がある場合でも、歩行者の肌色が自然に見える光源を使用することが望ましい。

第11章　積雪寒冷地における配慮

11－1　防雪施設

> **道路移動等円滑化基準**
>
> （防雪施設）
> **第37条**　歩道等及び立体横断施設において、積雪又は凍結により、高齢者、障害者等の安全かつ円滑な通行に著しく支障を及ぼすおそれのある箇所には、融雪施設、流雪溝又は雪覆工を設けるものとする。

(1) 防雪施設*の設置が必要な箇所・区間

＊；消・融雪施設、流雪溝、雪覆工（アーケード、上屋、雁木等）

> 　安全かつ円滑な通行に著しく支障を及ぼすおそれのある箇所とは、除雪によって安全かつ円滑な通行を確保することが困難であって、勾配5％を超える箇所、堆雪幅が確保できない箇所、横断歩道及び横断歩道に接続する歩道等の部分、横断歩道接続部及び出入口等の警告・方向指示のための部分的な視覚障害者誘導用ブロック設置箇所、横断歩道橋、橋梁部、階段、地下道出入口、乗合自動車停留所、路面電車停留場、タクシー乗降場、並びに高齢者・障害者等が公共交通機関を利用できない区間をいい、このような箇所に防雪施設を設置するものとする。

　路面の凍結箇所は、あらゆる利用者において転倒等の危険性が高くなるものと想定される。また、その他の区間においても、利用者ニーズを踏まえ、適切な対策を講ずるものとする。

<防雪施設設置の必要な箇所>
① 縦断勾配5％を超える箇所（縦断勾配5％を超えるスロープ）

　縦断勾配が5％を超える箇所では、車いすの自力走行はもとより、車いすを押すなどの介助をする場合においても通行が困難となるため、防雪施設を設置する。

図11－1　縦断勾配5％を超える箇所の冬期の状況

② 堆雪幅が確保できない箇所（幅員狭隘）

　堆雪幅が確保できない箇所においては、車いすがすれ違い可能な幅員が確保できないため、防雪施設を設置する。

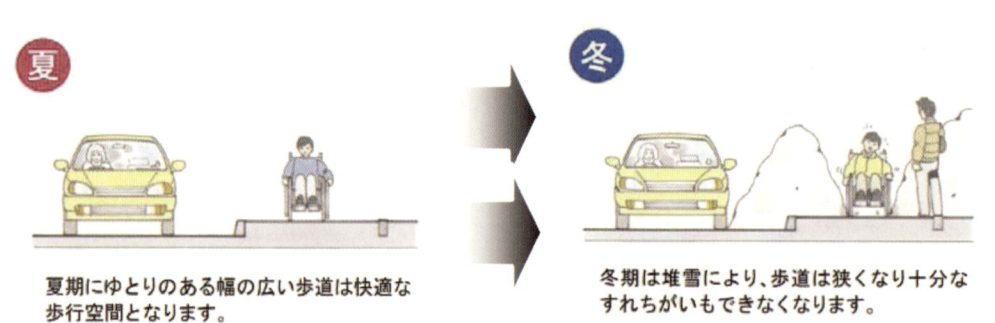

図11－2　幅員の狭い区間での問題状況

≪整備事例≫
○ロードヒーティングによる対応 ［一般国道4号　青森県青森市］

安全で快適な歩行空間の確保のため、ロードヒーティングによる消融雪施設を整備し、冬期でも安全で安心して歩ける幅の広い歩行空間が確保されることとなった。

［施工前］　　　　　　　　　　　　　　　［施工後］

写真11－1　ロードヒーティングによる歩行空間を確保した事例

○消雪パイプの設置 ［新潟県長岡市］

幅員の狭い市街地内の道路で、堆雪幅の確保が困難であったため、歩道に消雪パイプを設置した。これにより、冬期でも雪のない歩行空間が確保されることとなった。

出典：「長岡市」資料

写真11－2　消雪パイプ設置事例

○連続的にアーケードを設置 ［(主) 高田停車場線　新潟県上越市］

沿道土地区画整理事業の事業主体である市が、両側歩道及びJR高田駅前広場内にアーケードを設置した。

これにより、車道部にも消雪施設が整備されていることから堆雪が少なく、冬期でも歩行空間が確保されることとなった。

写真11－3　アーケード設置事例

○流雪溝を設置

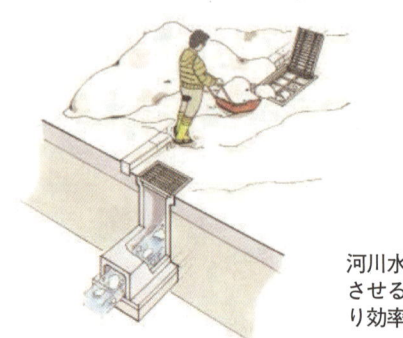

河川水や下水処理水を利用して雪を移動させる流雪溝を設置し、住民の協力により効率的な雪処理を行う。

図11-3　流雪溝整備イメージ

③　横断歩道及び横断歩道に接続する歩道等の部分

横断歩道及び横断歩道に接続する歩道等の部分については、車道除雪による堆雪が生じやすく、また横断歩道上は、スタッドレスタイヤの普及によりツルツル路面が生じ、危険となることがあるため、防雪施設を設置する。

その具体的な位置としては、次のような場所が考えられる。

・信号待ちのための滞留や、車いす使用者が転回するためのスペース
・横断歩道に接続する歩道等の部分の縁端部（段差）前後
・押しボタンその他横断のための機器操作部の手前
・主要移動経路上の横断歩道及び中央分離帯上の滞留スペース

横断歩道及び横断歩道に接続する歩道等の部分において防雪施設を設置する範囲を例示すると、次のようになる。

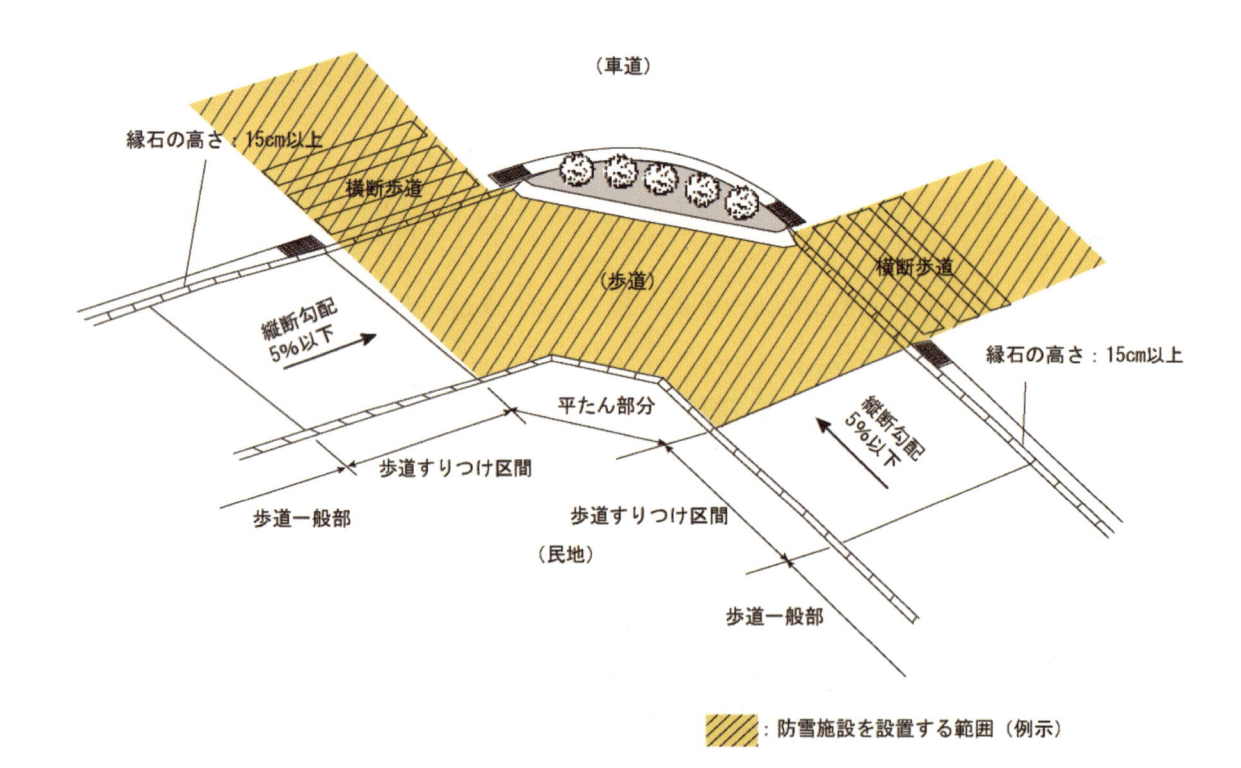

図11-4　横断歩道及び横断歩道接続部における防雪施設設置範囲のイメージ

○横断歩道部へのロードヒーティング設置［一般国道36号　北海道札幌市］

　中心市街地における片側4車線の国道横断部に、スタッドレスタイヤによるツルツル路面が形成され、歩行者に転倒の危険が生じていたため、ロードヒーティングを設置した。

　これにより、歩行者用信号が青の時間中に横断しきれなかった歩行者が安全かつスムーズに横断できるようになり、車の流れもスムーズになった。

[整備前]　　　　　　　　　　　　　　　[整備後]

写真11－4　横断歩道部へのロードヒーティング設置事例

○横断歩道接続部への消雪パイプ設置［市道東幹線1号線他　新潟県長岡市］

　交差点の横断歩道接続部（車道側）に消雪パイプを設置した。なお、散水ノズルは歩行者に水がかからないように、泉のように湧き出るタイプを採用した。

　これにより、中心市街地の交差点部において、雪の消え残りにより生じているシャーベットが解消され、高齢者、障害者等でもスムーズに横断できるようになった。

[整備前]　　　　　　　　　　　　　　　[整備後]

消雪パイプ設置平面図

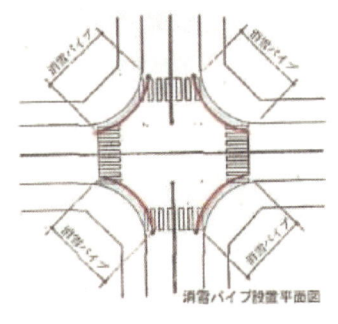

出典：「長岡市」資料

図11－5　横断歩道接続部への消雪パイプ設置事例

④ 横断歩道接続部及び出入口等の警告・方向指示のための部分的な視覚障害者誘導用ブロック設置箇所

横断歩道接続部や中央分離帯における視覚障害者誘導用ブロック設置箇所では、冬期は積雪により視覚障害者が視覚障害者誘導用ブロックを認識することができず、歩車道境界を越えて車道に飛び出したり、横断方向を認知することができなくなるため、防雪施設を設置する。

また、立体横断施設の昇降口、乗合自動車停留所及び路面電車停留場の乗降口等、出入口付近の視覚障害者誘導用ブロック設置箇所に積雪があると、視覚障害者はこれらの存在や位置を認識することが困難となるため、防雪施設を設置する。

夏期は歩行者を誘導する視覚障害者誘導用ブロックが有効に機能します。

冬期は積雪により、視覚障害者誘導用ブロックが埋って機能しません。

図11－6　視覚障害者誘導用ブロック設置箇所の冬期の問題点

⑤ 横断歩道橋、橋梁部

横断歩道橋や橋梁部は、吹きさらしにより凍結しやすく、またこれらの施設は冬期の高齢者、障害者等の安全な通行や道路横断を確保する上で重要な施設であることから、防雪施設を設置する。

≪整備事例≫

〇横断歩道橋への融雪施設の設置［一般国道7号　新潟県新潟市］

［融雪施設稼働中］　　　　　　　［融雪後］

写真11－5　横断歩道橋への融雪施設設置事例

⑥　階段・地下道出入口

　階段部や地下道出入口は、高齢者、障害者等にとって身体が不安定になりやすく転倒の危険性が高い箇所であるため、防雪施設を設置する。

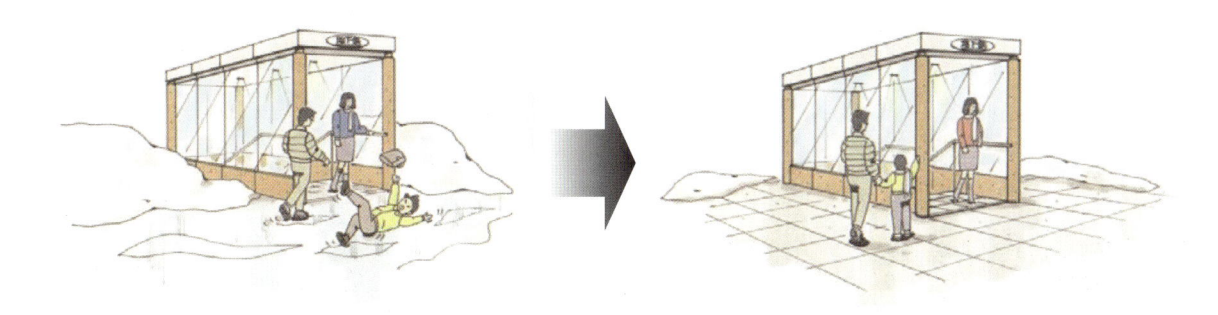

図11－7　地下道出入口の整備イメージ

≪整備事例≫

○地下横断歩道出入口にロードヒーティングを設置［一般国道157号　石川県金沢市］

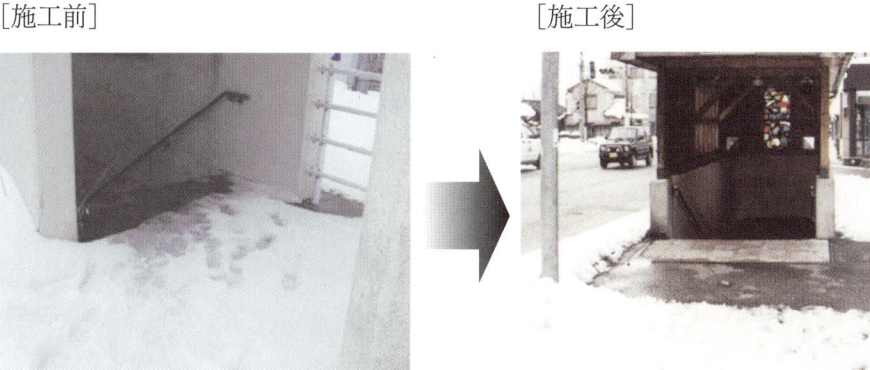

［施工前］　　　　　　　　　　　　　　　　［施工後］

写真11－6　地下横断歩道出入口へのロードヒーティング設置事例

⑦　乗合自動車停留所・路面電車停留場・タクシー乗降場

　バス停部には（歩道側・車道側とも）堆雪が生じやすく、歩道側に堆雪があると、雪に埋もれ乗降ができない、低床バスの床よりも歩道が高くなり乗降が困難となる、乗降時に滑りやすく危険などの問題が生じるため、上屋を設置することとしているが、必要に応じて防雪施設を設置する。タクシー乗降場についても同様とする。

　また、路面電車停留場においても、冬期はホームからの転落の危険、雪で滑ってホームに昇れないなどの問題があり、上屋を設置することとしているが、必要に応じて防雪施設を設置する。

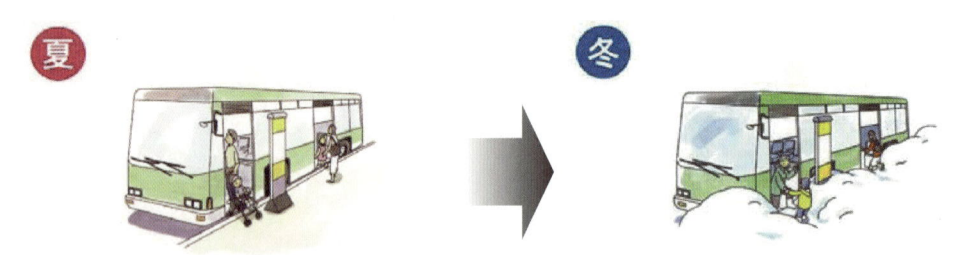

第3部　道路の移動等円滑化基準の運用指針

夏期は低床バスの導入により段差が緩和される。

冬期は積雪により、歩道がバスの床より高くなり、かえってバリアになる。

歩道の雪によりバスの乗降が困難となっている事例

乗降部が凍結している事例

雪が積もり滑りやすくなった路面電車停留場の事例

図11-8　バス・路面電車利用に関する冬期の問題事例

≪整備事例≫
○バス停部ににじみ出し消雪施設・シェルターを設置［石川県金沢市］

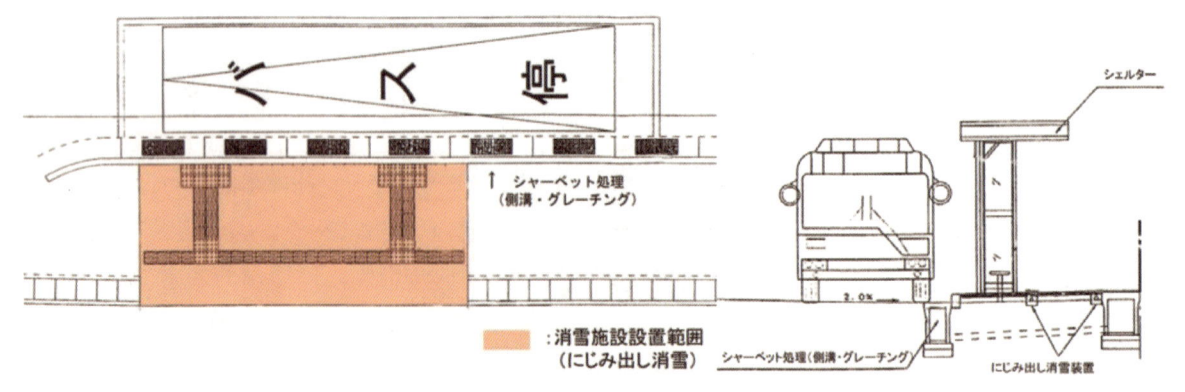

出典：「バリアフリーバス停整備について」金沢市土木部　山崎、押野
「ゆき」雪センター　2000年10月

図11-9　バス停部ににじみ出し消雪施設等を設置した事例

○福祉施設とバス停上屋を一体的に整備 [(主) 新潟小須戸三条線　新潟県新潟市]

写真11－7　福祉施設とバス停上屋を一体的に整備した事例

○バス停を地下横断歩道出入口と一体的に整備 [一般国道157号　石川県野々市町]

　バス停を地下横断歩道出入口と一体的に整備し、バス停部上屋、歩道・階段部・エレベーター乗降口のロードヒーティング、車道バスベイ部の排水性舗装、歩道の透水性舗装を同時に整備した。

　これにより、冬期のバス利用時の利便性・快適性と、道路横断時の安全性が向上した。

写真11－8　バス停と地下横断歩道出入口を一体的に整備した事例

⑧　高齢者、障害者等が公共交通機関を利用できない区間

　特定道路等を構成する道路のうち、車いす使用者を含む高齢者、障害者等が冬期において、バスなどの公共交通機関を利用することができない区間（高齢者、障害者等が、日常生活又は社会生活において利用する施設と最寄りのバス停を結ぶ経路）は、歩行経路として特に重要であることから、防雪施設を設置する。

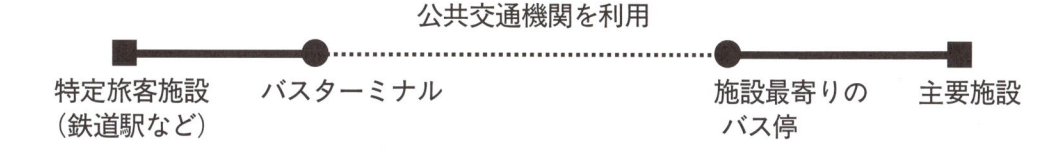

```
                  公共交通機関を利用
■━━━━━━●┈┈┈┈┈┈┈┈┈┈┈┈●━━━━━━■
特定旅客施設   バスターミナル          施設最寄りの    主要施設
（鉄道駅など）                          バス停
```

（━━━━；防雪施設を設置し、無雪化を図る区間）

**図11－10　高齢者、障害者等が代替交通機関を利用できない区間に
　　　　　　防雪施設を設置する場合のイメージ**

　なお、特定道路等にあって、沿道条件やその他の事情によって、防雪施設の設置が困難な場合は、ボランティアによるコミュニティ交通や、STS（スペシャル・トランスポート・サービス）の併用等の検討を行うものとする。

○参考○歩道勾配と冬期の通行性の関係について

歩道勾配と冬期の通行性の関係について、各地で体験調査等を実施した結果を参考として示す。

◆北陸地域での雪道体験調査・ヒアリング調査

（圧雪～シャーベットが薄く載った状態における高齢者、身体障害者による歩行体験調査及びヒアリング調査の結果；新潟県長岡市において2001.3 実施）

- 平たん区間では、車いすは新雪が3cmでも積もると後輪がスリップして走行が不可能となる。また、深い雪では、車いすはもとより、下肢不自由者、視覚障害者、高齢者他の通行において支障をきたす（ヒアリング結果）。
- 凍結、融雪水の再凍結が起こると、どのような勾配でも、車いすや下肢不自由者は通行できない（ヒアリング結果）。
- 縦断勾配5％あるいはそれ以下の箇所でも、雪の状態によっては車いすは上れない・下りはコントロールが困難、視覚障害者、下肢不自由者等も通行が困難となることがある（雪道体験調査結果）。
- 車いす単独では縦断勾配3％までは通行可能であるが、3％を超えると上りが困難、下りは注意しながら可能。5％を超えると不可能となる。介助者がいれば5％でも可能だが、5％を超えると身体障害者、介助者ともに困難となる。
- 5％を超える斜路の上りでは、車いすは進もうとしても前輪が浮き上がる（雪道体験調査におけるビデオ観測結果）。

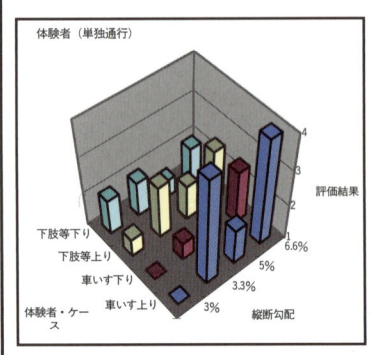

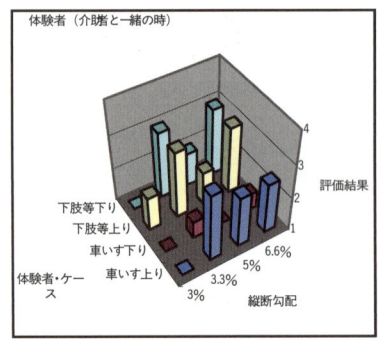

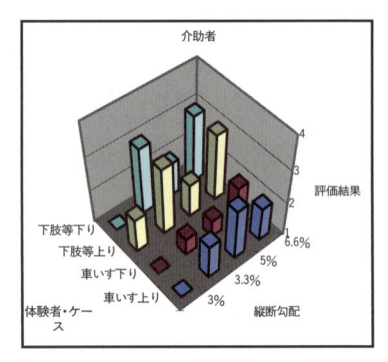

（評価結果の凡例；1．問題ない　2．注意を要する　3．やや難しいがなんとか　4．できない）
注；縦断勾配4ケースの調査箇所はそれぞれ異なる場所であり、単純な比較には注意を要する

図　歩行体験評価結果

◆北海道地域での疑似体験調査結果

（凍結路面における健常者による疑似体験調査；札幌市内に設置した勾配可変歩道を用いた実験・2001.3 実施）

- 凍結（氷結）路面では、縦断勾配3％でも車いすは滑って単独では昇れなくなった。
   （下りはなんとか可能だが、制御がきかない。）
- 車いすの通行性は、横断勾配や路面の凹凸に大きく影響を受ける。
- 凍結路面では、介助者も足が滑って車いすを押せない。
   （縦断4％；なんとか、縦断5％；不可能）
- 全盲・弱視体験では、いずれの勾配ケースでも、通行は可能であった（注意や慎重さを要

する)。

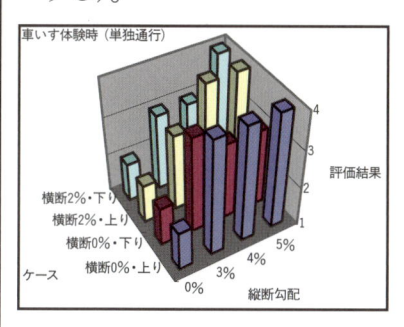

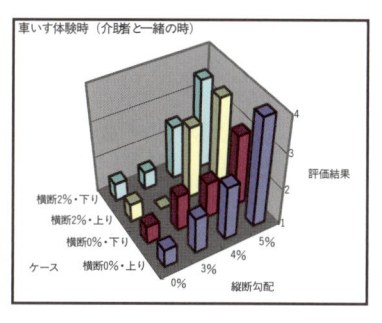

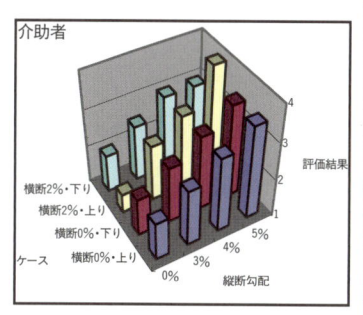

(評価結果の凡例；1．問題ない　2．注意を要する　3．やや難しいがなんとか　4．できない)
注) 横断；横断勾配

図　車いす疑似体験評価結果

(2) 防雪施設設置における留意点

> 防雪施設の設置にあたっては、維持管理の体制について、あらかじめ関係者との間で十分協議する必要がある。

　防雪施設の設置にあたっては、防雪施設を設置しない箇所との境界部に段差や急激な路面状況の変化が生じることがあるため、この境界部が高齢者、障害者等の円滑な移動を妨げることになる、あるいは思わぬ事故等につながることもあるため、あらかじめ関係者と十分協議をする必要がある。

＜防雪施設の運用・維持管理にあたり困っている事例＞

○ロードヒーティング設置境界での段差発生事例

　ロードヒーティングが部分的に設置されている区間では、未設置区間との境界部に段差が生じ、バリアとなっていることがある。

　対策としては、氷板化した部分を人力により撤去して段差を解消したり、降雪後速やかに除雪を行い歩道に雪が残らないようする等が考えられる。

段差発生状況　　　　　人力による撤去作業の状況　　　　　段差解消後

出典：「北海道」資料

写真11-9　ロードヒーティング設置境界における段差発生状況と対策事例

第3部　道路の移動等円滑化基準の運用指針

○流雪溝に関する問題事例（故障時の管理体制、投雪時間の厳守、蓋の常時開放による転落事故）

　住民協力を前提にスタートしたが、協力が不十分で問題が生じている事例がみられる。具体的には故障時の管理体制が不十分、投雪時間が守られない等で詰まって溢水した例、流雪溝の蓋が常時開放され転落の危険が生じている等の事例がある。

　蓋の常時開放については、蓋が重く開閉が大変であることが理由として指摘されている。

　その他、ロードヒーティングの耐用年数やランニングコスト、維持管理費負担の問題、消雪のための散水量について、道路利用者側と消雪施設管理者（沿道住民等）の意見が対立した事例等が報告されている。

出典：「長野県」資料

写真11－10　流雪溝が詰まって道路が冠水した例

11-2 除雪対応

(1) 除雪作業に対応した歩道構造

> 歩道除雪機で除雪する場合、勾配の変化点や、車両乗入れ口の切下げが多いと、残雪が生じてしまうため、極力平たんな歩道となるよう十分に配慮するものとする。また、路上施設や植栽、電柱等の占有物が、連続的な除雪作業を行う際に支障となることがあるため、これらの設置位置についても十分に配慮するものとする。なお、歩道に車止め（ボラード）を設置する場合、冬期に撤去可能な構造とするものとする。

写真11-11　歩道除雪機の例

除雪作業の支障となるもの　　　　除雪作業の容易な歩道のイメージ

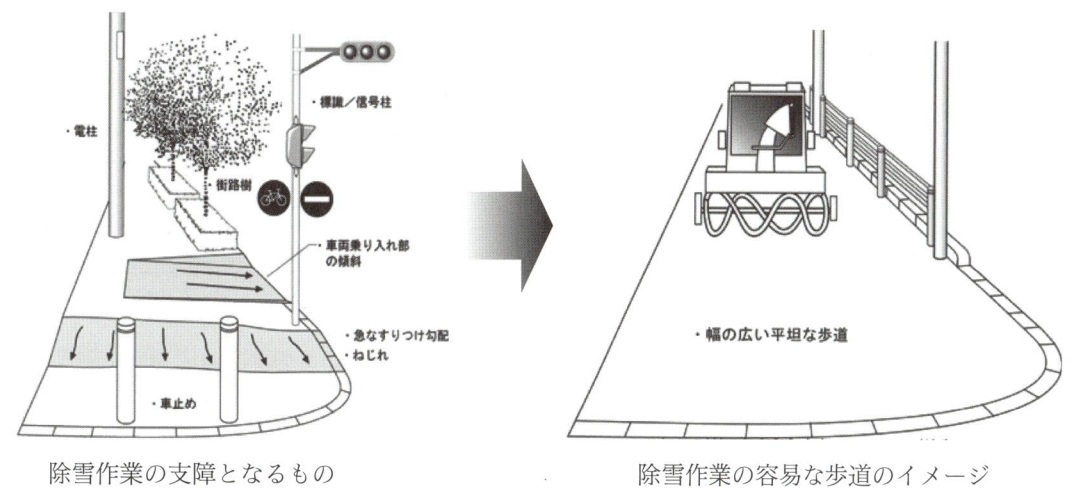

図 11-11　除雪作業に対応した歩道構造のイメージ

(2) 除雪作業の留意点

① 車道での対応事項

> 車道除雪実施の際、横断歩道取付部、交差点部、バス停部等の歩行者動線に堆雪が生じないよう留意するものとする。

車道除雪車通過後に生じる横断歩道接続部の堆雪は、横断時のバリアとなる。また、バス停部に押しつけられた雪により、バスは歩道に近寄れなくなる。

横断歩道取付部、交差点部、バス停部等の歩行者動線には、雪を残さないように除雪作業面で留意するとともに、シャッターブレード（サイドシャッター付き除雪グレーダー）を導入するなどの対応を図る。また、これらの箇所は歩道側にも堆雪を生じやすい場所であるため、別

途必要に応じ、歩道側における人力排雪、小型除雪機による除雪を検討する。なお、これらの前後の堆雪高さについては、車両・歩行者等が互いにその存在を確認できるように、極力低くすることが望ましい。

（横断歩道接続部） 　　　　　　　　　　　　（バス停部）

写真11－12　横断歩道接続部・バス停部における堆雪の事例

（シャッターブレードによる作業状況） 　　　（シャッターブレード）

出典：「冬期路面対策事例集」（社）雪センター　1997年5月

写真11－13　シャッターブレードの事例

② 歩道での対応事項

> 歩道除雪においては、除雪後の残雪深が極力小さくなるよう留意する。

写真のような残雪があると、歩行者の通行に支障が生じることから、除雪後の残雪深は極力小さくなるように留意する。

写真11－14　除雪機械通過後の残雪の事例 　　　**写真11－15　残雪深を極力小さくした除雪の事例**

※但し通常のロータリー式除雪機では写真のように除雪することは困難

○参考○～歩道に雪が何㎝あると車いす使用者は通行できなくなるのか～

歩道上の雪の深さと車いす使用者の通行性の関係について、疑似体験調査を実施した結果を参考として示す。

(1) 調査概要

調査箇所等：新潟県内の平たんなアスファルト路面（縦断勾配０、横断勾配１～２％）で2002年３月に実施。

路面条件　：シャーベット（雪の厚さ１～５㎝）、圧雪（雪の厚さ１～５㎝）、凍結（厚さ２㎝）、路面露出（湿潤）の各状態を現地にて再現。

評価方法　：健常者による疑似体験（単独通行・介助者と通行）。

評価内容　：体験区間（Ｌ＝３ｍ）を走行し、通行性を４段階で評価。
　　　　　　同時に区間通過時間を計測。

(2) 調査結果

○シャーベット

単独通行では雪厚２㎝までは通行可能であったが３㎝以上では通行が非常に困難又は不可能となった。

介助時では、雪厚３㎝以上で前輪が潜ってしまい、押しても前に進むことが困難となった。

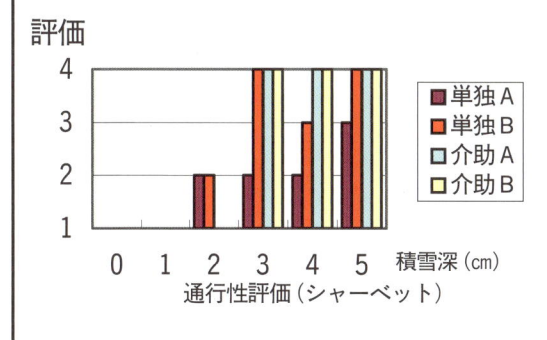

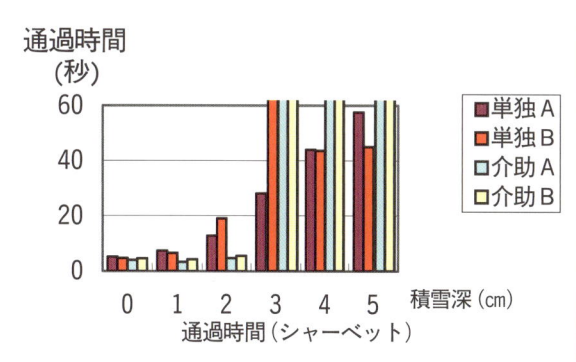

（評価；１．特に問題ない、２．やや難しい、３．非常に困難、４．走破できない）

○圧雪

単独通行では雪厚３㎝まで概ね通行が可能であったが、それ以上では通行が困難又は不可能となった。

介助時では雪の深さ２～３㎝以上で前輪が潜ってしまい押しても前に進めなくなった。

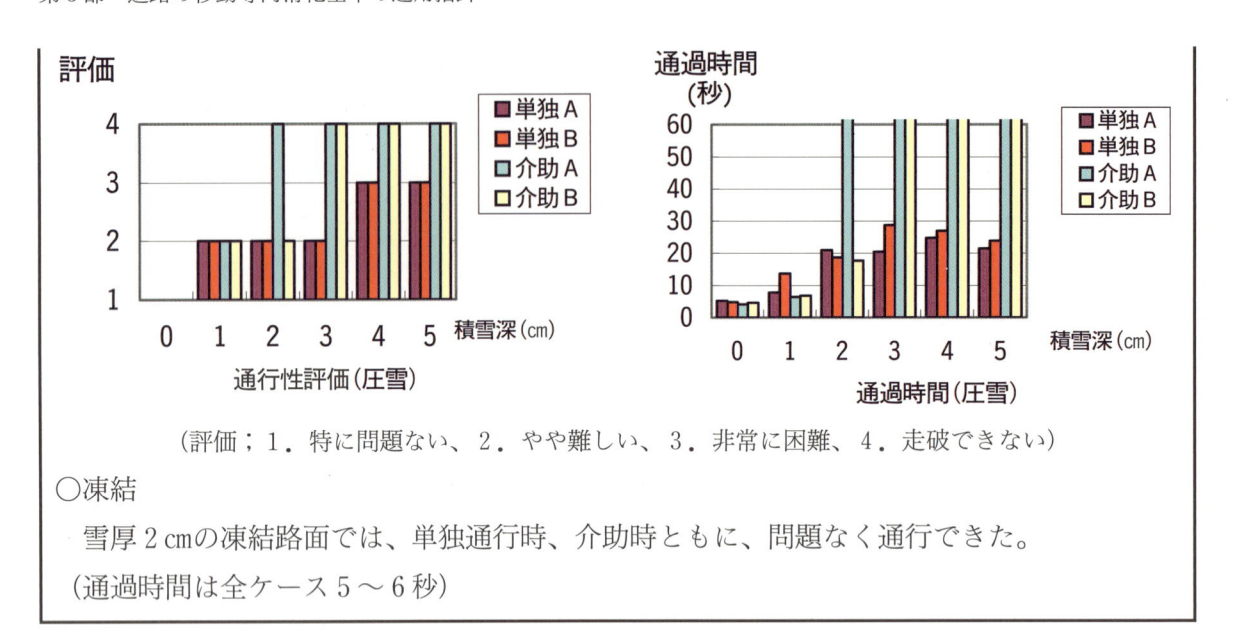

(評価；1．特に問題ない、2．やや難しい、3．非常に困難、4．走破できない)

○凍結

雪厚2cmの凍結路面では、単独通行時、介助時ともに、問題なく通行できた。
(通過時間は全ケース5〜6秒)

11-3　沿道住民等との連携
(1) 防雪施設に関する沿道住民等との連携

> 防雪施設の設置・運用にあたっては、あらかじめ関係者間で協議を行うことが望ましい。

防雪施設の設置・維持管理に関する沿道住民等による協力の状況は、以下のようになっている。

表11-1　歩道防雪施設の設置・維持管理における協力・支援の状況

種　類	協力・支援内容
アーケード・雁木	・設置・補修・上屋上の融雪等について商店街や沿道住民等により実施されている事例が多くみられる。 ・都市計画事業において連続的にアーケードを設置した事例もある。
バス停部の上屋	・設置・補修について、バス会社や地元市町村、沿道住民等により実施されている事例がある。
バス停部の消雪施設	・設置・維持管理等において沿道住民等による協力事例があるが、道路管理者が実施している事例もある。
流雪溝	・設置は道路管理者の場合が多いが、維持管理において、沿道住民・自治会等による協力事例がある。
散水消雪	・設置・維持管理等において、地域により沿道住民・自治会等による協力事例がある。
無散水消雪（電熱融雪等）	・設置・維持管理等において、商店街や沿道住民等による協力事例があるが、道路管理者が実施している事例もある。また、沿道住民の協力を得ることにより、消雪幅をより広く確保している事例もある。

また、防雪施設に関して沿道住民等による以下のような事例もある。

① 住民・商店街等が無散水消雪（ロードヒーティング）、消雪パイプの設置、流雪溝、融雪槽の維持管理に対する協力・支援を実施

② 住民・商店街等が消融雪施設（無散水消雪、消雪パイプ等）を自主的に設置又は運営

③ 道路管理者と地元が協力して消雪施設を設置・維持管理

○旭川市道緑橋通2号線［北海道旭川市］

商業・業務地区内の歩道ロードヒーティングにおいて、幅員2m分を市で、さらに2m分を沿道地権者が設置した。当初から完全分離方式での設置・維持管理であり、沿道側のロードヒーティングは占用扱いとなっている。

これにより、冬期は幅員4mの広い無雪空間が確保されることとなった。

出典：「旭川市」資料

市（道路管理者）施工　　沿道地権者施工

写真11－16　幅の広い無雪空間が確保されている状況

○一般道道深川停車場線［北海道深川市］

歩道ロードヒーティングについて、整備計画時点で北海道、深川市、地元の協議により、施工・維持管理範囲を区分して整備を実施した。

歩道幅員5.6mの整備区分は、道が3.5m、市が1.5m、地元のセットバックが0.6mとなっており、そのうちロードヒーティングの幅員3.6mについて、道1.5m、市1.5m、地元（商店街）0.6mの区分で、施工・維持管理ともに完全分離方式で実施している。

これにより、冬期はセットバック空間と一体となった幅員3.6mの広い無雪空間が確保されることとなった。

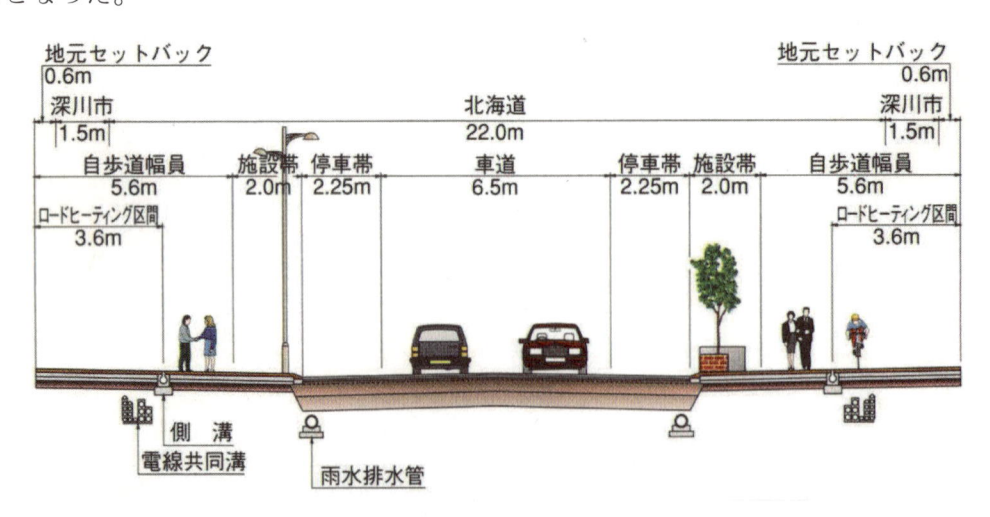

注）深川市施工幅は元々市有地である。　　　　　　　　　　　　　　　出典；「北海道」資料

図11－12　ロードヒーティング区間の施工分担状況

④　流雪溝の管理における住民対応事例
〇北海道置戸町市街地
　住民や町で組織した流雪溝利用協議会が主体的に管理、利用世帯全体を7つの区域に分け、それぞれの20〜30世帯ごとに30分の利用時間を決めて雪の投入を行っている。副次的効果として、隣接住戸の協力体制を通じて、住民の絆が強まったとの報告がある。

※全国では、集合住宅等で流雪溝管理運営協議会に加入しない住民や排雪を行わない住民が増えたため対応に苦慮しているという事例もあり、流雪溝の維持管理においては住民側の体制確保が重要と考えられる。

⑤　歩道等への防雪施設設置費用に係る沿道への助成制度事例
　歩道等への防雪施設設置費用は、自治体において補助制度を設けている事例もみられる。

(2) 沿道住民等と連携した除雪

> 道路管理者の行う除雪だけでは、きめ細かい対応が困難な場合があり、沿道住民等と連携を図ることもバリアフリー化においては必要と考えられる。

　道路管理者の行う除雪だけでは、除雪のきめ細かい対応が困難な場合がある。そこで、沿道住民や商店街関係者等さまざまな主体が道路管理者と協力し除雪活動を行っている。

≪事例≫
〇融雪機の貸し出しによる歩道除雪［北海道留萌市］
　留萌市では、「中央商店街振興組合」が道路管理者から融雪機の貸与を受け、組合員の方々による歩道除雪を実施している。

〇中野地区歩道除雪隊［青森県平内町］
　平内町では、中野町内会の有志でつくる「中野地区歩道除雪隊」が道路管理者から小型除雪機の貸与を受けて、通学路の歩道除雪を実施している。

〇地区振興会による歩道除雪［石川県津幡町］
　津幡町では、住民でつくる「井上地区振興会」、「中条地区振興会」が、道路管理者から小型除雪機の貸与を受けて、通学路の歩道除雪を実施している。

第12章　駅前広場

12−1　概説

(1) 駅前広場の歩行者空間の移動等円滑化に関する基本的考え方

> 駅前広場の歩行者空間の整備にあたっては、交通の結節点として交通を処理する「交通結節機能」と、都市として提供されるサービスや景観等によって構成される「都市の広場機能」を考慮し、高齢者、障害者等を含むすべての人にとって利用しやすい施設となるよう、以下のような視点を持った移動等円滑化を図るものとする。
> ①　交通事業者をはじめとする周辺関係機関と十分な調整を図り、上下移動が少なく、段差などが解消され、利用者全体の安全な移動と、その連続性、快適性を確保する。
> ②　すべての人の円滑な移動を支援する、安全かつ使いやすい各種サービス施設等を用意する。
> ③　見通しのよさや単純な構成、適切な案内誘導などでわかりやすい空間を確保する。

　駅前広場には自動車のための空間と歩行者のための空間があるが、このうち本ガイドラインでは、歩行空間を対象とするものとし、移動等円滑化に関する考え方を記述するものである。また、駅前広場は、道路と駅舎の間をつなぐ施設であることから、これまで円滑なバリアフリー空間として整備が見落とされがちな部分であった。このため、基本的にこれまでの章の考え方に沿った整備を行う他、「公共交通機関の旅客施設に関する移動等円滑化整備ガイドライン（国土交通省）」の考え方を参考にしながら、移動等円滑化を図るものとする。

　さらに、駅前広場の機能には、交通の結節点として交通を処理する「交通結節機能」と、都市として提供される①市街地拠点機能、②交流機能、③景観機能、④サービス機能、⑤防災機能で構成される「都市の広場機能」がある。これら駅前広場として求められる機能を考慮し、高齢者、障害者等を含むすべての人にとって利用しやすい施設となるよう、ガイドラインに示す①〜③の３つの視点を持った移動等円滑化を図るものとする。

　なお、３つの視点については、それぞれが独立したものではなく、駅や周辺市街地、さらに都市全体の特性を踏まえて、求められる機能を果たせるよう、適切に組み合わせて移動等円滑化を図る必要がある。

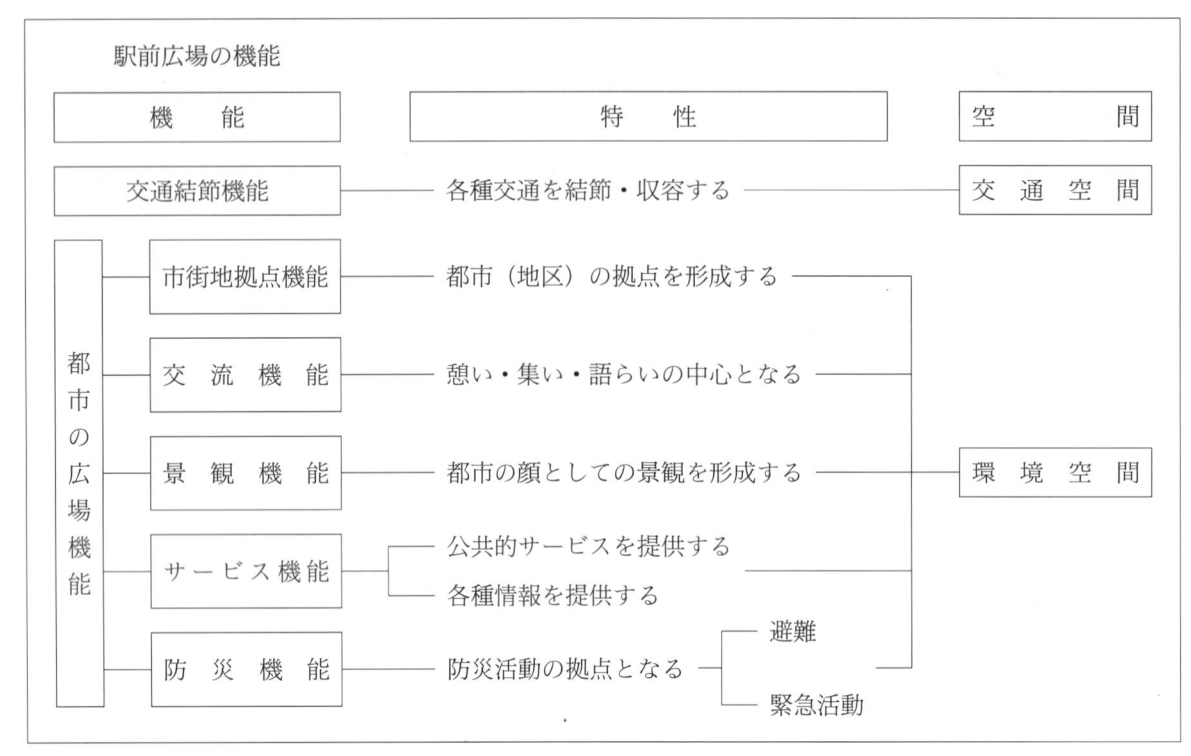

```
駅前広場の機能
┌─────────────┬─────────────────────────┬─────────┐
│   機　能     │      特　性              │  空　間  │
├─────────────┼─────────────────────────┼─────────┤
│ 交通結節機能  │ 各種交通を結節・収容する   │ 交通空間 │
├─────────────┼─────────────────────────┼─────────┤
│都│市街地拠点機能│ 都市（地区）の拠点を形成する│          │
│市├───────────┼─────────────────────────┤          │
│の│ 交 流 機 能 │ 憩い・集い・語らいの中心となる│          │
│広├───────────┼─────────────────────────┤ 環境空間 │
│場│ 景 観 機 能 │ 都市の顔としての景観を形成する│          │
│機├───────────┼─────────────────────────┤          │
│能│サービス機能  │ 公共的サービスを提供する   │          │
│  │           │ 各種情報を提供する        │          │
│  ├───────────┼─────────────────────────┤          │
│  │ 防 災 機 能 │ 防災活動の拠点となる ─避難│          │
│  │           │            └緊急活動│          │
└─────────────┴─────────────────────────┴─────────┘
```

出典：「駅前広場計画指針」（社）日本交通計画協会　1998年7月

図12-1　駅前広場の機能

(2) 駅前広場の歩行者空間の分類

> 駅前広場の歩行空間に関わる移動等円滑化に必要な整備の考え方を、「交通空間」、「環境空間」及びこれらにまたがる「情報提供施設・照明施設」に分類して整理する。

　駅前広場は、一般的には交通空間と環境空間に大別されるが、本章では、歩行者の移動等円滑化に関しては、歩行者交通の処理にあたる部分を「交通空間」、都市としてのサービスや景観等を提供する部分を「環境空間」とし、その他空間的な広がりでは分類できず、両空間にまたがった施設となる「情報提供施設・照明施設」に分けて整理するものとする。

12-2 交通空間
12-2-1 交通空間に関わる整備の基本的考え方
(1) 交通空間の構成要素

> 交通空間は、駅前広場内の移動性、交通処理を確保する空間であり、歩行者の移動等円滑化に関わる要素は、「水平、垂直動線」、「各種乗降場等」で構成される。

　駅前広場は、平面的に整備された広場とペデストリアンデッキや地下通路によって立体化された広場がある。また、その中に、鉄道交通と道路交通との交通結節点として各種乗降場、駐車場が整備される。

　したがって、交通空間の移動等円滑化に関わる要素は、平面的な移動に関する水平動線及び立体的な上下移動に関する垂直動線、バス、タクシー、自家用車等への乗り換えのための各種乗降場、駐車場により構成されるものとする。

(2) 交通空間に関わる整備の基本的考え方

> 　駅前広場では、限られた空間の中で、駅や各種乗降場等及び周辺施設等を相互に結ぶ歩行者動線が輻輳するため、歩行者の水平、垂直動線は基本的に自動車動線から分離し、連続性に配慮した移動等円滑化を図るとともに、極力単純化、短縮化を図るものとする。
> 　また、駅前広場に各種乗降場等を整備する場合は、高齢者、障害者等の利用に配慮された構造と付帯施設を備えたものとする。

　駅前広場は、平面的な広がりのある空間であり、また、場合によっては立体的な広がりもあわせ持つ空間となり、限られた空間の中で駅前広場の各種乗降場、駐車場及び、駅前広場から動線が連続する駅や自由通路、周辺歩道、周辺建物を相互に結ぶ歩行者動線が輻輳することになる。

　したがって、歩行者の水平、垂直動線は基本的に自動車動線から分離し、高齢者、障害者等の利用する動線が途切れることがないよう、連続性に配慮した移動等円滑化を図ることとし、あわせて、極力動線の単純化、短縮化を図ることによって、各種交通機関への乗り換え等の利便性や快適性を向上させるものとする。

　また、駅前広場に整備されるバス、路面電車、タクシー、自家用車の用に供する各種乗降場や自家用車駐車場（パークアンドライド、キスアンドライドスペースを含む）は、高齢者、障害者等の利用に配慮された構造とするとともに、移動等円滑化に資する案内施設、休憩施設等の各種付帯施設を備えるものとする。

　なお、他の章で「停留所」として記述されている乗合自動車停留所、路面電車停留場に対して、駅前広場では、「停留所」ではないバス、タクシー、自家用車の用に供する施設があるため、本章では、「駅前広場計画指針（社団法人日本交通計画協会　平成10年7月発行）」に準じ、これらをすべて「乗降場」として記述する。

第12章　駅前広場

○駅前広場と駅舎との総合的なバリアフリー

　阪急伊丹駅を中心とするターミナル整備
である。当事者の参画については、計画・
アンケート等を通じて評価作業を継続し、

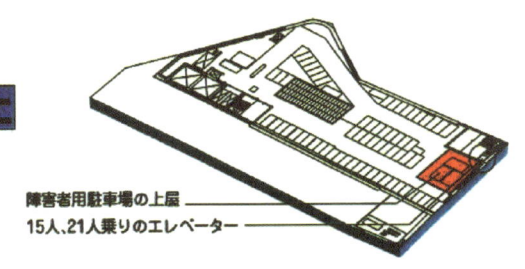

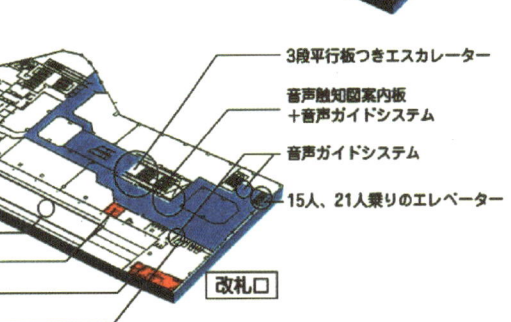

整備の基本方針

基本方針1：移動しやすいターミナル
駅舎、駅前広場、周辺施設における移動の連続
ミナルの整備

○デッキ、駅前広場、駅舎通路における連続性
　りやすい動線）
○周辺の拠点整備、周辺商業施設との連携強化
○使いやすい垂直移動施設（エレベーター、エ

基本方針2：利用しやすいターミナル
全ての人が安全・快適にかつ利用しやすいター

○視覚・聴覚障害者に配慮した総合的情報案内
○使いやすく、わかりやすいトイレ、ベンチ等
○乗車券等の購入施設の改善

基本方針3：行きやすいターミナル
阪急伊丹駅を中心とした高齢者、障害者のため

○利用しやすいバス、タクシー、自家用車の乗
○リスト付バス、超低床バスに対応したバス停
○低床バスの拡充

基本方針4：人にやさしいターミナル
ソフト面の充実によるアメニティターミナル

○公共交通利用を支援するボランティアの協力
○高齢者、障害者等の移動に関わる介助のための
○ターミナル地区内でのアメニティを確保する
　ライン
　・各テナントの看板・商品陳列
　・路上駐輪の規制
　・エレベーターの利用方法

障害者用駐車場の上屋
15人、21人乗りのエレベーター

3段平行板つきエスカレーター
音声触知図案内板
＋音声ガイドシステム
音声ガイドシステム
15人、21人乗りのエレベーター
改札口

プラットホームへの動線ではあるが、通路全体をスロープとして処理している。

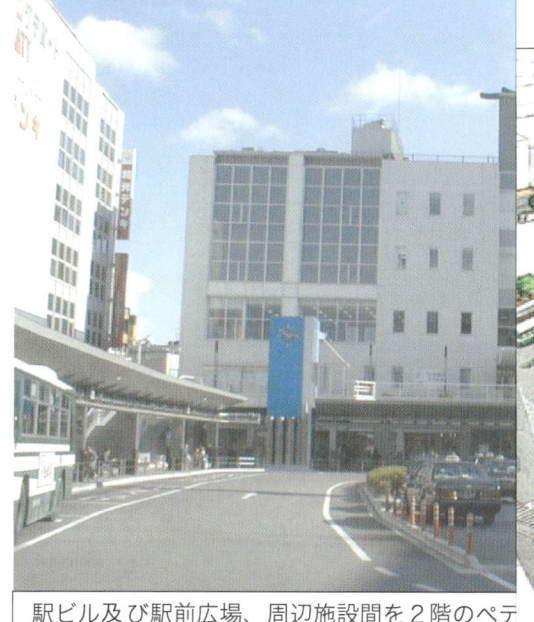

駅ビル及び駅前広場、周辺施設間を2階のペデ
でいる。写真中央左の青い塔はデッキ階、地上
スルー型エレベーター

駅前広場鳥瞰パース

第12章　駅前広場

○駅前広場と駅舎との総合的なバリアフリー化が図られた事例

阪急伊丹駅を中心とするターミナル整備は、以下の整備の基本方針をもとに、高齢者、障害者等の参画によって駅前広場と駅舎の一体的バリアフリー化が図られた事例である。当事者の参画については、計画・設計・施工・供用の各段階において、計画資料及び現地状況を高齢者や障害者等とともに調査検討するとともに、施設完成後もアンケート等を通じて評価作業を継続し、より利用しやすい施設となるよう施設の改修を実施、今後のアメニティターミナル整備への提言をとりまとめている。

整備の基本方針

基本方針1：移動しやすいターミナル
駅舎、駅前広場、周辺施設における移動の連続性が確保されているターミナルの整備
- デッキ、駅前広場、駅舎通路における連続性の確保（段差の解消、わかりやすい動線）
- 周辺の拠点整備、周辺商業施設との連携強化に配慮した整備
- 使いやすい垂直移動施設（エレベーター、エスカレーター）の整備

基本方針2：利用しやすいターミナル
全ての人が安全・快適にかつ利用しやすいターミナルの整備
- 視覚・聴覚障害者に配慮した総合的情報案内システムの整備
- 使いやすく、わかりやすいトイレ、ベンチ等の施設整備
- 乗車券等の購入施設の改善

基本方針3：行きやすいターミナル
阪急伊丹駅を中心とした高齢者、障害者のための円滑な交通体系の実現
- 利用しやすいバス、タクシー、自家用車の乗降施設の整備
- リフト付バス、超低床バスに対応したバス停の整備
- 低床バスの拡充

基本方針4：人にやさしいターミナル
ソフト面の充実によるアメニティターミナルの実現
- 公共交通利用を支援するボランティアの協力体制のあり方
- 高齢者、障害者等の移動に関わる介助のための市民による啓発・教育
- ターミナル地区内でのアメニティを確保するための全利用者へのガイドライン
  ・各テナントの看板・商品陳列
  ・路上駐輪の規制
  ・エレベーターの利用方法

地上から3階改札階を結ぶターミナルビル内のエレベーター。混雑時でも車いす利用者と健常者が同時に利用できる21人乗りを採用。

プラットホームへの動線ではあるが、通路全体をスロープとして処理している。

駅ビル及び駅前広場、周辺施設間を2階のペデストリアンデッキで結んでいる。写真中央左の青い塔はデッキ階、地上、地下を結ぶ15人乗りスルー型エレベーター

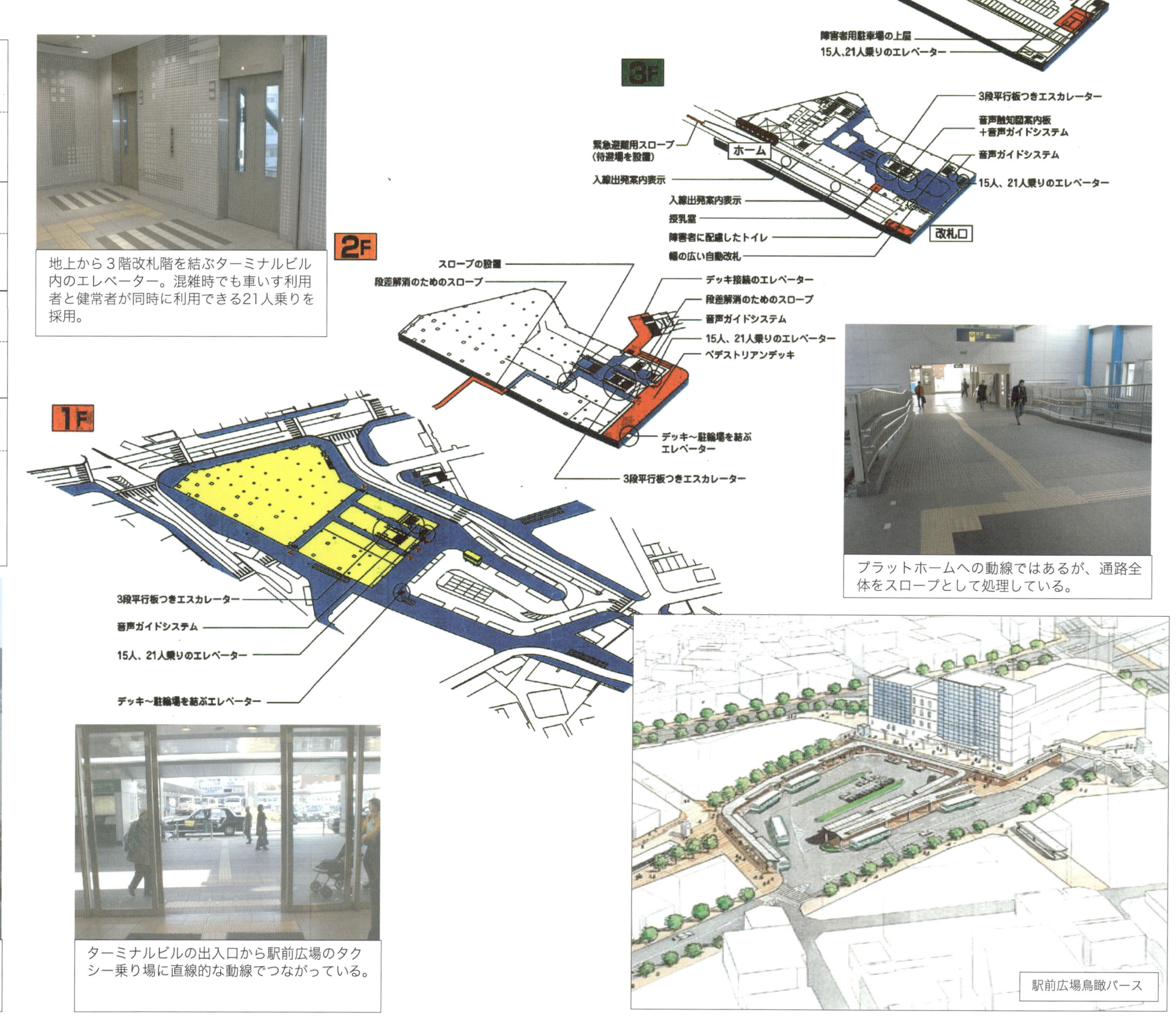

ターミナルビルの出入口から駅前広場のタクシー乗り場に直線的な動線でつながっている。

駅前広場鳥瞰パース

―311―

○北九州市小倉駅

　小倉駅は、JR在来線、新幹線駅の建替えに併せて、新交通システムのモノレール延伸事業を実施し、駅の一体的整備が図られた。また、「駅内外歩行者快適化作戦」が導入され、南北駅前広場のペデストリアンデッキやエレベーター、エスカレーター、ムービングウォーク等によって、歩行者空間における快適性、利便性を求めた連続性のあるバリアフリー化が図られた。

　また、駅南北を連結する吹き抜け空間にモノレール駅を設置して、視覚的にも総合交通結節点としての駅空間の構成がわかりやすく表現されている。

出典：「北九州市」資料

写真12－1　駅南北を連結する吹き抜け空間にモノレールが結節する小倉駅（福岡県北九州市）

○ストラスブール［フランス］

　ストラスブールでは、路面電車等による公共交通機関の利用が発達しており、路面電車とバスの乗り換えの利便性を高めるために、近接した同一平面上に乗降場を設置している。

写真12－2　路面電車とバスの乗り換えの利便性に配慮した事例

12-2-2 歩行者動線

(1) 水平動線整備の考え方

> 駅前広場の水平移動動線の整備にあたっては、歩行者にとっての主動線をふまえ、第2章「歩道等」に従って整備を行うものとする。
> また、整備にあたっては、駅施設や周辺施設等の境界部分について管理区分及び施工区分が異なることによる段差が生じないようにするなど、移動の連続性に配慮するものとする。

駅前広場の歩行者動線は、すべてが移動等円滑化されたものであるべきであるが、広がりのある空間の中で歩行者動線が輻輳し、周辺施設との取り付け高さや立体的な歩行者動線の処理などの関係から、平面的に均一な勾配が確保されにくい場合がある。また、駅前広場端部で無理なすりつけを行うことで、歩行者動線自体の移動の円滑化を損なう場合もある。

したがって、駅前広場では、主たる歩行者動線を踏まえ、その動線について第2章「歩道等」に示される構造に従った整備を行うものとしたものであり、設定された動線の中で、長い区間を利用して高低差処理を行うなど可能な限り快適な水平移動動線を確保するものとする。

歩道等のガイドラインに従った整備においても、駅前広場は広がりのある空間であることから、交通状況に応じた有効幅員の設定や待合、滞留スペースの確保、放置自転車により有効幅員が狭められないようするなどに留意することが必要である。

また、駅前広場では、駅施設や周辺施設等の境界部分に、管理区分や施工区分がある場合が多くあるが、整備にあたっては、管理区分等が異なることによる段差や動線の途切れ、ずれ等が生じないよう、管理者間において十分に調整し、移動等の連続性を確保するものとする。

写真12-3 動線が連続的に確保されていない事例

なお、駅前広場における歩行者の主動線とは、周辺施設（駅、接続する特定道路等の歩道又は自転車歩行者道、歩行者動線に連続性のある周辺建築施設等）相互を結ぶ動線及び周辺施設と駅前広場内施設（乗降場等、公衆便所、休憩施設等）を相互に結ぶ動線のうち、利用者の移動が最も一般的な動線である。また、他の動線についても、可能な限り主動線に準じた整備とすることが望ましい。

(2) 垂直動線整備の考え方

> 歩行者の主動線に、垂直移動が必要な場合は、垂直移動動線について第3章「立体横断施設」に従った整備を行うものとする。
> また、エレベーター等の整備にあたっては、わかりやすい配置やデザインに留意するものとする。

　駅前広場では、歩行者の動線や敷地の制約条件、周辺建築施設状況、気候条件によって、ペデストリアンデッキや地下通路等により立体的な利用が図られる場合がある。

　立体利用が図られた駅前広場では、歩行者の最も一般的な動線に垂直移動が必要となる場合があり、この動線については、垂直移動動線の移動等円滑化についてエレベーター等の設置を定めた第3章「立体横断施設」に従った整備を図るものとしたものである。また、立体的な利用が図られた駅前広場では、エレベーター等の設置にあたっては、主動線に沿ったわかりやすい配置やエレベーター等の存在が一目で認識できるデザインの工夫に留意する必要がある。

　しかし、ペデストリアンデッキ等から地上部に接続するすべての動線を主動線とした場合、工事費、維持管理費等が増大するとともに、災害時など緊急時には機能しない場合もある。したがって、主動線の設定にあたっては、一連の移動動作の中で、安全性への配慮を行うとともに、できる限り垂直移動が少ない動線設定を行うことが必要である。

　なお、ペデストリアンデッキ上などでの水平移動に関しては、前項「水平動線整備の考え方」を参照するものとする。

○立体的駅前広場に設置された垂直移動設備の事例［愛知県豊橋市］

豊橋駅東口駅前広場では、路面電車やバス・自動車交通を地平部に集中させ、歩行者交通はペデストリアンデッキに分離し、バス乗降場、路面電車乗降場にそれぞれエレベーター、エスカレーターを設置している。

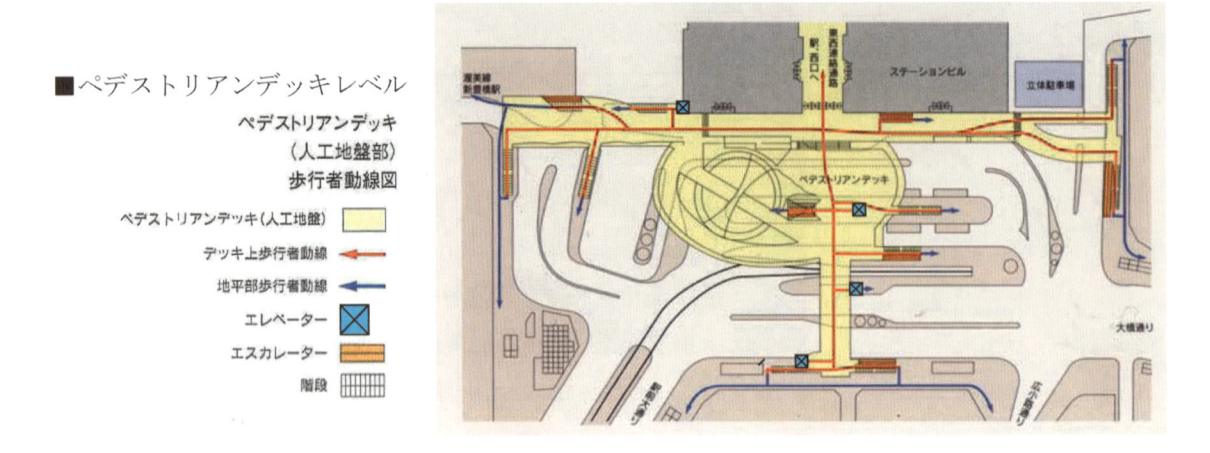

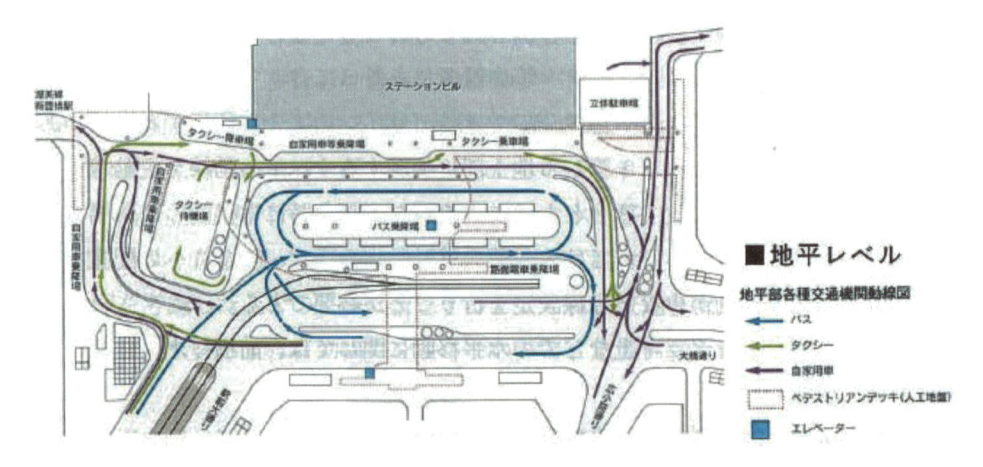

出典：「豊橋市」資料

図12－2　立体化利用された駅前広場（豊橋駅東口駅前広場）

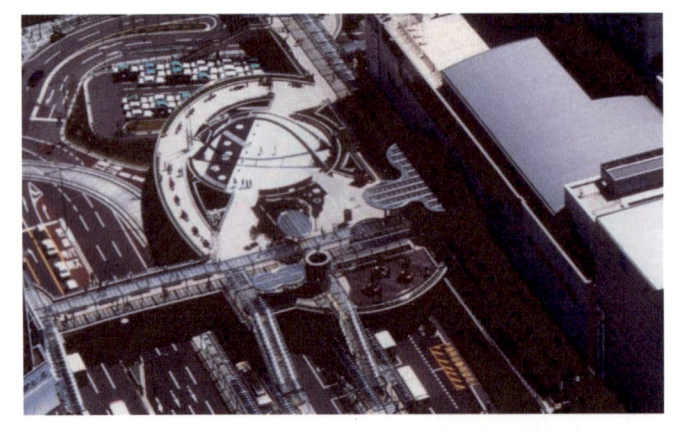

出典：「豊橋市」資料

写真12－4　豊橋市東口駅前広場全景

出典：「豊橋市」資料

写真12－5　豊橋駅東口駅前広場の路面公共交通が集中する地上部

(3) 主動線上に必要な付帯施設

> 歩行者の主動線上に、高齢者、障害者等の移動等の円滑化のために必要であると認められる場合は、有効幅員2m以上の連続した上屋を設置するものとし、その整備にあたっては、交通事業者が出入口に設置するひさしとの連携等、駅等への連続的な接続に配慮するものとする。
> また、積雪寒冷地の駅前広場において、積雪又は凍結により、高齢者、障害者等の安全かつ円滑な通行に著しく支障を及ぼすおそれのある歩行者の主動線上には、融雪施設、流雪溝又は雪覆工を設けるものとする。
> なお、融雪施設の詳細は、第11章を参照するものとする。

車いす使用者や杖等の使用者は、雨天時に傘をさして移動することが困難である。また、駅前広場では、乳幼児連れや大きな旅行鞄を持った人も多く、できるだけ傘をささずとも雨にぬれることなく移動できる動線の確保が望まれる。したがって、駅前広場の主動線上で必要と判断された動線については、車いすがすれ違える有効幅員2m以上の上屋を、動線上に連続して設置するものとする。

上屋の整備にあたっては、駅前広場で整備される上屋と交通事業者等が出入口に設置するひさしとの連携を図り、駅前広場と連続する駅や周辺施設へ傘をささずとも移動できる連続的な動線の確保に配慮するものとする。

また、積雪寒冷地の駅前広場において、積雪又は凍結により、高齢者、障害者等の安全かつ円滑な通行に著しく支障を及ぼすおそれのある歩行者の主動線上には、第11章に示される詳細に沿って融雪施設、流雪溝又は雪覆工を設けるものとする。

地下通路や上屋が設置され、安全で円滑な通行が確保される場合には、この限りではないと判断できるが、駅前広場は都市の中でも特に動線が輻輳することから、屋外に位置する部分にはその必要性について十分検討することが望ましい。

さらに、必要に応じて堆雪スペースについても配慮するものとする。

○駅前広場動線上に設置された上屋と融雪施設の事例［北海道札幌市］

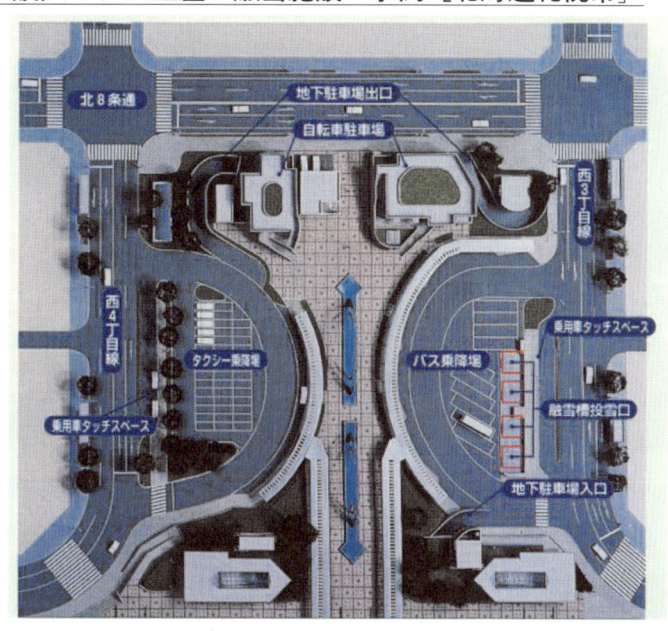

出典：「札幌市」資料

図12－3　連続的に上屋が配置された駅前広場（札幌駅北口広場）

出典：「札幌市」資料

写真12―6　動線上に設置されたロードヒーティング（札幌駅北口広場）

12―2―3　乗降場等

(1) バス乗降場

> 駅前広場にバス乗降場を設ける場合は、第4章「乗合自動車停留所」に従った整備を行うものとするが、必要に応じて視覚障害者等の自動車動線部分への進入を防止するさく等を設置するものとする。
> また、バス乗降場への移動に、車道の横断が必要な場合は、安全かつ円滑な移動が図られるよう配慮するものとする。

　駅前広場にバス乗降場を設ける場合は、第4章「乗合自動車停留所」に従った縁石の構造及びベンチ、上屋、視覚障害者誘導用ブロック、照明施設、案内施設を備えるとともに、駅前広場では都市の中でも特に乗降客が多いことから、必要に応じて視覚障害者等があやまって自動車動線部分に進入するのを防止するため、進入防止柵や視覚障害者誘導用ブロックにより進入防止策を講じるものとする。

○進入防止柵と車道部まで張り出して上屋を設置した事例
　下の両駅前広場では、車道部分に対する進入防止柵を設置するとともに、バス乗降場の上屋を車道部まで張り出し、バスに乗降する際、雨にぬれない構造となっている。

（札幌駅北口広場・北海道札幌市） 　　　　（阪急伊丹駅前広場・兵庫県伊丹市）

写真12―7　バス乗降場に設置された進入防止柵と上屋

　また、駅前広場のバス乗降場では、発着台数の多さから、交通島方式によるバス乗降場が見られる。安全面からは、可能な限り歩行者の車道横断部を少なくするのが望ましいが、敷地条件と必要なバスバース数の関係から車道横断が必要な場合は、車道横断部をスムース横断歩道

化するなど安全面での十分な配慮を行った上での移動等円滑化が望まれる。

なお、駅前広場では乗合自動車（一般路線バス、長距離路線バス）の他、観光バスや送迎用バスの用に供する乗降場を設ける場合があることから、これらを一括で「バス」と称するものとする。

○車道横断部をスムース横断歩道化した事例［香川県高松市］

高松駅前広場では、交通島式のバス乗降場が整備されているが（マウントアップ（15cm））、横断歩道部分は、車道の縦断線形を上げることで、歩行者の横断部分をスムース横断歩道化している。また、舗装のテクスチャを変えることで、バスの運転手にはハンプが強調されるとともに、視覚障害者に対しての注意喚起も同時に行っている。

写真12－8　スムース横断歩道化された交通島への車道横断部

(2) 路面電車乗降場

> 駅前広場に路面電車乗降場を設ける場合は、第5章「路面電車停留場等」に従った整備を行うものとするが、必要に応じて視覚障害者等の路面電車軌道部分への進入を防止するさく等を設置するものとする。
> また、路面電車乗降場への移動に、車道の横断が必要な場合は、安全かつ円滑な移動が図られるよう配慮するものとする。

路面電車乗降場を駅前広場に設ける場合は、第5章「路面電車停留場等」に従った有効幅員、乗降場の高さ、歩行者の横断の用に供する軌道の部分等の構造と、視覚障害者誘導用ブロック、照明施設及び案内等の付属施設を備えるとともに、必要に応じて視覚障害者等があやまって路面電車軌道部分に進入するのを防止するため進入防止柵等を設置するものとする。

また、路面電車乗降場への移動に車道の横断が必要な部分は、前項と同じく車道横断部をスムース横断歩道化するなど安全面での十分な配慮を行った上での移動等円滑化が望まれる。

(3) タクシー乗降場

> 駅前広場にタクシー乗降場を設ける場合は、高齢者、障害者等の利用に配慮するものとし、タクシー停車位置に接する部分は、第2章2－1－6横断歩道等に接続する歩道等の部分に示される構造とする。

車いす使用者は、タクシーに乗降する際、座席の直近まで接近する必要がある。また、マウントアップ形式の乗降場は、高齢者や杖使用者等にとっては、乗降動作が容易である一方、タ

クシーが縁石に十分接近していない場合は、縁石と自動車の隙間に足を取られ転倒の原因となることもある。

したがって、タクシー停車位置に接する部分は、横断歩道等に接続する部分の歩道等の構造と同様とする。

（高松駅前広場・香川県高松市）　　　　　（阪急伊丹駅前広場・兵庫県伊丹市）

写真12－9　移動等円滑化されたタクシー乗降場

(4) 自家用車乗降場・駐車場

> 駅前広場に自家用車乗降場を設置する場合は、利用者予測から求められる乗降バースに加え、別途車いす使用者の利用に配慮したものを1以上設けることが望ましく、その構造については、利用形態に応じて第6章6－3「障害者用停車施設」又は6－2「障害者用駐車施設」を参照するものとする。
>
> また、駅前広場に自家用車駐車場を設置する場合は、第6章6－2「障害者用駐車施設」に従った整備を行うものとする。
>
> なお、その他自家用車乗降場、駐車場に関する付帯施設は第6章を参照するものとする。

自家用車の用に供する乗降場を設置する場合は、歩行者の移動等円滑化の観点から、利用者予測から求められる乗降場に加え、別途車いす使用者の利用に配慮した乗降場を1以上設けることが望ましい。その構造は第6章6－3「障害者用停車施設」を参照するものとするが、駅前広場の空間構成や利用形態などにより、当該乗降場に車いす利用者の単独利用を可とする必要がある場合には、その構造は第6章6－2「障害者用駐車施設」を参照するものとする。

12－3　環境空間

12－3－1　環境空間に関わる整備の基本的考え方

(1) 環境空間の構成要素

> 環境空間は、都市の広場の役割を担っており、歩行者の移動等円滑化に関わる基本的な要素は、都市としてのサービス機能を担う「サービス施設」と都市景観の形成に資する「景観形成施設」で構成される。

　駅前広場は、都市の玄関口や人々の交流の場としての「都市の広場」の役割を担っており、これらを環境空間としての機能に配慮した計画を行う必要がある。

　環境空間機能は、都市（地区）の拠点形成の場としての「市街地拠点機能」、憩い・集い・語らいの場としての「交流機能」、景観形成の場としての「景観機能」、公共的サービス提供の場と情報提供の場としての「サービス機能」、防災活動の拠点の場としての「防災機能」に大別される。

　歩行者の移動等円滑化に関わる基本的な要素としては、これら機能のうち基本的な導入施設である、サービス施設と景観形成施設で構成するものとする。

　また、その他の機能を補完する団体広場等の施設は、都市の特性や駅の特性に応じて整備されるものであり、整備にあたっては、その整備目的、移動特性を考慮の上、関連する項目に沿った移動等円滑化を図るものとする。

　なお、情報提供の場としての案内板については、別途12－4「情報提供施設・照明施設」の項で整理する。

(2) 環境空間に関わる整備の基本的考え方

> 　駅前広場には、周辺状況を勘案して、必要に応じて公衆便所、休憩施設など高齢者、障害者等の移動等円滑化を支援するサービス施設を設置する。
> 　駅前広場計画指針では、以下のように環境空間機能と導入施設について整理している。駅前広場の移動等円滑化に関わる施設は、このうち基本的な導入施設について整理している。円滑化を支援するサービス施設を設置する。
> 　また、シンボル施設や植栽等の景観形成施設を整備するにあたっては、その安全性やアクセス性に配慮するとともに、様々な感覚を使って楽しめるよう配慮することとあわせ、駅を含む全体景観にも配慮するものとする。
> 　なお、環境空間に関わる整備を行うにあたっては、歩行者動線の有効幅員を侵さないものとする。

　環境空間は、駅の特性や都市の特性に配慮し、各々の駅前広場ごとに必要な機能を付加していくことが重要であり、高齢者、障害者等の円滑な移動を支援するサービス施設としては、公衆便所、休憩施設等の設置が考えられる。その必要性については、社会状況、周辺施設の状況を踏まえて検討を進める。また、その設置にあたっては、歩行者動線を踏まえ、利用しやすい位置を検討する必要がある。

　また、モニュメント、水景等のシンボル施設は、地域独自の創意工夫のもとに設置されるも

のであるが、シンボル施設や植栽、花壇等の景観形成施設を整備するにあたっては、その安全性や車いす使用者へのアクセス性に配慮するとともに、様々な感覚を使って楽しめるよう配慮することとあわせ、駅を含む全体景観にも配慮するものとする。なお、環境空間に関わる整備にあたっては、できるだけ一体として実施する等によって歩行者動線の有効幅員を侵さないものとする。

12－3－2　サービス施設

(1) 公衆便所

> 駅前広場には周辺状況等を勘案し、必要に応じてバス利用者やタクシー利用者等が自由に利用できる公衆便所を設置する。

　公衆便所は、高齢者、障害者等の円滑な移動を支援する施設として重要であり、駅前広場を含め駅の改札外から自由通路、周辺建築物等の周辺状況を勘案し、必要に応じて駅前広場を利用する全ての人が、いつでも自由に使える公衆便所を設置するものとする。
　また、公衆便所の詳細は、第6章6－10「便所」を参照するものとする。

(2) 休憩施設

> 駅前広場に有する休憩や待ち合わせ、交流機能等に考慮し、必要に応じてベンチ等の休憩施設を設置するものとし、あわせて車いす使用者が同行者と並んで休める空間を確保するものとする。

　駅前広場は、休憩機能や、乗り換え時間の待ち合い、交流機能等を有するものであり、これらの機能を考慮の上、必要に応じてベンチ、スツール、上屋等の休憩施設を設置するものとし、積雪寒冷地や風の強い場所等の乗降場付近では、屋根、壁を有した施設の設置が望ましい。併せて、ベンチ等を設置する場合は、車いす使用者が同行者と並んで休める空間を確保するよう配慮する必要がある。
　また、休憩施設の詳細は、第9章を参照するものとする。

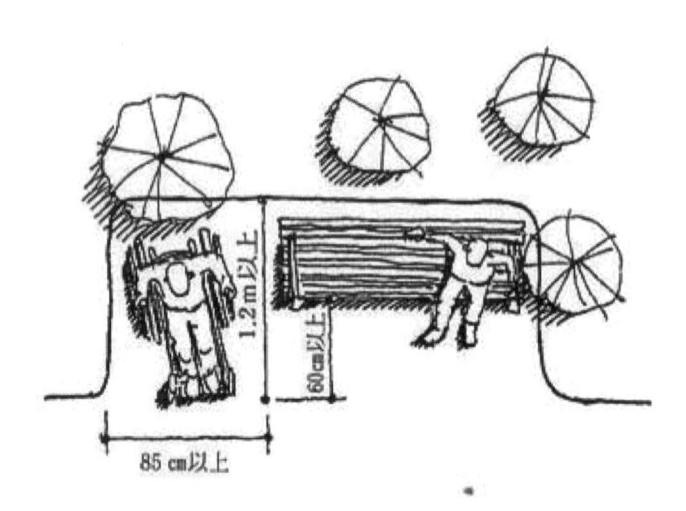

出典：「みんなのための公園づくり」（社）日本公園緑地協会　1999年7月

図12－4　車いす使用者と並んで休める休憩設備

(3) その他の設備

> 公衆電話を設置する場合は、高齢者、障害者等の利用に配慮されたものが1以上設けられるよう努めるものとする。また、周辺状況を勘案し、必要な施設が整備されるよう努めるものする。

公衆電話の設置やモバイルパソコン等の利用できる通信環境の整備は、通信事業者が行う事項ではあるが、その重要性に鑑み、公衆電話を設置する場合は、車いす使用者が進入可能な形状・寸法の電話ボックス又は電話台で、かつ、高齢者、視覚障害者等の利用に配慮された音量調整機能、通信モジュラージャック（電話機やモデムなどのコードを電話回線に接続するコネクター）を有する機器を1以上設置されるよう努めることが望ましい。

また、高齢者、障害者等の円滑な移動を支援する施設として、周辺状況を勘案し、必要に応じて聴覚障害者の情報発信、入手に寄与する公衆FAXや、地下通路などでは携帯電話等の通信環境を確保されるよう努めることが望ましい。

その他、必要と認められる施設を駅前広場に設置する場合には、歩行者動線の有効幅員を侵さない、通行に支障のない位置に設置するものとする。

12－3－3　景観形成施設

(1) シンボル施設

> シンボル施設を整備する場合は、だれもが鑑賞、楽しめるような香りや手触り、音など様々な感覚に訴えるための工夫と安全性、アクセス性の確保に配慮するものとする。

駅舎と駅前広場はファサードや動線整備の工夫などによって、そのものが都市のシンボルとなりうるものであるが、歩行者の移動等円滑化の観点から、シンボル施設を整備する場合は、歩行者動線に支障を及ぼさない配置とするとともに、だれもが鑑賞、楽しめるような、香りや手触り、音など様々な感覚（視覚、聴覚、臭覚、触覚）に訴えるための工夫と、安全性、車いす使用者が近づくことのできるアクセス性の確保に配慮するものとする。

〇垂直動線の確保に配慮したらせん階段とエレベーターの一体的整備の例［石川県金沢市］

駅前広場の一角を占める公共施設の外部階段として整備されたらせん階段は、駅前空間を演出するシンボル的施設となっているが、その内部にエレベーターを一体的に整備することにより、車いす使用者等の利用に配慮した垂直動線の確保も図られている。このようなシンボル施設を整備する場合は、歩行者の移動等円滑化の観点から、歩行者動線に支障を及ぼさない工夫等が必要である。

写真12－10　エレベーターとらせん階段が一体となった石川県立音楽堂外部階段

○感覚に訴えるシンボル施設の整備例［香川県高松市］

　この施設は、誰もが簡単にアプローチでき、身近に海を感じることができる水景施設（海水池）として整備されている。造波と潮位干満装置によって波の音、海の香りを楽しむことができ、水面には海の生物を垣間見ることができる。

写真12－11　高松駅前広場海水池

(2) 植栽等

> 植栽等による緑化を図る場合は、必要に応じて、休憩施設と一体となった緑陰を確保するとともに、花壇等の形状は車いす使用者等が近づきやすいものとし、香り、配色などへの配慮を行うものとする。

　駅前広場において、植栽等は美観や修景、空間の分離、緩衝帯などの役割を考慮した配置、樹種にするとともに、移動等円滑化の観点からは、必要に応じて、休憩施設と一体となった緑陰を確保することが望ましい。

　また、花壇等を高くすることによって、高齢者は腰をかがめなくとも近くで花等を鑑賞することができ、花壇等の下部に車いすのフットレストが入るスペースを設ければ、車いす使用者も近づきやすくなる。花の香りや鮮やかな配色は、視覚障害者や高齢者等にとって鑑賞の楽しみが広がることにつながる。このように植栽等によっても、誰もが感じ楽しむことができる配慮が望まれる。

　なお、植栽等を行うことによって、植栽の根系が舗装面を持ち上げ段差を生じさせることや、樹木保護盤の目が粗くハイヒールが隙間にはまることのないように、植栽基盤の充実、根系進入防止シートの施工、ハイヒールがはまらない樹木保護盤の採用など通行に支障を与えないよう配慮することも必要である。

写真12－12　緑陰と一緒になった休憩施設（伊丹駅前広場・兵庫県伊丹市）

12-4 情報提供施設・照明施設
12-4-1 情報提供施設
(1) 情報提供施設の構成要素

> 駅前広場の移動等円滑化に関わる情報提供施設は、本ガイドラインの第7章「案内標識」及び第8章「視覚障害者誘導用ブロック」に従って「案内施設」、「視覚障害者に対する案内施設」「視覚障害者誘導用ブロック」で構成する。

　駅前広場は、広がりのある空間の中で歩行者動線が輻輳することから、迷わず目的地に到達できるよう情報提供施設の整備は重要である。移動等円滑化の観点からは、高齢者、障害者等の情報障害に関しての情報提供施設の整理が必要であり、ここでは、第7章「案内標識」及び第8章「視覚障害者誘導用ブロック」に従って、視覚障害者以外の情報提供手段としての「案内施設」と視覚障害者に対する情報提供手段としての「視覚障害者に対する案内施設」及び「視覚障害者誘導用ブロック」で構成するものとする。

(2) 案内施設

> 　駅前広場の案内施設を整備するにあたっては、駅前広場施設及び駅、自由通路、周辺施設との連続性に配慮し、わかりやすい円滑な乗り換え、市街地への移動が図れるように、可能な限り統一された表示内容、システム等の案内施設を整備する。
> 　また、周辺状況を勘案し、必要に応じて案内所の設置スペースを計画するなど、人による情報提供手段の確保に配慮する。

　駅前広場は、まちの玄関口でもあることに留意し、駅前広場及びその周辺のどこにいても移動等円滑化された動線や駅の改札、各種乗降施設等、公衆便所、エレベーターの位置や方向がわかることが重要であり、併せて市街地側への案内施設が必要となる。

　したがって、駅前広場の案内施設を整備するにあたっては、駅前広場施設だけではなく、駅、自由通路、周辺施設を含めて連続性を確保し、動線を考慮し、わかりやすい円滑な乗り換えと市街地への移動（具体的には、駅からバス等の交通機関への乗り換えや市街地への移動、逆にバス等や市街地から駅への移動）が図れるように、可能な限り統一された表示内容、システム、サイン本体デザインの案内施設を整備するものとする。さらに、案内施設を検討するにあたっては、周辺施設を含めて、表示デザイン、案内施設の連続性、システムの整合性を図るために、案内施設に関する関係者間の連携により考え方を合わせた上で、整備することが有効である。

　また、高齢者、障害者等に限らず、初めてその場所を訪れる人にとっては、複雑な公共交通網や市街地への出発に際し、案内地図や誘導案内等の視覚情報のみでは迷いが生じることがある。

　したがって、駅の特性や都市の特性等の周辺状況を勘案し、必要に応じて案内所の設置スペースを検討するなど、人による情報提供手段の確保に配慮する。

　なお、案内施設の詳細は、第7章を参照するものとする。

(3) 視覚障害者に対する案内施設

> 駅前広場では、複数の乗降施設等への案内が必要となり、視覚障害者に対しては、単なる視覚表示だけでは不十分であるため、点字、音声その他の方法により視覚障害者を案内する設備を設けるものとする。

　駅前広場では、複数の各種乗降施設等への案内が必要となり、高齢者、障害者等の移動等円滑化を図るためには、駅や乗降施設等、周辺施設等の目的地及び、移動を支援する公衆便所、案内所等を情報として案内することが必要であるが、視覚障害者に対しては、単なる視覚による表示だけでは不十分であり、案内施設の表示内容を点字又は音声にて知らせる必要がある。

　したがって、前項の主要な場所で設置される案内施設については、点字又は音声、その他の方法による情報提供施設を併設するものとする。主要な場所とは、駅から駅前広場に出た場所や駅からバス乗降場に至る動線のバス乗降場付近、公衆便所の入口等があげられるが、詳細位置については、視覚障害者の意見を踏まえ、検討することが望ましい。

　なお、視覚障害者に対する案内施設の詳細は、第7章を参照するものとする。

(4) 視覚障害者誘導用ブロック

> 駅前広場では、歩行者動線が輻輳することから、視覚障害者の誘導が複雑で過度に遠回りなものとならないように、主動線に沿って視覚障害者誘導用ブロックを配置するものとする。
>
> また、周辺施設等と調整を図り、周辺施設と連続して視覚障害者誘導用ブロックを敷設するよう留意する。

　駅前広場では、歩行者動線が輻輳することから、視覚障害者の誘導については、複雑で過度に遠回りなものとならないように、歩行者動線のレイアウト段階から視覚障害者誘導用ブロックの配置もあわせて検討する必要がある。視覚障害者誘導用ブロックは、基本的に主動線に沿って配置されるものとするが、このとき他の動線との交差はできるだけ少なくし、安全で、できるだけ曲がり角の少ない単純な動線上に連続的に設置されるものとする。

　また、駅前広場では、視覚障害者誘導用ブロックの連続した敷設が望まれる周辺施設が複数存在するため、視覚障害者誘導用ブロックの連続性には周辺施設等と調整を図り、周辺施設と連続して敷設するよう留意する。

　加えて、視覚障害者誘導用ブロックは、歩行者の動線とできるだけ同一方向であることが望ましいが、大都市など非常に歩行者交通量が多く、人との衝突によって視覚障害者の移動に支障を及ぼすおそれのあるときは、視覚障害者等の意見を踏まえ、主動線を避けた動線設定が必要な場合があることにも留意する必要がある。

　なお、視覚障害者誘導用ブロックの詳細は、第8章を参照するものとする。

12－4－2　照明施設

(1) 照明施設の構成要素

> 駅前広場で整備される照明施設は、主に交通空間で整備される機能照明と主に環境空間で整備される演出照明に大別することができ、駅前広場で整備する歩行者の移動等円滑化に関わる照明施設は、「機能照明施設」と「演出照明施設」で構成される。

　駅前広場で整備される照明施設には、自動車交通、歩行者交通の処理に資する主に交通空間で整備される機能照明と、都市の特性、景観形成等を目的とした主に環境空間で整備される演出照明がある。したがって、駅前広場で整備する歩行者の移動等円滑化に関わる照明施設は、「機能照明施設」と「演出照明施設」に分けて構成するものとする。

(2) 機能照明施設

> 利用者の乗り換えや移動の安全性の確保、わかりやすい空間構成に配慮するため、歩行者の主動線及び各種乗降施設等には照明施設を連続して設けるものとする。また、照明施設の詳細は、第10章を参照するものとするが、わかりやすい空間構成を図るために特に重要な動線に関しては、照度を高めに設定し、光のラインを構成することなどに配慮することが望ましい。
> 　さらに、歩行者空間を照らす光源の選定にあたっては、その演色性に配慮するものとする。

　利用者の乗り換えや移動の安全性の確保、わかりやすい空間構成に配慮するため、歩行者の主動線及び各種乗降施設等には、周辺状況を勘案した上で設定した必要平均照度が得られるよう、照明施設を連続して設けるものとする。機能照明施設の照明形式は、人の顔が判断しやすく、できるだけ均斉のとれた照度が確保されるよう、ポール形照明等を用いるのが望ましい。

　また、機能照明施設の詳細は、第10章を参照するものとするが、光は人を誘導する役割もあわせ持つため、わかりやすい空間構成を図るために特に重要な動線に関しては、照度設定を高めに設定し、光のラインを構成することなどに配慮することが望ましい。

　さらに、歩行者空間を照らす光源の選定にあたっては、弱視者や高齢者等による案内施設等の視認性に配慮し、演色性の高いランプを用いることが望ましい。

○光による主動線の明示事例［香川県高松市］

　高松駅前広場では、機能照明と演出照明を光のボリュームイメージで区分し、機能照明による歩行者動線の明示を行っている。特に、交通機関の乗り換え動線に設置されている連続上屋の光のラインは際立っている。また、演出照明を行う部分でも、高輝度LED等を活用し随所で安全面への配慮が行われている。

写真12－13　高松駅前広場の夜景 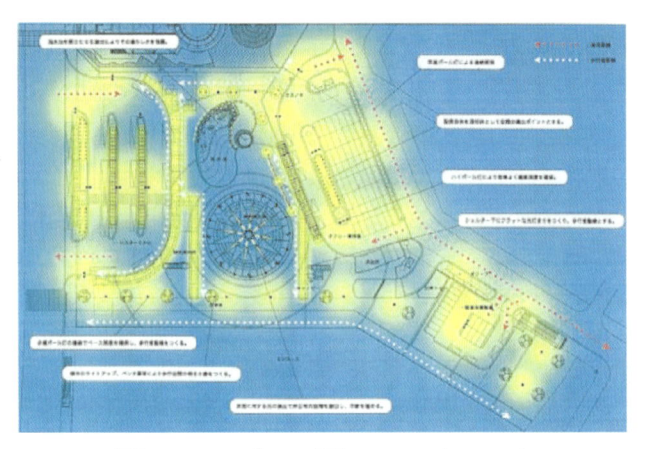　　　　図12－5　光のボリュームイメージ

出典：「香川県」資料

(3) 演出照明施設

> 演出を目的とした照明を行う場合は、高齢者、障害者等の利用に配慮し、十分な安全性を確保するものとする。

　駅前広場で行われる演出を目的とした照明には、ライトアップ効果に配慮して周辺照度を抑えたり、ヒューマンスケールの照明で構成することで落ち着いた雰囲気を演出することがある。これらの演出については、各都市の特性や計画コンセプトによって、様々な工夫が図られるが、歩行者の移動等円滑化の観点からは、演出照明を行う場合においても安全性に十分配慮した必要最小限の平均照度を確保するとともに、極端に暗くなる場所を作らないように配慮する必要がある。

　また、演出照明が行われる空間にベンチやプランターなどを配置する場合には、フットライトや近年では高輝度LEDを用いて、動線の明示や注意喚起等を行うことが望ましい。

○フットライトによる注意喚起事例［香川県高松市］

写真12－14　フットライトを用いた注意喚起例

第 4 部
今後の課題

今後の課題

　本ガイドラインは、多様な利用者のニーズに応え、全ての利用者が道路を円滑に利用できるよう、「移動等円滑化のために必要な道路の構造に関する基準」（国土交通省令第116号）に基づく移動等円滑化にあたって具体的な整備の考え方を示すものである。また、同基準の内容がどのような考え方で規定されているかについても概説を行ったものである。

　旧基準である「重点整備地区における移動円滑化のために必要な道路の構造に関する基準」が平成12年11月15日に施行され、以降各地でバリアフリー化の整備が進められてきた中で明らかになった問題点や新たな知見を反映しているが、より一層の移動等円滑化を実現するために、以下について、今後も継続的に検討する必要がある。

(1) 対象者

　全ての人にとって使いやすいユニバーサルデザインの考え方に配慮して整備するために、バリアフリー新法においては、知的障害者、精神障害者、発達障害者も明確に規定された。今後それぞれの障害特性によりきめ細かく対応した移動等円滑化を図っていくためには、各障害者の行動特性等について知見の蓄積が必要である。

(2) 新たな車両や改良等への対応

　道路を利用する車両は、利用者のニーズに応じて下記のようにさまざまなタイプが利用されるようになりつつある。道路整備においてもこれらへより細かく対応するためにはそれぞれの課題の抽出や対応方策について検討を深める必要がある。

- 福祉タクシー等の車両
- デマンド型の車両（福祉輸送サービス等）
- コミュニティバス
- スクールバス（養護学校の送迎等含む）
- 自操用ハンドル型電動車いす

　さらに、停車場所等を含めてこれらの運営主体や該当車両が利用する施設との連携方策についてもあわせて検討することが望ましい。

(3) 歩道と車道の境界部の構造

　本ガイドラインにおいて、横断歩道等に接続する歩道等の部分については、望ましい縁端構造の一例を示したが、今後さまざまな評価を実施していくこととした。しかし、実験やヒアリングによる境界部での利用者の認識については、多くの要因が関係していることが明らかとなっており、境界部（車両乗入れ部を含む）の縁端構造に限らず、境界部の構成要素である下記に示すような項目について検証しながら、歩道部周辺全体についてさらに検討を深めていくことが望ましい。

- 舗装材料（すべり等）
- 歩道・路肩・車道部及び排水施設等の勾配
- 歩道・車道・縁石等の色
- 縁石等の表面の物理的な構造（溝や凸部）
- 視覚障害者誘導用ブロックの敷設
- 防護柵等の付属物の設置

(4) 視覚障害者の誘導

視覚障害者を誘導するための案内施設や視覚障害者誘導用ブロックの整備は徐々に進みつつあるが、視覚障害者は様々な手がかりをもとに通行していると考えられ、明確な通行特性の把握には一層の知見の蓄積が必要である。また、歩道と車道を分離しない道路における誘導方法についても、更なる検討が必要である。その他、以下の事項についても今後の検討課題である。

- 弱視者（ロービジョン）や色弱者に配慮した色（標示、案内板等）
- 音声案内の方法、その設置位置
- 踏切部等での誘導
- 複雑な立体横断施設等での案内誘導

(5) 評価に関する留意点

バリアフリー整備の継続的な推進を図るためにスパイラルアップ（計画→事業→評価→改善：PDCA）の取り組みが重要であることが示された。しかし、評価にあたって地域間の比較等を行う際に、各地域が元々有している道路基盤の状況により評価レベルのスタートラインが異なることから、単一の基準で評価することは難しい。計画論も含めた評価や他施設も含めた地域全体の評価など、地域に応じた工夫を行った事例等を収集し、評価手法の共有化を図り活用していくことが望ましい。

(6) 連続性の確保

歩行者の通行空間のネットワーク構成を考える際に、他の管理者の施設との接続部における連続性が重要であるため、以下のような点について、今後の事例も含めてベストプラクティスの共有と知見の蓄積を図ることが望ましい。

- 国道・都道府県道・市区町村道の接続部における連続性
- 沿道建築物、特に生活関連施設の出入口部における連続性
- 旅客施設・地下道・公園等との連続性
- 案内標識、音響式信号など道路上の施設との連携も含めた連続性

また、連続性を考えるにあたり、特に障害となりやすい交差点部（立体横断施設を含む）については、ネットワークを計画する際に十分に検討することが望ましい。

資料編

資料編　目次

高齢者、障害者等の移動等の円滑化の促進に関する法律
　　（平成18年6月21日　法律第91号）　……………………………………………………………………336
高齢者、障害者等の移動等の円滑化の促進に関する法律施行令
　　（平成18年12月8日　政令第379号）　………………………………………………………………350
高齢者、障害者等の移動等の円滑化の促進に関する法律施行規則
　　（平成18年12月15日　国土交通省令第110号）　……………………………………………………358
高齢者、障害者等の移動等の円滑化の促進に関する法律の施行期日を定める政令
　　（平成18年12月8日　政令第378号）　………………………………………………………………365
移動等円滑化のために必要な道路の構造に関する基準を定める省令
　　（平成18年12月19日　国土交通省令第116号）　……………………………………………………365
移動等円滑化のために必要な道路の占用に関する基準を定める省令
　　（平成18年12月19日　国土交通省令第117号）　……………………………………………………370
移動等円滑化の促進に関する基本方針
　　（平成23年3月31日　国家公安委員会・総務省・国土交通省告示第1号）　………………………371
歩道の一般的構造に関する基準
　　（平成17年2月3日　国都街発第60号・国道企発第102号）　………………………………………379
用語索引………384

資料編

○高齢者、障害者等の移動等の円滑化の促進に関する法律

〔平成18年6月21日〕
〔法律第91号〕

改正
平成18年6月21日法律第92号
平成19年3月31日法律第19号
平成23年5月2日法律第35号

高齢者、障害者等の移動等の円滑化の促進に関する法律
目次
　第1章　総則（第1条・第2条）
　第2章　基本方針等（第3条—第7条）
　第3章　移動等円滑化のために施設設置管理者が講ずべき措置（第8条—第24条）
　第4章　重点整備地区における移動等円滑化に係る事業の重点的かつ一体的な実施（第25条—第40条）
　第5章　移動等円滑化経路協定（第41条—第51条）
　第6章　雑則（第52条—第58条）
　第7章　罰則（第59条—第64条）
　附則

第1章　総則

（目的）

第1条　この法律は、高齢者、障害者等の自立した日常生活及び社会生活を確保することの重要性にかんがみ、公共交通機関の旅客施設及び車両等、道路、路外駐車場、公園施設並びに建築物の構造及び設備を改善するための措置、一定の地区における旅客施設、建築物等及びこれらの間の経路を構成する道路、駅前広場、通路その他の施設の一体的な整備を推進するための措置その他の措置を講ずることにより、高齢者、障害者等の移動上及び施設の利用上の利便性及び安全性の向上の促進を図り、もって公共の福祉の増進に資することを目的とする。

（定義）

第2条　この法律において次の各号に掲げる用語の意義は、それぞれ当該各号に定めるところによる。
　一　高齢者、障害者等　高齢者又は障害者で日常生活又は社会生活に身体の機能上の制限を受けるものその他日常生活又は社会生活に身体の機能上の制限を受ける者をいう。
　二　移動等円滑化　高齢者、障害者等の移動又は施設の利用に係る身体の負担を軽減することにより、その移動上又は施設の利用上の利便性及び安全性を向上することをいう。
　三　施設設置管理者　公共交通事業者等、道路管理者、路外駐車場管理者等、公園管理者等及び建築主等をいう。
　四　公共交通事業者等　次に掲げる者をいう。
　　イ　鉄道事業法（昭和61年法律第92号）による鉄道事業者（旅客の運送を行うもの及び旅客の運送を行う鉄道事業者に鉄道施設を譲渡し、又は使用させるものに限る。）
　　ロ　軌道法（大正10年法律第76号）による軌道経営者（旅客の運送を行うものに限る。第23号ハにおいて同じ。）
　　ハ　道路運送法（昭和26年法律第183号）による一般乗合旅客自動車運送事業者（路線を定めて定期に運行する自動車により乗合旅客の運送を行うものに限る。以下この条において同じ。）及び一般乗用旅客自動車運送事業者
　　ニ　自動車ターミナル法（昭和34年法律第136号）によるバスターミナル事業を営む者
　　ホ　海上運送法（昭和24年法律第187号）による一般旅客定期航路事業（日本の国籍を有する者及び日本の法令により設立された法人その他の団体以外の者が営む同法による対外旅客定期航路事業を除く。次号ニにおいて同じ。）を営む者
　　ヘ　航空法（昭和27年法律第231号）による本邦航空運送事業者（旅客の運送を行うものに限る。）
　　ト　イからヘまでに掲げる者以外の者で次号イ、ニ又はホに掲げる旅客施設を設置し、又は管理するもの
　五　旅客施設　次に掲げる施設であって、公共交通機関を利用する旅客の乗降、待合いその他の用に供するものをいう。
　　イ　鉄道事業法による鉄道施設
　　ロ　軌道法による軌道施設
　　ハ　自動車ターミナル法によるバスターミナル
　　ニ　海上運送法による輸送施設（船舶を除き、同法による一般旅客定期航路事業の用に供するものに限る。）
　　ホ　航空旅客ターミナル施設
　六　特定旅客施設　旅客施設のうち、利用者が相当数であること又は相当数であると見込まれることその他の政令で定める要件に該当するものをいう。
　七　車両等　公共交通事業者等が旅客の運送を行うためその事業の用に供する車両、自動車（一般乗合旅客自動車運送事業者が旅客の運送を行うためその事業の用に供する自動車にあっては道路運送法第5条第1項第3号に規定する路線定期運行の用に供するもの、一般乗用旅客自動車運送事業者が旅客の運送を行うためその事業の用に供する自動車にあっては高齢者、障害者等が移動のための車いすその他の用具を使用したまま車内に乗り込むことが可能なもの

その他主務省令で定めるものに限る。)、船舶及び航空機をいう。

八　道路管理者　道路法(昭和27年法律第180号)第18条第1項に規定する道路管理者をいう。

九　特定道路　移動等円滑化が特に必要なものとして政令で定める道路法による道路をいう。

十　路外駐車場管理者等　駐車場法(昭和32年法律第106号)第12条に規定する路外駐車場管理者又は都市計画法(昭和43年法律第100号)第4条第2項の都市計画区域外において特定路外駐車場を設置する者をいう。

十一　特定路外駐車場　駐車場法第2条第2号に規定する路外駐車場(道路法第2条第2項第6号に規定する自動車駐車場、都市公園法(昭和31年法律第79号)第2条第2項に規定する公園施設(以下「公園施設」という。)、建築物又は建築物特定施設であるものを除く。)であって、自動車の駐車の用に供する部分の面積が五百平方メートル以上であるものであり、かつ、その利用について駐車料金を徴収するものをいう。

十二　公園管理者等　都市公園法第5条第1項に規定する公園管理者(以下「公園管理者」という。)又は同項の規定による許可を受けて公園施設(特定公園施設に限る。)を設け若しくは管理し、若しくは設け若しくは管理しようとする者をいう。

十三　特定公園施設　移動等円滑化が特に必要なものとして政令で定める公園施設をいう。

十四　建築主等　建築物の建築をしようとする者又は建築物の所有者、管理者若しくは占有者をいう。

十五　建築物　建築基準法(昭和25年法律第201号)第2条第1号に規定する建築物をいう。

十六　特定建築物　学校、病院、劇場、観覧場、集会場、展示場、百貨店、ホテル、事務所、共同住宅、老人ホームその他の多数の者が利用する政令で定める建築物又はその部分をいい、これらに附属する建築物特定施設を含むものとする。

十七　特別特定建築物　不特定かつ多数の者が利用し、又は主として高齢者、障害者等が利用する特定建築物であって、移動等円滑化が特に必要なものとして政令で定めるものをいう。

十八　建築物特定施設　出入口、廊下、階段、エレベーター、便所、敷地内の通路、駐車場その他の建築物又はその敷地に設けられる施設で政令で定めるものをいう。

十九　建築　建築物を新築し、増築し、又は改築することをいう。

二十　所管行政庁　建築主事を置く市町村又は特別区の区域については当該市町村又は特別区の長をいい、その他の市町村又は特別区の区域については都道府県知事をいう。ただし、建築基準法第97条の2第1項又は第97条の3第1項の規定により建築主事を置く市町村又は特別区の区域内の政令で定める建築物については、都道府県知事とする。

二十一　重点整備地区　次に掲げる要件に該当する地区をいう。

　イ　生活関連施設(高齢者、障害者等が日常生活又は社会生活において利用する旅客施設、官公庁施設、福祉施設その他の施設をいう。以下同じ。)の所在地を含み、かつ、生活関連施設相互間の移動が通常徒歩で行われる地区であること。

　ロ　生活関連施設及び生活関連経路(生活関連施設相互間の経路をいう。以下同じ。)を構成する一般交通用施設(道路、駅前広場、通路その他の一般交通の用に供する施設をいう。以下同じ。)について移動等円滑化のための事業が実施されることが特に必要であると認められる地区であること。

　ハ　当該地区において移動等円滑化のための事業を重点的かつ一体的に実施することが、総合的な都市機能の増進を図る上で有効かつ適切であると認められる地区であること。

二十二　特定事業　公共交通特定事業、道路特定事業、路外駐車場特定事業、都市公園特定事業、建築物特定事業及び交通安全特定事業をいう。

二十三　公共交通特定事業　次に掲げる事業をいう。

　イ　特定旅客施設内において実施するエレベーター、エスカレーターその他の移動等円滑化のために必要な設備の整備に関する事業

　ロ　イに掲げる事業に伴う特定旅客施設の構造の変更に関する事業

　ハ　特定車両(軌道経営者又は一般乗合旅客自動車運送事業者が旅客の運送を行うために使用する車両等をいう。以下同じ。)を床面の低いものとすることその他の特定車両に関する移動等円滑化のために必要な事業

二十四　道路特定事業　次に掲げる道路法による道路の新設又は改築に関する事業(これと併せて実施する必要がある移動等円滑化のための施設又は設備の整備に関する事業を含む。)をいう。

　イ　歩道、道路用エレベーター、通行経路の案内標識その他の移動等円滑化のために必要な施設又は工作物の設置に関する事業

　ロ　歩道の拡幅又は路面の構造の改善その他の移動等円滑化のために必要な道路の構造の改良に関する事業

二十五　路外駐車場特定事業　特定路外駐車場において実施する車いすを使用している者が円滑に利用することができる駐車施設その他の移動等円滑化のために必要な施設の整備に関する事業をいう。

二十六　都市公園特定事業　都市公園の移動等円滑化のために必要な特定公園施設の整備に関する事業をいう。

二十七　建築物特定事業　次に掲げる事業をいう。

イ　特別特定建築物（第14条第3項の条例で定める特定建築物を含む。ロにおいて同じ。）の移動等円滑化のために必要な建築物特定施設の整備に関する事業

ロ　特定建築物（特別特定建築物を除き、その全部又は一部が生活関連経路であるものに限る。）における生活関連経路の移動等円滑化のために必要な建築物特定施設の整備に関する事業

二十八　交通安全特定事業　次に掲げる事業をいう。

イ　高齢者、障害者等による道路の横断の安全を確保するための機能を付加した信号機、道路交通法（昭和35年法律第105号）第9条の歩行者用道路であることを表示する道路標識、横断歩道であることを表示する道路標示その他の移動等円滑化のために必要な信号機、道路標識又は道路標示（第36条第2項において「信号機等」という。）の同法第4条第1項の規定による設置に関する事業

ロ　違法駐車行為（道路交通法第51条の2第1項の違法駐車行為をいう。以下この号において同じ。）に係る車両の取締りの強化、違法駐車行為の防止についての広報活動及び啓発活動その他の移動等円滑化のために必要な生活関連経路を構成する道路における違法駐車行為の防止のための事業

第2章　基本方針等

（基本方針）

第3条　主務大臣は、移動等円滑化を総合的かつ計画的に推進するため、移動等円滑化の促進に関する基本方針（以下「基本方針」という。）を定めるものとする。

2　基本方針には、次に掲げる事項について定めるものとする。

一　移動等円滑化の意義及び目標に関する事項

二　移動等円滑化のために施設設置管理者が講ずべき措置に関する基本的な事項

三　第25条第1項の基本構想の指針となるべき次に掲げる事項

イ　重点整備地区における移動等円滑化の意義に関する事項

ロ　重点整備地区の位置及び区域に関する基本的な事項

ハ　生活関連施設及び生活関連経路並びにこれらにおける移動等円滑化に関する基本的な事項

ニ　生活関連施設、特定車両及び生活関連経路を構成する一般交通用施設について移動等円滑化のために実施すべき特定事業その他の事業に関する基本的な事項

ホ　ニに規定する事業と併せて実施する土地区画整理事業（土地区画整理法（昭和29年法律第119号）による土地区画整理事業をいう。以下同じ。）、市街地再開発事業（都市再開発法（昭和44年法律第38号）による市街地再開発事業をいう。以下同じ。）その他の市街地開発事業（都市計画法第4条第7項に規定する市街地開発事業をいう。以下同じ。）に関し移動等円滑化のために考慮すべき基本的な事項、自転車その他の車両の駐車のための施設の整備に関する事項その他の重点整備地区における移動等円滑化に資する市街地の整備改善に関する基本的な事項その他重点整備地区における移動等円滑化のために必要な事項

四　移動等円滑化の促進のための施策に関する基本的な事項その他移動等円滑化の促進に関する事項

3　主務大臣は、情勢の推移により必要が生じたときは、基本方針を変更するものとする。

4　主務大臣は、基本方針を定め、又はこれを変更したときは、遅滞なく、これを公表しなければならない。

（国の責務）

第4条　国は、高齢者、障害者等、地方公共団体、施設設置管理者その他の関係者と協力して、基本方針及びこれに基づく施設設置管理者の講ずべき措置の内容その他の移動等円滑化の促進のための施策の内容について、移動等円滑化の進展の状況等を勘案しつつ、これらの者の意見を反映させるために必要な措置を講じた上で、適時に、かつ、適切な方法により検討を加え、その結果に基づいて必要な措置を講ずるよう努めなければならない。

2　国は、教育活動、広報活動等を通じて、移動等円滑化の促進に関する国民の理解を深めるとともに、その実施に関する国民の協力を求めるよう努めなければならない。

（地方公共団体の責務）

第5条　地方公共団体は、国の施策に準じて、移動等円滑化を促進するために必要な措置を講ずるよう努めなければならない。

（施設設置管理者等の責務）

第6条　施設設置管理者その他の高齢者、障害者等が日常生活又は社会生活において利用する施設を設置し、又は管理する者は、移動等円滑化のために必要な措置を講ずるよう努めなければならない。

（国民の責務）

第7条　国民は、高齢者、障害者等の自立した日常生活及び社会生活を確保することの重要性について理解を深めるとともに、これらの者の円滑な移動及び施設の利用を確保するために協力するよう努めなければならない。

第3章　移動等円滑化のために施設設置管理者が講ずべき措置

（公共交通事業者等の基準適合義務等）

第8条　公共交通事業者等は、旅客施設を新たに建設し、若しくは旅客施設について主務省令で定める大規模な改良を行うとき又は車両等を新たにその事業の用に供するときは、当該旅客施設又は車両等（以下「新設旅客施設等」という。）を、移動等円滑化のために必要な旅客施設又は車両等の構造及び設備に関する主

務省令で定める基準（以下「公共交通移動等円滑化基準」という。）に適合させなければならない。
2　公共交通事業者等は、その事業の用に供する新設旅客施設等を公共交通移動等円滑化基準に適合するように維持しなければならない。
3　公共交通事業者等は、その事業の用に供する旅客施設及び車両等（新設旅客施設等を除く。）を公共交通移動等円滑化基準に適合させるために必要な措置を講ずるよう努めなければならない。
4　公共交通事業者等は、高齢者、障害者等に対し、これらの者が公共交通機関を利用して移動するために必要となる情報を適切に提供するよう努めなければならない。
5　公共交通事業者等は、その職員に対し、移動等円滑化を図るために必要な教育訓練を行うよう努めなければならない。
　　（旅客施設及び車両等に係る基準適合性審査等）
第9条　主務大臣は、新設旅客施設等について鉄道事業法その他の法令の規定で政令で定めるものによる許可、認可その他の処分の申請があった場合には、当該処分に係る法令に定める基準のほか、公共交通移動等円滑化基準に適合するかどうかを審査しなければならない。この場合において、主務大臣は、当該新設旅客施設等が公共交通移動等円滑化基準に適合しないと認めるときは、これらの規定による許可、認可その他の処分をしてはならない。
2　公共交通事業者等は、前項の申請又は鉄道事業法その他の法令の規定で政令で定めるものによる届出をしなければならない場合を除くほか、旅客施設の建設又は前条第1項の主務省令で定める大規模な改良を行おうとするときは、あらかじめ、主務省令で定めるところにより、その旨を主務大臣に届け出なければならない。その届け出た事項を変更しようとするときも、同様とする。
3　主務大臣は、新設旅客施設等のうち車両等（第1項の規定により審査を行うものを除く。）若しくは前項の政令で定める法令の規定若しくは同項の規定による届出に係る旅客施設について前条第1項の規定に違反している事実があり、又は新設旅客施設等について同条第2項の規定に違反している事実があると認めるときは、公共交通事業者等に対し、当該違反を是正するために必要な措置をとるべきことを命ずることができる。
　　（道路管理者の基準適合義務等）
第10条　道路管理者は、特定道路の新設又は改築を行うときは、当該特定道路（以下この条において「新設特定道路」という。）を、移動等円滑化のために必要な道路の構造に関する主務省令で定める基準（以下この条において「道路移動等円滑化基準」という。）に適合させなければならない。
2　道路管理者は、その管理する新設特定道路を道路移動等円滑化基準に適合するように維持しなければならない。
3　道路管理者は、その管理する道路（新設特定道路を除く。）を道路移動等円滑化基準に適合させるために必要な措置を講ずるよう努めなければならない。
4　新設特定道路についての道路法第33条第1項及び第36条第2項の規定の適用については、これらの規定中「政令で定める基準」とあるのは「政令で定める基準及び高齢者、障害者等の移動等の円滑化の促進に関する法律（平成18年法律第91号）第2条第2号に規定する移動等円滑化のために必要なものとして国土交通省令で定める基準」と、同法第33条第1項中「同条第1項」とあるのは「前条第1項」とする。
　　（路外駐車場管理者等の基準適合義務等）
第11条　路外駐車場管理者等は、特定路外駐車場を設置するときは、当該特定路外駐車場（以下この条において「新設特定路外駐車場」という。）を、移動等円滑化のために必要な特定路外駐車場の構造及び設備に関する主務省令で定める基準（以下「路外駐車場移動等円滑化基準」という。）に適合させなければならない。
2　路外駐車場管理者等は、その管理する新設特定路外駐車場を路外駐車場移動等円滑化基準に適合するように維持しなければならない。
3　地方公共団体は、その地方の自然的社会的条件の特殊性により、前2項の規定のみによっては、高齢者、障害者等が特定路外駐車場を円滑に利用できるようにする目的を十分に達成することができないと認める場合においては、路外駐車場移動等円滑化基準に条例で必要な事項を付加することができる。
4　路外駐車場管理者等は、その管理する特定路外駐車場（新設特定路外駐車場を除く。）を路外駐車場移動等円滑化基準（前項の条例で付加した事項を含む。第53条第2項において同じ。）に適合させるために必要な措置を講ずるよう努めなければならない。
　　（特定路外駐車場に係る基準適合命令等）
第12条　路外駐車場管理者等は、特定路外駐車場を設置するときは、あらかじめ、主務省令で定めるところにより、その旨を都道府県知事（地方自治法（昭和22年法律第67号）第252条の19第1項の指定都市、同法第252条の22第1項の中核市及び同法第252条の26の三第1項の特例市にあっては、それぞれの長。以下「知事等」という。）に届け出なければならない。ただし、駐車場法第12条の規定による届出をしなければならない場合にあっては、同条の規定により知事等に提出すべき届出書に主務省令で定める書面を添付して届け出たときは、この限りでない。
2　前項本文の規定により届け出た事項を変更しようとするときも、同項と同様とする。
3　知事等は、前条第1項から第3項までの規定に違反している事実があると認めるときは、路外駐車場管理者等に対し、当該違反を是正するために必要な措置をとるべきことを命ずることができる。

資料編

（公園管理者等の基準適合義務等）

第13条　公園管理者等は、特定公園施設の新設、増設又は改築を行うときは、当該特定公園施設（以下この条において「新設特定公園施設」という。）を、移動等円滑化のために必要な特定公園施設の設置に関する主務省令で定める基準（以下この条において「都市公園移動等円滑化基準」という。）に適合させなければならない。

2　公園管理者は、新設特定公園施設について都市公園法第5条第1項の規定による許可の申請があった場合には、同法第4条に定める基準のほか、都市公園移動等円滑化基準に適合するかどうかを審査しなければならない。この場合において、公園管理者は、当該新設特定公園施設が都市公園移動等円滑化基準に適合しないと認めるときは、同項の規定による許可をしてはならない。

3　公園管理者等は、その管理する新設特定公園施設を都市公園移動等円滑化基準に適合するように維持しなければならない。

4　公園管理者等は、その管理する特定公園施設（新設特定公園施設を除く。）を都市公園移動等円滑化基準に適合させるために必要な措置を講ずるよう努めなければならない。

（特別特定建築物の建築主等の基準適合義務等）

第14条　建築主等は、特別特定建築物の政令で定める規模以上の建築（用途の変更をして特別特定建築物にすることを含む。以下この条において同じ。）をしようとするときは、当該特別特定建築物（次項において「新築特別特定建築物」という。）を、移動等円滑化のために必要な建築物特定施設の構造及び配置に関する政令で定める基準（以下「建築物移動等円滑化基準」という。）に適合させなければならない。

2　建築主等は、その所有し、管理し、又は占有する新築特別特定建築物を建築物移動等円滑化基準に適合するように維持しなければならない。

3　地方公共団体は、その地方の自然的社会的条件の特殊性により、前2項の規定のみによっては、高齢者、障害者等が特定建築物を円滑に利用できるようにする目的を十分に達成することができないと認める場合においては、特別特定建築物に条例で定める特定建築物を追加し、第1項の建築の規模を条例で同項の政令で定める規模未満で別に定め、又は建築物移動等円滑化基準に条例で必要な事項を付加することができる。

4　前3項の規定は、建築基準法第6条第1項に規定する建築基準関係規定とみなす。

5　建築主等（第1項から第3項までの規定が適用される者を除く。）は、その建築をしようとし、又は所有し、管理し、若しくは占有する特別特定建築物（同項の条例で定める特定建築物を含む。以下同じ。）を建築物移動等円滑化基準（同項の条例で付加した事項を含む。第17条第3項第1号を除き、以下同じ。）に適合させるために必要な措置を講ずるよう努めなければならない。

（特別特定建築物に係る基準適合命令等）

第15条　所管行政庁は、前条第1項から第3項までの規定に違反している事実があると認めるときは、建築主等に対し、当該違反を是正するために必要な措置をとるべきことを命ずることができる。

2　国、都道府県又は建築主事を置く市町村の特別特定建築物については、前項の規定は、適用しない。この場合において、所管行政庁は、国、都道府県又は建築主事を置く市町村の特別特定建築物が前条第1項から第3項までの規定に違反している事実があると認めるときは、直ちに、その旨を当該特別特定建築物を管理する機関の長に通知し、前項に規定する措置をとるべきことを要請しなければならない。

3　所管行政庁は、前条第5項に規定する措置の適確な実施を確保するため必要があると認めるときは、建築主等に対し、建築物移動等円滑化基準を勘案して、特別特定建築物の設計及び施工に係る事項その他の移動等円滑化に係る事項について必要な指導及び助言をすることができる。

（特定建築物の建築主等の努力義務等）

第16条　建築主等は、特定建築物（特別特定建築物を除く。以下この条において同じ。）の建築（用途の変更をして特定建築物にすることを含む。次条第1項において同じ。）をしようとするときは、当該特定建築物を建築物移動等円滑化基準に適合させるために必要な措置を講ずるよう努めなければならない。

2　建築主等は、特定建築物の建築物特定施設の修繕又は模様替をしようとするときは、当該建築物特定施設を建築物移動等円滑化基準に適合させるために必要な措置を講ずるよう努めなければならない。

3　所管行政庁は、特定建築物について前2項に規定する措置の適確な実施を確保するため必要があると認めるときは、建築主等に対し、建築物移動等円滑化基準を勘案して、特定建築物又はその建築物特定施設の設計及び施工に係る事項について必要な指導及び助言をすることができる。

（特定建築物の建築等及び維持保全の計画の認定）

第17条　建築主等は、特定建築物の建築、修繕又は模様替（修繕又は模様替にあっては、建築物特定施設に係るものに限る。以下「建築等」という。）をしようとするときは、主務省令で定めるところにより、特定建築物の建築等及び維持保全の計画を作成し、所管行政庁の認定を申請することができる。

2　前項の計画には、次に掲げる事項を記載しなければならない。

一　特定建築物の位置

二　特定建築物の延べ面積、構造方法及び用途並びに敷地面積

三　計画に係る建築物特定施設の構造及び配置並びに

維持保全に関する事項
　四　特定建築物の建築等の事業に関する資金計画
　五　その他主務省令で定める事項
3　所管行政庁は、第1項の申請があった場合において、当該申請に係る特定建築物の建築等及び維持保全の計画が次に掲げる基準に適合すると認めるときは、認定をすることができる。
　一　前項第3号に掲げる事項が、建築物移動等円滑化基準を超え、かつ、高齢者、障害者等が円滑に利用できるようにするために誘導すべき主務省令で定める建築物特定施設の構造及び配置に関する基準に適合すること。
　二　前項第4号に掲げる資金計画が、特定建築物の建築等の事業を確実に遂行するため適切なものであること。
4　前項の認定の申請をする者は、所管行政庁に対し、当該申請に併せて、建築基準法第6条第1項（同法第87条第1項において準用する場合を含む。第7項において同じ。）の規定による確認の申請書を提出して、当該申請に係る特定建築物の建築等の計画が同法第6条第1項の建築基準関係規定に適合する旨の建築主事の通知（以下この条において「適合通知」という。）を受けるよう申し出ることができる。
5　前項の申出を受けた所管行政庁は、速やかに当該申出に係る特定建築物の建築等の計画を建築主事に通知しなければならない。
6　建築基準法第18条第3項及び第12項の規定は、建築主事が前項の通知を受けた場合について準用する。この場合においては、建築主事は、申請に係る特定建築物の建築等の計画が第14条第1項の規定に適合するかどうかを審査することを要しないものとする。
7　所管行政庁が、適合通知を受けて第3項の認定をしたときは、当該認定に係る特定建築物の建築等の計画は、建築基準法第6条第1項の規定による確認済証の交付があったものとみなす。
8　建築基準法第12条第7項、第93条及び第93条の2の規定は、建築主事が適合通知をする場合について準用する。
　（特定建築物の建築等及び維持保全の計画の変更）
第18条　前条第3項の認定を受けた者（以下「認定建築主等」という。）は、当該認定を受けた計画の変更（主務省令で定める軽微な変更を除く。）をしようとするときは、所管行政庁の認定を受けなければならない。
2　前条の規定は、前項の場合について準用する。
　（認定特定建築物の容積率の特例）
第19条　建築基準法第52条第1項、第2項、第7項、第12項及び第14項、第57条の2第3項第2号、第57条の3第2項、第59条第1項及び第3項、第59条の2第1項、第60条第1項、第60条の2第1項及び第4項、第68条の3第1項、第68条の4、第68条の5（第2号イを除く。）、第68条の5の2（第2号イを除く。）、第68条の5の3第1項（第1号ロを除く。）、第68条の5の4（第1号ロを除く。）、第68条の5の5第1項第1号ロ、第68条の8、第68条の9第1項、第86条第3項及び第4項、第86条の2第2項及び第3項、第86条の5第3項並びに第86条の6第1項に規定する建築物の容積率（同法第59条第1項、第60条の2第1項及び第68条の9第1項に規定するものについては、これらの規定に規定する建築物の容積率の最高限度に係る場合に限る。）の算定の基礎となる延べ面積には、同法第52条第3項及び第6項に定めるもののほか、第17条第3項の認定を受けた計画（前条第1項の規定による変更の認定があったときは、その変更後のもの。第21条において同じ。）に係る特定建築物（以下「認定特定建築物」という。）の建築物特定施設の床面積のうち、移動等円滑化の措置をとることにより通常の建築物の建築物特定施設の床面積を超えることとなる場合における政令で定める床面積は、算入しないものとする。
　（認定特定建築物の表示等）
第20条　認定建築主等は、認定特定建築物の建築等をしたときは、当該認定特定建築物、その敷地又はその利用に関する広告その他の主務省令で定めるもの（次項において「広告等」という。）に、主務省令で定めるところにより、当該認定特定建築物が第17条第3項の認定を受けている旨の表示を付することができる。
2　何人も、前項の規定による場合を除くほか、建築物、その敷地又はその利用に関する広告等に、同項の表示又はこれと紛らわしい表示を付してはならない。
　（認定建築主等に対する改善命令）
第21条　所管行政庁は、認定建築主等が第17条第3項の認定を受けた計画に従って認定特定建築物の建築等又は維持保全を行っていないと認めるときは、当該認定建築主等に対し、その改善に必要な措置をとるべきことを命ずることができる。
　（特定建築物の建築等及び維持保全の計画の認定の取消し）
第22条　所管行政庁は、認定建築主等が前条の規定による処分に違反したときは、第17条第3項の認定を取り消すことができる。
　（既存の特定建築物に設けるエレベーターについての建築基準法の特例）
第23条　この法律の施行の際現に存する特定建築物に専ら車いすを使用している者の利用に供するエレベーターを設置する場合において、当該エレベーターが次に掲げる基準に適合し、所管行政庁が防火上及び避難上支障がないと認めたときは、当該特定建築物に対する建築基準法第27条第1項、第61条及び第62条第1項の規定の適用については、当該エレベーターの構造は耐火構造（同法第2条第7号に規定する耐火構造をいう。）とみなす。
　一　エレベーター及び当該エレベーターの設置に係る特定建築物の主要構造部の部分の構造が主務省令で

資 料 編

定める安全上及び防火上の基準に適合していること。
二　エレベーターの制御方法及びその作動状態の監視方法が主務省令で定める安全上の基準に適合していること。
2　建築基準法第93条第1項本文及び第2項の規定は、前項の規定により所管行政庁が防火上及び避難上支障がないと認める場合について準用する。

（高齢者、障害者等が円滑に利用できる建築物の容積率の特例）

第24条　建築物特定施設（建築基準法第52条第6項に規定する共同住宅の共用の廊下及び階段を除く。）の床面積が高齢者、障害者等の円滑な利用を確保するため通常の床面積よりも著しく大きい建築物で、主務大臣が高齢者、障害者等の円滑な利用を確保する上で有効と認めて定める基準に適合するものについては、当該建築物を同条第14項第1号に規定する建築物とみなして、同項の規定を適用する。

第4章　重点整備地区における移動等円滑化に係る事業の重点的かつ一体的な実施

（移動等円滑化基本構想）

第25条　市町村は、基本方針に基づき、単独で又は共同して、当該市町村の区域内の重点整備地区について、移動等円滑化に係る事業の重点的かつ一体的な推進に関する基本的な構想（以下「基本構想」という。）を作成することができる。
2　基本構想には、次に掲げる事項について定めるものとする。
一　重点整備地区における移動等円滑化に関する基本的な方針
二　重点整備地区の位置及び区域
三　生活関連施設及び生活関連経路並びにこれらにおける移動等円滑化に関する事項
四　生活関連施設、特定車両及び生活関連経路を構成する一般交通用施設について移動等円滑化のために実施すべき特定事業その他の事業に関する事項（旅客施設の所在地を含まない重点整備地区にあっては、当該重点整備地区と同一の市町村の区域内に所在する特定旅客施設との間の円滑な移動のために実施すべき特定事業その他の事業に関する事項を含む。）
五　前号に掲げる事業と併せて実施する土地区画整理事業、市街地再開発事業その他の市街地開発事業に関し移動等円滑化のために考慮すべき事項、自転車その他の車両の駐車のための施設の整備に関する事項その他の重点整備地区における移動等円滑化に資する市街地の整備改善に関する事項その他重点整備地区における移動等円滑化のために必要な事項
3　市町村は、特定旅客施設の所在地を含む重点整備地区について基本構想を作成する場合には、当該基本構想に当該特定旅客施設を前項第3号及び第4号の生活関連施設として定めなければならない。

4　基本構想には、道路法第12条ただし書及び第15条並びに道路法の一部を改正する法律（昭和39年法律第163号。以下「昭和39年道路法改正法」という。）附則第3項の規定にかかわらず、国道（道路法第3条第2号の一般国道をいう。以下同じ。）又は都道府県道（道路法第3条第3号の都道府県道をいう。第32条第1項において同じ。）（道路法第12条ただし書及び第15条並びに昭和39年道路法改正法附則第3項の規定により都道府県が新設又は改築を行うこととされているもの（道路法第17条第1項から第3項までの規定により同条第1項の指定市、同条第2項の指定市以外の市又は同条第3項の指定市以外の市町村が行うこととされているものを除く。）に限る。以下同じ。）に係る道路特定事業を実施する者として、市町村（他の市町村又は道路管理者と共同して実施する場合にあっては、市町村及び他の市町村又は道路管理者。第32条において同じ。）を定めることができる。
5　基本構想は、都市計画及び都市計画法第18条の2の市町村の都市計画に関する基本的な方針との調和が保たれたものでなければならない。
6　市町村は、基本構想を作成しようとするときは、あらかじめ、住民、生活関連施設を利用する高齢者、障害者等その他利害関係者の意見を反映させるために必要な措置を講ずるものとする。
7　市町村は、基本構想を作成しようとするときは、これに定めようとする特定事業に関する事項について、次条第1項の協議会が組織されている場合には協議会における協議を、同項の協議会が組織されていない場合には関係する施設設置管理者及び都道府県公安委員会（以下「公安委員会」という。）と協議をしなければならない。
8　市町村は、次条第1項の協議会が組織されていない場合には、基本構想を作成するに当たり、あらかじめ、関係する施設設置管理者及び公安委員会に対し、特定事業に関する事項について基本構想の案を作成し、当該市町村に提出するよう求めることができる。
9　前項の案の提出を受けた市町村は、基本構想を作成するに当たっては、当該案の内容が十分に反映されるよう努めるものとする。
10　市町村は、基本構想を作成したときは、遅滞なく、これを公表するとともに、主務大臣、都道府県並びに関係する施設設置管理者及び公安委員会に、基本構想を送付しなければならない。
11　主務大臣及び都道府県は、前項の規定により基本構想の送付を受けたときは、市町村に対し、必要な助言をすることができる。
12　第6項から前項までの規定は、基本構想の変更について準用する。

（協議会）

第26条　基本構想を作成しようとする市町村は、基本構想の作成に関する協議及び基本構想の実施に係る連絡

調整を行うための協議会（以下この条において「協議会」という。）を組織することができる。

2　協議会は、次に掲げる者をもって構成する。
一　基本構想を作成しようとする市町村
二　関係する施設設置管理者、公安委員会その他基本構想に定めようとする特定事業その他の事業を実施すると見込まれる者
三　高齢者、障害者等、学識経験者その他の当該市町村が必要と認める者

3　第1項の規定により協議会を組織する市町村は、同項に規定する協議を行う旨を前項第2号に掲げる者に通知するものとする。

4　前項の規定による通知を受けた者は、正当な理由がある場合を除き、当該通知に係る協議に応じなければならない。

5　協議会において協議が調った事項については、協議会の構成員はその協議の結果を尊重しなければならない。

6　前各項に定めるもののほか、協議会の運営に関し必要な事項は、協議会が定める。

（基本構想の作成等の提案）

第27条　次に掲げる者は、市町村に対して、基本構想の作成又は変更をすることを提案することができる。この場合においては、基本方針に即して、当該提案に係る基本構想の素案を作成して、これを提示しなければならない。
一　施設設置管理者、公安委員会その他基本構想に定めようとする特定事業その他の事業を実施しようとする者
二　高齢者、障害者等その他の生活関連施設又は生活関連経路を構成する一般交通用施設の利用に関し利害関係を有する者

2　前項の規定による提案を受けた市町村は、当該提案に基づき基本構想の作成又は変更をするか否かについて、遅滞なく、公表しなければならない。この場合において、基本構想の作成又は変更をしないこととするときは、その理由を明らかにしなければならない。

（公共交通特定事業の実施）

第28条　第25条第1項の規定により基本構想が作成されたときは、関係する公共交通事業者等は、単独で又は共同して、当該基本構想に即して公共交通特定事業を実施するための計画（以下「公共交通特定事業計画」という。）を作成し、これに基づき、当該公共交通特定事業を実施するものとする。

2　公共交通特定事業計画においては、実施しようとする公共交通特定事業について次に掲げる事項を定めるものとする。
一　公共交通特定事業を実施する特定旅客施設又は特定車両
二　公共交通特定事業の内容
三　公共交通特定事業の実施予定期間並びにその実施に必要な資金の額及びその調達方法
四　その他公共交通特定事業の実施に際し配慮すべき重要事項

3　公共交通事業者等は、公共交通特定事業計画を定めようとするときは、あらかじめ、関係する市町村及び施設設置管理者の意見を聴かなければならない。

4　公共交通事業者等は、公共交通特定事業計画を定めたときは、遅滞なく、これを関係する市町村及び施設設置管理者に送付しなければならない。

5　前2項の規定は、公共交通特定事業計画の変更について準用する。

（公共交通特定事業計画の認定）

第29条　公共交通事業者等は、主務省令で定めるところにより、主務大臣に対し、公共交通特定事業計画が重点整備地区における移動等円滑化を適切かつ確実に推進するために適当なものである旨の認定を申請することができる。

2　主務大臣は、前項の規定による認定の申請があった場合において、前条第2項第2号に掲げる事項が基本方針及び公共交通移動等円滑化基準に照らして適切なものであり、かつ、同号及び同項第3号に掲げる事項が当該公共交通特定事業を確実に遂行するために技術上及び資金上適切なものであると認めるときは、その認定をするものとする。

3　前項の認定を受けた者は、当該認定に係る公共交通特定事業計画を変更しようとするときは、主務大臣の認定を受けなければならない。

4　第2項の規定は、前項の認定について準用する。

5　主務大臣は、第2項の認定を受けた者が当該認定に係る公共交通特定事業計画（第3項の規定による変更の認定があったときは、その変更後のもの。次条において同じ。）に従って公共交通特定事業を実施していないと認めるときは、その認定を取り消すことができる。

（公共交通特定事業計画に係る地方債の特例）

第30条　地方公共団体が、前条第2項の認定に係る公共交通特定事業計画に基づく公共交通特定事業で主務省令で定めるものに関する助成を行おうとする場合においては、当該助成に要する経費であって地方財政法（昭和23年法律第109号）第5条各号に規定する経費のいずれにも該当しないものは、同条第5号に規定する経費とみなす。

（道路特定事業の実施）

第31条　第25条第1項の規定により基本構想が作成されたときは、関係する道路管理者は、単独で又は共同して、当該基本構想に即して道路特定事業を実施するための計画（以下「道路特定事業計画」という。）を作成し、これに基づき、当該道路特定事業を実施するものとする。

2　道路特定事業計画においては、基本構想において定められた道路特定事業について定めるほか、当該重点整備地区内の道路において実施するその他の道路特定事業について定めることができる。

3　道路特定事業計画においては、実施しようとする道路特定事業について次に掲げる事項を定めるものとする。
　一　道路特定事業を実施する道路の区間
　二　前号の道路の区間ごとに実施すべき道路特定事業の内容及び実施予定期間
　三　その他道路特定事業の実施に際し配慮すべき重要事項
4　道路管理者は、道路特定事業計画を定めようとするときは、あらかじめ、関係する市町村、施設設置管理者及び公安委員会の意見を聴かなければならない。
5　道路管理者は、道路特定事業計画において、道路法第20条第1項に規定する他の工作物について実施し、又は同法第23条第1項の規定に基づき実施する道路特定事業について定めるときは、あらかじめ、当該道路特定事業を実施する工作物又は施設の管理者と協議しなければならない。この場合において、当該道路特定事業の費用の負担を当該工作物又は施設の管理者に求めるときは、当該道路特定事業計画に当該道路特定事業の実施に要する費用の概算及び道路管理者と当該工作物又は施設の管理者との分担割合を定めるものとする。
6　道路管理者は、道路特定事業計画を定めたときは、遅滞なく、これを公表するとともに、関係する市町村、施設設置管理者及び公安委員会並びに前項に規定する工作物又は施設の管理者に送付しなければならない。
7　前3項の規定は、道路特定事業計画の変更について準用する。

　（市町村による国道等に係る道路特定事業の実施）
第32条　第25条第4項の規定により基本構想において道路特定事業を実施する者として市町村（道路法第17条第1項の指定市を除く。以下この条及び第55条から第57条までにおいて同じ。）が定められたときは、前条第1項、同法第12条ただし書及び第15条並びに昭和39年道路法改正法附則第3項の規定にかかわらず、市町村は、単独で又は他の市町村若しくは道路管理者と共同して、国道又は都道府県道に係る道路特定事業計画を作成し、これに基づき、当該道路特定事業を実施するものとする。
2　前条第2項から第7項までの規定は、前項の場合について準用する。この場合において、同条第4項から第6項までの規定中「道路管理者」とあるのは、「次条第1項の規定により道路特定事業を実施する市町村（他の市町村又は道路管理者と共同して実施する場合にあっては、市町村及び他の市町村又は道路管理者）」と読み替えるものとする。
3　市町村は、第1項の規定により国道に係る道路特定事業を実施しようとする場合においては、主務省令で定めるところにより、主務大臣の認可を受けなければならない。ただし、主務省令で定める軽易なものについては、この限りでない。
4　市町村は、第1項の規定により道路特定事業に関する工事を行おうとするとき、及び当該道路特定事業に関する工事の全部又は一部を完了したときは、主務省令で定めるところにより、その旨を公示しなければならない。
5　市町村は、第1項の規定により道路特定事業を実施する場合においては、政令で定めるところにより、当該道路の道路管理者に代わってその権限を行うものとする。
6　市町村が第1項の規定により道路特定事業を実施する場合には、その実施に要する費用の負担並びにその費用に関する国の補助及び交付金の交付については、都道府県が自ら当該道路特定事業を実施するものとみなす。
7　前項の規定により国が当該都道府県に対し交付すべき負担金、補助金及び交付金は、市町村に交付するものとする。
8　前項の場合には、市町村は、補助金等に係る予算の執行の適正化に関する法律（昭和30年法律第179号）の規定の適用については、同法第2条第3項に規定する補助事業者等とみなす。

　（路外駐車場特定事業の実施）
第33条　第25条第1項の規定により基本構想が作成されたときは、関係する路外駐車場管理者等は、単独で又は共同して、当該基本構想に即して路外駐車場特定事業を実施するための計画（以下この条において「路外駐車場特定事業計画」という。）を作成し、これに基づき、当該路外駐車場特定事業を実施するものとする。
2　路外駐車場特定事業計画においては、実施しようとする路外駐車場特定事業について次に掲げる事項を定めるものとする。
　一　路外駐車場特定事業を実施する特定路外駐車場
　二　路外駐車場特定事業の内容及び実施予定期間
　三　その他路外駐車場特定事業の実施に際し配慮すべき重要事項
3　路外駐車場管理者等は、路外駐車場特定事業計画を定めようとするときは、あらかじめ、関係する市町村及び施設設置管理者の意見を聴かなければならない。
4　路外駐車場管理者等は、路外駐車場特定事業計画を定めたときは、遅滞なく、これを関係する市町村及び施設設置管理者に送付しなければならない。
5　前2項の規定は、路外駐車場特定事業計画の変更について準用する。

　（都市公園特定事業の実施）
第34条　第25条第1項の規定により基本構想が作成されたときは、関係する公園管理者等は、単独で又は共同して、当該基本構想に即して都市公園特定事業を実施するための計画（以下この条において「都市公園特定事業計画」という。）を作成し、これに基づき、当該都市公園特定事業を実施するものとする。ただし、都市公園法第5条第1項の規定による許可を受けて公園施設（特定公園施設に限る。）を設け若しくは管理し、又は設け若しくは管理しようとする者が都市公園特定

事業計画を作成する場合にあっては、公園管理者と共同して作成するものとする。
2　都市公園特定事業計画においては、実施しようとする都市公園特定事業について次に掲げる事項を定めるものとする。
　一　都市公園特定事業を実施する都市公園
　二　都市公園特定事業の内容及び実施予定期間
　三　その他都市公園特定事業の実施に際し配慮すべき重要事項
3　公園管理者等は、都市公園特定事業計画を定めようとするときは、あらかじめ、関係する市町村及び施設設置管理者の意見を聴かなければならない。
4　公園管理者は、都市公園特定事業計画において、都市公園法第5条の2第1項に規定する他の工作物について実施する都市公園特定事業について定めるときは、あらかじめ、当該他の工作物の管理者と協議しなければならない。この場合において、当該都市公園特定事業の費用の負担を当該他の工作物の管理者に求めるときは、当該都市公園特定事業計画に当該都市公園特定事業の実施に要する費用の概算及び公園管理者と当該他の工作物の管理者との分担割合を定めるものとする。
5　公園管理者等は、都市公園特定事業計画を定めたときは、遅滞なく、これを公表するとともに、関係する市町村及び施設設置管理者並びに前項に規定する他の工作物の管理者に送付しなければならない。
6　前3項の規定は、都市公園特定事業計画の変更について準用する。
　（建築物特定事業の実施）

第35条　第25条第1項の規定により基本構想が作成されたときは、関係する建築主等は、単独で又は共同して、当該基本構想に即して建築物特定事業を実施するための計画（以下この条において「建築物特定事業計画」という。）を作成し、これに基づき、当該建築物特定事業を実施するものとする。
2　建築物特定事業計画においては、実施しようとする建築物特定事業について次に掲げる事項を定めるものとする。
　一　建築物特定事業を実施する特定建築物
　二　建築物特定事業の内容
　三　建築物特定事業の実施予定期間並びにその実施に必要な資金の額及びその調達方法
　四　その他建築物特定事業の実施に際し配慮すべき重要事項
3　建築主等は、建築物特定事業計画を定めようとするときは、あらかじめ、関係する市町村及び施設設置管理者の意見を聴かなければならない。
4　建築主等は、建築物特定事業計画を定めたときは、遅滞なく、これを関係する市町村及び施設設置管理者に送付しなければならない。
5　建築主事を置かない市町村の市町村長は、前項の規定により送付された建築物特定事業計画を都道府県知事に送付しなければならない。
6　前3項の規定は、建築物特定事業計画の変更について準用する。
　（交通安全特定事業の実施）

第36条　第25条第1項の規定により基本構想が作成されたときは、関係する公安委員会は、単独で又は共同して、当該基本構想に即して交通安全特定事業を実施するための計画（以下「交通安全特定事業計画」という。）を作成し、これに基づき、当該交通安全特定事業を実施するものとする。
2　前項の交通安全特定事業（第2条第28号イに掲げる事業に限る。）は、当該交通安全特定事業により設置される信号機等が、重点整備地区における移動等円滑化のために必要な信号機等に関する主務省令で定める基準に適合するよう実施されなければならない。
3　交通安全特定事業計画においては、実施しようとする交通安全特定事業について次に掲げる事項を定めるものとする。
　一　交通安全特定事業を実施する道路の区間
　二　前号の道路の区間ごとに実施すべき交通安全特定事業の内容及び実施予定期間
　三　その他交通安全特定事業の実施に際し配慮すべき重要事項
4　公安委員会は、交通安全特定事業計画を定めようとするときは、あらかじめ、関係する市町村及び道路管理者の意見を聴かなければならない。
5　公安委員会は、交通安全特定事業計画を定めたときは、遅滞なく、これを公表するとともに、関係する市町村及び道路管理者に送付しなければならない。
6　前2項の規定は、交通安全特定事業計画の変更について準用する。
　（生活関連施設又は一般交通用施設の整備等）

第37条　国及び地方公共団体は、基本構想において定められた生活関連施設又は一般交通用施設の整備、土地区画整理事業、市街地再開発事業その他の市街地開発事業の施行その他の必要な措置を講ずるよう努めなければならない。
2　基本構想において定められた生活関連施設又は一般交通用施設の管理者（国又は地方公共団体を除く。）は、当該基本構想の達成に資するよう、その管理する施設について移動等円滑化のための事業の実施に努めなければならない。
　（基本構想に基づく事業の実施に係る命令等）

第38条　市町村は、第28条第1項の公共交通特定事業、第33条第1項の路外駐車場特定事業、第34条第1項の都市公園特定事業（公園管理者が実施すべきものを除く。）又は第35条第1項の建築物特定事業（国又は地方公共団体が実施すべきものを除く。）（以下この条において「公共交通特定事業等」と総称する。）が実施されていないと認めるときは、当該公共交通特定事業

資 料 編

等を実施すべき者に対し、その実施を要請することができる。

2　市町村は、前項の規定による要請を受けた者が当該要請に応じないときは、その旨を主務大臣等（公共交通特定事業にあっては主務大臣、路外駐車場特定事業にあっては知事等、都市公園特定事業にあっては公園管理者、建築物特定事業にあっては所管行政庁。以下この条において同じ。）に通知することができる。

3　主務大臣等は、前項の規定による通知があった場合において、第1項の規定による要請を受けた者が正当な理由がなくて公共交通特定事業等を実施していないと認めるときは、当該要請を受けた者に対し、当該公共交通特定事業等を実施すべきことを勧告することができる。

4　主務大臣等は、前項の規定による勧告を受けた者が正当な理由がなくてその勧告に係る措置を講じない場合において、当該勧告を受けた者の事業について移動等円滑化を阻害している事実があると認めるときは、第9条第3項、第12条第3項及び第15条第1項の規定により違反を是正するために必要な措置をとるべきことを命ずることができる場合を除くほか、当該勧告を受けた者に対し、移動等円滑化のために必要な措置をとるべきことを命ずることができる。

（土地区画整理事業の換地計画において定める保留地の特例）

第39条　基本構想において定められた土地区画整理事業であって土地区画整理法第3条第4項、第3条の2又は第3条の3の規定により施行するものの換地計画（基本構想において定められた重点整備地区の区域内の宅地について定められたものに限る。）においては、重点整備地区の区域内の住民その他の者の共同の福祉又は利便のために必要な生活関連施設又は一般交通用施設で国、地方公共団体、公共交通事業者等その他政令で定める者が設置するもの（同法第2条第5項に規定する公共施設を除き、基本構想において第25条第2項第5号に掲げる事項として土地区画整理事業の実施に関しその整備を考慮すべきものと定められたものに限る。）の用に供するため、一定の土地を換地として定めないで、その土地を保留地として定めることができる。この場合においては、当該保留地の地積について、当該土地区画整理事業を施行する土地の区域内の宅地について所有権、地上権、永小作権、賃借権その他の宅地を使用し、又は収益することができる権利を有するすべての者の同意を得なければならない。

2　土地区画整理法第104条第11項及び第108条第1項の規定は、前項の規定により換地計画において定められた保留地について準用する。この場合において、同条第1項中「第3条第4項若しくは第5項」とあるのは、「第3条第4項」と読み替えるものとする。

3　施行者は、第1項の規定により換地計画において定められた保留地を処分したときは、土地区画整理法第103条第4項の規定による公告があった日における従前の宅地について所有権、地上権、永小作権、賃借権その他の宅地を使用し、又は収益することができる権利を有する者に対して、政令で定める基準に従い、当該保留地の対価に相当する金額を交付しなければならない。同法第109条第2項の規定は、この場合について準用する。

4　土地区画整理法第85条第5項の規定は、この条の規定による処分及び決定について準用する。

5　第1項に規定する土地区画整理事業に関する土地区画整理法第123条、第126条、第127条の2及び第129条の規定の適用については、同項から第3項までの規定は、同法の規定とみなす。

（地方債についての配慮）

第40条　地方公共団体が、基本構想を達成するために行う事業に要する経費に充てるために起こす地方債については、法令の範囲内において、資金事情及び当該地方公共団体の財政事情が許す限り、特別の配慮をするものとする。

第5章　移動等円滑化経路協定

（移動等円滑化経路協定の締結等）

第41条　重点整備地区内の一団の土地の所有者及び建築物その他の工作物の所有を目的とする借地権その他の当該土地を使用する権利（臨時設備その他一時使用のため設定されたことが明らかなものを除く。以下「借地権等」という。）を有する者（土地区画整理法第98条第1項（大都市地域における住宅及び住宅地の供給の促進に関する特別措置法（昭和50年法律第67号。第45条第2項において「大都市住宅等供給法」という。）第83条において準用する場合を含む。以下この章において同じ。）の規定により仮換地として指定された土地にあっては、当該土地に対応する従前の土地の所有者及び借地権等を有する者。以下この章において「土地所有者等」と総称する。）は、その全員の合意により、当該土地の区域における移動等円滑化のための経路の整備又は管理に関する協定（以下「移動等円滑化経路協定」という。）を締結することができる。ただし、当該土地（土地区画整理法第98条第1項の規定により仮換地として指定された土地にあっては、当該土地に対応する従前の土地）の区域内に借地権等の目的となっている土地がある場合（当該借地権等が地下又は空間について上下の範囲を定めて設定されたもので、当該土地の所有者が当該土地を使用している場合を除く。）においては、当該借地権等の目的となっている土地の所有者の合意を要しない。

2　移動等円滑化経路協定においては、次に掲げる事項を定めるものとする。

一　移動等円滑化経路協定の目的となる土地の区域（以下「移動等円滑化経路協定区域」という。）及び経路の位置

二　次に掲げる移動等円滑化のための経路の整備又は

管理に関する事項のうち、必要なもの
　イ　前号の経路における移動等円滑化に関する基準
　ロ　前号の経路を構成する施設（エレベーター、エスカレーターその他の移動等円滑化のために必要な設備を含む。）の整備又は管理に関する事項
　ハ　その他移動等円滑化のための経路の整備又は管理に関する事項
　三　移動等円滑化経路協定の有効期間
　四　移動等円滑化経路協定に違反した場合の措置
3　移動等円滑化経路協定は、市町村長の認可を受けなければならない。

（認可の申請に係る移動等円滑化経路協定の縦覧等）

第42条　市町村長は、前条第3項の認可の申請があったときは、主務省令で定めるところにより、その旨を公告し、当該移動等円滑化経路協定を公告の日から2週間関係人の縦覧に供さなければならない。

2　前項の規定による公告があったときは、関係人は、同項の縦覧期間満了の日までに、当該移動等円滑化経路協定について、市町村長に意見書を提出することができる。

（移動等円滑化経路協定の認可）

第43条　市町村長は、第41条第3項の認可の申請が次の各号のいずれにも該当するときは、同項の認可をしなければならない。
　一　申請手続が法令に違反しないこと。
　二　土地又は建築物その他の工作物の利用を不当に制限するものでないこと。
　三　第41条第2項各号に掲げる事項について主務省令で定める基準に適合するものであること。

2　建築主事を置かない市町村の市町村長は、第41条第2項第2号に掲げる事項に建築物に関するものを定めた移動等円滑化経路協定について同条第3項の認可をしようとするときは、前条第2項の規定により提出された意見書を添えて、都道府県知事に協議し、その同意を得なければならない。

3　市町村長は、第41条第3項の認可をしたときは、主務省令で定めるところにより、その旨を公告し、かつ、当該移動等円滑化経路協定を当該市町村の事務所に備えて公衆の縦覧に供するとともに、移動等円滑化経路協定区域である旨を当該移動等円滑化経路協定区域内に明示しなければならない。

（移動等円滑化経路協定の変更）

第44条　移動等円滑化経路協定区域内における土地所有者等（当該移動等円滑化経路協定の効力が及ばない者を除く。）は、移動等円滑化経路協定において定めた事項を変更しようとする場合においては、その全員の合意をもってその旨を定め、市町村長の認可を受けなければならない。

2　前2条の規定は、前項の変更の認可について準用する。

（移動等円滑化経路協定区域からの除外）

第45条　移動等円滑化経路協定区域内の土地（土地区画整理法第98条第1項の規定により仮換地として指定された土地にあっては、当該土地に対応する従前の土地）で当該移動等円滑化経路協定の効力が及ばない者の所有するものの全部又は一部について借地権等が消滅した場合においては、当該借地権等の目的となっていた土地（同項の規定により仮換地として指定された土地に対応する従前の土地にあっては、当該土地についての仮換地として指定された土地）は、当該移動等円滑化経路協定区域から除外されるものとする。

2　移動等円滑化経路協定区域内の土地で土地区画整理法第98条第1項の規定により仮換地として指定されたものが、同法第86条第1項の換地計画又は大都市住宅等供給法第72条第1項の換地計画において当該土地に対応する従前の土地についての換地として定められず、かつ、土地区画整理法第91条第3項（大都市住宅等供給法第82条第1項において準用する場合を含む。）の規定により当該土地に対応する従前の土地の所有者に対してその共有持分を与えるように定められた土地としても定められなかったときは、当該土地は、土地区画整理法第103条第4項（大都市住宅等供給法第83条において準用する場合を含む。）の公告があった日が終了した時において当該移動等円滑化経路協定区域から除外されるものとする。

3　前2項の規定により移動等円滑化経路協定区域内の土地が当該移動等円滑化経路協定区域から除外された場合においては、当該借地権等を有していた者又は当該仮換地として指定されていた土地に対応する従前の土地に係る土地所有者等（当該移動等円滑化経路協定の効力が及ばない者を除く。）は、遅滞なく、その旨を市町村長に届け出なければならない。

4　第43条第3項の規定は、前項の規定による届出があった場合その他市町村長が第1項又は第2項の規定により移動等円滑化経路協定区域内の土地が当該移動等円滑化経路協定区域から除外されたことを知った場合について準用する。

（移動等円滑化経路協定の効力）

第46条　第43条第3項（第44条第2項において準用する場合を含む。）の規定による認可の公告のあった移動等円滑化経路協定は、その公告のあった後において当該移動等円滑化経路協定区域内の土地所有者等となった者（当該移動等円滑化経路協定について第41条第1項又は第44条第1項の規定による合意をしなかった者の有する土地の所有権を承継した者を除く。）に対しても、その効力があるものとする。

（移動等円滑化経路協定の認可の公告のあった後移動等円滑化経路協定に加わる手続等）

第47条　移動等円滑化経路協定区域内の土地の所有者（土地区画整理法第98条第1項の規定により仮換地として指定された土地にあっては、当該土地に対応する従前の土地の所有者）で当該移動等円滑化経路協定の効力が及ばないものは、第43条第3項（第44条第2項

において準用する場合を含む。）の規定による認可の公告があった後いつでも、市町村長に対して書面でその意思を表示することによって、当該移動等円滑化経路協定に加わることができる。

2　第43条第3項の規定は、前項の規定による意思の表示があった場合について準用する。

3　移動等円滑化経路協定は、第1項の規定により当該移動等円滑化経路協定に加わった者がその時において所有し、又は借地権等を有していた当該移動等円滑化経路協定区域内の土地（土地区画整理法第98条第1項の規定により仮換地として指定された土地にあっては、当該土地に対応する従前の土地）について、前項において準用する第43条第3項の規定による公告のあった後において土地所有者等となった者（前条の規定の適用がある者を除く。）に対しても、その効力があるものとする。

（移動等円滑化経路協定の廃止）

第48条　移動等円滑化経路協定区域内の土地所有者等（当該移動等円滑化経路協定の効力が及ばない者を除く。）は、第41条第3項又は第44条第1項の認可を受けた移動等円滑化経路協定を廃止しようとする場合においては、その過半数の合意をもってその旨を定め、市町村長の認可を受けなければならない。

2　市町村長は、前項の認可をしたときは、その旨を公告しなければならない。

（土地の共有者等の取扱い）

第49条　土地又は借地権等が数人の共有に属するときは、第41条第1項、第44条第1項、第47条第1項及び前条第1項の規定の適用については、合わせて一の所有者又は借地権等を有する者とみなす。

（一の所有者による移動等円滑化経路協定の設定）

第50条　重点整備地区内の一団の土地で、一の所有者以外に土地所有者等が存しないものの所有者は、移動等円滑化のため必要があると認めるときは、市町村長の認可を受けて、当該土地の区域を移動等円滑化経路協定区域とする移動等円滑化経路協定を定めることができる。

2　市町村長は、前項の認可の申請が第43条第1項各号のいずれにも該当し、かつ、当該移動等円滑化経路協定が移動等円滑化のため必要であると認める場合に限り、前項の認可をするものとする。

3　第43条第2項及び第3項の規定は、第1項の認可について準用する。

4　第1項の認可を受けた移動等円滑化経路協定は、認可の日から起算して3年以内において当該移動等円滑化経路協定区域内の土地に二以上の土地所有者等が存することになった時から、第43条第3項の規定による認可の公告のあった移動等円滑化経路協定と同一の効力を有する移動等円滑化経路協定となる。

（借主の地位）

第51条　移動等円滑化経路協定に定める事項が建築物その他の工作物の借主の権限に係る場合においては、その移動等円滑化経路協定については、当該建築物その他の工作物の借主を土地所有者等とみなして、この章の規定を適用する。

第6章　雑則

（資金の確保等）

第52条　国は、移動等円滑化を促進するために必要な資金の確保その他の措置を講ずるよう努めなければならない。

2　国は、移動等円滑化に関する情報提供の確保並びに研究開発の推進及びその成果の普及に努めなければならない。

（報告及び立入検査）

第53条　主務大臣は、この法律の施行に必要な限度において、主務省令で定めるところにより、公共交通事業者等に対し、移動等円滑化のための事業に関し報告をさせ、又はその職員に、公共交通事業者等の事務所その他の事業場若しくは車両等に立ち入り、旅客施設、車両等若しくは帳簿、書類その他の物件を検査させ、若しくは関係者に質問させることができる。

2　知事等は、この法律の施行に必要な限度において、路外駐車場管理者等に対し、特定路外駐車場の路外駐車場移動等円滑化基準への適合に関する事項に関し報告をさせ、又はその職員に、特定路外駐車場若しくはその業務に関係のある場所に立ち入り、特定路外駐車場の施設若しくは業務に関し検査させ、若しくは関係者に質問させることができる。

3　所管行政庁は、この法律の施行に必要な限度において、政令で定めるところにより、建築主等に対し、特定建築物の建築物移動等円滑化基準への適合に関する事項に関し報告をさせ、又はその職員に、特定建築物若しくはその工事現場に立ち入り、特定建築物、建築設備、書類その他の物件を検査させ、若しくは関係者に質問させることができる。

4　所管行政庁は、認定建築主等に対し、認定特定建築物の建築等又は維持保全の状況について報告をさせることができる。

5　第1項から第3項までの規定により立入検査をする職員は、その身分を示す証明書を携帯し、関係者の請求があったときは、これを提示しなければならない。

6　第1項から第3項までの規定による立入検査の権限は、犯罪捜査のために認められたものと解釈してはならない。

（主務大臣等）

第54条　第3条第1項、第3項及び第4項における主務大臣は、同条第2項第2号に掲げる事項については国土交通大臣とし、その他の事項については国土交通大臣、国家公安委員会及び総務大臣とする。

2　第9条、第24条、第29条第1項、第2項（同条第4項において準用する場合を含む。）、第3項及び第5項、第32条第3項、第38条第2項、前条第1項並びに

次条における主務大臣は国土交通大臣とし、第25条第10項及び第11項（これらの規定を同条第12項において準用する場合を含む。）における主務大臣は国土交通大臣、国家公安委員会及び総務大臣とする。

3　この法律における主務省令は、国土交通省令とする。ただし、第30条における主務省令は、総務省令とし、第36条第2項における主務省令は、国家公安委員会規則とする。

4　この法律による国土交通大臣の権限は、国土交通省令で定めるところにより、地方支分部局の長に委任することができる。

（不服申立て）

第55条　市町村が第32条第5項の規定により道路管理者に代わってした処分に不服がある者は、主務大臣に対して行政不服審査法（昭和37年法律第160号）による審査請求をすることができる。この場合においては、当該市町村に対して異議申立てをすることもできる。

（事務の区分）

第56条　第32条の規定により国道に関して市町村が処理することとされている事務（費用の負担及び徴収に関するものを除く。）は、地方自治法第2条第9項第1号に規定する第1号法定受託事務とする。

（道路法の適用）

第57条　第32条第5項の規定により道路管理者に代わってその権限を行う市町村は、道路法第8章の規定の適用については、道路管理者とみなす。

（経過措置）

第58条　この法律に基づき命令を制定し、又は改廃する場合においては、その命令で、その制定又は改廃に伴い合理的に必要と判断される範囲内において、所要の経過措置（罰則に関する経過措置を含む。）を定めることができる。

第7章　罰則

第59条　第9条第3項、第12条第3項又は第15条第1項の規定による命令に違反した者は、300万円以下の罰金に処する。

第60条　次の各号のいずれかに該当する者は、100万円以下の罰金に処する。

一　第9条第2項の規定に違反して、届出をせず、又は虚偽の届出をした者

二　第38条第4項の規定による命令に違反した者

三　第53条第1項の規定による報告をせず、若しくは虚偽の報告をし、又は同項の規定による検査を拒み、妨げ、若しくは忌避し、若しくは質問に対して陳述をせず、若しくは虚偽の陳述をした者

第61条　第12条第1項又は第2項の規定に違反して、届出をせず、又は虚偽の届出をした者は、50万円以下の罰金に処する。

第62条　次の各号のいずれかに該当する者は、30万円以下の罰金に処する。

一　第20条第2項の規定に違反して、表示を付した者

高齢者、障害者等の移動等の円滑化の促進に関する法律

二　第53条第3項の規定による報告をせず、若しくは虚偽の報告をし、又は同項の規定による検査を拒み、妨げ、若しくは忌避し、若しくは質問に対して陳述をせず、若しくは虚偽の陳述をした者

第63条　次の各号のいずれかに該当する者は、20万円以下の罰金に処する。

一　第53条第2項の規定による報告をせず、若しくは虚偽の報告をし、又は同項の規定による検査を拒み、妨げ、若しくは忌避し、若しくは質問に対して陳述をせず、若しくは虚偽の陳述をした者

二　第53条第4項の規定による報告をせず、又は虚偽の報告をした者

第64条　法人の代表者又は法人若しくは人の代理人、使用人その他の従業者が、その法人又は人の業務に関し、第59条から前条までの違反行為をしたときは、行為者を罰するほか、その法人又は人に対しても各本条の刑を科する。

附　則〔抄〕

（施行期日）

第1条　この法律は、公布の日から起算して6月を超えない範囲内において政令で定める日から施行する。

（高齢者、身体障害者等が円滑に利用できる特定建築物の建築の促進に関する法律及び高齢者、身体障害者等の公共交通機関を利用した移動の円滑化の促進に関する法律の廃止）

第2条　次に掲げる法律は、廃止する。

一　高齢者、身体障害者等が円滑に利用できる特定建築物の建築の促進に関する法律（平成6年法律第44号）

二　高齢者、身体障害者等の公共交通機関を利用した移動の円滑化の促進に関する法律（平成12年法律第68号）

（道路管理者、路外駐車場管理者等及び公園管理者等の基準適合義務に関する経過措置）

第3条　この法律の施行の際現に工事中の特定道路の新設又は改築、特定路外駐車場の設置及び特定公園施設の新設、増設又は改築については、それぞれ第10条第1項、第11条第1項及び第13条第1項の規定は、適用しない。

（高齢者、身体障害者等が円滑に利用できる特定建築物の建築の促進に関する法律の廃止に伴う経過措置）

第4条　附則第2条第1号の規定による廃止前の高齢者、身体障害者等が円滑に利用できる特定建築物の建築の促進に関する法律（これに基づく命令を含む。）の規定によりした処分、手続その他の行為は、この法律（これに基づく命令を含む。）中の相当規定によりしたものとみなす。

2　この法律の施行の際現に工事中の特別特定建築物の建築又は修繕若しくは模様替については、第14条第1項から第3項までの規定は適用せず、なお従前の例による。

3 この法律の施行の際現に存する特別特定建築物で、政令で指定する類似の用途相互間における用途の変更をするものについては、第14条第1項の規定は適用せず、なお従前の例による。

4 第15条の規定は、この法律の施行後（第2項に規定する特別特定建築物については、同項に規定する工事が完了した後）に建築（用途の変更をして特別特定建築物にすることを含む。以下この項において同じ。）をした特別特定建築物について適用し、この法律の施行前に建築をした特別特定建築物については、なお従前の例による。

（高齢者、身体障害者等の公共交通機関を利用した移動の円滑化の促進に関する法律の廃止に伴う経過措置）

第5条 附則第2条第2号の規定による廃止前の高齢者、身体障害者等の公共交通機関を利用した移動の円滑化の促進に関する法律（以下この条において「旧移動円滑化法」という。）第6条第1項の規定により作成された基本構想、旧移動円滑化法第7条第1項の規定により作成された公共交通特定事業計画、旧移動円滑化法第10条第1項の規定により作成された道路特定事業計画及び旧移動円滑化法第11条第1項の規定により作成された交通安全特定事業計画は、それぞれ第25条第1項の規定により作成された基本構想、第28条第1項の規定により作成された公共交通特定事業計画、第31条第1項の規定により作成された道路特定事業計画及び第36条第1項の規定により作成された交通安全特定事業計画とみなす。

2 旧移動円滑化法（これに基づく命令を含む。）の規定によりした処分、手続その他の行為は、この法律（これに基づく命令を含む。）中の相当規定によりしたものとみなす。

（罰則に関する経過措置）

第6条 この法律の施行前にした行為に対する罰則の適用については、なお従前の例による。

（検討）

第7条 政府は、この法律の施行後5年を経過した場合において、この法律の施行の状況について検討を加え、その結果に基づいて必要な措置を講ずるものとする。

　　　附　則〔平成18年6月21日法律第92号抄〕

（施行期日）

第1条 この法律は、公布の日から起算して1年を超えない範囲内において政令で定める日から施行する。
〔後略〕

（高齢者、障害者等の移動等の円滑化の促進に関する法律の一部改正）

第12条 高齢者、障害者等の移動等の円滑化の促進に関する法律（平成18年法律第91号）の一部を次のように改正する。
〔次のよう略〕

　　　附　則〔平成19年3月31日法律第19号抄〕

（施行期日）

第1条 この法律は、公布の日から起算して6月を超えない範囲内において政令で定める日から施行する。
〔後略〕

（高齢者、障害者等の移動等の円滑化の促進に関する法律の一部改正）

第15条 高齢者、障害者等の移動等の円滑化の促進に関する法律（平成18年法律第91号）の一部を次のように改正する。
〔次のよう略〕

　　　附　則〔平成23年5月2日法律第35号抄〕

（施行期日）

第1条 この法律は、公布の日から起算して三月を超えない範囲内において政令で定める日から施行する。

（高齢者、障害者等の移動等の円滑化の促進に関する法律の一部改正）

第47条 高齢者、障害者等の移動等の円滑化の促進に関する法律（平成18年法律第91号）の一部を次のように改正する。
〔次のよう略〕

○高齢者、障害者等の移動等の円滑化の促進に関する法律施行令

〔平成18年12月8日
政令第379号〕

改正
平成19年3月22日政令第55号
平成19年8月3日政令第235号
平成19年9月25日政令第304号

　内閣は、高齢者、障害者等の移動等の円滑化の促進に関する法律（平成18年法律第91号）第2条第6号、第9号、第13号、第16号から第18号まで及び第20号ただし書、第9条第1項及び第2項、第14条第1項、第19条、第32条第5項、第39条第1項及び第3項、第53条第3項並びに附則第4条第3項の規定に基づき、この政令を制

定する。

（特定旅客施設の要件）
第1条　高齢者、障害者等の移動等の円滑化の促進に関する法律（以下「法」という。）第2条第6号の政令で定める要件は、次の各号のいずれかに該当することとする。
一　当該旅客施設の1日当たりの平均的な利用者の人数（当該旅客施設が新たに建設される場合にあっては、当該旅客施設の1日当たりの平均的な利用者の人数の見込み）が5千人以上であること。
二　次のいずれかに該当することにより当該旅客施設を利用する高齢者又は障害者の人数（当該旅客施設が新たに建設される場合にあっては、当該旅客施設を利用する高齢者又は障害者の人数の見込み）が前号の要件に該当する旅客施設を利用する高齢者又は障害者の人数と同程度以上であると認められること。
　イ　当該旅客施設が所在する市町村の区域における人口及び高齢者の人数を基準として国土交通省令・内閣府令・総務省令の定めるところにより算定した当該旅客施設を利用する高齢者の人数が、全国の区域における人口及び高齢者の人数を基準として国土交通省令・内閣府令・総務省令の定めるところにより算定した前号の要件に該当する旅客施設を利用する高齢者の人数以上であること。
　ロ　当該旅客施設が所在する市町村の区域における人口及び障害者の人数を基準として国土交通省令・内閣府令・総務省令の定めるところにより算定した当該旅客施設を利用する障害者の人数が、全国の区域における人口及び障害者の人数を基準として国土交通省令・内閣府令・総務省令の定めるところにより算定した前号の要件に該当する旅客施設を利用する障害者の人数以上であること。
三　前二号に掲げるもののほか、当該旅客施設及びその周辺に所在する官公庁施設、福祉施設その他の施設の利用の状況並びに当該旅客施設の周辺における移動等円滑化の状況からみて、当該旅客施設について移動等円滑化のための事業を優先的に実施する必要性が特に高いと認められるものであること。

（特定道路）
第2条　法第2条第9号の政令で定める道路は、生活関連経路を構成する道路法（昭和27年法律第180号）による道路のうち多数の高齢者、障害者等の移動が通常徒歩で行われるものであって国土交通大臣がその路線及び区間を指定したものとする。

（特定公園施設）
第3条　法第2条第13号の政令で定める公園施設は、公園施設のうち次に掲げるもの（法令又は条例の定める現状変更の規制及び保存のための措置がとられていることその他の事由により法第13条の都市公園移動等円滑化基準に適合させることが困難なものとして国土交通省令で定めるものを除く。）とする。
一　都市公園の出入口と次号から第12号までに掲げる公園施設その他国土交通省令で定める主要な公園施設（以下この号において「屋根付広場等」という。）との間の経路及び第6号に掲げる駐車場と屋根付広場等（当該駐車場を除く。）との間の経路を構成する園路及び広場
二　屋根付広場
三　休憩所
四　野外劇場
五　野外音楽堂
六　駐車場
七　便所
八　水飲場
九　手洗場
十　管理事務所
十一　掲示板
十二　標識

（特定建築物）
第4条　法第2条第16号の政令で定める建築物は、次に掲げるもの（建築基準法（昭和25年法律第201号）第3条第1項に規定する建築物及び文化財保護法（昭和25年法律第214号）第143条第1項又は第2項の伝統的建造物群保存地区内における同法第2条第1項第6号の伝統的建造物群を構成している建築物を除く。）とする。
一　学校
二　病院又は診療所
三　劇場、観覧場、映画館又は演芸場
四　集会場又は公会堂
五　展示場
六　卸売市場又は百貨店、マーケットその他の物品販売業を営む店舗
七　ホテル又は旅館
八　事務所
九　共同住宅、寄宿舎又は下宿
十　老人ホーム、保育所、福祉ホームその他これらに類するもの
十一　老人福祉センター、児童厚生施設、身体障害者福祉センターその他これらに類するもの
十二　体育館、水泳場、ボーリング場その他これらに類する運動施設又は遊技場
十三　博物館、美術館又は図書館
十四　公衆浴場
十五　飲食店又はキャバレー、料理店、ナイトクラブ、ダンスホールその他これらに類するもの
十六　理髪店、クリーニング取次店、質屋、貸衣装屋、銀行その他これらに類するサービス業を営む店舗
十七　自動車教習所又は学習塾、華道教室、囲碁教室その他これらに類するもの

十八　工場
十九　車両の停車場又は船舶若しくは航空機の発着場を構成する建築物で旅客の乗降又は待合いの用に供するもの
二十　自動車の停留又は駐車のための施設
二十一　公衆便所
二十二　公共用歩廊
（特別特定建築物）

第5条　法第2条第17号の政令で定める特定建築物は、次に掲げるものとする。
一　特別支援学校
二　病院又は診療所
三　劇場、観覧場、映画館又は演芸場
四　集会場又は公会堂
五　展示場
六　百貨店、マーケットその他の物品販売業を営む店舗
七　ホテル又は旅館
八　保健所、税務署その他不特定かつ多数の者が利用する官公署
九　老人ホーム、福祉ホームその他これらに類するもの（主として高齢者、障害者等が利用するものに限る。）
十　老人福祉センター、児童厚生施設、身体障害者福祉センターその他これらに類するもの
十一　体育館（一般公共の用に供されるものに限る。）、水泳場（一般公共の用に供されるものに限る。）若しくはボーリング場又は遊技場
十二　博物館、美術館又は図書館
十三　公衆浴場
十四　飲食店
十五　理髪店、クリーニング取次店、質屋、貸衣装屋、銀行その他これらに類するサービス業を営む店舗
十六　車両の停車場又は船舶若しくは航空機の発着場を構成する建築物で旅客の乗降又は待合いの用に供するもの
十七　自動車の停留又は駐車のための施設（一般公共の用に供されるものに限る。）
十八　公衆便所
十九　公共用歩廊
（建築物特定施設）

第6条　法第2条第18号の政令で定める施設は、次に掲げるものとする。
一　出入口
二　廊下その他これに類するもの（以下「廊下等」という。）
三　階段（その踊場を含む。以下同じ。）
四　傾斜路（その踊場を含む。以下同じ。）
五　エレベーターその他の昇降機
六　便所
七　ホテル又は旅館の客室
八　敷地内の通路
九　駐車場
十　その他国土交通省令で定める施設
（都道府県知事が所管行政庁となる建築物）

第7条　法第2条第20号ただし書の政令で定める建築物のうち建築基準法第97条の2第1項の規定により建築主事を置く市町村の区域内のものは、同法第6条第1項第4号に掲げる建築物（その新築、改築、増築、移転又は用途の変更に関して、法律並びにこれに基づく命令及び条例の規定により都道府県知事の許可を必要とするものを除く。）以外の建築物とする。
2　法第2条第20号ただし書の政令で定める建築物のうち建築基準法第97条の3第1項の規定により建築主事を置く特別区の区域内のものは、次に掲げる建築物（第2号に掲げる建築物にあっては、地方自治法（昭和22年法律第67号）第252条の17の2第1項の規定により同号に規定する処分に関する事務を特別区が処理することとされた場合における当該建築物を除く。）とする。
一　延べ面積（建築基準法施行令（昭和25年政令第338号）第2条第1項第4号の延べ面積をいう。第24条において同じ。）が1万平方メートルを超える建築物
二　その新築、改築、増築、移転又は用途の変更に関して建築基準法第51条（同法第87条第2項及び第3項において準用する場合を含み、市町村都市計画審議会が置かれている特別区にあっては、卸売市場に係る部分に限る。）の規定又は同法以外の法律若しくはこれに基づく命令若しくは条例の規定により都知事の許可を必要とする建築物
（基準適合性審査を行うべき許可、認可その他の処分に係る法令の規定等）

第8条　法第9条第1項の法令の規定で政令で定めるものは、次に掲げる規定とする。
一　鉄道事業法（昭和61年法律第92号）第8条第1項、第9条第1項（同法第12条第4項において準用する場合を含む。）、第10条第1項、第12条第1項及び第3項並びに第13条第1項及び第2項並びに全国新幹線鉄道整備法（昭和45年法律第71号）第9条第1項
二　軌道法（大正10年法律第76号）第5条第1項及び第10条並びに軌道法施行令（昭和28年政令第258号）第6条第1項本文
三　自動車ターミナル法（昭和34年法律第136号）第3条及び第11条第1項
2　法第9条第2項の法令の規定で政令で定めるものは、次に掲げる規定とする。
一　鉄道事業法第9条第3項（同法第12条第4項において準用する場合を含む。）及び第12条第2項
二　軌道法施行令第6条第1項ただし書

三　自動車ターミナル法第11条第3項
（基準適合義務の対象となる特別特定建築物の規模）
第9条　法第14条第1項の政令で定める規模は、床面積（増築若しくは改築又は用途の変更の場合にあっては、当該増築若しくは改築又は用途の変更に係る部分の床面積）の合計2千平方メートル（第5条第18号に掲げる公衆便所にあっては、50平方メートル）とする。
（建築物移動等円滑化基準）
第10条　法第14条第1項の政令で定める建築物特定施設の構造及び配置に関する基準は、次条から第23条までに定めるところによる。
（廊下等）
第11条　不特定かつ多数の者が利用し、又は主として高齢者、障害者等が利用する廊下等は、次に掲げるものでなければならない。
一　表面は、粗面とし、又は滑りにくい材料で仕上げること。
二　階段又は傾斜路（階段に代わり、又はこれに併設するものに限る。）の上端に近接する廊下等の部分（不特定かつ多数の者が利用し、又は主として視覚障害者が利用するものに限る。）には、視覚障害者に対し段差又は傾斜の存在の警告を行うために、点状ブロック等（床面に敷設されるブロックその他これに類するものであって、点状の突起が設けられており、かつ、周囲の床面との色の明度、色相又は彩度の差が大きいことにより容易に識別できるものをいう。以下同じ。）を敷設すること。ただし、視覚障害者の利用上支障がないものとして国土交通大臣が定める場合は、この限りでない。
（階段）
第12条　不特定かつ多数の者が利用し、又は主として高齢者、障害者等が利用する階段は、次に掲げるものでなければならない。
一　踊場を除き、手すりを設けること。
二　表面は、粗面とし、又は滑りにくい材料で仕上げること。
三　踏面の端部とその周囲の部分との色の明度、色相又は彩度の差が大きいことにより段を容易に識別できるものとすること。
四　段鼻の突き出しその他のつまずきの原因となるものを設けない構造とすること。
五　段がある部分の上端に近接する踊場の部分（不特定かつ多数の者が利用し、又は主として視覚障害者が利用するものに限る。）には、視覚障害者に対し警告を行うために、点状ブロック等を敷設すること。ただし、視覚障害者の利用上支障がないものとして国土交通大臣が定める場合は、この限りでない。
六　主たる階段は、回り階段でないこと。ただし、回り階段以外の階段を設ける空間を確保することが困難であるときは、この限りでない。
（階段に代わり、又はこれに併設する傾斜路）
第13条　不特定かつ多数の者が利用し、又は主として高齢者、障害者等が利用する傾斜路（階段に代わり、又はこれに併設するものに限る。）は、次に掲げるものでなければならない。
一　勾（こう）配が12分の1を超え、又は高さが16センチメートルを超える傾斜がある部分には、手すりを設けること。
二　表面は、粗面とし、又は滑りにくい材料で仕上げること。
三　その前後の廊下等との色の明度、色相又は彩度の差が大きいことによりその存在を容易に識別できるものとすること。
四　傾斜がある部分の上端に近接する踊場の部分（不特定かつ多数の者が利用し、又は主として視覚障害者が利用するものに限る。）には、視覚障害者に対し警告を行うために、点状ブロック等を敷設すること。ただし、視覚障害者の利用上支障がないものとして国土交通大臣が定める場合は、この限りでない。
（便所）
第14条　不特定かつ多数の者が利用し、又は主として高齢者、障害者等が利用する便所を設ける場合には、そのうち1以上（男子用及び女子用の区別があるときは、それぞれ1以上）は、次に掲げるものでなければならない。
一　便所内に、車いすを使用している者（以下「車いす使用者」という。）が円滑に利用することができるものとして国土交通大臣が定める構造の便房（以下「車いす使用者用便房」という。）を1以上設けること。
二　便所内に、高齢者、障害者等が円滑に利用することができる構造の水洗器具を設けた便房を1以上設けること。
2　不特定かつ多数の者が利用し、又は主として高齢者、障害者等が利用する男子用小便器のある便所を設ける場合には、そのうち1以上に、床置式の小便器、壁掛式の小便器（受け口の高さが35センチメートル以下のものに限る。）その他これらに類する小便器を1以上設けなければならない。
（ホテル又は旅館の客室）
第15条　ホテル又は旅館には、客室の総数が50以上の場合は、車いす使用者が円滑に利用できる客室（以下「車いす使用者用客室」という。）を1以上設けなければならない。
2　車いす使用者用客室は、次に掲げるものでなければならない。
一　便所は、次に掲げるものであること。ただし、当該客室が設けられている階に不特定かつ多数の者が利用する便所（車いす使用者用便房が設けられたも

のに限る。）が1以上（男子用及び女子用の区別があるときは、それぞれ1以上）設けられている場合は、この限りでない。
　　イ　便所内に車いす使用者用便房を設けること。
　　ロ　車いす使用者用便房及び当該便房が設けられている便所の出入口は、次に掲げるものであること。
　　　(1)　幅は、80センチメートル以上とすること。
　　　(2)　戸を設ける場合には、自動的に開閉する構造その他の車いす使用者が容易に開閉して通過できる構造とし、かつ、その前後に高低差がないこと。
　二　浴室又はシャワー室（以下この号において「浴室等」という。）は、次に掲げるものであること。ただし、当該客室が設けられている建築物に不特定かつ多数の者が利用する浴室等（次に掲げるものに限る。）が1以上（男子用及び女子用の区別があるときは、それぞれ1以上）設けられている場合は、この限りでない。
　　イ　車いす使用者が円滑に利用することができるものとして国土交通大臣が定める構造であること。
　　ロ　出入口は、前号ロに掲げるものであること。
　（敷地内の通路）
第16条　不特定かつ多数の者が利用し、又は主として高齢者、障害者等が利用する敷地内の通路は、次に掲げるものでなければならない。
　一　表面は、粗面とし、又は滑りにくい材料で仕上げること。
　二　段がある部分は、次に掲げるものであること。
　　イ　手すりを設けること。
　　ロ　踏面の端部とその周囲の部分との色の明度、色相又は彩度の差が大きいことにより段を容易に識別できるものとすること。
　　ハ　段鼻の突き出しその他のつまずきの原因となるものを設けない構造とすること。
　三　傾斜路は、次に掲げるものであること。
　　イ　勾配が12分の1を超え、又は高さが16センチメートルを超え、かつ、勾配が20分の1を超える傾斜がある部分には、手すりを設けること。
　　ロ　その前後の通路との色の明度、色相又は彩度の差が大きいことによりその存在を容易に識別できるものとすること。
　（駐車場）
第17条　不特定かつ多数の者が利用し、又は主として高齢者、障害者等が利用する駐車場を設ける場合には、そのうち1以上に、車いす使用者が円滑に利用することができる駐車施設（以下「車いす使用者用駐車施設」という。）を1以上設けなければならない。
2　車いす使用者用駐車施設は、次に掲げるものでなければならない。
　一　幅は、350センチメートル以上とすること。
　二　次条第1項第3号に定める経路の長さができるだけ短くなる位置に設けること。
　（移動等円滑化経路）
第18条　次に掲げる場合には、それぞれ当該各号に定める経路のうち1以上（第4号に掲げる場合にあっては、そのすべて）を、高齢者、障害者等が円滑に利用できる経路（以下この条において「移動等円滑化経路」という。）にしなければならない。
　一　建築物に、不特定かつ多数の者が利用し、又は主として高齢者、障害者等が利用する居室（以下「利用居室」という。）を設ける場合　道又は公園、広場その他の空地（以下「道等」という。）から当該利用居室までの経路（直接地上へ通ずる出入口のある階（以下この条において「地上階」という。）又はその直上階若しくは直下階のみに利用居室を設ける場合にあっては、当該地上階とその直上階又は直下階との間の上下の移動に係る部分を除く。）
　二　建築物又はその敷地に車いす使用者用便房（車いす使用者用客室に設けられるものを除く。以下同じ。）を設ける場合　利用居室（当該建築物に利用居室が設けられていないときは、道等。次号において同じ。）から当該車いす使用者用便房までの経路
　三　建築物又はその敷地に車いす使用者用駐車施設を設ける場合　当該車いす使用者用駐車施設から利用居室までの経路
　四　建築物が公共用歩廊である場合　その一方の側の道等から当該公共用歩廊を通過し、その他方の側の道等までの経路（当該公共用歩廊又はその敷地にある部分に限る。）
2　移動等円滑化経路は、次に掲げるものでなければならない。
　一　当該移動等円滑化経路上に階段又は段を設けないこと。ただし、傾斜路又はエレベーターその他の昇降機を併設する場合は、この限りでない。
　二　当該移動等円滑化経路を構成する出入口は、次に掲げるものであること。
　　イ　幅は、80センチメートル以上とすること。
　　ロ　戸を設ける場合には、自動的に開閉する構造その他の車いす使用者が容易に開閉して通過できる構造とし、かつ、その前後に高低差がないこと。
　三　当該移動等円滑化経路を構成する廊下等は、第11条の規定によるほか、次に掲げるものであること。
　　イ　幅は、120センチメートル以上とすること。
　　ロ　50メートル以内ごとに車いすの転回に支障がない場所を設けること。
　　ハ　戸を設ける場合には、自動的に開閉する構造その他の車いす使用者が容易に開閉して通過できる構造とし、かつ、その前後に高低差がないこと。
　四　当該移動等円滑化経路を構成する傾斜路（階段に代わり、又はこれに併設するものに限る。）は、第13条の規定によるほか、次に掲げるものであるこ

と。
イ 幅は、階段に代わるものにあっては120センチメートル以上、階段に併設するものにあっては90センチメートル以上とすること。
ロ 勾配は、12分の1を超えないこと。ただし、高さが16センチメートル以下のものにあっては、8分の1を超えないこと。
ハ 高さが75センチメートルを超えるものにあっては、高さ75センチメートル以内ごとに踏幅が150センチメートル以上の踊場を設けること。

五 当該移動等円滑化経路を構成するエレベーター（次号に規定するものを除く。以下この号において同じ。）及びその乗降ロビーは、次に掲げるものであること。
イ かご（人を乗せ昇降する部分をいう。以下この号において同じ。）は、利用居室、車いす使用者用便房又は車いす使用者用駐車施設がある階及び地上階に停止すること。
ロ かご及び昇降路の出入口の幅は、80センチメートル以上とすること。
ハ かごの奥行きは、135センチメートル以上とすること。
ニ 乗降ロビーは、高低差がないものとし、その幅及び奥行きは、150センチメートル以上とすること。
ホ かご内及び乗降ロビーには、車いす使用者が利用しやすい位置に制御装置を設けること。
ヘ かご内に、かごが停止する予定の階及びかごの現在位置を表示する装置を設けること。
ト 乗降ロビーに、到着するかごの昇降方向を表示する装置を設けること。
チ 不特定かつ多数の者が利用する建築物（床面積の合計が2千平方メートル以上の建築物に限る。）の移動等円滑化経路を構成するエレベーターにあっては、イからハまで、ホ及びヘに定めるもののほか、次に掲げるものであること。
(1) かごの幅は、140センチメートル以上とすること。
(2) かごは、車いすの転回に支障がない構造とすること。
リ 不特定かつ多数の者が利用し、又は主として視覚障害者が利用するエレベーター及び乗降ロビーにあっては、イからチまでに定めるもののほか、次に掲げるものであること。ただし、視覚障害者の利用上支障がないものとして国土交通大臣が定める場合は、この限りでない。
(1) かご内に、かごが到着する階並びにかご及び昇降路の出入口の戸の閉鎖を音声により知らせる装置を設けること。
(2) かご内及び乗降ロビーに設ける制御装置（車いす使用者が利用しやすい位置及びその他の位置に制御装置を設ける場合にあっては、当該その他の位置に設けるものに限る。）は、点字その他国土交通大臣が定める方法により視覚障害者が円滑に操作することができる構造とすること。
(3) かご内又は乗降ロビーに、到着するかごの昇降方向を音声により知らせる装置を設けること。

六 当該移動等円滑化経路を構成する国土交通大臣が定める特殊な構造又は使用形態のエレベーターその他の昇降機は、車いす使用者が円滑に利用することができるものとして国土交通大臣が定める構造とすること。

七 当該移動等円滑化経路を構成する敷地内の通路は、第16条の規定によるほか、次に掲げるものであること。
イ 幅は、120センチメートル以上とすること。
ロ 50メートル以内ごとに車いすの転回に支障がない場所を設けること。
ハ 戸を設ける場合には、自動的に開閉する構造その他の車いす使用者が容易に開閉して通過できる構造とし、かつ、その前後に高低差がないこと。
ニ 傾斜路は、次に掲げるものであること。
(1) 幅は、段に代わるものにあっては120センチメートル以上、段に併設するものにあっては90センチメートル以上とすること。
(2) 勾配は、12分の1を超えないこと。ただし、高さが16センチメートル以下のものにあっては、8分の1を超えないこと。
(3) 高さが75センチメートルを超えるもの（勾配が20分の1を超えるものに限る。）にあっては、高さ75センチメートル以内ごとに踏幅が150センチメートル以上の踊場を設けること。

3 第1項第1号に定める経路を構成する敷地内の通路が地形の特殊性により前項第7号の規定によることが困難である場合における前2項の規定の適用については、第1項第1号中「道又は公園、広場その他の空地（以下「道等」という。）」とあるのは、「当該建築物の車寄せ」とする。

（標識）
第19条 移動等円滑化の措置がとられたエレベーターその他の昇降機、便所又は駐車施設の付近には、国土交通省令で定めるところにより、それぞれ、当該エレベーターその他の昇降機、便所又は駐車施設があることを表示する標識を設けなければならない。

（案内設備）
第20条 建築物又はその敷地には、当該建築物又はその敷地内の移動等円滑化の措置がとられたエレベーターその他の昇降機、便所又は駐車施設の配置を表示した案内板その他の設備を設けなければならない。ただし、当該エレベーターその他の昇降機、便所又は駐車

資　料　編

施設の配置を容易に視認できる場合は、この限りでない。
2　建築物又はその敷地には、当該建築物又はその敷地内の移動等円滑化の措置がとられたエレベーターその他の昇降機又は便所の配置を点字その他国土交通大臣が定める方法により視覚障害者に示すための設備を設けなければならない。
3　案内所を設ける場合には、前2項の規定は適用しない。

（案内設備までの経路）

第21条　道等から前条第2項の規定による設備又は同条第3項の規定による案内所までの経路（不特定かつ多数の者が利用し、又は主として視覚障害者が利用するものに限る。）は、そのうち1以上を、視覚障害者が円滑に利用できる経路（以下この条において「視覚障害者移動等円滑化経路」という。）にしなければならない。ただし、視覚障害者の利用上支障がないものとして国土交通大臣が定める場合は、この限りでない。
2　視覚障害者移動等円滑化経路は、次に掲げるものでなければならない。
　一　当該視覚障害者移動等円滑化経路に、視覚障害者の誘導を行うために、線状ブロック等（床面に敷設されるブロックその他これに類するものであって、線状の突起が設けられており、かつ、周囲の床面との色の明度、色相又は彩度の差が大きいことにより容易に識別できるものをいう。）及び点状ブロック等を適切に組み合わせて敷設し、又は音声その他の方法により視覚障害者を誘導する設備を設けること。ただし、進行方向を変更する必要がない風除室内においては、この限りでない。
　二　当該視覚障害者移動等円滑化経路を構成する敷地内の通路の次に掲げる部分には、視覚障害者に対し警告を行うために、点状ブロック等を敷設すること。
　　イ　車路に近接する部分
　　ロ　段がある部分又は傾斜がある部分の上端に近接する部分（視覚障害者の利用上支障がないものとして国土交通大臣が定める部分を除く。）

（増築等に関する適用範囲）

第22条　建築物の増築又は改築（用途の変更をして特別特定建築物にすることを含む。第1号において「増築等」という。）をする場合には、第11条から前条までの規定は、次に掲げる建築物の部分に限り、適用する。
　一　当該増築等に係る部分
　二　道等から前号に掲げる部分にある利用居室までの1以上の経路を構成する出入口、廊下等、階段、傾斜路、エレベーターその他の昇降機及び敷地内の通路
　三　不特定かつ多数の者が利用し、又は主として高齢者、障害者等が利用する便所
　四　第1号に掲げる部分にある利用居室（当該部分に利用居室が設けられていないときは、道等）から車いす使用者用便房（前号に掲げる便所に設けられるものに限る。）までの1以上の経路を構成する出入口、廊下等、階段、傾斜路、エレベーターその他の昇降機及び敷地内の通路
　五　不特定かつ多数の者が利用し、又は主として高齢者、障害者等が利用する駐車場
　六　車いす使用者用駐車施設（前号に掲げる駐車場に設けられるものに限る。）から第1号に掲げる部分にある利用居室（当該部分に利用居室が設けられていないときは、道等）までの1以上の経路を構成する出入口、廊下等、階段、傾斜路、エレベーターその他の昇降機及び敷地内の通路

（条例で定める特定建築物に関する読替え）

第23条　法第14条第3項の規定により特別特定建築物に条例で定める特定建築物を追加した場合における第11条から第14条まで、第16条、第17条第1項、第18条第1項及び前条の規定の適用については、これらの規定中「不特定かつ多数の者が利用し、又は主として高齢者、障害者等が利用する」とあるのは「多数の者が利用する」と、同条中「特別特定建築物」とあるのは「法第14条第3項の条例で定める特定建築物」とする。

（認定特定建築物の容積率の特例）

第24条　法第19条の政令で定める床面積は、認定特定建築物の延べ面積の10分の1を限度として、当該認定特定建築物の建築物特定施設の床面積のうち、通常の建築物の建築物特定施設の床面積を超えることとなるものとして国土交通大臣が定めるものとする。

（道路管理者の権限の代行）

第25条　法第32条第5項の規定により市町村が道路管理者に代わって行う権限は、道路法施行令（昭和27年政令第479号）第4条第1項第4号、第14号、第15号（道路法第46条第1項第2号の規定による通行の禁止又は制限に係る部分に限る。次項において同じ。）、第21号、第22号、第24号、第25号及び第29号（同法第95条の2第1項の規定による意見の聴取又は通知に係る部分に限る。）に掲げるもののうち、市町村が道路管理者と協議して定めるものとする。この場合において、当該市町村は、成立した協議の内容を公示しなければならない。
2　市町村は、法第32条第5項の規定により道路管理者に代わって道路法施行令第4条第1項第14号又は第15号に掲げる権限を行った場合には、遅滞なく、その旨を道路管理者に通知しなければならない。
3　第1項に規定する市町村の権限は、法第32条第4項の規定に基づき公示される工事の開始の日から工事の完了の日までに限り行うことができるものとする。ただし、道路法施行令第4条第1項第24号及び第25号に掲げる権限については、工事の完了の日後においても

行うことができる。

（保留地において生活関連施設等を設置する者）

第26条 法第39条第1項の政令で定める者は、国（国の全額出資に係る法人を含む。）又は地方公共団体が資本金、基本金その他これらに準ずるものの2分の1以上を出資している法人とする。

（生活関連施設等の用地として処分された保留地の対価に相当する金額の交付基準）

第27条 法第39条第3項の規定により交付すべき額は、処分された保留地の対価に相当する金額を土地区画整理事業の施行前の宅地の価額の総額で除して得た数値を土地区画整理法（昭和29年法律第119号）第103条第4項の規定による公告があった日における従前の宅地又はその宅地について存した地上権、永小作権、賃借権その他の宅地を使用し、若しくは収益することができる権利の土地区画整理事業の施行前の価額に乗じて得た額とする。

（報告及び立入検査）

第28条 所管行政庁は、法第53条第3項の規定により、法第14条第1項の政令で定める規模（同条第3項の条例で別に定める規模があるときは、当該別に定める規模。以下この項において同じ。）以上の特別特定建築物（同条第3項の条例で定める特定建築物を含む。以下この項において同じ。）の建築（用途の変更をして特別特定建築物にすることを含む。）若しくは維持保全をする建築主等に対し、当該特別特定建築物につき、当該特別特定建築物の建築物移動等円滑化基準（同条第3項の条例で付加した事項を含む。次項において同じ。）への適合に関する事項に関し報告をさせ、又はその職員に、法第14条第1項の政令で定める規模以上の特別特定建築物若しくはその工事現場に立ち入り、当該特別特定建築物の建築物特定施設及びこれに使用する建築材料並びに設計図書その他の関係書類を検査させ、若しくは関係者に質問させることができる。

2 所管行政庁は、法第53条第3項の規定により、法第35条第1項の規定に基づき建築物特定事業を実施すべき建築主等に対し、当該建築物特定事業が実施されるべき特定建築物につき、当該特定建築物の建築物移動等円滑化基準への適合に関する事項に関し報告をさせ、又はその職員に、当該特定建築物若しくはその工事現場に立ち入り、当該特定建築物の建築物特定施設及びこれに使用する建築材料並びに設計図書その他の関係書類を検査させ、若しくは関係者に質問させることができる。

附　則（抄）

（施行期日）

第1条 この政令は、法の施行の日（平成18年12月20日）から施行する。

（高齢者、身体障害者等が円滑に利用できる特定建築物の建築の促進に関する法律施行令及び高齢者、身体障害者等の公共交通機関を利用した移動の円滑化の促進に関する法律施行令の廃止）

第2条 次に掲げる政令は、廃止する。

一　高齢者、身体障害者等が円滑に利用できる特定建築物の建築の促進に関する法律施行令（平成6年政令第311号）

二　高齢者、身体障害者等の公共交通機関を利用した移動の円滑化の促進に関する法律施行令（平成12年政令第443号）

（高齢者、身体障害者等が円滑に利用できる特定建築物の建築の促進に関する法律施行令の廃止に伴う経過措置）

第3条 この政令の施行の日から起算して6月を経過する日までの間は、第5条第19号、第9条、第14条、第15条、第18条第1項第4号及び第19条から第21条までの規定は適用せず、なお従前の例による。

（類似の用途）

第4条 法附則第4条第3項の政令で指定する類似の用途は、当該特別特定建築物が次の各号のいずれかに掲げる用途である場合において、それぞれ当該各号に掲げる他の用途とする。

一　病院又は診療所（患者の収容施設があるものに限る。）

二　劇場、映画館又は演芸場

三　集会場又は公会堂

四　百貨店、マーケットその他の物品販売業を営む店舗

五　ホテル又は旅館

六　老人ホーム、福祉ホームその他これらに類するもの（主として高齢者、障害者等が利用するものに限る。）

七　老人福祉センター、児童厚生施設、身体障害者福祉センターその他これらに類するもの

八　博物館、美術館又は図書館

附　則〔平成19年3月22日政令第55号抄〕

（施行期日）

第1条 この政令は、平成19年4月1日から施行する。

附　則〔平成19年8月3日政令第235号抄〕

（施行期日）

第1条 この政令は、平成19年10月1日から施行する。

〔ただし書　略〕

附　則〔平成19年9月25日政令第304号〕

（施行期日）

1　この政令は、都市再生特別措置法等の一部を改正する法律の施行の日（平成19年9月28日）から施行する。

（高齢者、障害者等の移動等の円滑化の促進に関する法律施行令の一部改正に伴う経過措置）

2　この政令の施行前に高齢者、障害者等の移動等の円滑化の促進に関する法律（平成18年法律第91号）第32条第2項において読み替えて準用する同法第31条第6

資料編

項の規定により公表された道路特定事業計画に基づき市町村（道路法（昭和27年法律第180号）第17条第1項の指定市を除く。）が高齢者、障害者等の移動等の円滑化の促進に関する法律第2条第24号に規定する道路特定事業（以下この項において単に「道路特定事業」という。）を実施する場合における同法第32条第5項の規定による権限の行使については、第19条の規定による改正後の高齢者、障害者等の移動等の円滑化の促進に関する法律施行令第25条の規定にかかわらず、当該道路特定事業計画に定められた道路特定事業の実施予定期間内に限り、なお従前の例による。

○高齢者、障害者等の移動等の円滑化の促進に関する法律施行規則

〔平成18年12月15日〕
〔国土交通省令第110号〕

　高齢者、障害者等の移動等の円滑化の促進に関する法律（平成18年法律第91号）及び高齢者、障害者等の移動等の円滑化の促進に関する法律施行令（平成18年政令第379号）の規定に基づき、並びに同法を実施するため、高齢者、障害者等の移動等の円滑化の促進に関する法律施行規則を次のように定める。

　（法第2条第7号の主務省令で定める自動車）

第1条　高齢者、障害者等の移動等の円滑化の促進に関する法律（以下「法」という。）第2条第7号の主務省令で定める自動車は、座席が回転することにより高齢者、障害者等が円滑に車内に乗り込むことが可能なものとする。

　（特定公園施設）

第2条　高齢者、障害者等の移動等の円滑化の促進に関する法律施行令（以下「令」という。）第3条の国土交通省令で定めるものは、次のとおりとする。
　一　工作物の新築、改築又は増築、土地の形質の変更その他の行為についての禁止又は制限に関する文化財保護法（昭和25年法律第214号）、古都における歴史的風土の保存に関する特別措置法（昭和41年法律第1号）、都市計画法（昭和43年法律第100号）その他の法令又は条例の規定の適用があるもの
　二　山地丘陵地、崖その他の著しく傾斜している土地に設けるもの
　三　自然環境を保全することが必要な場所又は動植物の生息地若しくは生育地として適正に保全する必要がある場所に設けるもの
２　令第3条第1号の国土交通省令で定める主要な公園施設は、修景施設、休養施設、遊戯施設、運動施設、教養施設、便益施設その他の公園施設のうち、当該公園施設の設置の目的を踏まえ、重要と認められるものとする。

　（建築物特定施設）

第3条　令第6条第10号の国土交通省令で定める施設は、浴室又はシャワー室（以下「浴室等」という。）とする。

　（旅客施設の大規模な改良）

第4条　法第8条第1項の主務省令で定める旅客施設の大規模な改良は、次に掲げる旅客施設の区分に応じ、それぞれ次に定める改良とする。
　一　法第2条第5号イ及びロに掲げる施設　すべての本線の高架式構造又は地下式構造への変更に伴う旅客施設の改良、旅客施設の移設その他の全面的な改良
　二　法第2条第5号ハからホまでに掲げる施設　旅客の乗降、待合いその他の用に供する施設の構造の変更であって、当該変更に係る部分の敷地面積（建築物に該当する部分にあっては、床面積）の合計が当該施設の延べ面積の2分の1以上であるもの

　（旅客施設の建設又は大規模な改良の届出）

第5条　法第9条第2項前段の規定により旅客施設の建設又は大規模な改良の届出をしようとする者は、当該建設又は大規模な改良の工事の開始の日の30日前までに、次に掲げる事項を記載した届出書を国土交通大臣に提出しなければならない。
　一　氏名又は名称及び住所並びに法人にあっては、その代表者の氏名
　二　当該旅客施設の法第2条第5号イからホまでに掲げる施設の区分
　三　当該旅客施設の名称及び位置
　四　工事計画
　五　工事着手予定時期及び工事完成予定時期
２　前項の届出書には、当該旅客施設が法第8条第1項の公共交通移動等円滑化基準に適合することとなることを示す当該旅客施設の構造及び設備に関する書類及び図面を添付しなければならない。

　（変更の届出）

第6条　法第9条第2項後段の規定により変更の届出をしようとする者は、当該変更の届出に係る工事の開始の日の30日前までに（工事を要しない場合にあっては、あらかじめ）、次に掲げる事項を記載した届出書を国土交通大臣に提出しなければならない。
　一　氏名又は名称及び住所並びに法人にあっては、その代表者の氏名

二　当該旅客施設の名称及び位置
三　変更しようとする事項（新旧の書類又は図面を明示すること。）
四　変更を必要とする理由
2　前項の届出書には、前条第2項の書類又は図面のうち届け出た事項の変更に伴いその内容が変更されるものであって、その変更後のものを添付しなければならない。

（特定路外駐車場の設置等の届出）

第7条　法第12条第1項本文の規定による届出は、第1号様式により作成した届出書に次に掲げる図面を添え、これを提出して行うものとする。ただし、変更の届出書に添える図面は、変更しようとする事項に係る図面をもって足りる。
一　特定路外駐車場の位置を表示した縮尺1万分の1以上の地形図
二　次に掲げる事項を表示した縮尺200分の1以上の平面図
　　イ　特定路外駐車場の区域
　　ロ　路外駐車場車いす使用者用駐車施設（移動等円滑化のために必要な特定路外駐車場の構造及び設備に関する基準を定める省令（平成18年国土交通省令第112号）第2条第1項に規定する路外駐車場車いす使用者用駐車施設をいう。次項において同じ。）、路外駐車場移動等円滑化経路（同令第3条第1項に規定する路外駐車場移動等円滑化経路をいう。次項において同じ。）その他の主要な施設
2　法第12条第1項ただし書の主務省令で定める書面は、第2号様式により作成した届出書及び路外駐車場車いす使用者用駐車施設、路外駐車場移動等円滑化経路その他の主要な施設を表示した縮尺200分の1以上の平面図とする。ただし、変更の届出書に添える図面は、変更しようとする事項に係る図面をもって足りる。

（特定建築物の建築等及び維持保全の計画の認定の申請）

第8条　法第17条第1項の規定により認定の申請をしようとする者は、第3号様式による申請書の正本及び副本に、それぞれ次の表に掲げる図書を添えて、これらを所管行政庁に提出するものとする。

図書の種類	明示すべき事項
付近見取図	方位、道路及び目標となる地物
配置図	縮尺、方位、敷地の境界線、土地の高低、敷地の接する道等の位置、特定建築物及びその出入口の位置、特殊な構造又は使用形態のエレベーターその他の昇降機の位置、敷地内の通路の位置及び幅（当該通路が段又は傾斜路若しくはその踊場を有する場合にあっては、それらの位置及び幅を含む。）、敷地内の通路に設けられる手すり並びに令第11条第2号に規定する点状ブロック等（以下単に「点状ブロック等」という。）及び令第21条第2項第1号に規定する線状ブロック等（以下単に「線状ブロック等」という。）の位置、敷地内の車路及び車寄せの位置、駐車場の位置、車いす使用者用駐車施設の位置及び幅並びに案内設備の位置
各階平面図	縮尺、方位、間取、各室の用途、床の高低、特定建築物の出入口及び各室の出入口の位置及び幅、出入口に設けられる戸の開閉の方法、廊下等の位置及び幅、廊下等に設けられる点状ブロック等及び線状ブロック等、高齢者、障害者等の休憩の用に供する設備並びに突出物の位置、階段の位置、幅及び形状（当該階段が踊場を有する場合にあっては、踊場の位置及び幅を含む。）、階段に設けられる手すり及び点状ブロック等の位置、傾斜路の位置及び幅（当該傾斜路が踊場を有する場合にあっては、踊場の位置及び幅を含む。）、傾斜路に設けられる手すり及び点状ブロック等の位置、エレベーターその他の昇降機の位置、車いす使用者用便房のある便所、令第14条第1項第2号に規定する便房のある便所、腰掛便座及び手すりの設けられた便房（車いす使用者用便房を除く。以下この条において同じ。）のある便所、床置式の小便器、壁掛式の小便器（受け口の高さが35センチメートル以下のものに限る。）その他これらに類する小便器のある便所並びにこれら以外の便所の位置、車いす使用者用客室の位置、駐車場の位置、車いす使用者用駐車施設の位置及び幅、車いす使用者用浴室等（高齢者、障害者等が円滑に利用できるようにするために誘導すべき建築物特定施設の構造及び配置に関する基準を定める省令（平成18年国土交通省令第114号）第13条第1号に規定するものをいう。以下この条において同じ。）の位置並びに案内設備の位置

資料編

縦断面図	階段又は段	縮尺並びにけあげ及び踏面の構造及び寸法
	傾斜路	縮尺、高さ、長さ及び踊場の踏幅
構造詳細図	エレベーターその他の昇降機	縮尺並びにかご（人を乗せ昇降する部分をいう。以下同じ。）、昇降路及び乗降ロビーの構造（かご内に設けられるかごの停止する予定の階を表示する装置、かごの現在位置を表示する装置及び乗降ロビーに設けられる到着するかごの昇降方向を表示する装置の位置並びにかご内及び乗降ロビーに設けられる制御装置の位置及び構造を含む。）
	便所	縮尺、車いす使用者用便房のある便所の構造、車いす使用者用便房、令第14条第1項第2号に規定する便房並びに腰掛便座及び手すりの設けられた便房の構造並びに床置式の小便器、壁掛式の小便器（受け口の高さが35センチメートル以下のものに限る。）その他これらに類する小便器の構造
	浴室等	縮尺及び車いす使用者用浴室等の構造

（特定建築物の建築等及び維持保全の計画の記載事項）

第9条 法第17条第2項第5号の主務省令で定める事項は、特定建築物の建築等の事業の実施時期とする。

（認定通知書の様式）

第10条 所管行政庁は、法第17条第3項の認定をしたときは、速やかに、その旨を申請者に通知するものとする。

2 前項の通知は、第4号様式による通知書に第8条の申請書の副本（法第17条第7項の規定により適合通知を受けて同条第3項の認定をした場合にあっては、第8条の申請書の副本及び当該適合通知に添えられた建築基準法施行規則（昭和25年建設省令第40号）第1条の3第1項の申請書の副本）及びその添付図書を添えて行うものとする。

（法第18条第1項の主務省令で定める軽微な変更）

第11条 法第18条第1項の主務省令で定める軽微な変更は、特定建築物の建築等の事業の実施時期の変更のうち、事業の着手又は完了の予定年月日の3月以内の変更とする。

（表示等）

第12条 法第20条第1項の主務省令で定めるものは、次のとおりとする。

一 広告

二 契約に係る書類

三 その他国土交通大臣が定めるもの

2 法第20条第1項の規定による表示は、第5号様式により行うものとする。

（法第23条第1項第1号の主務省令で定める安全上及び防火上の基準）

第13条 法第23条第1項第1号の主務省令で定める安全上及び防火上の基準は、次のとおりとする。

一 専ら車いす使用者の利用に供するエレベーターの設置に係る特定建築物の壁、柱、床及びはりは、当該エレベーターの設置後において構造耐力上安全な構造であること。

二 当該エレベーターの昇降路は、出入口の戸が自動的に閉鎖する構造のものであり、かつ、壁、柱及びはり（当該特定建築物の主要構造部に該当する部分に限る。）が不燃材料で造られたものであること。

（法第23条第1項第2号の主務省令で定める安全上の基準）

第14条 法第23条第1項第2号の主務省令で定める安全上の基準は、次のとおりとする。

一 エレベーターのかご内及び乗降ロビーには、それぞれ、車いす使用者が利用しやすい位置に制御装置を設けること。この場合において、乗降ロビーに設ける制御装置は、施錠装置を有する覆いを設ける等当該制御装置の利用を停止することができる構造とすること。

二 エレベーターは、当該エレベーターのかご及び昇降路のすべての出入口の戸に網入ガラス入りのはめごろし戸を設ける等により乗降ロビーからかご内の車いす使用者を容易に覚知できる構造とし、かつ、かご内と常時特定建築物を管理する者が勤務する場所との間を連絡することができる装置が設けられたものとすること。

（公共交通特定事業計画の認定申請）

第15条 法第29条第1項の規定により公共交通特定事業計画の認定を受けようとする者は、次に掲げる事項を記載した申請書を国土交通大臣に提出しなければならない。

一 氏名又は名称及び住所並びに法人にあっては、その代表者の氏名

二 公共交通特定事業を実施する特定旅客施設の法第2条第5号イからホまでに規定する区分並びに名称及び位置又は公共交通特定事業を実施する特定車両の車種、台数及び運行を予定する路線

三 公共交通特定事業の内容

四 当該認定を受けようとする者がそれ以外の者から公共交通特定事業を実施する特定旅客施設の一部又は全部の貸付けを受ける場合にあっては、当該貸付けを行う者の氏名又は名称及び住所並びに法人にあっては、その代表者の氏名

五 公共交通特定事業の実施予定期間並びにその実施

に必要な資金の額及びその調達方法
　六　その他公共交通特定事業の実施に際し配慮すべき重要事項
２　前項の申請書には、次に掲げる書類及び図面を添付しなければならない。
　一　公共交通特定事業の内容を示す特定旅客施設又は特定車両の構造及び設備に関する書類及び図面
　二　当該認定を受けようとする者がそれ以外の者から特定旅客施設の一部又は全部の貸付けを受ける場合にあっては、当該貸付契約に係る契約書の写し

（公共交通特定事業計画の変更の認定申請）

第16条　法第29条第３項の規定により公共交通特定事業計画の変更の認定を受けようとする者は、次に掲げる事項を記載した申請書を国土交通大臣に提出しなければならない。
　一　氏名又は名称及び住所並びに法人にあっては、その代表者の氏名
　二　変更しようとする事項
　三　変更を必要とする理由
２　前項の申請書には、前条第２項に掲げる書類及び図面のうち公共交通特定事業計画の変更に伴いその内容が変更されるものであって、その変更後のものを添付しなければならない。

（道路特定事業の認可）

第17条　市町村は、法第32条第３項の規定により道路特定事業について認可を受けようとする場合においては、第６号様式による申請書を地方整備局長又は北海道開発局長に提出しなければならない。
２　前項の申請書には、次に掲げる書類を添付しなければならない。
　一　工事計画書
　二　工事費及び財源調書
　三　平面図、縦断図、横断定規図その他必要な図面

（認可を要しない軽易な道路特定事業）

第18条　法第32条第３項ただし書の主務省令で定める軽易な道路特定事業は、道路の附属物の新設又は改築のみに関する工事とする。
２　市町村は、前項の工事を行った場合においては、その旨を地方整備局長又は北海道開発局長に報告しなければならない。

（道路特定事業に関する工事の公示）

第19条　市町村は、法第32条第４項の規定により道路特定事業に関する工事を行おうとするとき、及び当該道路特定事業に関する工事の全部又は一部を完了したときは、道路の種類、路線名、工事の区間、工事の種類及び工事の開始の日（当該道路特定事業に関する工事の全部又は一部を完了したときにあっては、工事の完了の日）を公示するものとする。

（移動等円滑化経路協定の認可等の申請の公告）

第20条　法第42条第１項（法第44条第２項において準用する場合を含む。）の規定による公告は、次に掲げる事項について、公報、掲示その他の方法で行うものとする。
　一　移動等円滑化経路協定の名称
　二　移動等円滑化経路協定区域
　三　移動等円滑化経路協定の縦覧場所

（移動等円滑化経路協定の認可の基準）

第21条　法第43条第１項第３号（法第44条第２項において準用する場合を含む。）の主務省令で定める基準は、次のとおりとする。
　一　移動等円滑化経路協定区域は、その境界が明確に定められていなければならない。
　二　法第41条第２項第２号の移動等円滑化のための経路の整備又は管理に関する事項は、法第25条第２項第１号の重点整備地区における移動等円滑化に関する基本的な方針に適合していなければならない。
　三　移動等円滑化経路協定に違反した場合の措置は、違反した者に対して不当に重い負担を課するものであってはならない。

（移動等円滑化経路協定の認可等の公告）

第22条　第20条の規定は、法第43条第３項（法第44条第２項、第45条第４項、第47条第２項又は第50条第３項において準用する場合を含む。）の規定による公告について準用する。

（移動等円滑化実績等報告書）

第23条　公共交通事業者等は、毎年５月31日までに、次の表の上〔左〕欄に掲げる公共交通事業者等の区分に応じ、同表の中欄に掲げる地方支分部局の長に、同表の下〔右〕欄に掲げる様式による移動等円滑化実績等報告書を提出しなければならない。

一　法第２条第４号イに掲げる者	当該公共交通事業者等の主たる事務所を管轄する地方運輸局長	第７号様式及び第８号様式
二　法第２条第４号ロに掲げる者	当該公共交通事業者等の主たる事務所を管轄する地方運輸局長	第９号様式及び第10号様式
三　法第２条第４号ハに掲げる一般乗合旅客自動車運送事業者（次号に掲げる者を除く。）	当該公共交通事業者等の主たる事務所を管轄する地方運輸局長	第11号様式
四　法第２条第４号ハに掲げる一般乗合旅客自動車運送事業者のうち自動車ターミナル法（昭和	当該公共交通事業者等の主たる事務所を管轄する地方運輸局長	第11号様式及び第12号様式

資料編

34年法律第136号）による専用バスターミナルを設置し、又は管理するもの		
五　法第2条第4号ハに掲げる一般乗用旅客自動車運送事業者のうち福祉タクシー車両（移動等円滑化のために必要な旅客施設又は車両等の構造及び設備に関する基準を定める省令（平成18年国土交通省令第111号。以下「公共交通移動等円滑化基準省令」という。）第1条第1項第13号に規定する福祉タクシー車両をいう。以下同じ。）をその事業の用に供しているもの	当該公共交通事業者等の主たる事務所を管轄する地方運輸局長	第13号様式
六　法第2条第4号ニに掲げる者	当該公共交通事業者等の主たる事務所を管轄する地方運輸局長	第12号様式
七　法第2条第4号ホに掲げる者（次号に掲げる者を除く。）	当該公共交通事業者等の主たる事務所を管轄する地方運輸局長（運輸監理部長を含む。）	第14号様式
八　法第2条第4号ホに掲げる者のうち同条第5号ニに掲げる施設を設置し、又は管理するもの	当該公共交通事業者等の主たる事務所を管轄する地方運輸局長（運輸監理部長を含む。）	第14号様式及び第15号様式
九　法第2条第4号ヘに掲げる者	当該公共交通事業者等の主たる事務所を管轄する地方航空局長	第16号様式
十　法第2条第4号トに掲げる者のうち同条第5号イに掲げる施設を設置し、又は管理するもの	当該公共交通事業者等の主たる事務所を管轄する地方運輸局長	第7号様式
十一　法第2条第4号トに掲げる者のうち同条第5号ニに掲げる施設を設置し、又は管理するもの	当該公共交通事業者等の主たる事務所を管轄する地方整備局長又は北海道開発局長	第15号様式
十二　法第2条第4号トに掲げる者のうち同条第5号ホに掲げる施設を設置し、又は管理するもの	当該公共交通事業者等の主たる事務所を管轄する地方航空局長	第17号様式

（臨時の報告）

第24条　公共交通事業者等は、前条に定める移動等円滑化実績等報告書のほか、国土交通大臣、地方整備局長、北海道開発局長、地方運輸局長（運輸監理部長を含む。）又は地方航空局長から、移動等円滑化のための事業に関し報告を求められたときは、報告書を提出しなければならない。

2　国土交通大臣、地方整備局長、北海道開発局長、地方運輸局長（運輸監理部長を含む。）又は地方航空局長は、前項の報告を求めるときは、報告書の様式、報告書の提出期限その他必要な事項を明示するものとする。

（立入検査の証明書）

第25条　法第53条第5項の立入検査をする職員の身分を示す証明書は、第18号様式によるものとする。

（権限の委任）

第26条　法に規定する国土交通大臣の権限のうち、次の表の権限の欄に掲げるものは、それぞれ同表の地方支分部局の長の欄に掲げる地方支分部局の長に委任する。

権　　　　　　　限		地方支分部局の長
一　法第9条第2項の規定による届出の受理	イ　法第2条第5号ハに掲げる施設のうち専用バスターミナルに係るもの	当該施設の所在地を管轄する地方運輸局長
	ロ　法第2条第5号ニに掲げる施	当該施設の所在地を管轄する地方運

		設（当該施設を設置し、又は管理する者が一般旅客定期航路事業者であるものに限る。）に係るもの	輸局長（運輸監理部長を含む。）		基準省令第1条第1項第14号に規定する船舶をいう。）に係るもの	方運輸局長（運輸監理部長を含む。）
		ハ　法第2条第5号ニに掲げる施設（当該施設を設置し、又は管理する者が一般旅客定期航路事業者であるものを除く。）に係るもの	当該施設の所在地を管轄する地方整備局長又は北海道開発局長		ヘ　法第2条第5号ホに掲げる施設に係るもの	当該施設の所在地を管轄する地方航空局長
		ニ　法第2条第5号ホに掲げる施設に係るもの	当該施設の所在地を管轄する地方航空局長	三　法第29条第1項の申請の受理、同条第2項の認定、同条第3項の変更の認定及び同条第5項の認定の取消し	イ　法第2条第5号イに掲げる施設のうち鉄道事業法（昭和61年法律第92号）第8条第1項の認可に係るもの以外のもの又は法第2条第5号ハに掲げる施設のうち専用バスターミナルに係るもの	当該施設の所在地を管轄する地方運輸局長
二　法第9条第3項の規定による命令	イ　法第2条第5号ハに掲げる施設のうち専用バスターミナルに係るもの	当該施設の所在地を管轄する地方運輸局長				
	ロ　福祉タクシー車両に係るもの	当該福祉タクシー車両の使用の本拠を管轄する地方運輸局長			ロ　バス車両（公共交通移動等円滑化基準省令第1条第1項第12号に規定するバス車両をいう。以下同じ。）に係るもの	当該バス車両の使用の本拠を管轄する地方運輸局長
	ハ　法第2条第5号ニに掲げる施設（当該施設を設置し、又は管理する者が一般旅客定期航路事業者であるものに限る。）に係るもの	当該施設の所在地を管轄する地方運輸局長（運輸監理部長を含む。）			ハ　法第2条第5号ニに掲げる施設（当該施設を設置し、又は管理する者が一般旅客定期航路事業者であるものに限る。）に係るもの	当該施設の所在地を管轄する地方運輸局長（運輸監理部長を含む。）
	ニ　法第2条第5号ニに掲げる施設（当該施設を設置し、又は管理する者が一般旅客定期航路事業者であるものを除く。）に係るもの	当該施設の所在地を管轄する地方整備局長又は北海道開発局長			ニ　法第2条第5号ニに掲げる施設（当該施設を設置し、又は管理する者が一般旅客定期航路事業者であるものを除く。）に係るもの	当該施設の所在地を管轄する地方整備局長又は北海道開発局長
	ホ　船舶（公共交通移動等円滑化	当該船舶の航路の拠点を管轄する地			ホ　法第2条第5	当該施設の所在地

		号ホに掲げる施設に係るもの	を管轄する地方航空局長	号ニに掲げる施設（当該施設を設置し、又は管理する者が一般旅客定期航路事業者であるものに限る。）に係るもの	を管轄する地方運輸局長（運輸監理部長を含む。）
四 法第32条第3項の認可			市町村の区域を管轄する地方整備局長又は北海道開発局長	ハ 法第2条第5号ニに掲げる施設（当該施設を設置し、又は管理する者が一般旅客定期航路事業者であるものを除く。）に係るもの	当該施設の所在地を管轄する地方整備局長又は北海道開発局長
五 法第38条第2項の通知の受理及び同条第3項の勧告	イ 法第2条第5号イに掲げる施設のうち鉄道事業法第8条第1項の認可に係るもの以外のもの又は法第2条第5号ハに掲げる施設のうち専用バスターミナルに係るもの		当該施設の所在地を管轄する地方運輸局長	ニ 法第2条第5号ホに掲げる施設に係るもの	当該施設の所在地を管轄する地方航空局長
	ロ バス車両に係るもの		当該バス車両の使用の本拠を管轄する地方運輸局長		
	ハ 法第2条第5号ニに掲げる施設（当該施設を設置し、又は管理する者が一般旅客定期航路事業者であるものに限る。）に係るもの		当該施設の所在地を管轄する地方運輸局長（運輸監理部長を含む。）		
	ニ 法第2条第5号ニに掲げる施設（当該施設を設置し、又は管理する者が一般旅客定期航路事業者であるものを除く。）に係るもの		当該施設の所在地を管轄する地方整備局長又は北海道開発局長		
	ホ 法第2条第5号ホに掲げる施設に係るもの		当該施設の所在地を管轄する地方航空局長		
六 法第38条第4項の命令	イ 法第2条第5号ハに掲げる施設のうち専用バスターミナルに係るもの		当該施設の所在地を管轄する地方運輸局長		
	ロ 法第2条第5		当該施設の所在地		

2　法に規定する国土交通大臣の権限のうち、法第25条第11項の助言に係るもの並びに法第53条第1項の規定による報告、立入検査及び質問に係るものは、地方整備局長、北海道開発局長、地方運輸局長（運輸監理部長を含む。）、地方航空局長、運輸支局長及び海事事務所長も行うことができる。

3　法に規定する道路管理者及び公園管理者である国土交通大臣の権限は、地方整備局長及び北海道開発局長に委任する。

（書類の経由）

第27条　第15条第1項及び第16条第1項の規定により国土交通大臣に提出すべき申請書のうち、法第2条第5号イに掲げる施設のうち鉄道事業法第8条第1項の認可に係るもの、法第2条第5号ロに掲げる施設及び法第2条第5号ハに掲げる施設のうち一般バスターミナルに係るものは、当該施設の所在地を管轄する地方運輸局長を経由して提出しなければならない。

2　この省令の規定により地方運輸局長に提出すべき申請書のうち、バス車両又は福祉タクシー車両に係るものは、当該バス車両又は福祉タクシー車両の使用の本拠を管轄する運輸監理部長又は運輸支局長を経由して提出しなければならない。

3　この省令の規定により地方運輸局長に提出すべき移動等円滑化実績等報告書のうち、バス車両又は福祉タクシー車両に係るものは、法第2条第4号ハに掲げる者の主たる事務所を管轄する運輸監理部長又は運輸支局長を経由して提出しなければならない。

　　附　則〔抄〕
（施行期日）

高齢者、障害者等の移動等の円滑化の促進に関する法律の施行期日を定める政令
移動等円滑化のために必要な道路の構造に関する基準を定める省令

第1条　この省令は、法の施行の日（平成18年12月20日）から施行する。
（高齢者、身体障害者等が円滑に利用できる特定建築物の建築の促進に関する法律施行規則及び高齢者、身体障害者等の公共交通機関を利用した移動の円滑化の促進に関する法律施行規則の廃止）
第2条　次に掲げる省令は、廃止する。

一　高齢者、身体障害者等が円滑に利用できる特定建築物の建築の促進に関する法律施行規則（平成6年建設省令第26号）
二　高齢者、身体障害者等の公共交通機関を利用した移動の円滑化の促進に関する法律施行規則（平成12年運輸省建設省令第9号）

○高齢者、障害者等の移動等の円滑化の促進に関する法律の施行期日を定める政令

〔平成18年12月8日
政令第378号〕

内閣は、高齢者、障害者等の移動等の円滑化の促進に関する法律（平成18年法律第91号）附則第1条の規定に基づき、この政令を制定する。

高齢者、障害者等の移動等の円滑化の促進に関する法律の施行期日は、平成18年12月20日とする。

○移動等円滑化のために必要な道路の構造に関する基準を定める省令

〔平成18年12月19日
国土交通省令第116号〕

高齢者、障害者等の移動等の円滑化の促進に関する法律（平成18年法律第91号）第10条第1項の規定に基づき、移動等円滑化のために必要な道路の構造に関する基準を定める省令を次のように定める。

目次
第1章　総則（第1条・第2条）
第2章　歩道等（第3条―第10条）
第3章　立体横断施設（第11条―第16条）
第4章　乗合自動車停留所（第17条・第18条）
第5章　路面電車停留場等（第19条―第21条）
第6章　自動車駐車場（第22条―第32条）
第7章　移動等円滑化のために必要なその他の施設等（第33条―第37条）
附則

第1章　総則

（趣旨）
第1条　高齢者、障害者等の移動等の円滑化の促進に関する法律（以下「法」という。）第10条第1項に規定する道路移動等円滑化基準は、道路法（昭和27年法律第180号）、道路構造令（昭和45年政令第320号）及び道路構造令施行規則（昭和46年建設省令第7号）に定めるもののほか、この省令の定めるところによる。
（用語の定義）
第2条　この省令における用語の意義は、法第2条、道路交通法（昭和35年法律第105号）第2条（第4号及び第13号に限る。）及び道路構造令第2条に定めるもののほか、次に定めるところによる。
一　有効幅員　歩道、自転車歩行者道、立体横断施設（横断歩道橋、地下横断歩道その他の歩行者が道路等を横断するための立体的な施設をいう。以下同じ。）に設ける傾斜路、通路若しくは階段、路面電車停留場の乗降場又は自動車駐車場の通路の幅員から、縁石、手すり、路上施設若しくは歩行者の安全かつ円滑な通行を妨げるおそれがある工作物、物件若しくは施設を設置するために必要な幅員又は除雪のために必要な幅員を除いた幅員をいう。
二　車両乗入れ部　車両の沿道への出入りの用に供される歩道又は自転車歩行者道の部分をいう。
三　視覚障害者誘導用ブロック　視覚障害者に対する誘導又は段差の存在等の警告若しくは注意喚起を行うために路面に敷設されるブロックをいう。

第2章　歩道等

（歩道）
第3条　道路（自転車歩行者道を設ける道路を除く。）には、歩道を設けるものとする。
（有効幅員）
第4条　歩道の有効幅員は、道路構造令第11条第3項に規定する幅員の値以上とするものとする。
2　自転車歩行者道の有効幅員は、道路構造令第10条の2第2項に規定する幅員の値以上とするものとする。

3　歩道又は自転車歩行者道（以下「歩道等」という。）の有効幅員は、当該歩道等の高齢者、障害者等の交通の状況を考慮して定めるものとする。
　　（舗装）
第5条　歩道等の舗装は、雨水を地下に円滑に浸透させることができる構造とするものとする。ただし、道路の構造、気象状況その他の特別の状況によりやむを得ない場合においては、この限りでない。
2　歩道等の舗装は、平たんで、滑りにくく、かつ、水はけの良い仕上げとするものとする。
　　（勾配）
第6条　歩道等の縦断勾配は、5パーセント以下とするものとする。ただし、地形の状況その他の特別の理由によりやむを得ない場合においては、8パーセント以下とすることができる。
2　歩道等（車両乗入れ部を除く。）の横断勾配は、1パーセント以下とするものとする。ただし、前条第1項ただし書に規定する場合又は地形の状況その他の特別の理由によりやむを得ない場合においては、2パーセント以下とすることができる。
　　（歩道等と車道等の分離）
第7条　歩道等には、車道若しくは車道に接続する路肩がある場合の当該路肩（以下「車道等」という。）又は自転車道に接続して縁石線を設けるものとする。
2　歩道等（車両乗入れ部及び横断歩道に接続する部分を除く。）に設ける縁石の車道等に対する高さは15センチメートル以上とし、当該歩道等の構造及び交通の状況並びに沿道の土地利用の状況等を考慮して定めるものとする。
3　歩行者の安全かつ円滑な通行を確保するため必要がある場合においては、歩道等と車道等の間に植樹帯を設け、又は歩道等の車道等側に並木若しくはさくを設けるものとする。
　　（高さ）
第8条　歩道等（縁石を除く。）の車道等に対する高さは、5センチメートルを標準とするものとする。ただし、横断歩道に接続する歩道等の部分にあっては、この限りでない。
2　前項の高さは、乗合自動車停留所及び車両乗入れ部の設置の状況等を考慮して定めるものとする。
　　（横断歩道に接続する歩道等の部分）
第9条　横断歩道に接続する歩道等の部分の縁端は、車道等の部分より高くするものとし、その段差は2センチメートルを標準とするものとする。
2　前項の段差に接続する歩道等の部分は、車いすを使用している者（以下「車いす使用者」という。）が円滑に転回できる構造とするものとする。
　　（車両乗入れ部）
第10条　第4条の規定にかかわらず、車両乗入れ部のうち第6条第2項の規定による基準を満たす部分の有効幅員は、2メートル以上とするものとする。

第3章　立体横断施設
　　（立体横断施設）
第11条　道路には、高齢者、障害者等の移動等円滑化のために必要であると認められる箇所に、高齢者、障害者等の円滑な移動に適した構造を有する立体横断施設（以下「移動等円滑化された立体横断施設」という。）を設けるものとする。
2　移動等円滑化された立体横断施設には、エレベーターを設けるものとする。ただし、昇降の高さが低い場合その他の特別の理由によりやむを得ない場合においては、エレベーターに代えて、傾斜路を設けることができる。
3　前項に規定するもののほか、移動等円滑化された立体横断施設には、高齢者、障害者等の交通の状況により必要がある場合においては、エスカレーターを設けるものとする。
　　（エレベーター）
第12条　移動等円滑化された立体横断施設に設けるエレベーターは、次に定める構造とするものとする。
一　かごの内法幅は1.5メートル以上とし、内法奥行きは1.5メートル以上とすること。
二　前号の規定にかかわらず、かごの出入口が複数あるエレベーターであって、車いす使用者が円滑に乗降できる構造のもの（開閉するかごの出入口を音声により知らせる装置が設けられているものに限る。）にあっては、内法幅は1.4メートル以上とし、内法奥行きは1.35メートル以上とすること。
三　かご及び昇降路の出入口の有効幅は、第1号の規定による基準に適合するエレベーターにあっては90センチメートル以上とし、前号の規定による基準に適合するエレベーターにあっては80センチメートル以上とすること。
四　かご内に、車いす使用者が乗降する際にかご及び昇降路の出入口を確認するための鏡を設けること。ただし、第2号の規定による基準に適合するエレベーターにあっては、この限りでない。
五　かご及び昇降路の出入口の戸にガラスその他これに類するものがはめ込まれていることにより、かご外からかご内が視覚的に確認できる構造とすること。
六　かご内に手すりを設けること。
七　かご及び昇降路の出入口の戸の開扉時間を延長する機能を設けること。
八　かご内に、かごが停止する予定の階及びかごの現在位置を表示する装置を設けること。
九　かご内に、かごが到着する階並びにかご及び昇降路の出入口の戸の閉鎖を音声により知らせる装置を設けること。
十　かご内及び乗降口には、車いす使用者が円滑に操作できる位置に操作盤を設けること。
十一　かご内に設ける操作盤及び乗降口に設ける操作

盤のうち視覚障害者が利用する操作盤は、点字をはり付けること等により視覚障害者が容易に操作できる構造とすること。
十二　乗降口に接続する歩道等又は通路の部分の有効幅は1.5メートル以上とし、有効奥行きは1.5メートル以上とすること。
十三　停止する階が三以上であるエレベーターの乗降口には、到着するかごの昇降方向を音声により知らせる装置を設けること。ただし、かご内にかご及び昇降路の出入口の戸が開いた時にかごの昇降方向を音声により知らせる装置が設けられている場合においては、この限りでない。

（傾斜路）

第13条　移動等円滑化された立体横断施設に設ける傾斜路（その踊場を含む。以下同じ。）は、次に定める構造とするものとする。
一　有効幅員は、2メートル以上とすること。ただし、設置場所の状況その他の特別の理由によりやむを得ない場合においては、1メートル以上とすることができる。
二　縦断勾配は、5パーセント以下とすること。ただし、設置場所の状況その他の特別の理由によりやむを得ない場合においては、8パーセント以下とすることができる。
三　横断勾配は、設けないこと。
四　二段式の手すりを両側に設けること。
五　手すり端部の付近には、傾斜路の通ずる場所を示す点字をはり付けること。
六　路面は、平たんで、滑りにくく、かつ、水はけの良い仕上げとすること。
七　傾斜路の勾配部分は、その接続する歩道等又は通路の部分との色の輝度比が大きいこと等により当該勾配部分を容易に識別できるものとすること。
八　傾斜路の両側には、立ち上がり部及びさくその他これに類する工作物を設けること。ただし、側面が壁面である場合においては、この限りでない。
九　傾斜路の下面と歩道等の路面との間が2.5メートル以下の歩道等の部分への進入を防ぐため必要がある場合においては、さくその他これに類する工作物を設けること。
十　高さが75センチメートルを超える傾斜路にあっては、高さ75センチメートル以内ごとに踏み幅1.5メートル以上の踊場を設けること。

（エスカレーター）

第14条　移動等円滑化された立体横断施設に設けるエスカレーターは、次に定める構造とするものとする。
一　上り専用のものと下り専用のものをそれぞれ設置すること。
二　踏み段の表面及びくし板は、滑りにくい仕上げとすること。
三　昇降口において、三枚以上の踏み段が同一平面上にある構造とすること。
四　踏み段の端部とその周囲の部分との色の輝度比が大きいこと等により踏み段相互の境界を容易に識別できるものとすること。
五　くし板の端部と踏み段の色の輝度比が大きいこと等によりくし板と踏み段との境界を容易に識別できるものとすること。
六　エスカレーターの上端及び下端に近接する歩道等及び通路の路面において、エスカレーターへの進入の可否を示すこと。
七　踏み段の有効幅は、1メートル以上とすること。ただし、歩行者の交通量が少ない場合においては、60センチメートル以上とすることができる。

（通路）

第15条　移動等円滑化された立体横断施設に設ける通路は、次に定める構造とするものとする。
一　有効幅員は、2メートル以上とし、当該通路の高齢者、障害者等の通行の状況を考慮して定めること。
二　縦断勾配及び横断勾配は設けないこと。ただし、構造上の理由によりやむを得ない場合又は路面の排水のために必要な場合においては、この限りでない。
三　二段式の手すりを両側に設けること。
四　手すりの端部の付近には、通路の通ずる場所を示す点字をはり付けること。
五　路面は、平たんで、滑りにくく、かつ、水はけの良い仕上げとすること。
六　通路の両側には、立ち上がり部及びさくその他これに類する工作物を設けること。ただし、側面が壁面である場合においては、この限りでない。

（階段）

第16条　移動等円滑化された立体横断施設に設ける階段（その踊場を含む。以下同じ。）は、次に定める構造とするものとする。
一　有効幅員は、1.5メートル以上とすること。
二　二段式の手すりを両側に設けること。
三　手すりの端部の付近には、階段の通ずる場所を示す点字をはり付けること。
四　回り段としないこと。ただし、地形の状況その他の特別の理由によりやむを得ない場合においては、この限りでない。
五　踏面は、平たんで、滑りにくく、かつ、水はけの良い仕上げとすること。
六　踏面の端部とその周囲の部分との色の輝度比が大きいこと等により段を容易に識別できるものとすること。
七　段鼻の突き出しその他のつまずきの原因となるものを設けない構造とすること。
八　階段の両側には、立ち上がり部及びさくその他これに類する工作物を設けること。ただし、側面が壁

資料編

面である場合においては、この限りでない。
九　階段の下面と歩道等の路面との間が2.5メートル以下の歩道等の部分への進入を防ぐため必要がある場合においては、さくその他これに類する工作物を設けること。
十　階段の高さが3メートルを超える場合においては、その途中に踊場を設けること。
十一　踊場の踏み幅は、直階段の場合にあっては1.2メートル以上とし、その他の場合にあっては当該階段の幅員の値以上とすること。

第4章　乗合自動車停留所

（高さ）

第17条　乗合自動車停留所を設ける歩道等の部分の車道等に対する高さは、15センチメートルを標準とするものとする。

（ベンチ及び上屋）

第18条　乗合自動車停留所には、ベンチ及びその上屋を設けるものとする。ただし、それらの機能を代替する施設が既に存する場合又は地形の状況その他の特別の理由によりやむを得ない場合においては、この限りでない。

第5章　路面電車停留場等

（乗降場）

第19条　路面電車停留場の乗降場は、次に定める構造とするものとする。
一　有効幅員は、乗降場の両側を使用するものにあっては2メートル以上とし、片側を使用するものにあっては1.5メートル以上とすること。
二　乗降場と路面電車の車両の旅客用乗降口の床面とは、できる限り平らとすること。
三　乗降場の縁端と路面電車の車両の旅客用乗降口の床面の縁端との間隔は、路面電車の車両の走行に支障を及ぼすおそれのない範囲において、できる限り小さくすること。
四　横断勾配は、1パーセントを標準とすること。ただし、地形の状況その他の特別の理由によりやむを得ない場合においては、この限りでない。
五　路面は、平たんで、滑りにくい仕上げとすること。
六　乗降場は、縁石線により区画するものとし、その車道側にさくを設けること。
七　乗降場には、ベンチ及びその上屋を設けること。ただし、設置場所の状況その他の特別の理由によりやむを得ない場合においては、この限りでない。

（傾斜路の勾配）

第20条　路面電車停留場の乗降場と車道等との高低差がある場合においては、傾斜路を設けるものとし、その勾配は、次に定めるところによるものとする。
一　縦断勾配は、5パーセント以下とすること。ただし、地形の状況その他の特別の理由によりやむを得ない場合においては、8パーセント以下とすることができる。
二　横断勾配は、設けないこと。

（歩行者の横断の用に供する軌道の部分）

第21条　歩行者の横断の用に供する軌道の部分においては、軌条面と道路面との高低差は、できる限り小さくするものとする。

第6章　自動車駐車場

（障害者用駐車施設）

第22条　自動車駐車場には、障害者が円滑に利用できる駐車の用に供する部分（以下「障害者用駐車施設」という。）を設けるものとする。
2　障害者用駐車施設の数は、自動車駐車場の全駐車台数が200以下の場合にあっては当該駐車台数に50分の1を乗じて得た数以上とし、全駐車台数が200を超える場合にあっては当該駐車台数に100分の1を乗じて得た数に2を加えた数以上とするものとする。
3　障害者用駐車施設は、次に定める構造とするものとする。
一　当該障害者用駐車施設へ通ずる歩行者の出入口からの距離ができるだけ短くなる位置に設けること。
二　有効幅は、3.5メートル以上とすること。
三　障害者用である旨を見やすい方法により表示すること。

（障害者用停車施設）

第23条　自動車駐車場の自動車の出入口又は障害者用駐車施設を設ける階には、障害者が円滑に利用できる停車の用に供する部分（以下「障害者用停車施設」という。）を設けるものとする。ただし、構造上の理由によりやむを得ない場合においては、この限りでない。
2　障害者用停車施設は、次に定める構造とするものとする。
一　当該障害者用停車施設へ通ずる歩行者の出入口からの距離ができるだけ短くなる位置に設けること。
二　車両への乗降の用に供する部分の有効幅は1.5メートル以上とし、有効奥行きは1.5メートル以上とする等、障害者が安全かつ円滑に乗降できる構造とすること。
三　障害者用である旨を見やすい方法により表示すること。

（出入口）

第24条　自動車駐車場の歩行者の出入口は、次に定める構造とするものとする。ただし、当該出入口に近接した位置に設けられる歩行者の出入口については、この限りでない。
一　有効幅は、90センチメートル以上とすること。ただし、当該自動車駐車場外へ通ずる歩行者の出入口のうち1以上の出入口の有効幅は、1.2メートル以上とすること。
二　戸を設ける場合は、当該戸は、有効幅を1.2メートル以上とする当該自動車駐車場外へ通ずる歩行者の出入口のうち、1以上の出入口にあっては自動的

に開閉する構造とし、その他の出入口にあっては車いす使用者が円滑に開閉して通過できる構造とすること。

　三　車いす使用者が通過する際に支障となる段差を設けないこと。

（通路）

第25条　障害者用駐車施設へ通ずる歩行者の出入口から当該障害者用駐車施設に至る通路のうち1以上の通路は、次に定める構造とするものとする。

　一　有効幅員は、2メートル以上とすること。

　二　車いす使用者が通過する際に支障となる段差を設けないこと。

　三　路面は、平たんで、かつ、滑りにくい仕上げとすること。

（エレベーター）

第26条　自動車駐車場外へ通ずる歩行者の出入口がない階（障害者用駐車施設が設けられている階に限る。）を有する自動車駐車場には、当該階に停止するエレベーターを設けるものとする。ただし、構造上の理由によりやむを得ない場合においては、エレベーターに代えて、傾斜路を設けることができる。

2　前項のエレベーターのうち1以上のエレベーターは、前条に規定する出入口に近接して設けるものとする。

3　第12条第1号から第4号までの規定は、第1項のエレベーター（前項のエレベーターを除く。）について準用する。

4　第12条の規定は、第2項のエレベーターについて準用する。

（傾斜路）

第27条　第13条の規定は、前条第1項の傾斜路について準用する。

（階段）

第28条　第16条の規定は、自動車駐車場外へ通ずる歩行者の出入口がない階に通ずる階段の構造について準用する。

（屋根）

第29条　屋外に設けられる自動車駐車場の障害者用駐車施設、障害者用停車施設及び第25条に規定する通路には、屋根を設けるものとする。

（便所）

第30条　障害者用駐車施設を設ける階に便所を設ける場合は、当該便所は、次に定める構造とするものとする。

　一　便所の出入口付近に、男子用及び女子用の区別（当該区別がある場合に限る。）並びに便所の構造を視覚障害者に示すための点字による案内板その他の設備を設けること。

　二　床の表面は、滑りにくい仕上げとすること。

　三　男子用小便器を設ける場合においては、1以上の床置式小便器、壁掛式小便器（受け口の高さが35センチメートル以下のものに限る。）その他これらに類する小便器を設けること。

　四　前号の規定により設けられる小便器には、手すりを設けること。

2　障害者用駐車施設を設ける階に便所を設ける場合は、そのうち1以上の便所は、次の各号に掲げる基準のいずれかに適合するものとする。

　一　便所（男子用及び女子用の区別があるときは、それぞれの便所）内に高齢者、障害者等の円滑な利用に適した構造を有する便房が設けられていること。

　二　高齢者、障害者等の円滑な利用に適した構造を有する便所であること。

第31条　前条第2項第1号の便房を設ける便所は、次に定める構造とするものとする。

　一　第25条に規定する通路と便所との間の経路における通路のうち1以上の通路は、同条各号に定める構造とすること。

　二　出入口の有効幅は、80センチメートル以上とすること。

　三　出入口には、車いす使用者が通過する際に支障となる段を設けないこと。ただし、傾斜路を設ける場合においては、この限りでない。

　四　出入口には、高齢者、障害者等の円滑な利用に適した構造を有する便房が設けられていることを表示する案内標識を設けること。

　五　出入口に戸を設ける場合においては、当該戸は、次に定める構造とすること。

　　イ　有効幅は、80センチメートル以上とすること。

　　ロ　高齢者、障害者等が容易に開閉して通過できる構造とすること。

　六　車いす使用者の円滑な利用に適した広さを確保すること。

2　前条第2項第1号の便房は、次に定める構造とするものとする。

　一　出入口には、車いす使用者が通過する際に支障となる段を設けないこと。

　二　出入口には、当該便房が高齢者、障害者等の円滑な利用に適した構造を有するものであることを表示する案内標識を設けること。

　三　腰掛便座及び手すりを設けること。

　四　高齢者、障害者等の円滑な利用に適した構造を有する水洗器具を設けること。

3　第1項第2号、第5号及び第6号の規定は、前項の便房について準用する。

第32条　前条第1項第1号から第3号まで、第5号及び第6号並びに第2項第2号から第4号までの規定は、第30条第2項第2号の便所について準用する。この場合において、前条第2項第2号中「当該便房」とあるのは、「当該便所」と読み替えるものとする。

第7章　移動等円滑化のために必要なその他の施設等

資料編

（案内標識）
第33条 交差点、駅前広場その他の移動の方向を示す必要がある箇所には、高齢者、障害者等が見やすい位置に、高齢者、障害者等が日常生活又は社会生活において利用すると認められる官公庁施設、福祉施設その他の施設及びエレベーターその他の移動等円滑化のために必要な施設の案内標識を設けるものとする。

2　前項の案内標識には、点字、音声その他の方法により視覚障害者を案内する設備を設けるものとする。
（視覚障害者誘導用ブロック）
第34条 歩道等、立体横断施設の通路、乗合自動車停留所、路面電車停留場の乗降場及び自動車駐車場の通路には、視覚障害者の移動等円滑化のために必要であると認められる箇所に、視覚障害者誘導用ブロックを敷設するものとする。

2　視覚障害者誘導用ブロックの色は、黄色その他の周囲の路面との輝度比が大きいこと等により当該ブロック部分を容易に識別できる色とするものとする。

3　視覚障害者誘導用ブロックには、視覚障害者の移動等円滑化のために必要であると認められる箇所に、音声により視覚障害者を案内する設備を設けるものとする。
（休憩施設）
第35条 歩道等には、適当な間隔でベンチ及びその上屋を設けるものとする。ただし、これらの機能を代替するための施設が既に存する場合その他の特別の理由によりやむを得ない場合においては、この限りでない。
（照明施設）
第36条 歩道等及び立体横断施設には、照明施設を連続して設けるものとする。ただし、夜間における当該歩道等及び立体横断施設の路面の照度が十分に確保される場合においては、この限りでない。

2　乗合自動車停留所、路面電車停留場及び自動車駐車場には、高齢者、障害者等の移動等円滑化のために必要であると認められる箇所に、照明施設を設けるものとする。ただし、夜間における当該乗合自動車停留所、路面電車停留場及び自動車駐車場の路面の照度が十分に確保される場合においては、この限りでない。
（防雪施設）

第37条 歩道等及び立体横断施設において、積雪又は凍結により、高齢者、障害者等の安全かつ円滑な通行に著しく支障を及ぼすおそれのある箇所には、融雪施設、流雪溝又は雪覆工を設けるものとする。

附　則

（施行期日）
1　この省令は、法の施行の日（平成18年12月20日）から施行する。
（経過措置）
2　第3条の規定により歩道を設けるものとされる道路の区間のうち、一体的に移動等円滑化を図ることが特に必要な道路の区間について、市街化の状況その他の特別の理由によりやむを得ない場合においては、第3条の規定にかかわらず、当分の間、歩道に代えて、車道及びこれに接続する路肩の路面における凸部、車道における狭窄部又は屈曲部その他の自動車を減速させて歩行者又は自転車の安全な通行を確保するための道路の部分を設けることができる。

3　第3条の規定により歩道を設けるものとされる道路の区間のうち、一体的に移動等円滑化を図ることが特に必要な道路の区間について、市街化の状況その他の特別の理由によりやむを得ない場合においては、第4条の規定にかかわらず、当分の間、当該区間における歩道の有効幅員を1.5メートルまで縮小することができる。

4　移動等円滑化された立体横断施設に設けられるエレベーター又はエスカレーターが存する道路の区間について、地形の状況その他の特別の理由によりやむを得ない場合においては、第4条の規定にかかわらず、当分の間、当該区間における歩道等の有効幅員を1メートルまで縮小することができる。

5　地形の状況その他の特別の理由によりやむを得ないため、第8条の規定による基準をそのまま適用することが適当でないと認められるときは、当分の間、この規定による基準によらないことができる。

6　地形の状況その他の特別の理由によりやむを得ない場合においては、第10条の規定の適用については、当分の間、同条中「2メートル」とあるのは、「1メートル」とする。

◯移動等円滑化のために必要な道路の占用に関する基準を定める省令

〔平成18年12月19日
国土交通省令第117号〕

高齢者、障害者等の移動等の円滑化の促進に関する法律（平成18年法律第91号）第10条第4項の規定に基づき、移動等円滑化のために必要な道路の占用に関する基準を定める省令を次のように定める。

道路法（昭和27年法律第180号）第32条第2項第3号に掲げる事項についての同条第1項各号に掲げる工作物、物件又は施設（市街化の状況その他の特別の理由によりやむを得ず一時的に設けられる工事用板囲その他の

工事用施設及び災害による復旧工事その他緊急を要する工事に伴い一時的に設けられる工作物、物件又は施設を除く。以下「工作物等」という。）に関する高齢者、障害者等の移動等の円滑化の促進に関する法律第10条第4項の移動等円滑化のために必要な基準は、次のとおりとする。

　一　工作物等を歩道又は自転車歩行者道上に設ける場合においては、歩行者又は自転車が通行することができる部分の幅員が移動等円滑化のために必要な道路の構造に関する基準を定める省令（平成18年国土交通省令第116号。以下「道路移動等円滑化基準」という。）第4条の規定により定められた有効幅員（同令附則第3項の規定により有効幅員を縮小した場合にあっては、当該縮小した有効幅員）以上となる場所であること。

　二　工作物等を道路移動等円滑化基準附則第2項の規定により車道及びこれに接続する路肩の路面における凸部、車道における狭窄部又は屈曲部その他の自動車を減速させて歩行者又は自転車の安全な通行を確保するための道路の部分を設けた道路の区間に設ける場合においては、歩行者又は自転車の安全かつ円滑な通行を著しく妨げない場所であること。

　　附　則

この省令は、高齢者、障害者等の移動等の円滑化の促進に関する法律の施行の日（平成18年12月20日）から施行する。

○移動等円滑化の促進に関する基本方針

（平成23年3月31日　国家公安委員会・総務省・国土交通省告示第1号）

高齢者、障害者等の移動等の円滑化の促進に関する法律（平成18年法律第91号。以下「法」という。）第3条第1項の規定に基づき、高齢者、障害者等の移動又は施設の利用に係る身体の負担を軽減することにより、その移動上又は施設の利用上の利便性及び安全性を向上すること（以下「移動等円滑化」という。）の促進に関する基本方針について、国、地方公共団体、高齢者、障害者等、施設設置管理者その他の関係者が互いに連携協力しつつ移動等円滑化を総合的かつ計画的に推進していくため、以下のとおり定める。

一　移動等円滑化の意義及び目標に関する事項

1　移動等円滑化の意義

我が国においては、世界のどの国もこれまで経験したことのない本格的な高齢社会を迎え、今後更なる高齢化が進展すると見込まれており、高齢者の自立と社会参加による、健全で活力ある社会の実現が求められている。また、今日、障害者が障害のない者と同等に生活し活動する社会を目指す、ノーマライゼーションの理念の社会への浸透が進み、自立と共生の理念の下、障害の有無にかかわらず国民誰もが相互に人格と個性を尊重し支え合う「共生社会」の実現が求められている。

このような社会の実現のためには、高齢者、障害者等が自立した日常生活及び社会生活を営むことができる社会を構築することが重要であり、そのための環境の整備を一刻も早く推進していくことが求められている。移動及び施設の利用は、高齢者、障害者等が社会参加をするための重要な手段であることから、移動等円滑化を促進することは、このような社会の実現のために大きな意義を持つものである。

また、移動等円滑化の促進は、高齢者、障害者等の社会参加を促進するのみでなく、「どこでも、誰でも、自由に、使いやすく」というユニバーサルデザインの考え方に基づき、全ての利用者に利用しやすい施設及び車両等の整備を通じて、国民が生き生きと安全に暮らせる活力ある社会の維持に寄与するものである。

なお、法にいう障害者には、身体障害者のみならず、知的障害者、精神障害者及び発達障害者を含む全ての障害者で身体の機能上の制限を受ける者は全て含まれること並びに身体の機能上の制限には、知的障害者、精神障害者及び発達障害者等の知覚面又は心理面の働きが原因で発現する疲れやすさ、喉の渇き、照明への反応、表示の分かりにくさ等の負担の原因となる様々な制約が含まれることから、法が促進することとしている移動等円滑化には、このような負担を軽減することによる移動上又は施設の利用上の利便性及び安全性を向上することも含まれることに留意する必要がある。

また、移動等円滑化を進めるに当たっては、高齢者、障害者等の意見を十分に聴き、それを反映させることが重要である。

2　移動等円滑化の目標

移動等円滑化を実現するためには、高齢者、障害者等が日常生活又は社会生活において利用する施設について移動等円滑化のための措置が講じられることが重要である。

したがって、法では、これらの施設を設置し、又は管理する者に対して移動等円滑化のために必要な措置を講ずるよう努める一般的な責務を課すとともに、これらの施設の中で、特に日常生活及び社会生活において通常移動手段として用いられ、又は通常利用される旅客施設及び車両等、一定の道路、路外駐車場、公園施設並びに建築物の各々について、新設等に際し各々に対応した移動等円滑化基準への適合を義務付けることとしている。

また、市町村が定める重点整備地区において、移動等

資 料 編

円滑化に係る特定事業その他の事業が法第25条第1項の移動等円滑化に係る事業の重点的かつ一体的な推進に関する基本的な構想(以下「基本構想」という。)に即して重点的かつ一体的に実施されることとしている。

　移動等円滑化の促進に当たっては、国、地方公共団体、施設設置管理者、都道府県公安委員会等の関係者が必要に応じて緊密に連携しながら、法に基づく枠組みの活用等により、次に掲げる事項を達成することを目標とする。

(1) 旅客施設

　① 鉄道駅及び軌道停留場

　　1日当たりの平均的な利用者数が3千人以上である鉄道駅及び軌道停留場(以下「鉄軌道駅」という。)については、平成32年度までに、原則として全てについて、エレベーター又はスロープを設置することを始めとした段差の解消、ホームドア、可動式ホーム柵、点状ブロックその他の視覚障害者の転落を防止するための設備の整備、視覚障害者誘導用ブロックの整備、便所がある場合には障害者対応型便所の設置等の移動等円滑化を実施する。この場合、地域の要請及び支援の下、鉄軌道駅の構造等の制約条件を踏まえ可能な限りの整備を行うこととする。また、これ以外の鉄軌道駅についても、地域の実情に鑑み、利用者数のみならず、高齢者、障害者等の利用の実態等を踏まえて、移動等円滑化を可能な限り実施する。

　　ホームドア又は可動式ホーム柵については、視覚障害者の転落を防止するための設備として非常に効果が高く、その整備を進めていくことが重要である。そのため、車両扉の統一等の技術的困難さ、停車時分の増大等のサービス低下、膨大な投資費用等の課題について総合的に勘案した上で、優先的に整備すべき駅を検討し、地域の支援の下、可能な限り設置を促進する。

　② バスターミナル

　　1日当たりの平均的な利用者数が3千人以上であるバスターミナルについては、平成32年度までに、原則として全てについて、段差の解消、視覚障害者誘導用ブロックの整備、便所がある場合には障害者対応型便所の設置等の移動等円滑化を実施する。また、これ以外のバスターミナルについても、地域の実情に鑑み、利用者数のみならず、高齢者、障害者等の利用の実態等を踏まえて、移動等円滑化を可能な限り実施する。

　③ 旅客船ターミナル

　　1日当たりの平均的な利用者数が3千人以上である旅客船ターミナルについては、平成32年度までに、原則として全てについて、段差の解消、視覚障害者誘導用ブロックの整備、便所がある場合には障害者対応型便所の設置等の移動等円滑化を実施する。また、高齢化の進む離島との間の航路等に利用する公共旅客船ターミナルについては、地域の実情を踏まえて順次、移動等円滑化を実施する。また、これ以外の旅客船ターミナルについても、地域の実情に鑑み、利用者数のみならず、高齢者、障害者等の利用の実態等を踏まえて、移動等円滑化を可能な限り実施する。

　④ 航空旅客ターミナル施設

　　1日当たりの平均的な利用者数が3千人以上である航空旅客ターミナル施設については、平成32年度までに、原則として全てについて、段差の解消、視覚障害者誘導用ブロックの整備、便所がある場合には障害者対応型便所の設置等の移動等円滑化を実施する。また、これ以外の航空旅客ターミナル施設についても、地域の実情に鑑み、利用者数のみならず、高齢者、障害者等の利用の実態等を踏まえて、移動等円滑化を可能な限り実施する。

(2) 車両等

　① 鉄道車両及び軌道車両

　　総車両数約5万2千両のうち約70パーセントに当たる約3万6千両について、平成32年度までに、移動等円滑化を実施する。

　② バス車両

　　総車両数約6万台からバス車両の構造及び設備に関する移動等円滑化基準の適用除外認定車両(以下「適用除外認定車両」という。)約1万台を除いた約5万台のうち、約70パーセントに当たる約3万5千台について、平成32年度までに、ノンステップバスとする。適用除外認定車両については、平成32年度までに、その約25パーセントに当たる約2千5百台をリフト付きバス又はスロープ付きバスとする等、高齢者、障害者等の利用の実態を踏まえて、可能な限りの移動等円滑化を実施する。

　③ タクシー車両

　　平成32年度までに、約2万8千台の福祉タクシー(ユニバーサルデザインタクシー(流し営業にも活用されることを想定し、身体障害者のほか、高齢者や妊産婦、子供連れの人等、様々な人が利用できる構造となっている福祉タクシー車両をいう。)を含む。)を導入する。

　④ 船舶

　　総隻数約8百隻のうち約50パーセントに当たる約4百隻について、平成32年度までに、移動等円滑化を実施する。また、1日当たりの平均的な利用者数が5千人以上である旅客船ターミナルに就航する船舶については、平成32年度までに、原則として全て移動等円滑化を実施する。

　　さらに、これ以外の船舶についても、高齢者、障害者等の利用の実態等を踏まえて、可能な限りの移動等円滑化を実施する。

　⑤ 航空機

総機数約530機のうち約90パーセントに当たる約480機について、平成32年度までに、移動等円滑化を実施する。
(3) 道路
原則として重点整備地区内の主要な生活関連経路を構成する全ての道路について、平成32年度までに、移動等円滑化を実施する。
(4) 都市公園
① 園路及び広場
園路及び広場（特定公園施設であるものに限る。以下同じ。）の設置された都市公園の約60パーセントについて、平成32年度までに、園路及び広場の移動等円滑化を実施する。
② 駐車場
駐車場の設置された都市公園の約60パーセントについて、平成32年度までに、駐車場の移動等円滑化を実施する。
③ 便所
便所の設置された都市公園の約45パーセントについて、平成32年度までに、便所の移動等円滑化を実施する。
(5) 路外駐車場
特定路外駐車場の約70パーセントについて、平成32年度までに、移動等円滑化を実施する。
(6) 建築物
２千平方メートル以上の特別特定建築物の総ストックの約60パーセントについて、平成32年度までに、移動等円滑化を実施する。
(7) 信号機等
重点整備地区内の主要な生活関連経路を構成する道路に設置されている信号機等については、平成32年度までに、原則として全ての当該道路において、音響信号機、高齢者等感応信号機等の信号機の設置、歩行者用道路であることを表示する道路標識の設置、横断歩道であることを表示する道路標示の設置等の移動等円滑化を実施する。

二 移動等円滑化のために施設設置管理者が講ずべき措置に関する基本的な事項

施設設置管理者は、利用者の利便性及び安全性の向上を図る観点から、施設及び車両等の整備、適切な情報の提供並びに職員等関係者に対する適切な教育訓練について関係者と連携しながら、１から３までに掲げる各々の措置を適切に講ずることにより、移動等円滑化を進めることが必要である。

施設設置管理者がこれらの措置を実施するに当たっては、その措置が効果的に実施されるよう、地域の実情を把握している市町村等の関係者と連携することにより、可能な限り利便性の高い動線の確保等他の施設との連続性に配慮した措置を実施し、かつ、自らが設置し、又は管理する施設に設置される設備について、施設の特性に応じて可能な限り時間的な制約がなく利用できる等移動等円滑化のために必要な措置を講ずるよう努めるとともに、公共交通事業者等にあっては、複数の事業者間又は鉄道及びバス等複数の交通機関間を乗り継ぐ際の旅客施設内の移動等円滑化にも十分配慮することが重要である。

また、施設設置管理者は、施設及び車両等の整備に当たっては、移動等円滑化のために講ずる措置について具体的な実施計画を策定すること等により順次計画的に移動等円滑化を進めていくこと、高齢者、障害者等が障害のない者と共に利用できる形での施設整備を図るユニバーサルデザインの考え方に十分留意すること、高齢者、障害者等の意見を反映させるために可能な限り計画策定等への参画を得ること等必要な措置を講ずるよう努めることが重要である。

1 施設及び車両等の整備

移動等円滑化を図るためには、まず、施設及び車両等についてのハード面の整備が必要である。したがって、法では、施設設置管理者が、自らが設置し、又は管理する旅客施設及び車両等、一定の道路、路外駐車場、公園施設並びに建築物を新設等するときは、当該施設及び車両等の移動等円滑化基準への適合が義務付けられており、また、既存の施設及び車両等については、施設設置管理者は、当該施設及び車両等を移動等円滑化基準に適合させるために必要な措置を講ずるよう努めることとされている。

施設設置管理者が、施設及び車両等について移動等円滑化のために必要な措置を講ずる際には、次に掲げる観点が重要である。

イ 高齢者、障害者等が施設内外の移動及び施設の利用を円滑に行うために必要な施設及び設備を整備し、連続した移動経路を一以上確保すること。また、経路確保に当たっては、高齢者、障害者等の移動上の利便性及び安全性の確保に配慮すること。

ロ 便所等附属する設備を設置する場合は、一以上は障害者対応型にするなど、高齢者、障害者等の利用に配慮したものにすること。

ハ 車両等にあっては、高齢者、障害者等の乗降及び車内での移動が容易にできるように必要な措置を講ずること。

ニ 旅客施設及び車両等にあっては、運行情報等公共交通機関を利用する上で必要な情報を提供するために必要な設備を整備すること。

なお、移動等円滑化基準に定められていない内容であっても、上記の観点等から移動等円滑化に資すると考えられる措置については、施設設置管理者はこれを積極的に実施していくよう努力することが望ましい。

特に、建築物の移動等円滑化に関しては、移動等円滑化が義務化されていない特定建築物の移動等円滑化にも積極的に取り組むことが望ましい。特定建築物の新築時等における移動等円滑化に当たっては、ユニバーサルデザインの考え方に配慮した整備が求められているとともに、建築物ストックの長寿命化等その有効活用が求めら

資料編

れていることから、誘導的な建築物移動等円滑化基準に適合する特定建築物について容積率の特例及び表示制度等を措置している認定特定建築物制度を積極的に活用することが望ましい。

2 適切な情報の提供

移動等円滑化を図るためには、施設及び車両等についてのハード面の整備のみならず、施設設置管理者が利用者に対して必要な情報を適切に提供することが必要である。

その際には、利用する高齢者、障害者等のニーズ、施設及び設備の用途等に応じて、例えば、路線案内、運賃案内及び運行情報等利用に当たって必要となる情報並びに緊急時の情報について、視覚情報として大きな文字又は適切な色の組合せを用いて見やすく表示すること、また、聴覚情報としてはっきりした音声により聞き取りやすく放送すること、その他図記号又は平仮名による表示の併記等を行うこと等、分かりやすく提供することに留意する必要がある。さらに、必要な情報について事前に把握できるよう、施設及び設備等に関する情報についてインターネットやパンフレット等により提供することが望ましい。

3 職員等関係者に対する適切な教育訓練

移動等円滑化を図るためには、施設及び車両等についてのハード面の整備のみならず、職員等関係者による適切な対応が必要であることに鑑み、施設設置管理者は、その職員等関係者が高齢者、障害者等の多様なニーズ及び特性を理解した上で、正当な理由なくこれらの者による施設及び車両等の利用を拒むことなく、円滑なコミュニケーションを確保する等適切な対応を行うよう継続的な教育訓練を実施する必要がある。

そのため、施設設置管理者は、高齢者、障害者等の意見を反映した対応マニュアルの整備及び計画的な研修の実施等をPDCAサイクルとして実施することにより、職員等関係者の教育訓練を更に充実させるよう努めるべきである。なお、その過程において、高齢者、障害者等の参画を得ることが望ましい。

三 基本構想の指針となるべき事項

市町村は、基本構想を作成する場合には、次に掲げる事項に基づいて作成する必要があり、施設設置管理者、都道府県公安委員会等の関係者は、これらの事項に留意する必要がある。

1 重点整備地区における移動等円滑化の意義に関する事項

(1) 重点整備地区における移動等円滑化の意義

地域における高齢者、障害者等の自立した日常生活及び社会生活を確保するためには、高齢者、障害者等が日常生活又は社会生活において利用する旅客施設、建築物等の生活関連施設及びこれらの間の経路を構成する道路、駅前広場、通路その他の施設について、一体的に移動等円滑化が図られていることが重要である。そのため、基本構想において、生活関連施設が集積し、その間の移動が通常徒歩で行われる地区を重点整備地区として定め、生活関連施設及び生活関連経路の移動等円滑化に係る各種事業を重点的かつ一体的に推進することが必要である。

(2) 基本構想に即した各種事業の重点的かつ一体的な推進のための基本的視点

基本構想に即した各種事業の推進については、次に掲げる基本的視点が重要である。

① 市町村の基本構想作成による事業の効果的な推進

重点整備地区における移動等円滑化に対する取組は、当該地区に最も身近な行政主体でありその地区における特性を十分に把握している市町村が、施設設置管理者、都道府県公安委員会等事業を実施すべき主体はもとより、高齢者、障害者等の関係者と協議等を行いながら基本構想を作成することにより、これらの事業の効果的な推進が図られることが重要である。

② 基本構想作成への関係者の積極的な協力による事業の一体的な推進

移動等円滑化に係る事業の実施主体となる施設設置管理者、都道府県公安委員会等及び高齢者、障害者等の関係者は基本構想の作成に積極的に協力し、各種事業を一体的に推進していくことが必要である。

③ 地域住民等の理解及び協力

重点整備地区における移動等円滑化を図るに当たり、基本構想に位置付けられた各種事業が円滑に実施されるためには、地域住民等の理解及び協力が重要である。

(3) 基本構想作成に当たっての留意事項

市町村は、効果的に移動等円滑化を推進するため、次に掲げる事項に留意して基本構想を作成する必要がある。

① 目標の明確化

各種事業の実施に当たっては、当該重点整備地区における移動等円滑化について、市町村を始め、施設設置管理者、都道府県公安委員会等の関係者の施策を総合的に講ずる必要があることから、各者間で共通認識が醸成されることが重要である。したがって、基本構想には、地域の実情に応じ、可能な限り具体的かつ明確な目標を設定する。

② 都市計画との調和

基本構想の作成に当たっては、都市計画及び都市計画法（昭和43年法律第100号）第18条の2第1項に規定する市町村の都市計画に関する基本的な方針（以下「市町村マスタープラン」という。）との調和が保たれている必要がある。

③ 地方自治法に規定する基本構想との整合性

市町村は、その事務を処理するに当たっては、地方自治法（昭和22年法律第67号）第2条第4項に規定する基本構想に即して行う必要があるため、基本構想もこの基本構想に即していなければ

ならない。
④　地方公共団体の移動等円滑化に関する条例、計画、構想等との調和

　地方公共団体において、移動等円滑化に関する条例、計画、構想等を有している場合は、基本構想はこれらとの調和が保たれている必要がある。特に、障害者基本法（昭和45年法律第84号）第9条第3項に規定する市町村障害者計画、障害者自立支援法（平成17年法律第123号）第88条第1項に規定する市町村障害福祉計画、老人福祉法（昭和38年法律第133号）第20条の8第1項に規定する市町村老人福祉計画等の市町村が定める高齢者、障害者等の福祉に関する計画及び中心市街地の活性化に関する法律（平成10年法律第92号）第9条に規定する基本計画等都市機能の増進に関する計画との調和が保たれていることに留意する必要がある。

⑤　各種事業の連携と集中実施

　移動等円滑化に係る各種の事業が相互に連携して相乗効果を生み、連続的な移動経路の確保が行われるように、施設設置管理者、都道府県公安委員会等の関係者間で必要に応じて十分な調整を図って整合性を確保するとともに、事業の集中的かつ効果的な実施を確保する。

　また、複数の事業者間又は鉄道及びバス等複数の交通機関を乗り継ぐ際の旅客施設内の移動等円滑化並びに当該市町村においてタクシー事業者、自家用有償旅客運送者等が行っているスペシャル・トランスポート・サービス（要介護者等であって単独では公共交通機関を利用することが困難な移動制約者を対象に、必要な介護などと連続して、又は一体として行われる個別的な輸送サービスをいう。）の在り方にも十分配慮する。

　さらに、特定事業に係る費用の負担については、当該事業の性格を踏まえた適切な役割分担に応じた関係者間の負担の在り方について十分な調整を図って関係者間の共通認識を確保する。

⑥　高齢者、障害者等の提案及び意見の反映

　施設及び車両等の利用者である高齢者、障害者等を始め関係者の参画により、関係者の意見が基本構想に十分に反映されるよう努める。このため、基本構想の作成に当たっては、法第26条に規定する協議会（以下「協議会」という。）を積極的に活用し、高齢者、障害者等の参画を得ることが求められる。この際、既に同条第2項各号に掲げる構成員からなる協議体制度を運用している場合、又は、他の法令に基づいて同項各号に掲げる構成員からなる協議体制度を運用しようとする場合は、当該協議体制度を協議会と位置付けることも可能である。なお、意見を求めるべき障害者には、視覚、聴覚、内部障害等の身体障害者のみならず、知的障害者、精神障害者及び発達障害者も含まれることに留意する必要がある。

　また、法第27条に規定する基本構想の作成等に係る提案制度が積極的に活用されるよう環境の整備に努めるとともに、当該提案を受けた際には、その内容について十分な検討を加えることが求められる。

⑦　段階的かつ継続的な発展（スパイラルアップ）

　移動等円滑化の内容については、基本構想作成に係る事前の検討段階から事後の評価の段階に至るまで、高齢者、障害者等の利用者及び住民が積極的に参加し、この参加プロセスを経て得られた知見を共有化し、スパイラルアップを図ることが望まれる。

　そのため、市町村は、基本構想が作成された後も、施設を利用する高齢者、障害者等の利用の状況並びに重点整備地区における移動等円滑化のための施設及び車両等の整備状況等を把握するとともに、協議会の活用等により基本構想に基づき実施された事業の成果について評価を行い、それに基づき、必要に応じ、基本構想の見直し及び新たな基本構想の作成を行うことが望ましい。

　また、法附則第2条第2号の規定による廃止前の高齢者、身体障害者等の公共交通機関を利用した移動の円滑化の促進に関する法律（平成12年法律第68号）第6条第1項の規定により作成された基本構想については、法の趣旨を踏まえ、見直しを行うことが重要であることに留意する必要がある。

2　重点整備地区の位置及び区域に関する基本的な事項

(1)　重点整備地区の要件

　法では、市町村は、法第2条第21号イからハまでに掲げる要件に該当するものを、移動等円滑化に係る事業を重点的かつ一体的に推進すべき重点整備地区として設定することができることとされている。また、重点整備地区の区域を定めるに当たっては、次に掲げる要件に照らし、市町村がそれぞれの地域の実情に応じて行うことが必要である。

①　「生活関連施設（高齢者、障害者等が日常生活又は社会生活において利用する旅客施設、官公庁施設、福祉施設その他の施設をいう。以下同じ。）の所在地を含み、かつ、生活関連施設相互間の移動が通常徒歩で行われる地区であること。」（法第2条第21号イ）

　生活関連施設に該当する施設としては、相当数の高齢者、障害者等が利用する旅客施設、官公庁施設、福祉施設、病院、文化施設、商業施設、学校等多岐にわたる施設が想定されるが、具体的にどの施設を含めるかは施設の利用の状況等地域の実情を勘案して選定することが必要である。

　また、生活関連施設相互間の移動が通常徒歩で行われる地区とは、生活関連施設が徒歩圏内に集

積している地区をいい、地区全体の面積がおおむね４百ヘクタール未満の地区であって、原則として、生活関連施設のうち特定旅客施設又は官公庁施設、福祉施設等の特別特定建築物に該当するものがおおむね三以上所在し、かつ、当該施設を利用する相当数の高齢者、障害者等により、当該施設相互間の移動が徒歩で行われる地区であると見込まれることが必要である。

なお、重点整備地区を設定する際の要件として、特定旅客施設が所在することは必ずしも必須とはならないが、連続的な移動に係る移動等円滑化の確保の重要性に鑑み、特定旅客施設を含む重点整備地区を設定することが引き続き特に求められること、及び特定旅客施設の所在地を含む重点整備地区を設定する場合には、法第25条第３項の規定に基づき当該特定旅客施設を生活関連施設として定めなければならないとされていることに留意する必要がある。

② 「生活関連施設及び生活関連経路（生活関連施設相互間の経路をいう。以下同じ。）を構成する一般交通用施設（道路、駅前広場、通路その他の一般交通の用に供する施設をいう。以下同じ。）について移動等円滑化のための事業が実施されることが特に必要であると認められる地区であること。」（法第２条第21号ロ）

重点整備地区は、重点的かつ一体的に移動等円滑化のための事業を実施する必要がある地区であることが必要である。

このため、高齢者、障害者等の徒歩若しくは車椅子による移動又は施設の利用の状況、土地利用及び諸機能の集積の実態並びに将来の方向性、想定される事業の実施範囲、実現可能性等の観点から総合的に判断して、当該地区における移動等円滑化のための事業に一体性があり、当該事業の実施が特に必要であると認められることが必要である。

③ 「当該地区において移動等円滑化のための事業を重点的かつ一体的に実施することが、総合的な都市機能の増進を図る上で有効かつ適切であると認められる地区であること。」（法第２条第21号ハ）

高齢者、障害者等に交流と社会参加の機会を提供する機能、消費生活の場を提供する機能、勤労の場を提供する機能など都市が有する様々な機能の増進を図る上で、移動等円滑化のための事業が重点的に、かつ、各事業の整合性を確保して実施されることについて、実現可能性及び集中的かつ効果的な事業実施の可能性等の観点から判断して、有効かつ適切であると認められることが必要である。

(2) 留意事項

市町村は、重点整備地区を定めるに当たっては、次に掲げる事項に留意するものとする。

① 重点整備地区の数

市町村内に特定旅客施設が複数ある場合等、生活関連施設の集積の在り方によっては、複数の重点整備地区を設定することも可能であるが、当該生活関連施設相互間の距離、移動の状況等地域の実情から適当と判断される場合には、一つの重点整備地区として設定することも可能である。

② 複数の市町村及び都道府県の協力

生活関連施設の利用者が複数の市町村にまたがって移動しており、重点整備地区の範囲が複数の市町村にまたがる場合など、当該市町村が利用者の移動の実態に鑑み適当であると認めるときは、共同して基本構想を作成し、一体的に推進していくことが重要である。

また、これらの施設が大規模であり、利用者が広域にわたり、かつ、関係者間の調整が複雑となるような場合には、協議会への参加を求める等により都道府県の適切な助言及び協力を求めることが重要である。

③ 重点整備地区の境界

重点整備地区の境界は、可能な限り市町村の区域内の町境・字境、道路、河川、鉄道等の施設、都市計画道路等によって、明確に表示して定めることが必要である。

3 生活関連施設及び生活関連経路並びにこれらにおける移動等円滑化に関する事項

重点整備地区において長期的に実現されるべき移動等円滑化の姿を明らかとする観点から、生活関連施設、生活関連経路等については次に掲げるとおり記載することが望ましい。

(1) 生活関連施設

生活関連施設を選定するに当たっては、２(1)に留意するほか、既に移動等円滑化されている施設については、当該施設内の経路について、生活関連経路として移動等円滑化を図る場合等、一体的な移動等円滑化を図る上で対象と位置付けることが必要な施設につき記載するものとする。また、当面移動等円滑化のための事業を実施する見込みがない施設については、当該施設相互間の経路について、生活関連経路として移動等円滑化を図る場合等、一体的な移動等円滑化を図る上で対象と位置付けることが必要な施設につき、生活関連施設として、長期的展望を示す上で必要な範囲で記載することにも配慮する。

(2) 生活関連経路

生活関連経路についても(1)同様、既に移動等円滑化されている経路については、一体的な移動等円滑化を図る上で対象として位置付けることが必要な経路につき記載するものとする。また、当面移動等円滑化のための事業実施の見込みがない経路については、長期的展望を示す上で必要な範囲で記載することにも配慮する。

(3) 移動等円滑化に関する事項

　　基本構想の対象となる施設及び車両等において実施される移動等円滑化の内容について記載するものとする。当面具体的な事業実施に見込みがないものについては、事業実施の見込みが明らかになった段階で記載内容を追加又は変更する等基本構想を見直し、移動等円滑化の促進を図るものとする。

4　生活関連施設、特定車両及び生活関連経路を構成する一般交通用施設について移動等円滑化のために実施すべき特定事業その他の事業に関する基本的な事項

(1) 特定事業

　　特定事業としては、公共交通特定事業、道路特定事業に加え、路外駐車場特定事業、都市公園特定事業、建築物特定事業、交通安全特定事業があり、各々の事業の特性を踏まえ、必要となる事業について基本構想に記載するものとする。

　　なお、法第25条第2項第4号括弧書に規定されているとおり、旅客施設の所在地を含まない重点整備地区にあっては、当該重点整備地区と同一の市町村の区域内に所在する特定旅客施設との間の円滑な移動を確保するために、当該特定旅客施設の移動等円滑化を図る事業及び当該重点整備地区と当該特定旅客施設を結ぶ特定車両の移動等円滑化を図る事業についても、公共交通特定事業として記載することが可能である。

　　一般的には、建築物特定事業の対象となり得る生活関連施設である建築物が多数存在することから、基本構想作成時の協議及び事業実施を確実かつ円滑に行うためには、対象となる生活関連施設の規模及び利用状況等、他の特定事業との関連等について、当該地域の実情に照らして判断し、必要性等の高いものから基本構想に順次位置付けていくことが望ましい。

　　また、事業の着手予定時期、実施予定期間について可能な限り具体的かつ明確に記載することとし、当面事業の実施の見込みがない場合にあっては、事業の具体化に向けた検討の方向性等について記載し、事業が具体化した段階で、基本構想を適宜変更して事業の内容について記載を追加するものとする。

(2) その他の事業

　　その他の事業としては、特定旅客施設以外の旅客施設、生活関連経路を構成する駅前広場、通路等（河川施設、港湾施設、下水道施設等が生活関連経路を構成する場合にあっては、これらの施設を含む。）の整備があり、おおむねの事業内容を基本構想に記載するものとする。

(3) 留意事項

　　市町村は、基本構想を作成しようとするときは、これに定めようとする特定事業その他の事業に関する事項について、関係する施設設置管理者、都道府県公安委員会等と十分に協議することが必要であり、事業の記載に当たっては、高齢者、障害者等の移動又は施設の利用の状況、都市計画及び市町村マスタープランの位置付け、事業を実施することとなる者の意向等を踏まえることが重要である。

　　また、特定事業を記載するに当たっては、事業を実施することとなる者の意向等を踏まえること並びに関連する特定事業間の連携及び調整を図ることが必要不可欠であることから、協議会制度を有効に活用し、基本構想の作成及び事業実施の円滑化を図ることが求められる。なお、協議会において協議が調った事項については、協議会の構成員はその協議の結果を尊重しなければならないこととされていることに留意する必要がある。

　　特定事業その他の事業については、合理的かつ効率的な施設及び車両等の整備及び管理を行うことを念頭に、生活関連施設及び生活関連経路の利用者、利用状況及び移動手段並びに生活関連経路周辺の道路交通環境及び居住環境を勘案して記載することが必要である。この際、特定事業その他の事業の実施に当たっては、交通の安全及び円滑の確保並びに生活環境の保全についても配慮する必要があることに留意する必要がある。また、交通安全特定事業のうち違法駐車行為の防止のための事業に関しては、歩道及び視覚障害者誘導用ブロック上等の自動二輪車等の違法駐車、横断歩道及びバス停留所付近の違法駐車等、移動等円滑化を特に阻害する違法駐車行為の防止に資する事業が重点的に推進されるとの内容が基本構想に反映されるよう留意する必要がある。

5　4に規定する事業と併せて実施する土地区画整理事業、市街地再開発事業その他の市街地開発事業に関し移動等円滑化のために考慮すべき基本的な事項、自転車その他の車両の駐車のための施設の整備に関する事項その他の重点整備地区における移動等円滑化に資する市街地の整備改善に関する基本的な事項その他重点整備地区における移動等円滑化のために必要な事項

(1) 土地区画整理事業、市街地再開発事業その他の市街地開発事業に関する基本的な事項

　　重点整備地区における重点的かつ一体的な移動等円滑化を図るために実施される4に規定する事業を実施する場合、重点整備地区における市街地の状況並びに生活関連施設及び生活関連経路の配置の状況によっては、これらの事業を単独で行うのではなく、土地区画整理事業、市街地再開発事業その他の市街地開発事業と併せて行うことが効果的な場合がある。

① 具体的事業の内容

　　4に規定する事業と併せて行う事業の選択に当たっては、高齢者、障害者等の移動又は施設の利用の状況、都市計画及び市町村マスタープランの位置付け等を踏まえて判断することが重要である。

② 記載事項

基本構想には、事業の種類、おおむねの位置又は区域等をそれぞれ記載するものとする。

なお、土地区画整理事業の換地計画において定める保留地の特例を活用し、土地区画整理事業と併せて生活関連施設又は一般交通用施設（土地区画整理法（昭和29年法律第119号）第2条第5項に規定する公共施設を除く。）であって基本構想において定められた施設を整備しようとする場合には、それぞれの施設の主な用途、おおむねの位置等についても記載する必要がある。

(2) 自転車その他の車両の駐車のための施設の整備に関する事項その他の重点整備地区における移動等円滑化に資する市街地の整備改善に関する基本的な事項

移動等円滑化の妨げとなっている自転車その他の車両の放置及び違法駐車を防止するための抜本的な施策として、駐輪場等自転車その他の車両の駐車のための施設を特定事業その他の事業と一体的に整備することは極めて有効であることから、具体的な位置等これらの整備に関するおおむねの内容を記載するほか、その他の重点整備地区における移動等円滑化に資する市街地の整備改善に関する事項について記載することとする。

(3) その他重点整備地区における移動等円滑化のために必要な事項

① 推進体制の整備

基本構想に位置付けられた各種の事業を円滑かつ効果的に実施していくためには、基本構想の作成段階又は基本構想に基づく各種の事業の準備段階から、関係者が十分な情報交換を行いつつ連携を図ることが必要であり、協議会を有効に活用することが求められる。

② 事業推進上の留意点

イ　地域特性等の尊重及び創意工夫

各種の事業の実施に当たっては、事業効果を高めるため、地域特性等を尊重して、様々な創意工夫に努めることが重要である。

ロ　積雪及び凍結に対する配慮

積雪及び凍結により移動の利便性及び安全性が損なわれる可能性がある場合は、積雪時及び路面凍結時の安全かつ円滑な移動のための措置を講ずるよう努めることが必要である。

ハ　特定事業に関する公的な支援措置の内容

基本構想に即して特定事業を円滑に実施するため公的な支援措置が講じられる場合には、その内容を明確にすることが重要である。

ニ　基本構想に即した特定事業計画の作成上の留意事項

施設設置管理者及び都道府県公安委員会が基本構想に即して特定事業計画を作成するに当たっては、早期作成の重要性を十分認識するとともに、協議会を活用することによって当事者である高齢者、障害者等を始め関係者の参画を図ること等により、関係者の意見が特定事業計画に十分に反映されるよう努めることが重要である。

ホ　基本構想作成後の特定事業その他の事業の実施状況の把握等

基本構想作成後、特定事業その他の事業が早期に、かつ、当該基本構想で明記された目標に沿って順調に進展するよう、市町村は、事業の実施状況の把握、これに係る情報提供、協議会の活用等による事業を実施すべき者との連絡調整の適切な実施等事業の進展に努めることが必要である。

ヘ　高齢者、障害者等への適切な情報提供

施設設置管理者及び都道府県公安委員会は、高齢者、障害者等に対して、重点整備地区における移動等円滑化のために必要な情報を適切に提供するよう努めることが重要である。

③ その他基本構想の作成及び事業の実施に当たっての留意事項

基本構想は、市町村の発意及び主体性に基づき自由な発想で作成されるものであるので、この基本方針の三に定めのない事項についても基本構想に記載することが望ましい。

四　移動等円滑化の促進のための施策に関する基本的な事項その他移動等円滑化の促進に関する事項

1　国の責務及び講ずべき措置

(1) 国の責務（スパイラルアップ及び心のバリアフリー）

国は、高齢者、障害者等、地方公共団体、施設設置管理者その他の者と協力して、基本方針及びこれに基づく施設設置管理者の講ずべき措置の内容その他の移動等円滑化の促進のための施策の内容について、移動等円滑化の進展の状況等を勘案しつつ、これらの者の意見を反映させるために必要な措置を講じた上で、適時に、かつ、適切な方法により検討を加え、その結果に基づいて必要な措置を講ずるよう努めることにより、スパイラルアップを図るものとする。

また、移動等円滑化を進めるためには、施設及び車両等の整備のみならず、国民の高齢者、障害者等に対する理解及び協力、すなわち国民の「心のバリアフリー」が不可欠であることを踏まえ、国は広報活動、啓発活動、教育活動等を通じて、移動等円滑化の促進に関する関係者の連携及び国民の理解を深めるとともに、その実施に関する国民の協力を求めるよう努める。

(2) 設備投資等に対する支援、情報提供の確保及び研究開発等

施設設置管理者等による移動等円滑化のための措置を促進するため、設備投資等に対する必要な支援措置を講ずる。

また、高齢者、障害者等の円滑な移動及び施設の

利用を確保するためには、施設設置管理者等による移動等円滑化のための事業の実施状況に関する情報が利用しやすい形で提供される必要があることから、国は、施設設置管理者等による移動等円滑化のための事業の実施状況に関する情報が確実に収集され、利用しやすいよう加工された上で、利用者に提供されるような環境の確保に努めることとする。

さらに、国は、移動等円滑化を目的とした施設及び車両等に係る新たな設備等（情報を提供する手法に係るものを含む。以下同じ。）の実用化及び標準化、既存の設備等の利便性及び安全性の向上、新たな設備等の導入に係るコストの低減化等のための調査及び情報通信技術等の研究開発の促進を図るとともに、それらの成果が幅広く活用されるよう、施設設置管理者等に提供するほか、地方公共団体による移動等円滑化のための施設の整備に対する主体的な取組を尊重しつつ、地方公共団体が選択可能な各種支援措置の整備を行う。

2 地方公共団体の責務及び講ずべき措置

地方公共団体は、地域住民の福祉の増進を図る観点から、国の施策に準じ、1に掲げる責務を果たすとともに、措置を講ずることが必要である。特に、地域の実情に即して、移動等円滑化のための事業に対する支援措置、移動等円滑化に関する地域住民の理解を深めるための広報活動等移動等円滑化を促進するために必要な措置を総合的かつ計画的に講ずるよう努めることが必要である。

なお、建築物の移動等円滑化に関しては、地方公共団体が所要の事項を条例に定めることにより、地域の実情に応じた建築物の移動等円滑化を図ることが可能な仕組みとなっているので、積極的な活用に努めることが必要である。また、建築物の部分のうち駅等に設けられる一定の要件を満たす通路等については、建築基準法（昭和25年法律第201号）第52条第14項第1号の規定による容積率制限の特例を受けることが可能であるので、同法に規定する特定行政庁は、当該規定の適切な運用に努めることが重要である。

3 施設設置管理者以外の高齢者、障害者等が日常生活又は社会生活において利用する施設を設置又は管理する者の責務

高齢者、障害者等の円滑な移動及び施設の利用を実現するために、地下街、自由通路、駅前広場その他の高齢者、障害者等が日常生活及び社会生活において移動手段として利用し得る施設を設置し、又は管理する者においても、移動等円滑化のために必要な措置を講ずるよう努めることが必要である。

4 国民の責務（心のバリアフリー）

国民は、高齢者、障害者等の自立した日常生活及び社会生活を確保することの重要性並びにそのために高齢者、障害者等の円滑な移動及び施設の利用を実現することの必要性について理解を深めるよう努めなければならない。その際、外見上分かりづらい聴覚障害、内部障害、精神障害、発達障害など、障害には多様な特性があることに留意する必要がある。

また、視覚障害者誘導用ブロック上への駐輪、車椅子使用者用駐車施設への駐車等による高齢者、障害者等の施設の利用等を妨げないことのみならず、必要に応じ高齢者、障害者等の移動及び施設の利用を手助けすること等、高齢者、障害者等の円滑な移動及び施設の利用を確保することに積極的に協力することが求められる。

附　則

この告示は、公布の日から施行する。

○歩道の一般的構造に関する基準

平成17年2月3日
国都街発第60号・国道企発第102号

I 歩道の一般的構造

1 歩道の設置の基本的考え方

歩道の設置にあたっては、「道路構造令」の規定に基づき、地形や当該道路の歩行者等の交通の状況を考慮し、かつ、対象とする道路の種類、ネットワーク特性、沿道の立地状況等の地域特性を十分に考慮し、歩道の設置の要否や幅員等の構造を決定するものとする。

特に、地方部における第三種の道路においては、道路構造令第11条第2項により、必要な場合に歩道を設置する規定となっていることに留意し、道路管理者等が地域の実情を踏まえて、適切に判断するものとする。

2 歩道の構造の原則

(1) 歩道の形式等

① 歩道の形式

歩道の形式は、高齢者や視覚障害者、車いす使用者等を含む全ての歩行者にとって安全で円滑な移動が可能となる構造とすることが原則であり、視覚障害者の歩車道境界の識別、車いす使用者の円滑な通行等に十分配慮したものでなければならない。このため、歩車道を縁石によって分離する場合の歩道の形式は、歩道面を車道面より高く、かつ縁石天端高さより低くする構造（セミフラット形式）とすることを基本とする。

② 歩道面の高さ

歩道面の高さは、歩道面と車道面の高低差を5cmとする事を原則として、当該地域の地形、気象、沿道の状況及び交通安全施設の設置状況等を考慮し、雨水等の適切な排水を勘案して決定する

資　料　編

ものとする。
③　縁石の高さ
　　歩道に設ける縁石の車道等に対する高さは、歩行者の安全な通行を確保するため15cm以上とし、交通安全対策上必要な場合や、橋又はトンネルの区間において当該構造物を保全するために必要な場合には25cmまで高くすることができる。なお、植樹帯、並木又はさくが連続している等歩行者の安全な通行が確保されている場合であって、雨水等の適切な排水が確保できる場合には、必要に応じ5cmまで低くすることができる。
④　歩道面の勾配等
　　歩道面に設ける勾配は、地形の状況その他の特別の理由によりやむを得ない場合を除き、車いす使用者等の円滑な通行を考慮して以下のとおりとする。
　イ）歩道の縦断勾配は、5％以下とする。ただし、沿道の状況等によりやむを得ない場合には、8％以下とすることができる。
　ロ）歩道の横断勾配は、雨水等の適切な排水を勘案して、2％を標準とする。また、透水性舗装等を行った場合は、1％以下とする。なお、縦断勾配を設けることにより雨水等を適切に排水できる箇所には、横断勾配は設けないものとする。
(2)　分離帯における縁石の高さ
　　分離帯において車道境界に縁石を設ける場合には、その高さは25cm以下とする。
(3)　その他留意事項
　①　歩道の整備にあたっては、歩行者の快適な通行を考慮して、透水性舗装の実施等の必要な措置を講ずるよう努めるものとする。
　②　バス停車帯又はバス停留所に接続する歩道においては、高齢者や車いす使用者の円滑な乗降を考慮し、当該部分の歩道面を高くするなどの必要な措置を講ずるよう努めるものとする。

3　横断歩道等に接続する歩道の部分等の構造
(1)　歩道の構造
　①　水平区間
　　横断歩道等に接続する歩道の部分には水平区間を設けることとし、その値は1.5m程度とする。ただし、やむを得ない場合にはこの限りでない。
　②　車道との段差
　　歩道と車道との段差は、視覚障害者の安全な通行を考慮して2cmを標準とする。
(2)　横断歩道箇所における分離帯の構造
　　横断歩道箇所における分離帯は、車道と同一の高さとする。ただし、歩行者及び自転車の横断の安全を確保するために分離帯で滞留させる必要がある場合には、その段差は2cmを標準とする。

4　車両乗入れ部の構造
　　車両が道路に隣接する民地等に出入りするため、縁石等の一部に対して切下げ又は切開き等の処置を行う箇所（以下、「車両乗入れ部」とする。）の構造については、以下を標準とする。
(1)　構造
　　車両乗入れ部における歩車道境界の段差は5cmを標準とする。
(2)　車両乗入れ部の設置個所
　　車両乗入れ部は、原則として次に掲げる①から⑨までの場所以外に設けるものとする。ただし、民家等にその家屋所有者の自家用車が出入りする場合であって、自動車の出入りの回数が少なく、交通安全上特に支障がないと認められる場合には、②から④及び⑥は適用しないことができるものとする。
　①　横断歩道及び前後5m以内の部分。
　②　トンネル、洞門等の前後各50m以内の部分。
　③　バス停留所、路面電車の停留場、ただし停留所を表示する標柱又は標示板のみの場合は、その位置から各10m以内の部分。
　④　地下道、地下鉄の出入口及び横断歩道橋の昇降口から5m以内の部分。
　⑤　交差点（総幅員7m以上の道路の交差する交差点をいう。）及び交差点の側端又は道路の曲がり角から5m以内の部分、ただしT字型交差点のつきあたりの部分を除く。
　⑥　バス停車帯の部分。
　⑦　橋の部分。
　⑧　防護柵及び駒止めの設置されている部分、ただし交通安全上特に支障がないと認められる区間を除く。
　⑨　交通信号機、道路照明灯の移転を必要とする箇所、ただし道路管理者及び占用者が移転を認めた場合は除く。

5　自転車歩行者道の構造について
　　自転車歩行者道の構造に関しては、歩道の構造に関する前項までの規定に準ずるものとする。

6　その他留意事項
(1)　交通安全対策
　①　Ⅰ－3において、歩道の巻込み部又は交差点の歩道屈曲部において自動車の乗上げを防止するために、主要道路の車道に面して低木の植込みを設置する、又は縁石を高くする等必要な措置を講ずるよう配慮するものとする。
　②　Ⅰ－4において、車両乗入れ部から車両乗入れ部以外の歩道への車両の進入を防止し、歩行者の安全かつ円滑な通行を確保するために、必要に応じ駒止め等の施設により交通安全対策を実施するよう配慮するものとする。
(2)　排水対策
　　歩行者の快適な通行や沿道の土地利用への影響を考慮して、雨水等の適切な排水を十分配慮した対策を行うものとする。

Ⅱ　既設のマウントアップ形式の歩道における対応

既設のマウントアップ形式の歩道をセミフラット形式の歩道にする場合には、沿道状況等を勘案し、①歩道面を切下げる方法の他、②車道面の嵩上げ、③車道面の嵩上げと歩道面の切下げを同時に実施する等の方法から、適切な方法により実施するものとする。

なお、やむをえない理由により、当面の間、歩道のセミフラット化が図れない場合、横断歩道等に接続する歩道の部分及び車両乗入れ部の構造は、下記のとおりとする。

1　横断歩道等に接続する歩道の部分の構造
　(1)　構造
　　　横断歩道等に接続する歩道の部分における歩道と車道とのすりつけ部については、次の構造を標準とする。
　　①　すりつけ部の縦断勾配
　　　　すりつけ部の縦断勾配は、車いす使用者等の安全な通行を考慮して5％以下とする。
　　　　ただし、路面凍結や積雪の状況を勘案して、歩行者の安全な通行に支障をきたす恐れがある場合を除き、沿道の状況等によりやむを得ない場合には8％以下とする。
　　②　水平区間
　　　　①の縦断勾配と車道との段差との間には水平区間を設けることとし、その値は1.5m程度とする。ただし、やむを得ない場合にはこの限りでない。
　　③　車道との段差
　　　　歩道と車道との段差は、視覚障害者の安全な通行を考慮して2cmを標準とする。

2　車両乗入れ部の構造
　(1)　平坦部分の確保
　　　歩道面には、車いす使用者等の安全な通行を考慮して、原則として1m以上の平坦部分（横断勾配をⅠ-2(1)④ロ）の値とする部分）を連続して設けるものとする。
　　　また、当該平坦部分には、道路標識その他の路上施設又は電柱その他の道路の占用物件は、やむを得ず設置される場合を除き原則として設けないこととする。なお、歩道の幅員が十分確保される場合には、車いす使用者の円滑なすれ違いを考慮して、当該平坦部分を2m以上確保するよう努めるものとする。
　(2)　構造
　　①　植樹帯がなく、歩道内においてすりつけを行う構造
　　①-1　歩道面と車道面との高低差が15cm以下の場合
　　　　植樹帯等がなく、また歩道面と車道面との高低差が15cm以下の場合には、以下の構造を標準として、すりつけを行うものとする。
　　イ）すりつけ部の長さ（縁石を含むすりつけ部の横断方向の長さをさす。以下同じ。）は、歩道の高さが15cmの場合、道路の横断方向に75cmとすることを標準とする。歩道の高さが15cm未満の場合には、すりつけ部の横断勾配（すりつけ部のうち縁石を除いた部分の横断勾配をさす。以下同じ。）を、前述の標準の場合と同じとし、すりつけ部の長さを縮小することが可能である。
　　ロ）歩車道境界の段差は5cmを標準とする。
　　①-2　歩道面と車道面との高低差が15cmを超える等の場合
　　　　植樹帯等がなく、また歩道面と車道面との高低差が15cmを超える場合ならびに15cm以下の場合で上記によらない場合には、以下の構造を標準とする。
　　イ）すりつけ部の横断勾配を15％以下（ただし、特殊縁石（参考図2-5(b)に示す、歩道の切下げ量を少なくすることができる形状をもつ縁石）を用いる場合は10％以下）として、Ⅱ-2(1)に基づき歩道の平坦部分をできる限り広く確保してすりつけを行うものとする。
　　ロ）歩車道境界の段差は5cmを標準とする。
　　②　植樹帯等の幅員を活用してすりつけを行う構造
　　　　植樹帯等（路上施設帯を含む。）がある場合には、当該歩道の連続的な平坦性を確保するために、当該植樹帯等の幅員内ですりつけを行い、歩道の幅員内にはすりつけのための縦断勾配、横断勾配又は段差を設けないものとする。この場合には、以下の構造を標準とする。
　　　　なお、以下の構造により当該植樹帯等の幅員の範囲内ですりつけを行うことができない場合には、①に準じてすりつけを行うものとする。
　　イ）すりつけ部の横断勾配は15％以下とする。ただし、特殊縁石を用いる場合には10％以下とする。
　　ロ）歩車道境界の段差は5cmを標準とする。
　　③　歩道の全面切下げを行う構造
　　　　歩道の幅員が狭く①又は②の構造によるすりつけができない場合には、車道と歩道、歩道と民地の高低差を考慮し、車両乗入れ部を全面切下げて縦断勾配によりすりつけるものとする。この場合には、以下の構造を標準とする。
　　イ）すりつけ部の縦断勾配は5％以下とする。ただし、路面凍結や積雪の状況を勘案して歩行者の安全な通行に支障をきたす恐れがある場合を除き、沿道の状況によりやむを得ない場合には8％以下とする。
　　ロ）歩車道境界の段差は5cmを標準とする。

3　自転車歩行者道の構造について
　(1)　横断歩道等に接続する部分の構造
　　　横断歩道等に接続する部分の自転車歩行者道の構造に関しては、歩道の構造に関するⅡ-1の規定に準ずるものとする。
　(2)　車両乗入れ部の構造
　　　車両乗入れ部の構造については、1m以上の平坦部分を確保できる場合には、Ⅱ-2(2)①-2もしくは②の規定に準じ、普通縁石（参考図2-5(a)に示

資料編

す縁石）を用い、すりつけ部の横断勾配を15％以下として自転車歩行者道内ですりつけるものとする。ただし、自転車歩行者道の高さが15cm以下の場合で、上記によると1m以上の平坦部分を確保できない場合には、Ⅱ－2(2)①－1の規定に準じてすりつけるものとする。

上記のいずれによっても1m以上の平坦部分を確保できない場合には、Ⅱ－2(2)③の規定に準じてすりつけるものとする。

4　その他留意事項

Ⅱ－1、2の構造の適用にあたっては、Ⅰ－6によるほか、下記の点に留意するものとする。

(1) 車両乗入れ部等が連担する場合の調整

横断歩道等に接続する歩道の部分における車道とのすりつけ部若しくは車両乗入れ部において設けられる縦断勾配箇所の間隔が短い場合又は将来の沿道の状況により短くなることが考えられる場合であって、車いす使用者等の通行に支障をきたす恐れがある場合には、排水施設の設置、交通安全対策、民地側とのすりつけ等を勘案し、一定区間において歩道面を切下げる等必要な措置を講ずるよう努めるものとする。

(2) 交通安全対策

Ⅱ－2の構造を適用する場合において、すりつけ部と平坦部の色分けを実施する等の対応により、歩行者等及び運転者に対してすりつけ部の識別性を向上させることに努めるものとする。

〈参考図〉

1　既設のマウントアップ形式の歩道での横断歩道等に接続する歩道の部分の構造

参考図1－1　歩道の巻込み部における構造

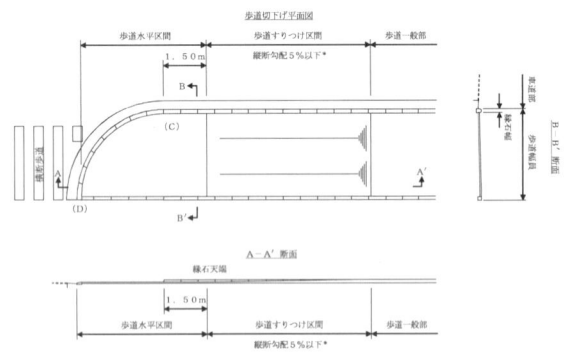

注）
- 歩道水平区間においては、巻込始点(C)からすりつけ区間との間に1.5m程度設けることが望ましい。この様に設けられない場合には、巻込終点(D)から1.5m以上設ける。
- 歩道の巻込み部において自動車の乗上げを防止するために、主要道路の車道に面して低木の植込みを設置する、又は縁石を高くする等必要な措置を講ずるよう配慮するものとする。
- 歩道の幅員が広く、植樹帯等（路上施設帯）がある場合に、水平区間に十分な滞留空間が確保できる場合には、当該水平区間及びすりつけ区間に植樹帯等を設けることも可能とする。
- ＊については、路面凍結や積雪の状況を勘案して歩行者又は自転車の安全な通行に支障をきたす恐れがある場合を除き、沿道の状況によりやむを得ない場合には8％以下とする。

参考図1－2　横断歩道箇所における構造

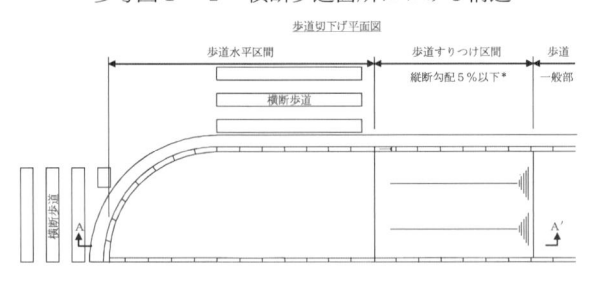

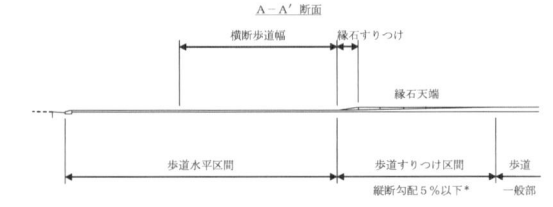

注）
- 歩道の巻込み部において自動車の乗上げを防止するために、主要道路の車道に面して低木の植込みを設置する、又は縁石を高くする等必要な措置を講ずるよう配慮するものとする。
- ＊については、路面凍結や積雪の状況を勘案して歩行者又は自転車の安全な通行に支障をきたす恐れがある場合を除き、沿道の状況によりやむを得ない場合には8％以下とする。

参考図1－3　同上（交差点に横断歩道がある場合）

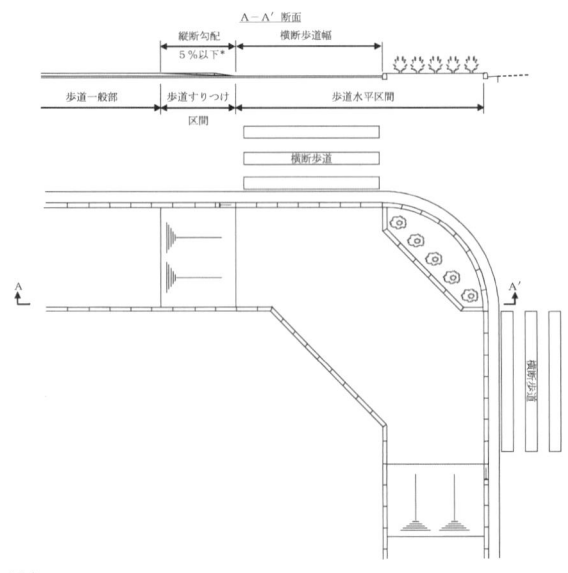

注）
- ＊については、路面凍結や積雪の状況を勘案して歩行者又は自転車の安全な通行に支障をきたす恐れがある場合を除き、沿道の状況によりやむを得ない場合に

歩道の一般的構造に関する基準

は8％以下とする。

参考図1-4　同上（交差点以外に横断歩道がある場合）

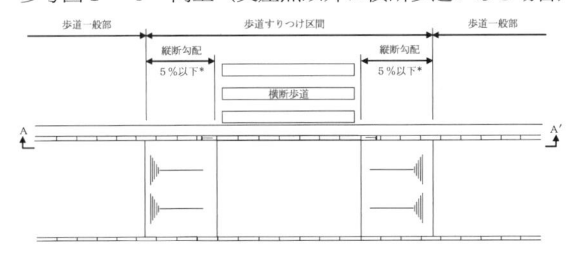

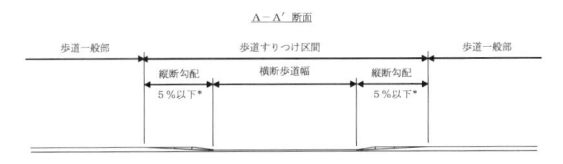

注）
- ＊については、路面凍結や積雪の状況を勘案して歩行者又は自転車の安全な通行に支障をきたす恐れがある場合を除き、沿道の状況によりやむを得ない場合には8％以下とする。

2　既設のマウントアップ形式の歩道での車両乗入れ部の構造

参考図2-1　歩道内においてすりつけを行う構造
（歩道面と車道面との高低差が15cm以下の場合）

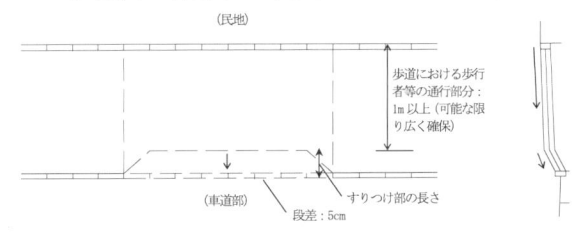

- 歩道における歩行者等の通行部分は1m以上を確保する。
- すりつけ部の長さは75cmとすることを標準とする。
- 車両の安全な通行に支障をきたすことのないよう、必要に応じ、隅切り等を行う。

参考図2-2　歩道内においてすりつけを行う構造
（歩道面と車道面との高低差が15cmを超える等の場合）

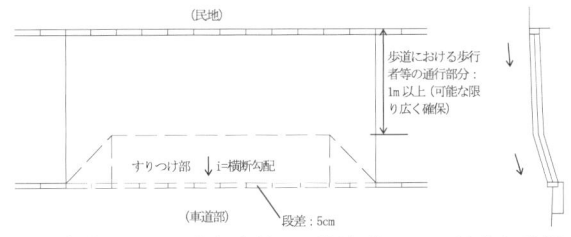

- 歩道における歩行者等の通行部分は1m以上を確保する。
- すりつけ部の勾配は15％以下（特殊縁石を使用する場合は10％以下）とする。
- 車両の安全な通行に支障をきたすことのないよう、必要に応じ、隅切り等を行う。

参考図2-3　植樹帯等の幅員を活用してすりつけを行う構造
（植樹帯等の幅員内ですりつけを行う場合）

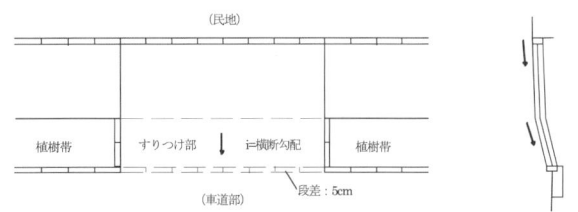

- すりつけ部の横断勾配は15％以下とする。ただし特殊縁石を用いる場合には10％以下とする。
- 車両の安全な通行に支障をきたすことのないよう、必要に応じ、隅切り等を行う。

参考図2-4　歩道の全面切下げを行う構造

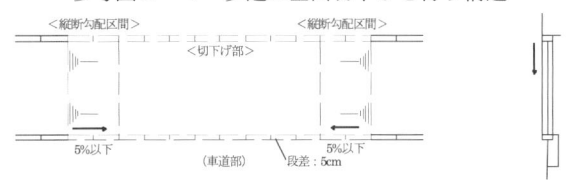

- すりつけ部の縦断勾配は5％以下とする。ただし、路面凍結や積雪の状況を勘案して歩行者又は自転車の安全な通行に支障をきたす恐れがある場合を除き、沿道の状況によりやむを得ない場合には8％以下とする。

参考図2-5　車両乗入れ部における縁石の構造
(a)普通縁石　　　　　(b)特殊縁石

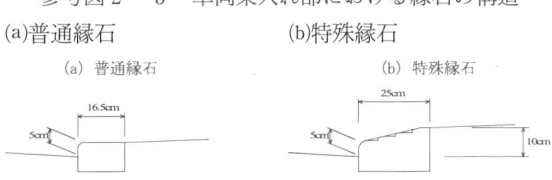

3　横断歩道箇所における分離帯の構造

参考図3　横断歩道箇所における分離帯の構造

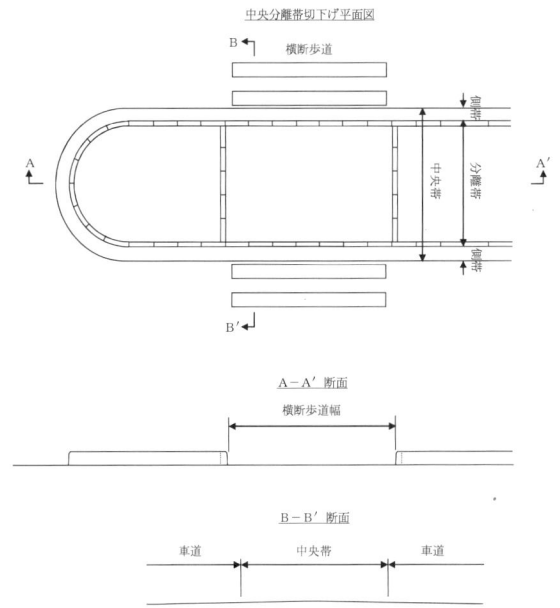

- 歩行者及び自転車の横断の安全を確保するために、分離帯で滞留させる必要がある場合には、横断歩道箇所における分離帯と車道との段差は2cmを標準とする。

■用語索引■

【あ行】

<あ>

アーケード……………………287、289、303
アイキャッチャー………………………242
暗渠……………………………………45
安全対策………………63、64、125、168
安全・防犯設備………………………124
案内施設………145、163、309、318、325、
326、327、332
案内板…………13、126、160、181、186、
192、199、235、245
案内表示………179、182、185、199、214
案内標識………16、18、126、205、206、
207、213、214、215、216、
217、227、229、230、232、
233、234、235、244、245、
251、332

<い>

維持管理………23、55、91、221、255、
256、297、303、304、305
維持・修繕……………126、134、221
一体的な整備……………………11、32
逸脱防止……………………………63、90
一般的情報………………238、239、240
移動手すり（エスカレーター）………132、133
移動等円滑化のために必要な道路の構造に関する
基準を定める省令……………………3、12
移動円滑化のために必要な道路の占用に関する基
準を定める省令………………………23
インターロッキングブロック………………51

<う>

ウォークスルー型エレベーター……………115
迂回路………………………………25、34
雨水ます……………………………77、79
上屋……………12、145、146、157、158、
159、160、161、163、168、
169、171、236、273、274、
287、293、295、303、317、
318、322
運行情報……………………161、171、172

<え>

英語表記…………………………247、249
駅舎……………………………………284
駅前広場…………5、15、17、29、30、
229、230、234、307、308、
309、314、315、316、317、
318、319、320、321、322、
323、324、325、326、327、
328
駅前広場の機能………………307、308
エスカレーター………12、109、110、111、115、
116、132、133、134、144、
187、216、231、232、236、
238、242、243、269、313、
316
エスコートゾーン………………………272
エレベーター…………5、12、13、15、33、
109、110、111、112、115、
116、117、118、119、120、
121、123、124、125、126、
134、173、175、176、183、
184、187、196、197、214、
216、227、229、231、232、
233、234、236、238、241、
242、243、269、313、315、
316、323、325
演出照明施設…………………327、328
演色性…………………………285、286、327
縁石……………………25、39、63、64、65、
69、79、82、90、91、
93、94、154、155、194、
195、264、318、320、331
縁石線…………48、63、79、85、163、
168
沿道住民………90、110、118、131、134、
143、256、303、305
縁端構造………………66、69、70、73、331
縁端高さ………………………………68、70

<お>

横断勾配………52、54、56、57、62、
65、76、80、85、91、
92、93、94、95、107、
108、127、128、135、163、
168、170、296
横断歩道………59、65、66、68、69、
77、113、157、239、241、
263、264、265、266、272、
287、290、291、319
横断歩道橋……39、109、110、114、136、
137、140、239、267、283、
287、292
横断歩道接続部………25、50、63、65、75、
78、79、80、82、83、

用 語 索 引

　　　　　　　　　　85、86、87、89、90、
　　　　　　　　　　91、258、287、291、292、
　　　　　　　　　　299、300
横断歩道に接続する歩道等の部分
　　　　　　………65、66、76、78、287、
　　　　　　　　　　290、331
オーバーハング…………………………146
オープンスペース…………………274、275
オストメイト………13、204、208、209、210
踊場………………57、127、128、129、131、
　　　　　　　　　　138、140、141、144
汚物入れ……………………………204、209
おむつ交換シート………………………210
折れ階段…………………………138、140
音声……………12、117、118、120、124、
　　　　　　　　　　125、161、171、190、197、
　　　　　　　　　　215、251、271、326

【か行】
＜か＞
ガードレール………………………………48
街渠部………………………………………75
階段………………39、84、115、130、138、
　　　　　　　　　　139、140、141、142、143、
　　　　　　　　　　144、155、173、187、198、
　　　　　　　　　　216、217、218、234、239、
　　　　　　　　　　241、267、283、287、293
鏡………………117、119、124、125、140、
　　　　　　　　　　197、209、210
かご（エレベーター）……116、117、118、120、121、
　　　　　　　　　　123、124、125、126、197、
　　　　　　　　　　233
嵩上げ………………80、81、90、92、167
笠木…………………………131、136、143
簡易型多機能便房………………202、203、204
雁木…………………………………287、303
環境空間……………………308、321、322、327
緩勾配区間…………………………………57
官民管理協定制度…………………………15
官民境界……………………………261、263
＜き＞
機械式駐車装置……………………217、223、224
基準適合努力義務………………………8、11
軌道…………………………171、239、241、319
輝度比…………120、121、127、131、132、
　　　　　　　　　　134、138、139、143、253、
　　　　　　　　　　256、257
機能照明施設……………………………327
基本構想…………………………4、5、7、8、9、
　　　　　　　　　　11、13、15、16、17、
　　　　　　　　　　21、22、23、29、31、

　　　　　　　　　　32、33、259
基本構想の作成提案制度…………………11
基本方針…………………7、11、13、14、16、
　　　　　　　　　　17、21、29、32
休憩施設……………58、101、157、160、273、
　　　　　　　　　　274、275、276、277、309、
　　　　　　　　　　314、321、322、324
休憩スペース………………………57、274
教育訓練……………………………………13
協議会………………………7、13、31、305
協議会制度………………………………4、9、11
狭さく部……………………23、96、98、100、102
狭幅員歩道…………………………………91
橋梁部………………………………287、292
切り込みテラス型（停留所）…………146、147
切り下げ…………………59、65、80、81、84、
　　　　　　　　　　92、95
均斉度………………………………281、282
＜く＞
空隙詰まり…………………………………55、56
くし板………………………132、133、134、269
車いす当たり………………………121、124、125
車いすが円滑に転回できる構造…………76
車いす使用者の通行のための寸法………38
車いすの寸法………………………………37
車止め（ボラード）……42、104、105、106、108、
　　　　　　　　　　194、195、299
グレーチング……………77、78、128、135、139、
　　　　　　　　　　194
＜け＞
けあげ高……………………………………139
経過措置……………………17、31、96、97、98、
　　　　　　　　　　100、101、108、114
景観機能……………………………307、308、321
景観形成施設………………………321、322、323
掲示位置……………………………………235
掲示高さ……………………………………244
傾斜路………………12、39、109、115、127、
　　　　　　　　　　128、129、130、131、136、
　　　　　　　　　　140、144、170、173、196、
　　　　　　　　　　197、205、219、231、232、
　　　　　　　　　　233、234、236、241、242、
　　　　　　　　　　243
啓発活動……………………………………24
けこみ………………………………139、140
建築限界……………………………25、48、109、235
＜こ＞
公安委員会…………………7、11、17、22、24、
　　　　　　　　　　45、49、88、98、103、
　　　　　　　　　　107、145、272
公共空間……………………………………45、47

用 語 索 引

公共交通機関……………………4、5、8、13、239、
　　　　　　　　　　　　287、295
公共交通事業者………………………5、7、8、11
公共交通特定事業……………………………15、152
光源……………………………217、285、286、327
交差点…………………………82、86、91、105、107、
　　　　　　　　　　　229、235、239、241、243、
　　　　　　　　　　　271、274、275、291、299、
　　　　　　　　　　　332
公衆電話………………………………………160、323
公衆便所………………240、241、242、243、314、
　　　　　　　　　　　321、322、325、326
光色………………………………………………285
交通安全特定事業…………………………………16
交通規制…………………………33、45、98、103、107
交通結節機能…………………………………307、308
交通空間………………………279、308、309、327
交通バリアフリー法……………3、5、6、8、14、
　　　　　　　　　　　17、22、31、154
交通標識……………………………………………48
交通容量…………………………………………146
勾配……………………………13、33、58、59、66、
　　　　　　　　　　　67、68、70、74、75、
　　　　　　　　　　　76、80、128、131、139、
　　　　　　　　　　　163、287、299、331
勾配延長……………………………………………57
高欄……………………………………131、136、143
交流機能………………………307、308、321、322
高齢者、障害者等の移動等の円滑化の促進に関す
る法律………………………………3、6、7、11、39
高齢者、身体障害者等の公共交通機関を利用した
移動の円滑化の促進に関する法律………………3
小型除雪機……………………………………300、305
小型手洗い器……………………………………208
国際シンボルマーク……………179、180、185、230、232
心のバリアフリー………………4、6、7、9、10、
　　　　　　　　　　　13

【さ行】

＜さ＞
サービス機能…………………………307、308、321
サービス施設…………………………175、307、321、322
再配分（道路の）……………………49、97、100
サインカーブ（ハンプ）…………………………103
柵（さく）……………………144、163、168、169、170、
　　　　　　　　　　　195、200、318、319
三角形切込み型（停留所）………145、146、150
散水消雪……………………………………55、62、303
散水消雪実施区間……………………………52、62
散水ノズル………………………………………291

＜し＞
シェルター…………………………………160、294
市街地拠点機能………………………307、308、321
視覚障害者誘導用ブロック………5、12、24、39、50、
　　　　　　　　　　　67、68、72、79、108、
　　　　　　　　　　　143、144、145、161、163、
　　　　　　　　　　　171、190、191、192、199、
　　　　　　　　　　　216、253、254、255、256、
　　　　　　　　　　　257、258、259、260、261、
　　　　　　　　　　　262、263、264、265、270、
　　　　　　　　　　　271、272、285、287、292、
　　　　　　　　　　　318、319、326、331、332
視覚情報………………………………279、280、325
自家用車乗降場…………………………………320
自家用車駐車場……………………………309、320
識別性……………………………………66、67、68、103
シケイン………………………………………103、105
次世代普及型ノンステップバスの標準仕様……154
視線誘導………………………………………90、282
自転車道………………………41、46、49、50、63、
　　　　　　　　　　　159
自転車歩行者道………………13、23、39、41、49、
　　　　　　　　　　　50、63、76、96、114、
　　　　　　　　　　　157、159、314
自転車歩行者道の幅員………………42、43、158
自動車駐車場……………………39、173、174、175、179、
　　　　　　　　　　　181、183、184、185、186、
　　　　　　　　　　　187、188、189、194、196、
　　　　　　　　　　　197、198、214、216、217、
　　　　　　　　　　　221、222、227、253、279、
　　　　　　　　　　　283
島式（停留所）…………………………………151
弱視（ロービジョン）………69、120、121、131、143、
　　　　　　　　　　　161、171、200、217、253、
　　　　　　　　　　　256、258、327、332
斜線標示………………………………………179、180
車体用スペース………………177、180、184、185、227
シャッターブレード………………………299、300
車道除雪………………………………………55、290
車両衝突防止……………………………………168
車両乗入れ部……………………25、39、63、65、79、
　　　　　　　　　　　80、85、90、91、92、
　　　　　　　　　　　93、94、95、102、255
車両用防護柵…………………………………90、277
斜路付き階段…………………………138、139、141、143
縦断勾配………………………12、57、60、62、65、
　　　　　　　　　　　76、80、86、87、89、
　　　　　　　　　　　93、94、103、127、128、
　　　　　　　　　　　135、170、288、296
重点整備地区……………………7、8、11、14、15、
　　　　　　　　　　　16、17、29、30、31、

	32、111、280
主動線	114、314、315、317、326、327、328
障害者・高齢者等のための公共交通機関の車両等に関するモデルデザイン	154
昇降口	114、126、132、144、187、236、258、267、292
乗降口	117、118、120、121、123、124、125、126、133、154、155、163、166、167、258、292
昇降施設	117
乗降場(路面電車停留場)	161、163、165、166、167、168、169、170、171、253、309、313、314、316、318、319、320、322
昇降方法	116
乗降用スペース	177、179、180、184、185、198、224
昇降路	117、118、120、121、124、126、187、197、233
消雪施設	44、289、294、303
消雪パイプ	289、291、303
照度レベル	280、281
情報提供施設	215、251、308、325、326
情報内容	229、230、238、249、251
障害者用駐車施設	173、174、175、176、177、179、180、181、183、194、196、197、198、199、202、214、221、222、223、224、227、234
障害者用停車施設	173、183、184、185、186、198、214、221、226
照明器具	161、282、285
照明施設	127、135、139、144、145、161、163、171、217、279、280、283、308、318、319、325、327
照明施設の明るさ	280
消融雪施設	289、303
植栽	299、321、322、324
植樹帯	46、50、63、64、80、86、87、90、93、94、108、145、147、161、276、283
植樹ます	42、274、276、277
触知案内図	199
除雪作業	299
除雪幅	42、44
寝台（ストレッチャー）	8
シンボル施設	321、322、323、324
人力排雪	300

＜す＞

水景施設	324
水洗器具	207、208、213、233
水洗装置	204、208
垂直動線	309、315、323
水平動線	309、314、315
ストレート型（停留所）	145、146、149、152
スパイラルアップ	4、7、9、13、21、332
スムース横断歩道	80、87、88、91、318、319
すりつけ勾配	79
すれ違い箇所	101、102
スロープ板	145、152、154、155、156

＜せ＞

生活関連経路	15、16、17、18、19、23、29、30、31、32、34、42、43
生活関連施設	14、15、16、17、29、30、31、32、33、34、108、332
晴眼者	256
精神障害者	3、4、8、331
正着	145、146、150、151、152、158
積雪寒冷地	42、43、51、52、54、55、62、75、78、87、90、91、131、136、143、287、317、322
セットバック	47、304
セミフラット	79、80、81、82、83、90、92、93、152
線状ブロック	254、258、261、262、263、264、267、271
選択可能性	6
洗面器	201、206、208、209、210
全盲	69、253、258
占用物件	13、15、23、24、42、45、47、48、51、93、101、261、263、270

＜そ＞

操作盤	117、119、120、121、123、125、233
速度抑制施設	91
側溝	45、46、48、63、77、108、156

用語索引

【た行】

<た>
堆雪幅 …………………… 43、44、287、288、289
大便器 …………………………………………… 200
タクシー事業者 ……………………………………… 8
タクシー乗降場 ………………… 287、293、319、320
立ち上がり部 ………………… 127、131、135、136、138、143
段 ……………………………………… 190、205、207
男子用小便器 …………………………………… 199、200
段鼻 ………………………………………… 138、139、140
多機能便所 ……………………………………… 202、213
多機能便房 …………………… 202、203、205、206、207、208、209、210、213

<ち>
地下横断歩道 …………… 39、109、127、135、137、139、140、239、267、279、283、293、295
地下道出入口 ………………………………… 287、293
地図 …………………… 23、229、230、234、238、239、241、242、244、245、246、247、248、249
知的障害者 …………………………… 3、4、8、331
中央分離帯 ……………… 45、258、268、290、292
駐車施設 ………………… 12、13、174、183、187、194、195
駐車場 ………………… 160、178、217、229、232、233、234、243、284、309、320
超低床電車（LRV）……………………… 166、167
直階段 …………………………………………… 138、140
著名地点 ……………………… 229、230、234、235、248

<つ>
通報装置 ………………………………………… 210
通路 …………………………………………… 205
ツルツル路面 …………………………………… 290、291

<て>
定期点検 ………………………………………… 126、134
提供情報 ………………………………………… 271
停車帯 …………………………………………… 146、148
低床車両 ………………………………………… 166
低床バス …………… 145、152、155、161、293、294
出入口 …………………… 12、13、81、108、115、117、118、119、173、175、176、183、184、187、188、189、190、191、192、193、194、196、197、198、199、204、205、206、207、209、213、214、217、224、227、233、234、236、258、259、283、287、292、317、332
適用範囲 ………………………………………… 19
手すり …………………… 39、117、122、124、125、127、128、129、130、135、136、137、138、141、142、199、200、201、204、207、213
テラス型（停留所）………………… 145、146、148
デリニエータ ……………………………………… 90
転回 …………………… 66、118、124、165、204、290
点検 ………………… 25、126、134、221、270
点字 ………………… 12、117、120、121、122、127、128、135、136、138、141、199、210、214、215、251、326
点状ブロック …………… 67、68、72、73、74、143、191、254、255、258、259、261、262、263、271
電線類 ………………………………………… 47
電線類地中化 ………………………………… 98
電柱 ………………… 15、48、93、237、261、262、299

<と>
戸 …………………… 117、187、189、190、191、205、206、209、213、227、234
凍結融解 ……………………………………… 51、55
凍上 …………………………………………… 52、55
凍上対策 ……………………………………… 52、55
透水性舗装 ………………… 51、53、54、55、56、62、168、295
道路案内標識 ……………………………… 229、230
道路移動等円滑化基準 ………… 3、14、18、19、23、31、39、41、44、51、57、62、63、65、66、92、96、97、109、117、127、132、135、138、152、157、163、170、171、173、183、187、194、196、197、198、199、202、205、207、213、229、251、253、271、273、279、287
道路構造令 ………………… 39、41、42、43、44、50、62、76、157、158、273
道路交通法 ……………………………………… 39、49
道路特定事業 ……………………… 15、16、17、18、39
道路特定事業計画 ………………………… 16、17、18
道路附属物 ……………………………………… 45、47

道路利用者の寸法……………………………37
特殊縁石…………………80、81、87、91、93、
　　　　　　　　　　　　　　　94、95
特定経路…………………………………17、31
特定建築物…………………………………5、7
特定事業……………………7、9、11、16、17
特定車両…………………………………16、17
特定道路………………3、13、14、18、19、
　　　　　　　　　　　23、32、41、42、96、
　　　　　　　　　　　110、112、158、258、295
特定旅客施設……………8、13、16、29、30、
　　　　　　　　　　　　31、32、295
特別特定建築物………………………5、7、8、29
都市公園………………………4、7、8、9、11
都市公園特定事業……………………………15
凸部………………………………23、96、105

【な行】
＜な＞
波打ち歩道………………………………65、79
＜に＞
ニーリング（車高調整）……………………155
にじみ出し消雪…………………………53、294
乳児用施設…………………………………201
＜の＞
ノーマライゼーション…………………………5
乗合自動車停留所…………65、76、145、146、147、
　　　　　　　　　　　152、157、158、159、161、
　　　　　　　　　　　231、232、236、253、258、
　　　　　　　　　　　268、274、275、279、283、
　　　　　　　　　　　287、292、293、309
ノンステップバス………………65、154、155、156

【は行】
＜は＞
排水………………………62、64、75、77、107、
　　　　　　　　　　　　108、168、170
排水施設……………………75、77、78、127、128、
　　　　　　　　　　　　135、139、194、331
排水性舗装…………………51、52、53、54、55、
　　　　　　　　　　　　295
背面高さ………………………………68、70、80
背面板………………………………………169
白杖…………………………63、66、67、74、77、
　　　　　　　　　　　　78、118、135、140、253
橋詰…………………………………………274
バス事業者……………………145、157、161、274
バス乗降場……………………………316、319、326
バスターミナル………………………………150、295
バスベイ型（停留所）……………145、146、147
バスロケーションシステム……………………160

発券機・精算機……………………219、220、227
発達障害者……………………………3、4、8、331
バリア情報……………………………………239、241
バリアフリー教室……………………………………10
バリアフリー経路……………………238、241、242、243
バリアフリー施設…………229、235、236、238、241、
　　　　　　　　　　　　　242、243、247
バリアフリー新法………………3、4、6、7、8、
　　　　　　　　　　　　　9、10、12、14、15、
　　　　　　　　　　　　　17、18、22、23、25、
　　　　　　　　　　　　　29、31、111、331
バリアフリー歩行空間ネットワーク……31、32、41、97
バリアフリーネットワーク………19、21、33、34、97、
　　　　　　　　　　　　　　　99、241
ハンプ…………………………80、87、88、91、98、
　　　　　　　　　　　　　100、103、104、105、106、
　　　　　　　　　　　　　319
＜ひ＞
ピクトグラム……………239、240、241、242、243、
　　　　　　　　　　　246、248、250
庇（ひさし）……………………………191、317
筆談設備………………………………………12
標示板……………………179、180、182、185、186、
　　　　　　　　　　　216、230、232、233、234、
　　　　　　　　　　　235
標準仕様図……………………………………227
＜ふ＞
幅員……………………………12、13、41、42、44、
　　　　　　　　　　　80、92、93、94、104、
　　　　　　　　　　　157、179、234、288
福祉タクシー……………………4、8、11、12、331
付帯施設……………………………………309、317
フック………………………………200、204、209
踏み段……………………132、133、134、144、166、
　　　　　　　　　　　283
踏み幅………………………127、128、138、139、140
フラット……………………………79、80、85、224、225
ブロック舗装……………………………………54
分離………………………………41、46、49、50、63、
　　　　　　　　　　　79、90、97、110、227、
　　　　　　　　　　　316、324
＜へ＞
ペーパーホルダー……………………………209、210
ペデストリアンデッキ…………110、239、241、242、309、
　　　　　　　　　　　　　313、315、316
便所……………………13、173、187、199、200、
　　　　　　　　　　　201、202、206、214、218、
　　　　　　　　　　　229、231、232、233、234、
　　　　　　　　　　　236、241、242、243、269

用語索引

ベンチ …………………12、58、145、146、157、
　　　　　　　　　　　158、159、160、163、169、
　　　　　　　　　　　273、274、275、276、277、
　　　　　　　　　　　318、322、328
便房 ………………………13、200、201、206
<ほ>
防護柵等 …………………………………90、331
防災機能 …………………………307、308、321
防雪施設…………287、288、290、292、293、
　　　　　　　　　295、297、303、305
放置自転車………………24、97、98、100、101、
　　　　　　　　　　　277、314
ポール照明方式 …………………………………282
歩行者動線………115、245、299、309、314、
　　　　　　　　　321、322、323、325、326、
　　　　　　　　　328
歩行者用案内標識 ………………231、232、235、236
歩車道境界部………65、66、67、68、69、
　　　　　　　　　73、74
歩車道非分離 ………………………98、100、108
補助金 ………………………………………………15
保水性舗装 …………………………………………51
舗装 ……………………12、49、50、51、56、
　　　　　　　　　　　62、63、67、68、256、
　　　　　　　　　　　270、319
歩道構造形式 ………………………79、80、90
歩道除雪 ……………………………………300、305
歩道除雪機 ………………………………………299
ボラード（車止め）………42、103、105、106、108、
　　　　　　　　　　　194、195、299
ボランティア ……………………………24、295

【ま行】

<ま>
マウントアップ …………65、79、80、81、84、
　　　　　　　　　　　86、90、91、92、94、
　　　　　　　　　　　166、184、319
回り階段 …………………………………………138
<み>
民地 ……………………32、45、47、63、65、
　　　　　　　　　　　80、81、84、85、90、
　　　　　　　　　　　94、97、101、102、145、
　　　　　　　　　　　147、156、157、159、258、
　　　　　　　　　　　259
水たまり ……………………………51、55、62
<む>
無散水消雪 ………………………………………303
無雪期 ………………………………………………43
<め>
目づまり …………………………………………62

<も>
文字 ………………………120、121、124、125、128、
　　　　　　　　　　　135、136、141、161、171、
　　　　　　　　　　　172、193、215、231、246、
　　　　　　　　　　　247、249

【や行】

<や>
夜間相互通行 ……………………………………45
矢印 …………………………134、181、231、232、234
屋根 ………………………160、169、173、191、194、
　　　　　　　　　　　198、322
<ゆ>
有効奥行き ………………………117、118、183
有効幅 ……………………38、117、118、132、154、
　　　　　　　　　　　173、183、187、188、189、
　　　　　　　　　　　205、206、209、213、227、
　　　　　　　　　　　233、234
有効幅員 …………………12、13、15、23、24、
　　　　　　　　　　　31、39、41、42、43、
　　　　　　　　　　　44、45、46、47、48、
　　　　　　　　　　　79、80、81、90、92、
　　　　　　　　　　　94、96、97、98、100、
　　　　　　　　　　　101、102、108、114、127、
　　　　　　　　　　　135、138、139、146、147、
　　　　　　　　　　　148、157、158、161、163、
　　　　　　　　　　　165、168、169、190、194、
　　　　　　　　　　　197、227、234、273、314、
　　　　　　　　　　　317、319、321、322、323
融雪 ………………………………………78、303
融雪効率 ……………………………………………53
融雪施設 ……………………………287、292、317
融雪槽 ……………………………………………303
誘導鈴 ……………………………………………259
誘導用標示板 …………………………………181
床仕上げ ……………………………………199、210
雪覆工 ……………………………………287、317
ユニバーサルデザイン ……………3、6、9、10、19、
　　　　　　　　　　　37、331
ユニバーサルデザイン政策大綱 …………………6

【ら行】

<ら>
らせん階段 …………………………………138、323
乱横断防止 ………………………………………90

用語索引

<り>

立体横断施設 …………… 12、39、109、110、112、
113、114、115、116、117、
126、127、132、135、138、
144、230、234、236、238、
253、258、267、274、279、
283、287、292、332

リフト ……………………………… 8、167

流雪溝 …………… 287、290、298、303、305、
317

旅客施設 …………………… 4、6、7、8、11、
12、14、15、16、29、
32、229、332

<れ>

連続誘導 …………………………… 258、259

<ろ>

ロードヒーティング ………… 52、53、131、136、143、
289、291、293、295、297、
298、303、304、318

ローマ字表記 ……………………………… 247

路外駐車場 ………………… 4、7、8、9、11、
12

路外駐車場特定事業 ……………………… 15

路上障害物 ……………… 24、25、98、100

路面 ……………… 16、51、96、131、163、
193、194、235、254、255、
270

路面電車停留場 …………… 39、163、164、170、171、
231、232、236、253、258、
279、283、287、292、293、
294、309、319

路面凍結 ……………………………… 55、94

【わ行】

<わ>

ワンステップバス ……………………… 155

増補改訂版　道路の移動等円滑化整備ガイドライン
（道路のバリアフリー整備ガイドライン）
〜道路のユニバーサルデザインを目指して〜

2003年1月30日　第1版第1刷発行
2008年2月11日　第2版第1刷発行
2011年8月10日　第3版第1刷発行
2021年11月30日　第3版第8刷発行

編集・発行　（一財）国土技術研究センター

〒105-0001　東京都港区虎ノ門3-12-1
　　　　　　ニッセイ虎ノ門ビル
TEL 03-4519-5002

発　売　株式会社 大成出版社

〒156-0042　東京都世田谷区羽根木1-7-11
　　　　　　TEL 03-3321-4131（代表）
URL https://www.taisei-shuppan.co.jp/

©2011　（一財）国土技術研究センター
ISBN978-4-8028-3004-1

●テキストデータ提供について

　視覚障害その他の理由で印刷媒体による本書のご利用が困難な方へ、本書購入者に限り、本書のテキストデータ（図表は含まれません）をCD-ROMにて提供いたします。ただし、個人使用目的以外の利用及び営利目的の利用は認めません。

　下記の申込書（コピー不可）を切り取り、記名・押印の上、申込先までお送りください。

　なお、お申込みいただいた個人情報は、テキストデータの発送及びそれに関わるご連絡等の他には使用いたしません。

【テキストデータ申込先】

〒105－0001

東京都港区虎ノ門3－12－1　ニッセイ虎ノ門ビル9階

　　財団法人　国土技術研究センター　道路政策グループ

　　『改訂版　道路の移動等円滑化整備ガイドライン』テキストデータ係

〈切り取り線〉

申　込　書（コピー不可）

財団法人　国土技術研究センター　殿

　印刷媒体による本書の利用が困難であり、個人的利用目的のために、『改訂版　道路の移動等円滑化整備ガイドライン』のテキストデータを申し込みます。

　　年　　月　　日

住　所
〒　　－

氏　名　　　　　　　　　　　　　　　　　　　　　　　　　　　　　　　　㊞

メールアドレス
又は電話番号